储能与动力电池技术及应用

储能及动力电池正极材料设计与制备技术

陈彦彬　刘亚飞　张联齐　陈继涛 等　著

科学出版社
北京

内 容 简 介

正极材料决定了锂离子电池的能量密度、循环寿命、安全性、成本等重要性能，是其必不可少的关键材料。本书基于作者多年来从事锂离子电池正极材料的科学研究、技术开发和生产实践的成果及经验，系统论述了储能和动力电池用几种正极材料的晶体结构、电化学性能、存在问题及解决策略等理论基础知识，总结了典型的正极材料产品、工艺流程、原材料、关键设备、标准与检测方法、原料资源等实践经验。

本书将理论与实践紧密结合，是从事储能和新能源汽车、锂离子电池、正极材料、前驱体及矿产资源的行业调研、技术开发、项目管理、分析检测等的工作人员的重要参考书，也可作为科研院所、高等学校等相关专业的教师、研究生和本科生的参考书。

图书在版编目（CIP）数据

储能及动力电池正极材料设计与制备技术 / 陈彦彬等著. —北京：科学出版社，2021.4

（储能与动力电池技术及应用）

ISBN 978-7-03-068464-6

Ⅰ. ①储…　Ⅱ. ①陈…　Ⅲ. ①蓄电池－阳极－材料－研究　②电动汽车－蓄电池－阳极－材料－研究　Ⅳ. ①TM912　②U469.720.3

中国版本图书馆 CIP 数据核字（2021）第 052144 号

责任编辑：李明楠　付林林 / 责任校对：杜子昂
责任印制：赵　博 / 封面设计：蓝正设计

科 学 出 版 社 出版
北京东黄城根北街 16 号
邮政编码：100717
http://www.sciencep.com
涿州市般润文化传播有限公司印刷
科学出版社发行　各地新华书店经销
*
2021 年 4 月第　一　版　开本：720 × 1000　1/16
2025 年 1 月第四次印刷　印张：18
字数：362 000

定价：138.00 元

（如有印装质量问题，我社负责调换）

“储能与动力电池技术及应用”丛书编委会

作 者 简 介

陈彦彬 博士，正高级工程师，北京当升材料科技股份有限公司总经理。国家百千万人才、有突出贡献中青年专家、国务院政府特殊津贴专家、首都科技领军人才。我国锂离子动力电池正极材料领域关键技术研究、产品开发与商业化应用的主要技术带头人之一，为我国新能源汽车动力电池产业的发展提供了关键技术支撑，为行业的技术进步做出了突出贡献。主持完成了40余项国家、省部级等各类研究课题，开发的多元材料、锰酸锂、钴酸锂等系列化正极材料产品均率先供应国际高端市场，大批量用于电动汽车、储能系统、数码电器等领域的电源系统。发表论文50余篇，授权专利50项，起草标准10项。先后获中国专利奖、中国有色金属工业科学技术奖、北京市科学技术奖等奖励33项。带领当升科技成为高能量密度储能与动力锂电正极材料领域的领军企业，公司被认定为“国家认定企业技术中心”、“国家技术创新示范企业”、“国家知识产权优势企业”。

刘亚飞 博士，正高级工程师，北京当升材料科技股份有限公司锂电材料研究院院长。国务院政府特殊津贴专家，科技部、工信部项目评审专家，国家知识产权局专利审查技术专家，中国有色金属标准化技术委员会粉末冶金分委会委员。长期从事锂离子动力电池正极材料及其前驱体、燃料电池材料、气敏功能材料、热敏功能材料等方向的科学研究和产品开发工作，具有丰富的产品设计和生产制造经验，荣获中国有色金属工业科学技术奖、中国轻工业联合会科学技术奖、北京市科学技术奖等奖励30项，发表论文69篇，授权专利42项。

张联齐　博士，教授，博士生导师，天津理工大学科技处副处长。先后入选教育部新世纪优秀人才、天津市杰出津门学者、天津市“131”创新型人才培养工程第一层次人才、天津市“131”创新型人才团队带头人、天津市特聘教授、天津市高校学科领军人才等。主要研究方向为锂离子动力电池关键材料、全固态锂电池技术、废旧锂离子电池资源化利用等。累计主持国家自然科学基金、国家高技术研究发展计划（863 计划）子课题、国家重点研发项目子课题等科研项目 20 项，获天津市科技进步奖二等奖 1 项。在 *Energy Storage Mater.*，*J. Mater. Chem. A* 等核心期刊发表论文 100 余篇，授权发明专利 10 项。

陈继涛　博士，研究员，博士生导师，北京大学化学与分子工程学院副院长、北京大学分子工程苏南研究院执行院长。先后入选科技部创新人才推进计划中青年科技创新领军人才、国家“万人计划”科技创新领军人才、“科技北京”百名领军人才和北京市“高创计划”科技创新与科技创业领军人才等。一直从事储能材料与储能器件的研究和科研成果的产业化转化工作，先后主持国家高技术研究发展计划（863 计划）、国家重点研发计划、国家自然科学基金等科研项目十余项，有多项科研成果成功走向大规模生产与应用。荣获青海省科技进步一等奖一项。在 *Advanced Materials*、*Nano Letters* 等核心期刊发表 SCI 论文 70 余篇，申请并获授权发明专利十余项。

丛 书 序

新能源汽车是指采用非常规的车用燃料作为动力来源（或使用常规的车用燃料、采用新型车载动力装置），综合车辆的动力控制和驱动方面的先进技术，形成的集新技术、新结构于一身的汽车。中国新能源汽车产业始于21世纪初。“十五”以来成功实施了“863 电动汽车重大专项”，“十一五”又提出“节能和新能源汽车”战略，体现了政府对新能源汽车研发和产业化的高度关注。

2008年我国新能源汽车产业发展呈全面出击之势。2009年，在密集的扶持政策出台背景下，我国新能源产业驶入全面发展的快车道。

根据公开的报道，我国新能源汽车的产销量已经连续多年位居世界第一，保有量占全球市场总保有量的50%以上。经过近20年的发展，我国新能源汽车产业已进入大规模应用的关键时期。然而，我们要清醒地认识到，过去的快速发展在一定程度上是依赖财政补贴和政策的推动，在当下补贴退坡、注重行业高质量发展的关键时期，企业需要思考如何通过加大研发投入，设计出符合市场需求的、更安全的、更高性价比的新能源汽车产品，这关系到整个新能源汽车行业能否健康可持续发展的关键。

事实上，在储能与动力电池领域持续取得的技术突破，是影响新能源汽车产业发展的核心问题之一。为此，国务院于2012年发布《节能与新能源汽车产业发展规划（2012－2020年）》及2014年发布《关于加快新能源汽车推广应用的指导意见》等一系列政策文件，明确提出以电动汽车储能与动力电池技术研究与应用作为重点任务。通过一系列国家科技计划的立项与实施，加大我国科技攻关的支持力度、加大研发和检测能力的投入、通过联合开发的模式加快重大关键技术的突破、不断提高电动汽车储能与动力电池产品的性能和质量，加快推动市场化的进程。

在过去相当长的一段时间里，科研工作者不懈努力，在储能与动力电池理论及应用技术研究方面取得了长足的进步，积累了大量的学术成果和应用案例。储能与动力电池是由电化学、应用化学、材料学、计算科学、信息工程学、机械工程学、制造工程学等多学科交叉形成的一个极具活力的研究领域，是新能源汽车技术的一个制高点。目前储能与动力电池在能量密度、循环寿命、一致性、可靠性、安全性等方面仍然与市场需求有较大的距离，亟待整体技术水平的提升与创新；这是关系到我国新能源汽车及相关新能源领域能否突破瓶颈，实现大规模产业化的关键一步。所以，储能与动力电池产业的发展急需大量掌握前沿技术的专业人才作为支撑。我很欣喜地看到这次有这么多精通专业并有所心得、遍布领域各个研究方向和层面的作者加入到“储能与动力电池技术及应用”丛书的编写工作中。我们还荣幸地邀请到中国工程院陈立泉院士、衣宝廉院士担任学术顾问，为丛书的出版提供指导。我相信，这套丛书的出版，对储能与动力电池行业的人才培养、技术进步，乃至新能源汽车行业的可持续发展都将有重要的推动作用和很高的出版价值。

该丛书结合我国新能源汽车产业发展现状和储能与动力电池的最新技术成果，以中国汽车技术研究中心有限公司作为牵头单位，科学出版社与中国汽车技术研究中心共同组织而成，整体规划 20 余个选题方向，覆盖电池材料、锂离子电池、燃料电池、其他体系电池、测试评价 5 大领域，总字数预计超过 800 万字，计划用 3～4 年的时间完成丛书整体出版工作。

综上所述，该系列丛书顺应我国储能与动力电池科技发展的总体布局，汇集行业前沿的基础理论、技术创新、产品案例和工程实践，以实用性为指导原则，旨在促进储能与动力电池研究成果的转化。希望能在加快知识普及和人才培养的速度、提升新能源汽车产业的成熟度、加快推动我国科技进步和经济发展上起到更加积极的作用。

祝储能与动力电池科技事业的发展在大家的共同努力下日新月异，不断取得丰硕的成果！

吴锋

2019 年 5 月

前言 Preface

随着环境污染问题和燃油供求矛盾的日益严峻，世界各发达国家纷纷将发展新能源汽车和储能产业作为国家战略，加大政策和资金支持，加快推进高比能电池的技术开发和产业化。近年来，我国陆续出台了一系列支持高比能电池及相关行业发展的政策。2015年国务院印发的《中国制造2025》瞄准新材料、节能与新能源汽车等战略重点，引导社会各类资源集聚，推动优势和战略产业快速发展。2017年工业和信息化部（以下简称工信部）、国家发展和改革委员会（以下简称国家发改委）、科学技术部（以下简称科技部）联合发布的《汽车产业中长期发展规划》提出到2025年，新能源汽车占汽车产销20%以上，动力电池系统比能量达到350W·h/kg。2018年财政部、科技部、工信部、国家发改委联合发布《关于调整完善新能源汽车推广应用财政补贴政策的通知》，补贴方案削低补高，进一步鼓励技术进步。

在现有电化学体系中，锂离子电池凭借工作电压高、能量密度高、循环寿命长、工作温度宽、自放电小等综合优势，广泛应用于通信及数码电子产品、电动工具、电动自行车、无人机、电动汽车、储能电站、卫星、鱼雷、潜艇等民用市场和军事领域，对国计民生和国防航天具有重要的战略意义。经过多年的技术进步和市场开拓，全球锂离子电池产业逐步形成了中国、日本、韩国三分天下的市场供给格局，其中，我国锂离子电池出货量占全球出货量的50%以上。过去几年，全球锂离子电池行业保持了年23%的复合增长率，2020年锂离子电池出货量达到260GW·h，其中新能源电动车达168.4GW·h，占比接近65%，成为主市场增长引擎。从锂离子电池市场趋势来看，除新能源汽车外，储能市场也将成为下一个重要增长点。

过去的近30年，锂离子电池及其关键材料持续更新换代，带动了上下游多个相关行业的蓬勃发展。最早进入商业化应用的锂离子电池正极材料是钴酸锂（LCO）和锰酸锂（LMO），随后镍钴锰酸锂（NCM）、镍钴铝酸锂（NCA）、磷酸铁锂（LFP）等几种正极材料经过持续的产品迭代开发和技术革新，已能满足不断提高的电池设计要求，用量逐年递增；其他新型正极材料尚处于实验室研究阶段。在正极材料产业化方面，我国锂离子电池正极材料行业经历了从无到有、从有到强的发展过程。2006年开始，国家发改委等政府部门陆续发布了一系列出口退税政策，加速了我国正极材料的升级换代，增强了其在国际市场的竞争力。

北京当升材料科技股份有限公司（以下简称当升科技）、厦门钨业股份有限公司（以下简称厦门钨业）等公司相继实现并扩大了向日本、韩国高端电池客户出口业务，带动了国内锂离子电池及材料的技术进步。2014 年以后，工信部、财政部等多部委多次出台政策支持新能源汽车发展，推动了相关产业快速壮大，形成了具有全球竞争力的动力电池产业链。随着电动汽车和储能市场的爆发，国产正极材料技术快速发展，与国际先进水平并跑，产销量快速增长，2020 年全球正极材料出货量约 60.2 万 t，国产正极材料占比达到 60%以上。与此同时，正极材料从钴酸锂的一枝独秀发展到各种材料的百花齐放，2020 年多元材料（包含 NCM 和 NCA）占比约高达 60%。迄今，我国已经形成了完整的锂离子电池正极材料产业链：镍、锰、铁、磷、铝、锂等矿产资源丰富，有色金属冶炼工艺成熟，锂盐、过渡金属可溶盐、前驱体、正极材料、电芯、电池产业品种齐全，市场应用范围广、规模大，废旧电池回收布局方兴未艾。近年来，以当升科技、厦门钨业、深圳市德方纳米科技股份有限公司、北大先行科技产业有限公司（以下简称北大先行）等为主的正极材料先进企业迅速崛起，产品更新换代、技术逐步升级、规模逐年扩大、生产效率提高，为手机、笔记本式计算机*、电动工具、电动自行车、电动汽车、储能等应用市场的快速增长提供了保障。

为了更好地推动我国储能与新能源汽车产业的健康发展，提高动力电池及其关键材料的产品技术成熟度，加快相关产业的协同发展，科学出版社联合中国汽车技术研究中心，出版“储能与动力电池技术及应用”丛书，其中《储能及动力电池正极材料设计与制备技术》由当升科技和天津理工大学牵头，并邀请相关单位的专家组织撰写。

本书内容立足于我国储能与新能源汽车用动力电池产业现状，基于作者多年从事锂离子电池正极材料的研究成果和丰富的生产实践经验，对几种常见的储能和动力电池正极材料的晶体结构、电化学性能、存在问题及解决策略等进行了系统的梳理和论述。在生产实践方面，对正极产品设计、原材料选择、设备选型、生产工艺流程确定、产品标准与检测方法建立、原料资源分布、废旧电池回收等进行了系统的分析和总结，可用于指导正极材料企事业单位的方案论证、产品开发、技术研究、生产制造、工艺革新、质量管理和市场推广等工作。全书共分为 10 章，包括绪论、层状多元材料、尖晶石型锰酸锂材料、橄榄石型磷酸盐材料、富锂锰基正极材料、其他新型正极材料、正极材料及其前驱体的制备技术与关键设备、正极材料原材料及其资源分布、正极材料相关标准与测试评价技术、正极材料开发与应用展望等，可为读者提供丰富的产品开发和工程实践参考。

本书撰写分工为：第 1、6 章由张联齐和刘亚飞共同撰写；第 2 章由陈彦彬和

---

* 笔记本式计算机俗称笔记本电脑，余用俗称。

刘亚飞共同撰写；第 3、10 章由陈彦彬负责撰写；第 4 章由陈继涛负责撰写；第 5 章由张联齐负责撰写；第 7、8、9 章由刘亚飞负责撰写，其中的 7.2 节、8.6 节、8.7 节由陈继涛撰写，8.8 节由张联齐撰写；全书由陈彦彬、刘亚飞和张联齐负责统筹规划和修改统稿。当升科技的王俊、宋顺林、官云龙、朱素冰、李成伟、柴文帅、邵宗普、李晶晶、于鹏、王玉娇、姚倩芳等，天津理工大学的刘喜正、宋大卫、张洪周等，北大先行的成富圈、北京大学的杨俊峰、北京化工大学的刘文、苏州大学的倪江锋和中国科学院宁波材料技术与工程研究所的刘兆平、邱报等参与了部分章节编写或数据整理工作。限于作者的能力水平，本书的内容未能涵盖与储能及动力电池正极材料设计与制备技术相关的所有知识，希望广大读者能向出版社和编委会积极反馈建设性的意见，也希望将来有机会邀请更多的专家和学者参与到本书的再版工作中，一起推动本书的修改和完善。

对于本书出版和发行给予大力支持的行业同仁，作者在此表示诚挚的谢意。愿凝聚行业同仁的智慧，加快知识的普及，提升行业整体技术水平，共同推动储能和新能源汽车产业的健康发展。

作　者

2021 年 3 月

目录 Contents

01

绪　论

日益严重的资源匮乏和环境污染问题，促使低碳绿色经济和能源转型成为全球产业发展的必由之路。近年来，我国推出一系列政策鼓励能源产业的更新换代，节能环保、新能源汽车等被列为国家战略性新兴产业。随着储能和新能源汽车产业的井喷式发展，高性能电池的需求迅速增长，提高电池的安全性、续航里程、使用寿命，降低动力电池成本是普及新能源汽车的基础，开发高性价比正极、负极、电解液、隔膜等关键材料是支撑我国储能和新能源汽车快速健康发展的重要保障。

1.1 锂电池概述

1.1.1 锂电池的发展历史

电池（battery）是利用正极与负极的化学势不同来产生电流，将化学能转化为电能的装置。早在 2000 年前人类就对电池有了初步的认识，但直到 1800 年意大利物理学家伏打（Alessandro Volta）发明了“伏打电堆”，才初步探索了电池原理，使电池逐渐得以应用。1859 年法国物理学家普兰特（Gaston Plante）发明了铅酸蓄电池，随后 1899 年瑞典科学家荣纳（Waldmar Jungner）提出了镍镉电池，1976 年美国科学家沃弗辛斯基（Stanford Ovshinsky）提出了镍氢电池，这些研究成果极大地便利了人们的生活，随后各种电池体系被逐渐开发和大规模应用。20 世纪 70 年代初，随着石油危机的爆发，锂金属因为质量轻（密度 0.534g/cm^3）、氧化还原电位低（相对标准氢电极为–3.04V）、比能量高，引起了研究人员的广泛关注并成为研究热点。美国国家航空航天局（NASA）通过分析表明锂电池能够以最小的体积、较高的电压实现高能量密度，锂电池进入应用研究阶段。

锂电池是采用金属锂或含锂化合物作为电极材料，利用锂离子在正极和负极之间移动，实现化学能和电能转化的装置。锂是一种非常活泼的碱金属元素，易与空气中的氧和水反应，加工、使用及储存比其他金属更为复杂。考虑到上述因素，美国加利福尼亚大学伯克利分校的哈里斯（William Sidney Harris）于 1958 年提出将碳酸乙烯酯（EC）和碳酸丙烯酯（PC）等作为锂电池电解液的溶剂[1]。根据电池的相关工作要求，有机电解液的溶剂需要具备 3 个性质：①具有极性，利于导电锂盐充分溶解，可提供较高的电导率；②是非质子溶剂，避免与锂金属反应；③熔点较低、沸点较高，工作温度范围尽可能宽。早期金属锂电池属于一次电池（也称为原电池），只能一次性使用，Ag、Cu、Ni 的化合物曾被尝试作为正极材料，但电化学性能很差。1970 年日本三洋电机株式会社以二氧化锰（MnO_2）为正极材料制造了第一块商品锂电池，1973 年日本松下电器产业株式会社开始量产以氟化碳（CF_x）作为正极活性物质的锂原电池，1976 年以碘为正极的锂碘原电池问世，此后一些用于特定领域，如植入式心脏复律除颤器的锂-钒酸银（$Li/Ag_2V_4O_{11}$）电池也相继出现。20 世纪 80 年代以后，随着锂金属的开采成本大幅度降低，锂电池开始商业化生产。

锂原电池的成功商业化应用拉开了锂二次电池的开发序幕。1972 年，美国埃克森（Exxon）公司的惠廷厄姆（Michael Stanley Whittingham）以二硫化钛（TiS_2）为正极、金属锂为负极，开发出世界上第一块金属锂二次电池，该电池可深度充放电 1000 次，每次循环不可逆容量不超过 0.05%。然而这种以锂金属为负极的电池在使用时会产生锂枝晶，易刺破隔膜引起电池短路，存在着火、爆炸等安全隐患。为了解决上述问题，1980 年，法国科学家阿尔芒（Michel Armand）等建议用嵌锂化合物代替锂，并提出“摇椅式”电池概念，同年在英国牛津大学就职的古迪纳夫（John B Goodenough）教授发现层状的钴酸锂（$LiCoO_2$）可用作电池正极材料[2]。1991 年索尼公司将钴酸锂正极、碳负极的锂离子电池推向市场，被大规模应用于手机、笔记本电脑等电子产品中。随着对储能器件能量密度、成本、安全性等要求日益提高，一些新型的电池设计和正极、负极、电解液、外壳等新材料被陆续开发，锂电池的市场被拓展到个人穿戴、电动工具、电动自行车、新能源汽车、储能电站等诸多领域。

1.1.2 锂离子电池的优缺点

锂电池大致可分为两类：锂离子电池和锂金属电池[3]。锂离子电池以可逆脱嵌锂离子材料为电极进行充、放电循环，负极通常是非金属态锂；其工作电压与所用电极材料密切相关，正极材料需具有高脱嵌锂电位，负极材料需具有接近锂的低电位，以获得足够高的能量密度；离子电导率高且电化学窗口较宽的 $LiPF_6$/EC-DEC 电解液、浸润性良好且只允许锂离子通过的多孔聚合物隔膜、延展性和导电性俱佳的铝箔与铜箔等集流体被广泛应用于锂离子电池中。在常用的正负极材料中，Li^+的脱嵌有相对固定的位置，充放电反应可逆性好，从而保证了锂电池的长循环寿命和高安全性。

商用的锂离子电池的优点主要体现在以下几方面（表 1-1）。

表 1-1 锂离子电池与其他电池体系性能比较

电池种类	比能量/(W·h/kg)	电压/V	循环寿命/次	月自放电率/%	记忆效应
镍镉电池	50	1.2	500	20	有
镍氢电池	70	1.2	500	30	有
铅酸电池	40	2.0	300	5	无
锂离子电池	150～300	3.6	800～3000	1～3	无

（1）比能量高。目前锂离子电池单体比能量最高达 300W·h/kg，远高于其他传统储能体系。

（2）工作电压高。锂离子电池放电平台 3.6V，远高于镍铬电池等其他电池体系。

（3）循环寿命长。锂离子脱嵌过程正负极材料结构变化小，可耐受数千次充放电循环。

（4）自放电率低。锂离子电池及其材料体系纯度高、结构稳定，不像其他电池存在严重的自放电现象。

（5）无记忆效应：锂离子电池没有其他电池使用时出现的记忆效应，拥有高效充电特性。

锂离子电池也存在一些缺点，例如：

（1）安全性有待提高。锂离子电池采用的有机电解液易燃，且电池易内部短路，引发热失控，短时间内释放出大量热量，导致电池起火或爆炸。

（2）电池成本较高。例如，用于 3C［计算机（computer）、通信（communication）和消费电子产品（consumer electronic）］市场的钴酸锂正极材料价格高，有机电解质体系提纯难。

（3）需专用的过充过放线路保护。锂离子电池过充电易破坏电极结构、分解有机电解液，使电池性能变差；过放电则破坏负极固体电解质界面（solid electrolyte interphase，SEI）膜、过度挥发电解液，容量不可逆变差。

1.2 锂离子电池结构和工作原理

图 1-1 为锂离子电池的结构示意图，其中核心部分由正极、负极及电解质构成[4]。电解质分为固态和液态电解质，使用液态电解质（又称电解液）时需用隔膜分开正、负极以防短路。锂离子在电解液中的迁移速率远小于电子在金属导体中的传输速率，电池设计时通常采用适宜厚度活性材料的大电极片、薄隔膜，缩短锂离子在电解液中的传输路径。充电时，锂离子从正极脱出，经电解质嵌入负极，同时电子从正极经集流体、极耳、外电路，进入负极；充电结束时负极处于富锂态、正极处于贫锂态，放电时则相反。理想状态下，锂离子在正负极材料间的脱出和嵌入不会改变材料的晶体结构[5]。锂离子电池的电极反应表达式如下。

正极反应：$LiMeO_2 \rightleftharpoons Li_{1-x}MeO_2 + x\,Li^+ + x\,e^-$

负极反应：$n\,C + x\,Li^+ + x\,e^- \rightleftharpoons Li_xC_n$

电池总反应：$LiMeO_2 + nC \rightleftharpoons Li_{1-x}MeO_2 + Li_xC_n$

锂离子电池实际是一种浓差电池，充放电过程中锂离子在正负极间往返脱嵌，因此也被形象地称为“摇椅电池”。

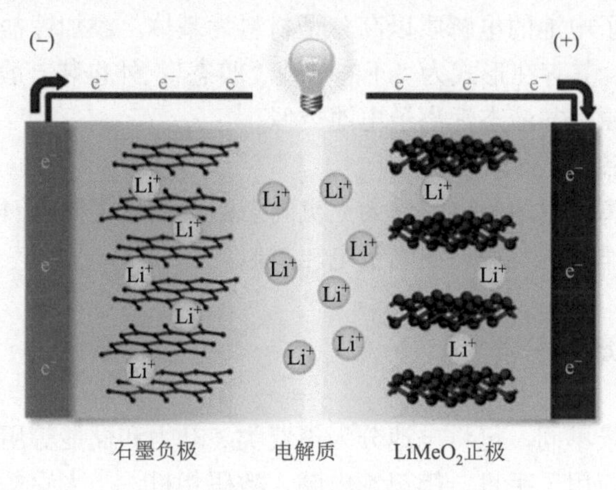

图 1-1 锂离子电池结构示意图[4]

1.3 锂离子电池分类

1.3.1 按电解质材料分类

根据电解质的不同物理特性，可以将锂离子电池分为液态锂离子电池、聚合物锂离子电池和无机固态锂离子电池三大类，这三类电池的优缺点如表 1-2 所示。

表 1-2 按电解质材料分类的锂离子电池

序号	优点	缺点
液态锂离子电池	锂离子电导率高；工艺简单、成本低；电极浸润性好，界面阻抗低	有机溶剂有着火、爆炸等安全隐患；易产生锂枝晶
聚合物锂离子电池	对锂金属稳定；柔韧性较好，电极/电解质界面阻抗较小；热稳定性好，不易泄露，安全性较高	离子电导率较低；制造成本较高
无机固态锂离子电池	电化学窗口较宽；抑制锂枝晶生长；能量密度高，安全性能好	离子电导率低；电极/电解质界面阻抗大

1）液态锂离子电池

液态锂离子电池采用由导电锂盐、有机碳酸酯类溶剂和添加剂等构成的有机电解液作为电解质。在外加电场作用下，锂离子进入电解液、穿过隔膜在正负极之间脱出嵌入，实现能量的储存与释放。

2）聚合物锂离子电池

聚合物锂离子电池的电解质以高分子材料为基体，添加锂盐及塑化剂后具有传导锂离子能力，其存在形式为“干态”或“胶态”；外包装一般采用铝塑膜，正极、负极及工作原理与液态锂离子电池类似。

3）无机固态锂离子电池

无机固态锂离子电池的电解质为无机固态的含锂氧化物、硫化物或卤化物等，正极、负极及工作原理与液态锂离子电池类似。

1.3.2 按应用场景分类

根据应用场景不同，可将电池分为消费类、动力和储能等用电池三类。其中消费类电池广泛应用于手机、笔记本电脑、数码相机、个人穿戴、电动工具等移动智能终端和便携式电器中。

动力电池一般用作电动自行车、低速电动车、混合电动车、电动汽车等车辆的驱动电源。受车辆体积、质量和启动加速的限制，需要高能量密度以满足电动汽车的续航能力，高功率密度以保证汽车的安全快充、快速启动，高稳定性以确保人员和公共安全，长循环寿命和低成本以提高性价比和市场占有率。

储能电池主要用于电网的调峰调频、可再生能源并网、社区或家庭储能等不同场合，对电池的要求各异：电力调峰等场景需要电池连续充电或连续放电 2h 以上，采用充放电倍率≤0.5C 的能量型电池较为适合；电力调频或平滑可再生能源波动等场景需要电池在几分钟甚至几秒内完成快速充放电，此时充放电倍率≥2C 的功率型电池较为适用。此外，储能电池对使用寿命有更高的要求，一般要求循环次数≥3500。由于储能电站的规模是兆瓦甚至百兆瓦以上的级别，因此储能电池的成本需低于动力电池，安全性需高于动力电池。

1.3.3 按产品外观分类

根据不同的应用需求，锂离子电池具有不同的形状，可分为圆柱型、方型、纽扣型和软包型 4 种类型，详情见图 1-2。圆柱型电池型号一般为 5 位数字，前两位数字为电池的直径，中间两位数字为电池的高度，单位为 mm。例如，18650 锂电池的直径为 18mm，高度为 65mm。目前圆柱型电池主要有 18650、26650、21700 几种型号，主要是笔记本电脑、充电宝、电动工具等消费类电子产品的内置电源，也可作为电动自行车、电动汽车的驱动电源。方型电池多用钢壳或铝壳包装，软包电池则采用铝塑膜为外包装，两者都可作为消费电池和动力电池应用于手机、数码相机及电动汽车等场合。纽扣电池采用不锈钢壳包装，可满足计算器、数码手表等小型或微型储能器件要求。

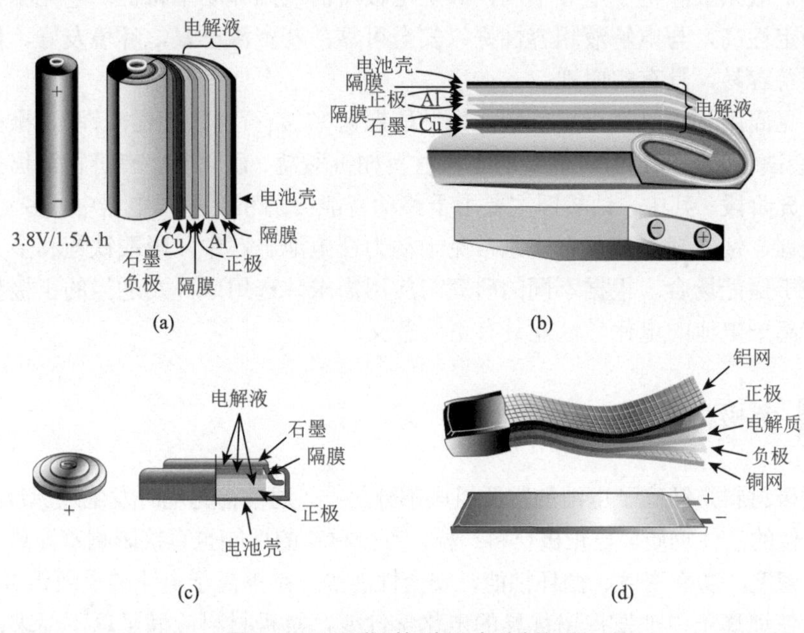

图 1-2　不同类型锂离子电池剖视图

（a）圆柱型；（b）方型；（c）纽扣型；（d）软包型

1.4　锂离子电池主要组成

锂离子电池的核心部分包括正极、负极和电解质材料。正极和负极都具有特定晶体结构，能够允许锂离子进行可逆的脱嵌反应。正、负极之间需要使用隔膜将二者分离以避免短路现象的发生，并以电解液润湿隔膜，通过隔膜的孔隙完成锂离子的传输。

1.4.1 正极材料

正极材料一般是充电时发生氧化反应、具有高电位的活性物质。正极材料的性能指标直接决定了锂离子电池的能量密度、功率密度、循环寿命、安全性能、成本等。

为使锂离子电池发挥出优异的电化学性能，正极材料应满足如下条件：①活性物质分子量小，允许大量 Li^+嵌入和脱出，可逆容量大；②具有较高的氧化还原电位，电池电压高；③嵌入脱出可逆性好，结构变化小，循环和存储寿命长；④离子扩散系数和电子电导率高，满足电极所需低温和功率特性；⑤化学稳定性和热稳定性高，与电解液相容性好，安全可靠；⑥资源丰富，环境友好，价格便宜，制备容易，具有实用性。

常见商用正极材料有层状型（如钴酸锂）、尖晶石型（如锰酸锂）、橄榄石型（如磷酸铁锂）等多种。一些新型正极材料如钒酸盐、硫化物、有机物等仍处于实验室研究阶段。其中，钴酸锂主要用于移动智能终端和便携式电器中，多元材料、磷酸铁锂、锰酸锂及其混合体系常见于动力锂电池电芯中，磷酸铁锂和多元材料也常用于储能场合。根据不同的研究与应用需求，选用或开发适当的正极材料以提升锂离子电池的电化学性能具有重要意义。

1.4.2 负极材料

负极材料是锂离子电池的重要组成部分之一，通常指充电时发生还原反应、具有低电位的活性物质。与正极材料一样，负极材料的性能也直接影响着锂离子电池的能量密度、功率密度、循环性能、安全性能等，是锂离子电池的重要组成部分。

为使锂离子电池发挥出优异的电化学性能，负极材料应满足以下要求：①氧化还原电位低，保证锂离子电池的高输出电压；②可逆容量大，使电池具有更高的能量密度；③电极电位变化小，保证工作电压稳定；④材料结构稳定，使电池具有较长的循环寿命；⑤电子电导率和离子扩散系数较高；⑥资源丰富，造价低廉，制备工艺简单，环境友好。

目前常见的负极材料有嵌入型负极材料（如石墨、钛酸锂等）、合金型负极材料（如锡、硅单质及合金）、转化型负极材料（如过渡金属的氧化物、硫化物、氟化物）等。

1.4.3 电解质

电解质是锂离子电池的重要组成部分，是含有可移动锂离子并具有锂离子导电性的液体或固体物质。电解质在正、负极之间输运锂离子，对电子绝缘，防止内部短路。

从锂离子电池内部传质的实际要求出发，电解质必须满足以下几点基本要求：①具有良好的离子导电性，工作温度范围内离子电导率达到 1×10^{-3}～2×10^{-3}S/cm，且对电子绝缘；②具有高的离子迁移数，可实现电池内部以锂离子为主的迁移，减小电池反应时的浓差极化，使电池具有高的能量密度和功率密度；③电解质与电极直接接触时，应尽量避免副反应发生，具备一定的化学稳定性和热稳定性。

目前液态锂离子电池中常用电解液由六氟磷酸锂（$LiPF_6$）、四氟硼酸锂（$LiBF_4$）、高氯酸锂（$LiClO_4$）等锂盐，与碳酸乙烯酯、碳酸二甲酯（DMC）、碳酸二乙酯（DEC）、碳酸乙基甲基酯（EMC）、碳酸丙烯酯等有机溶剂构成，如 1mol/L $LiPF_6$/EC-DMC 等。聚合物锂离子电池中常用电解质通常以卤化锂（LiX）、高氯酸锂（$LiClO_4$）、三氟甲磺酸锂（$LiCF_3SO_3$）、双三氟甲烷磺酰亚胺锂（LiTFSI）等作为导电锂盐，基体为聚氧乙烯（PEO）、聚偏氟乙烯-六氟丙烯（PVDF-HFP）、聚酰亚胺（PI）、聚甲基丙烯酸甲酯（PMMA）、聚丙烯腈（PAN）等。无机固态锂离子电池所用电解质主要包括钙钛矿型（如 $Li_{3x}La_{2/3-x}TiO_3$）、石榴石型（如 $Li_7La_3Zr_2O_{12}$）、钠超离子导体型［NASICON，如 $Li_{1.3}Al_{0.3}Ti_{1.7}(PO_4)_3$］、锂超离子导体型（LISICON，如 $Li_{3.3}V_{0.7}Si_{1.3}O_4$）等复合氧化物，以 $Li_{10}GeP_2S_{12}$、Li_2S-P_2S_5-Li_2O 等为代表的硫化物，以 Li_3YCl_6、Li_3InCl_6 等为代表的卤化物等。与氧化物相比，硫化物和卤化物固体电解质的离子电导率高、氧化电位高、晶界电阻低；硫离子、氯离子半径比氧离子的大，极化能力强，可构建更通畅的 Li^+ 传输通道。

1.4.4 其他部件

隔膜是具有可渗透离子的通道，可防止电池内极性相反的电极片之间发生内部短路的电池组件。隔膜在液态锂离子电池中必不可少，多为聚烯烃多孔塑料，其相互贯通的孔隙允许电解液浸润并完成锂离子在电池内部的传输；其本征的绝缘性质可隔离电池正负极，阻断电子传导、防止出现短路；其排布有序的微孔，可在电池过热时通过闭孔功能来阻隔电池中的电流传导。隔膜的性能决定了电池的界面结构、内阻等，直接影响锂离子电池的容量、倍率、循环和安全性等特性。目前商用锂离子电池用隔膜主要以聚乙烯（PE）、聚丙烯（PP）等聚烯烃为主，包括单层 PE、单层 PP、三层 PP/PE/PP 复合膜，以及含陶瓷涂层的聚烯烃膜等。现有的聚烯烃隔膜生产工艺分为干法和湿法两大类，其中干法又分为单向拉伸和双向拉伸工艺，目前市场上 60%～70%的隔膜主要采用干法双向拉伸工艺。集流体指汇集电流的结构或零件，其功用主要是将电池活性物质产生的电流汇集起来以便形成较大的电流对外输出，在锂离子电池上主要指的是金属箔，例如，负极使用铜箔、正极使用铝箔为集流体。集流体应具有一定的机械强度，厚度尽可能薄、双面对称性好，使用时与活性物质充分接触，内阻尽可能小。电池壳是将电池内部的部件封装并为其提供防止与外部环境直接接触的保护部件。依据外部形状不同，锂离子电池可使用不锈钢、铝合金、铝塑膜等各种材料制作。不同壳体材料的密度、导热性、密封性等都有所差异，需要采用不同的加工工艺成型、封装。极耳是连接电池内部电极片与端子的金属导体，具有连接电池内外、引出电流产生回路，同时密封电池部件的功能。正极极耳通常使用金属铝，负极极耳则使用金属镍或铜镀镍等。保护电路板是带有对电池起保护作用的集成电路的印制电路板组件，一般用于防止电池过充、过放、过流、短路及超高温充放电等。大型电池组件还需配套的电池管理系统（BMS）以辅助管理电池和设备的连接，主要包括电池物理参数实时监测、电池状态估计、在线诊断与预警、充放电与预充控制、均衡管理和热管理等多种功能[6]。

1.5 常见正极材料

表 1-3 列举了几种常见的锂离子电池正极材料。层状钴酸锂是最早进入商业化应用的正极材料，由于具有压实密度大、能量密度高、功率密度大、循环性能好、工作电压高、易制备等优点而受到广泛关注，迄今仍是 3C 应用市场的主流正极材料。橄榄石型磷酸铁锂具有循环性能稳定、安全性能高、原料资源丰富、环境友好等优点，现已广泛应用于储能和新能源汽车等大型电池器件中。锰酸锂借助其电压较高、原料资源丰富、价格低廉、环境友好等优势，单独使用或与其他正极材料复合使用，在 3C 中低端市场、电动工具、电动自行车、电动汽车等各类应用领域占据一定市场地位。近年来，基于改进镍酸锂性能的镍钴锰酸锂、镍钴铝酸锂等层状正极材料，借助锰离子稳定材料晶体结构、镍离子实现高可逆容量、钴离子提升倍率特性、铝离子提升安全性能，通过调配主金属元素的比例，达到了理想的电化学性能，在 3C 市场、新能源汽车和储能领域都得到了广泛的应用。

表 1-3 锂离子电池常见正极材料

种类	晶体结构	压实密度/(g/cm^3)	比容量/(mA·h/g)	放电平台电压/V	循环寿命	电子电导率/(S/cm)	锂离子扩散系数/(cm^2/s)	安全性能	原料资源
钴酸锂	层状型	4.0～4.2	150～180	3.7～3.8	≥500	10^{-2}	～10^{-9}	差	较少
镍钴锰酸锂	层状型	3.4～3.7	160～220	3.7	≥1000	10^{-5}	～10^{-10}	较好	一般
镍钴铝酸锂	层状型	3.4～3.7	190～220	3.7	≥1000	10^{-5}	～10^{-10}	差	一般
磷酸铁锂	橄榄石型	2.2～2.5	160	3.4	≥2000	～10^{-9}	～10^{-14}	优异	丰富
锰酸锂	尖晶石型	3.1～3.3	110	4.0	≥500	10^{-5}	～10^{-10}	良好	较多

参考文献

[1] 张涛，杨军. 高能锂离子电池的“前世”与“今生”[J]. 科学，2020，72（1）：5-9.
[2] Mizushima K，Jones P C，Wiseman P J，et al. Li_xCoO_2（$0<x<1$）：a new cathode material for batteries of high energy density[J]. Mater Res Bull，1980，15（6）：783-789.
[3] 张学强，赵辰孜，黄佳琦，等. 下一代锂电池在能源化学工程方面的研究进展[J]. Engineering，2018，4（6）：191-225.
[4] Thackeray M M，Wolverton C，Isaacs E D. Electrical energy storage for transportation—approaching the limits of，and going beyond，lithium-ion batteries[J]. Energ Environ Sci，2012，5：7854-7863.
[5] 田君，金翼，官亦标，等. 高电压正极材料在全固态锂离子电池中的应用展望[J]. 科学通报，2014，59（7）：537-550.
[6] 曹林，孙传灏，袁中直，等. 锂电池术语[J]. 储能科学与技术，2018，7（1）：148-153.

02

层状多元材料

正极材料是电池的核心部件，直接影响到锂离子电池的容量、寿命、安全性等重要性能，通常锂离子电池中的可脱嵌锂离子，都源自正极活性物质。在可充电锂离子电池正极材料中，层状氧化物最早实现商业化，在 3C 数码、储能和动力电池中都占据重要地位。典型的层状氧化物正极材料有钴酸锂（$LiCoO_2$，LCO）、镍钴锰酸锂（$LiNi_{1-x-y}Co_xMn_yO_2$，NCM）、镍钴铝酸锂（$LiNi_{1-x-y}Co_xAl_yO_2$，NCA）、富锂锰基材料［$Li_{1+x}(Mn_{1-y}Me_y)_{1-x}O_2$］等，其中 $LiCoO_2$ 较早商用，并广泛应用于数码电器产品中，NCM 和 NCA 等多元素复合氧化物材料（简称“多元材料”）则大规模应用于新能源汽车动力电池。多元材料 NCM 可看作由 $LiNiO_2$-$LiCoO_2$-$LiMnO_2$ 组成的固溶体（图 2-1），结合了 $LiCoO_2$ 的倍率特性好、$LiMnO_2$ 的安全性好和 $LiNiO_2$ 的容量高等特点，被研究最多的是具有 Ni∶Co∶Mn＝1∶1∶1 比例的 NCM111（$LiNi_{1/3}Co_{1/3}Mn_{1/3}O_2$），常见组成还有 NCM523（$LiNi_{0.5}Co_{0.2}Mn_{0.3}O_2$）、NCM622（$LiNi_{0.6}Co_{0.2}Mn_{0.2}O_2$）、NCM701515（$LiNi_{0.70}Co_{0.15}Mn_{0.15}O_2$）、NCM811（$LiNi_{0.8}Co_{0.1}Mn_{0.1}O_2$）等。近年来，NCM523 因相对 NCM111 而言具有更高的性价比，成为数码电器、电动工具和电动汽车等领域市场化应用最多的多元正极材料。本章将回顾层状多元材料的开发历史，并重点介绍材料结构、电化学性能及改性进展。

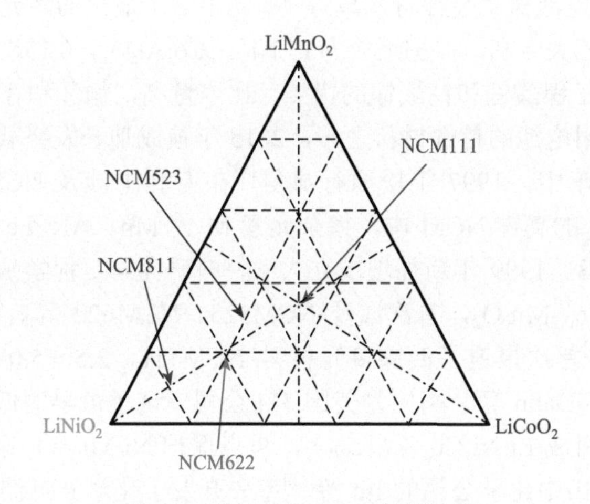

图 2-1　多元材料 NCM 体系相图

2.1　层状多元材料的开发历史

早在 1954 年 Dyer 等就研究过镍酸锂（$LiNiO_2$，LNO）结构，1958 年 Johnston

等也制备出钴酸锂，但直到1980年Goodenough教授[1]才发现层状钴酸锂可用作电池正极材料，申请专利并提及镍酸锂也有类似电化学特性[2]。日本索尼公司在十年后将基于钴酸锂正极、碳负极的锂离子电池推向市场应用，镍酸锂却因制备时 Ni^{2+} 难氧化为 Ni^{3+}，且易混排形成无电化学活性的立方岩盐相 $(Li^{+}_{1-x}Ni^{2+}_{x})_{3a}(Ni^{3+}_{1-x}Ni^{2+}_{x})_{3b}O_2$，结构不稳定，未真正实用化。为了提高镍酸锂的结构和电化学稳定性，众多学者做了大量改性研究工作，由此衍生出一系列高容量正极活性物质——多元材料。

在1989年法国SAFT公司发明专利中，Lecerf等[3]较早报道了二元体系材料——镍钴酸锂（$LiNi_{1-x}Co_xO_2$，NC）：以固相法制备了 $LiNi_{0.91}Co_{0.09}O_2$、$LiNi_{0.75}Co_{0.25}O_2$ 和 $LiNi_{0.5}Co_{0.5}O_2$ 等，发现Co掺杂可显著改善材料的循环性能。1992年加拿大戴尔豪斯大学Dahn教授等[4]发现镍锰酸锂（$LiNi_{1-y}Mn_yO_2$，NM）在 $0<y\leqslant0.5$ 时为单相层状结构，电性能可与 $LiCoO_2$ 相媲美。1999年法国波尔多凝聚态材料化学学院Bruce等[5]通过先制备 α-$NaMn_{1-y}Co_yO_2$ 再离子交换得到层状 $LiMn_{1-y}Co_yO_2$，发现在 $0<y\leqslant0.5$ 范围内为单一固溶体相，但 Mn^{3+} 的高自旋3d电子使其易经四面体位迁入 Li^+ 位，转为尖晶石相，循环性极差。1995年Ohzuku教授等[6]采用固相法制备出镍铝酸锂（$LiNi_{1-z}Al_zO_2$），引入惰性元素Al稳定了材料的晶体结构。

1996年日本电池株式会社青木卓等[7]率先申请了最早的多元材料——镍钴铝酸锂（NCA）的相关专利，保护组成为 $Li_yNi_{1-x-z}Co_xAl_zO_2$，$0.15\leqslant x\leqslant0.25$，$0<z\leqslant0.15$。NCA兼备了镍酸锂和钴酸锂的优点，比容量高，循环和存储性能优良，成为高能量密度车用电池的首选材料之一，2015年被成功开发搭载入特斯拉Model S系列纯电动汽车中。1997年松原行雄等[8]在专利中涉及NCM，保护组成为 $Li_yNi_{1-x}Co_{x1}M_{x2}O_2$ 的高镍NCM中，掺杂元素M为Mn、Al、Fe中的至少一种，掺杂量 $0<x_2\leqslant0.3$。1999年新加坡国立大学材料研究与工程学院的Liu等[9]公开报道了 $LiNi_{0.8-y}Co_{0.2}Mn_yO_2$，首次涉及NCM523、NCM622等典型组成。2001年Ohzuku教授等[10]首次报道了低镍多元材料NCM111，2.5～5.0V首次容量高达220mA·h/g，同年Dahn等[11]率先为美国3M公司申请了最早的低镍NCM专利，其中第三种典型组成 $Li(Ni_yCo_{1-2y}Mn_y)O_2$，重点保护Ni/Mn = 1等摩尔比NCM体系。2001年日本田中化学公司的Ito等[12]率先开发了化学共沉淀工艺，制备出振实密度超过 $1.5g/cm^3$ 的多元前驱体——氢氧化镍钴锰$[Ni_{1-x-y}Co_xMn_y(OH)_2]$，$1/10\leqslant x\leqslant1/3$，$1/20\leqslant y\leqslant1/3$，为多元材料的产业化奠定了基础。多元材料NCM和NCA等是基于针对镍酸锂改性而发展起来的一类正极材料，相对于钴酸锂、锰酸锂、磷酸铁锂、富锂锰基等其他正极材料具有明显的综合优势，在高中端的储能电站和车用动力电池领域得到广泛的应用。

2.2 层状多元材料的结构与电化学性能

2.2.1 层状多元材料的结构

1. 晶体结构

根据晶体衍射理论，相邻晶面的光程差是X射线波长的n倍时才产生衍射，晶面间距与入射角之间的关系可用布拉格方程表示：

$$2d_{hkl}\sin\theta = n\lambda \tag{2-1}$$

式中，d_{hkl}为(hkl)晶面间距；h、k、l为晶面指数；θ为入射X射线与晶面夹角；λ为X射线波长（常用Cu靶的K_α波长为1.5406Å）；n为衍射级数。

六方晶系的(hkl)晶面间距与晶格常数a、c和晶胞体积V有如下关系：

$$\frac{1}{d_{hkl}^2} = \frac{4}{3}\left(\frac{h^2+hk+k^2}{a^2}\right)+\frac{l^2}{c^2} \tag{2-2}$$

$$V = a^2 c\sin\theta \tag{2-3}$$

将若干个晶面衍射峰的相关数据代入式（2-1）～式（2-3），即可拟合计算多元材料粉末的晶格常数和晶胞体积。用作锂离子电池正极活性物质的商用多元材料一般为多晶粉末，其典型的X射线衍射（X-ray diffraction，XRD）谱图如图2-2（a）所示，晶面指数为(003)、(104)和(101)的晶面对应的衍射峰构成了其特征三强峰，常见的几种层状氧化物正极材料的XRD谱图与之类似。作为多元材料的核心组成的钴酸锂、镍酸锂和偏铝酸锂等都具有六方晶系、类α-$NaFeO_2$型层状结构，

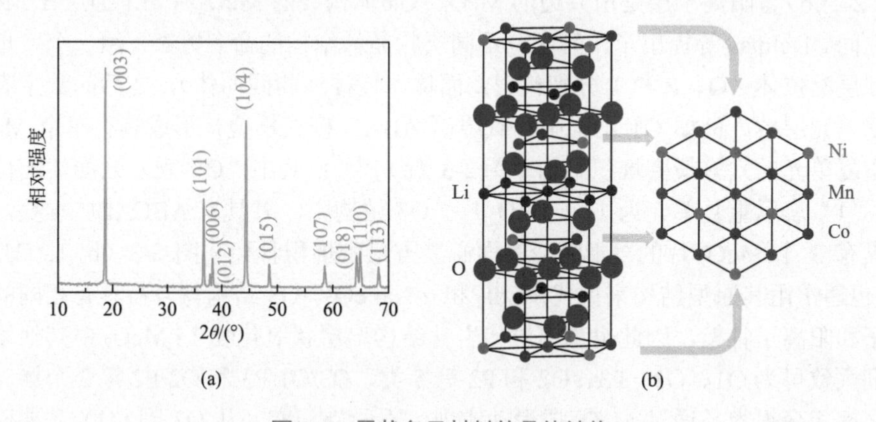

图2-2 层状多元材料的晶体结构

（a）典型的XRD谱图；（b）晶体结构（NCM111）

属于 $R\bar{3}m$ 空间群；而层状锰酸锂属于单斜晶系、$C2/m$ 空间群[13]。由上述 4 种材料构成的固溶体材料镍锰酸锂、镍钴酸锂、镍钴锰酸锂和镍钴铝酸锂等二元和多元材料基本都归属于六方晶系、$R\bar{3}m$ 空间群，由于多种金属的比例不同、价态差异、离子半径不同，固溶体晶胞体积通常比同晶系的钴酸锂大，与镍酸锂接近（表 2-1）。

表 2-1 几种层状材料的晶格常数对比

种类	晶系	空间群	a/Å	b/Å	c/Å	β/(°)	V/Å^3	备注
$LiNiO_2$	六方	$R\bar{3}m$	2.878		14.19		101.79	PDF#74-0919
$LiCoO_2$	六方	$R\bar{3}m$	2.816		14.05		96.49	PDF#75-0532
$LiMnO_2$	单斜	$C2/m$	5.439	2.809	5.388	116.01	73.98	[13]
α-$LiAlO_2$	六方	$R\bar{3}m$	2.799		14.18		96.23	PDF#44-0224
$LiNi_{1/2}Mn_{1/2}O_2$	六方	$R\bar{3}m$	2.892		14.30		103.58	[14]
$LiNi_{1/2}Co_{1/2}O_2$	六方	$R3m$	2.845		14.12		99.00	[15]
$LiNi_{1/3}Co_{1/3}Mn_{1/3}O_2$	六方	$R\bar{3}m$	2.867		14.25		101.41	[10]
$LiNi_{0.8}Co_{0.15}Al_{0.05}O_2$	六方	$R\bar{3}m$	2.864		14.17		100.63	[16]

注：PDF#***是国际衍射数据中心（ICDD）的晶体 X 射线衍射数据库卡片号。

多元材料（$LiMeO_2$，Me = Ni、Co、Mn、Al 等）晶体结构中，氧离子（O^{2-}）呈立方紧密堆积形成共边的八面体，而 Li^+、Me^{2+}各自交替位于密堆氧层的八面体位置。Li^+、Me^{2+}和 O^{2-}等离子分别占据 3a(0, 0, 0)、3b(0, 0, 1/2)和 6e(0, 0, 1/4)(0, 0, −1/4)位置，形成 Li—O—Me—O—Li—O—Me—O—Li 交替排列的层状结构［图 2-2(b)］。阳离子层是由共边的 MeO_6 八面体构成的 MeO_2 片，Li^+插层在 MeO_2 片之间。Delmas 等提出了一套区分不同层状晶体结构的命名方案：用一个字母表示插层配位体（O、P 和 T 分别代表八面体、棱柱体和四面体），之后的数字表示重复单元层数。例如 O1 结构中，氧层以 ABAB 模式堆叠，形成具有单个 MeO_2 片重复单元的六方最密堆积结构［图 2-3（a）］[17]；其中“O”表示八面体配位插层，“1”表示重复单元为 1 个 MeO_2 片。O3 结构中，氧具有 ABCABC 堆叠，形成具有 3 个 MeO_2 片的菱形畸变的面心立方最密堆积骨架［图 2-3（b)］。O1 和 O3 也通常用其原型结构来指代：CdI_2 和 α-$NaFeO_2$。O3 结构与岩盐具有相同的阴离子和阳离子骨架，因此也称作层状岩盐结构。层状氧化物 Li_xMeO_2 中其他堆叠序列大致可为 O1、O3、P3、O2 和 P2 等 5 类，O3/O1/P3 和 O2/P2 等 2 个族。同族之间相变很容易通过 MeO_2 层滑动实现，不同族相变（从 O3 到 O2）需要破坏 Me—O 键、需要更高能量。层状多元正极材料晶体结构主要限于 O3 和 O1，在部分脱锂时存在由 O1 和 O3 交替组成的混合 H1-H3 相［图 2-3（c）］，锂离子优先占据 O3 堆叠的八面体位。尖晶石［图 2-3（d）］和无序的岩盐［图 2-3（e）］结构在晶体学上与 O3 类似，都具有面心立方密堆氧骨架，仅八面体和四面体间隙位上 Li 和 Me 阳离子排列不同，它们之间容易以最小结构变化发生相变。

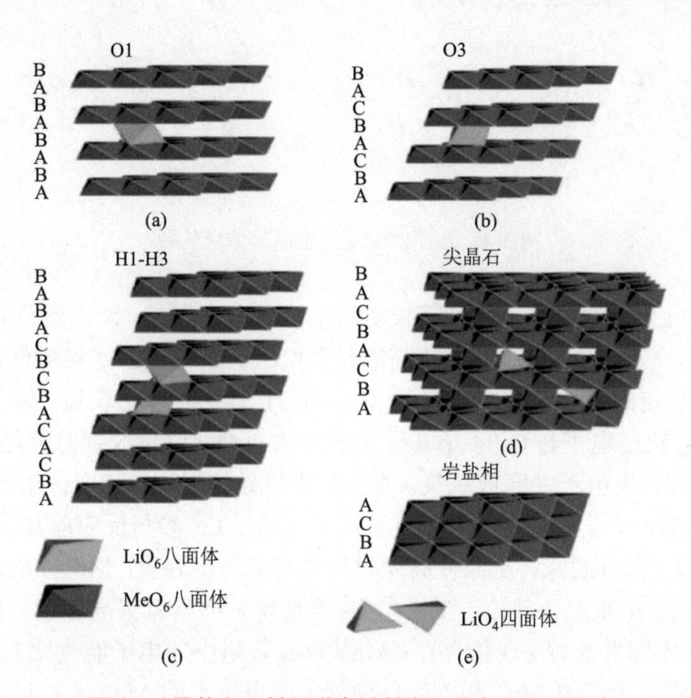

图 2-3 层状多元材料脱嵌过程常见的变化晶体结构

2. 电子结构

在层状正极材料中，过渡金属离子占据由 6 个 O^{2-}配位的略微扭曲的八面体间隙位置。如图 2-4（a）所示，过渡金属的 d 电子在八面体晶体场作用下产生能级分裂，5 个 d 轨道分裂成 2 个能量较高的 e_g 能级和 3 个能量较低的 t_{2g} 能级。e_g 能级轨道含 $d_{x^2-y^2}$ 和 d_{z^2} 对称性分裂，而 t_{2g} 对应于 d_{xy}、d_{xz} 和 d_{yz} 对称性分裂。由于配位阴离子的静电斥力增加，e_g 比 t_{2g} 具有更高的能量。Co、Mn 和 Ni 中次外层 d 轨道的常见电子构型如下：Co^{3+}为 $3d^6$，其 6 个 d 电子全部占据 3 个 t_{2g} 轨道，而 e_g 轨道为空轨道；Ni^{3+}为 $3d^7$，其 7 个 d 电子中有 6 个占据 t_{2g} 轨道，另 1 个在 e_g 轨道；Mn^{3+}为 $3d^4$，其 3 个 d 单电子占据 3 个 t_{2g} 轨道，另 1 个单电子占据 e_g 轨道，呈高自旋态。Mn^{3+}和 Ni^{3+}在 e_g 能级中具有孤电子，都容易发生 Jahn-Teller 畸变，将 e_g 轨道分裂成较低能量占据轨道和更高能量未占据轨道，如图 2-4（b）所示[17]。

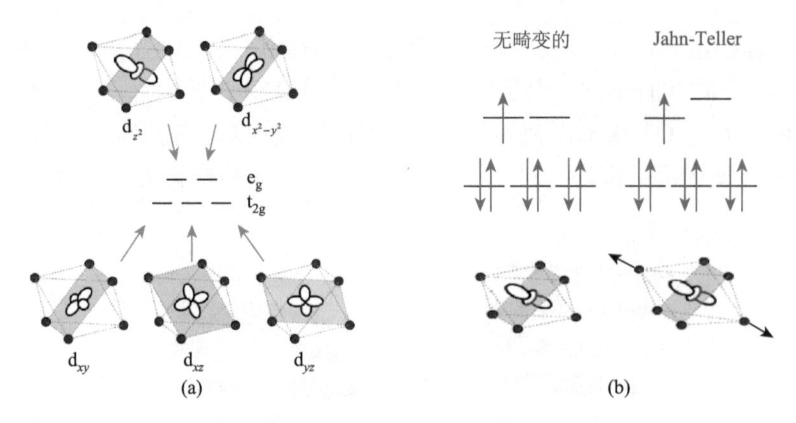

图 2-4 八面体中过渡金属晶体场分裂

图 2-5（a）定性总结了几种正极材料中 Ni、Mn 和 Co 氧化还原能级及氧 2p 能带位置[18]，较低的能级对应于较高的脱锂电压。Co^{3+}/Co^{4+}能级最低，因其氧化还原涉及更稳定的 t_{2g} 轨道，而 Ni 和 Mn 对应于不稳定的 e_g 轨道。从电子结构来看，Co 的 t_{2g} 轨道电子与 O 的 2p 电子态有较大重叠，深度脱锂时将触发 O^{2-}参与氧化还原反应，失电子并释放氧气，导致氧密堆结构坍塌、相变；Ni 的 e_g 轨道与 O 的 2p 重叠较小，其 e_g 轨道的 1 个电子可在阴离子 O^{2-}参与反应前几乎完全失去，对应于 1 个 Li^+充分脱除，从而使高镍材料具有更高比容量；Mn 的 e_g 轨道能量较高，与 O 的 2p 不重叠，理论上其 Li^+可完全脱除，并具有很高容量，但在中高镍 NCM 中 Mn 实际并非以＋3 价存在：Mn^{3+}的 e_g 轨道中的电子能量比 Ni^{3+}高，会自发向 Ni^{3+}提供电子产生 Mn^{4+}和 Ni^{2+}，使处于高自旋态的 Mn^{3+}（$t_{2g}^3e_g^1$）转变为低自旋态的 Mn^{4+}（$t_{2g}^3e_g^0$）以稳定层状结构［图 2-5（b）］[19]。因此 Ni≥Mn 的多元材料体系中 Mn^{4+}在整个脱嵌过程中无电化学活性，不参与氧化还原反应，稳定了层状结构，提高了安全性；电池容量主要源于 Ni^{2+}/Ni^{3+}和 Ni^{3+}/Ni^{4+}电对，在较高充电电压下 Co^{3+}/Co^{4+}电对才起作用。此外，Ni^{2+}或 Ni^{3+}的 e_g 轨道与 O 的 2p 轨道形成的是 σ 键，电子局域性强；而 Co^{3+}的 t_{2g} 轨道与 O 的 2p 轨道形成的是π键，

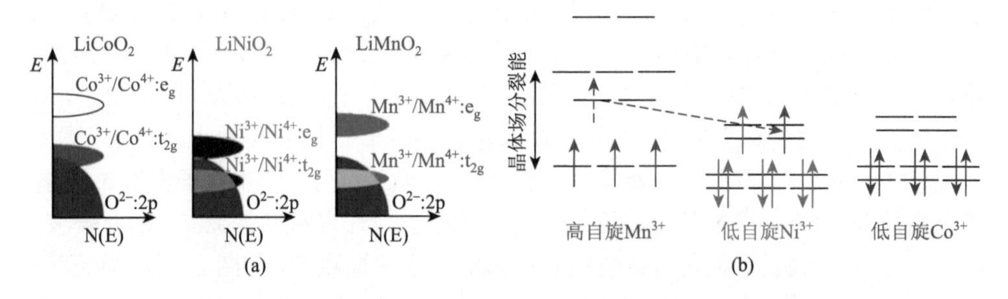

图 2-5 正极材料中 Ni、Co、Mn 的相对能级示意图

电子离域性强，更容易在大范围转移或传递。因此，多元材料组成中 Co 含量增加可提高导电性，改善倍率性能。

3. *层状材料充放电过程的结构变化*

图 2-6 是几种常见层状正极材料的电压曲线。Li_xCoO_2 脱锂时出现许多相变：首先经历从绝缘相 O3 到金属相的一级相变，$x = 1/2$ 处发生与 Li^+ 排序相关的连续相变，$x = 0.2$ 附近向 O1 相转变。Li_xCoO_2 中锂离子扩散系数与充放电状态密切相关，放电态下锂空位少，而全充电态下迁移势垒大，在 $x = 0.4$ 附近扩散最快[17]。$LiNiO_2$ 脱锂电压比 LCO 低 0.2～0.3V，镍氧化还原仅涉及到 e_g 轨道而非 t_{2g} 轨道（参见上一小节）；脱锂时先经历从 O3 到单斜相的一级相变，进一步脱锂时形成 3×3 Li 排序的六方相，最后变为 O1[20]。层状多元材料 NCM 和 NCA 的电压曲线介于上述两种材料之间：脱锂初期类似于 LNO，末期类似于 LCO；Ni、Co 和 Mn/Al 的复合抑制了锂-空位有序分布，使得固溶体呈现平滑电压曲线，没有明显的相变拐点。典型的层状多元材料 $LiNi_{1/3}Co_{1/3}Mn_{1/3}O_2$ 在充电过程中，随着 Li^+ 脱出，晶胞参数 a 值基本呈单调减小趋势，c 值则先增大后减小，在脱出量 $x = 0.6$ 时达到最大（图 2-7）[21]。充电时 Li^+ 不断脱出，为保持正极活性材料的电中性，Ni^{2+} 逐渐转变为 Ni^{3+}、Ni^{4+}（其离子半径分别为 0.69Å、0.56Å、0.48Å），MeO_2 片中过渡金属镍离子持续变小，使得晶胞参数 a 值单调变小。在更高的充电电压下，Co^{3+} 变为 Co^{4+}（其离子半径分别为 0.545Å、0.53Å），钴离子尺寸减小幅度不如镍离子，使得减少幅度变缓。$x<0.6$ 时，Li^+ 脱出伴随相邻氧层间的斥力增大，导致 c 值单调增加；$x>0.6$ 时，c 值突然减小、a 值缓慢增大，可归结为逐渐增多的 $Co^{4+}—O^{2-}$ 和 $Ni^{4+}—O^{2-}$ 键，使氧离子最外层电子云向 MeO_2 片层集中，减弱了氧层之间的斥力。

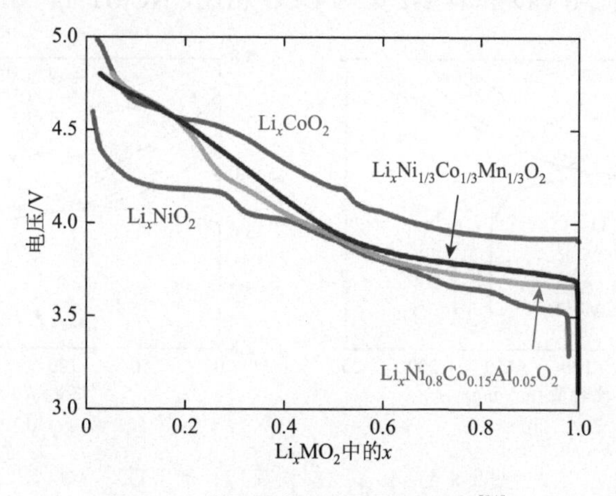

图 2-6 常见层状材料的电压曲线[21]

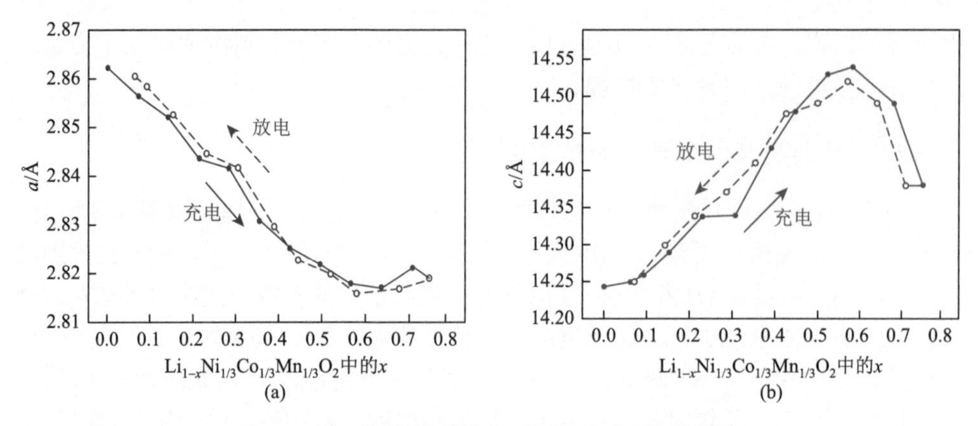

图 2-7 多元材料在充放电过程中晶胞参数的变化

2.2.2 层状多元材料的电化学性能

1. 容量与首次效率

正极材料的晶体结构、与电解液的副反应、电流大小等因素会影响到库仑效率的高低，通常磷酸铁锂首次效率最高，达到 98%以上；锰酸锂和钴酸锂居中，依次为 96%和 94%左右；多元材料较低，为 88%～90%。含镍的多元材料通常在首次充放电中容易发生阳离子混排、过渡金属溶解，导致产生不可逆容量，使得首次效率较低。由于 LNO 的脱锂电压比 LCO 低 0.2～0.3V，随着镍含量增加和钴含量降低，层状多元材料结构中有更多的锂离子参与电化学氧化还原反应，使充电容量和放电容量呈现逐步增大的趋势：NCM111、NCM523、NCM622 和 NCM811 对应的 0.2C 放电容量依次达到 157.7mA·h/g、169.4mA·h/g、179.8mA·h/g 和 205.8mA·h/g［图 2-8（a）和表 2-2］。与 LCO 相比，NCM111、NCM523、NCM622

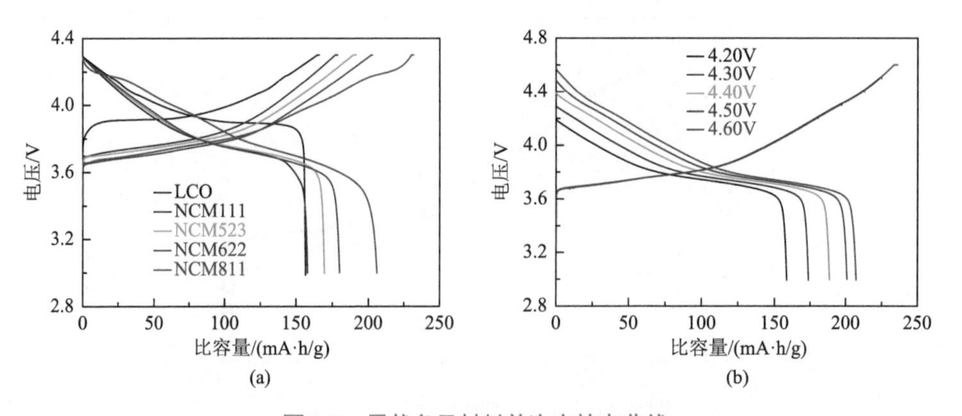

图 2-8 层状多元材料首次充放电曲线

（a）不同镍含量（0.2C@3.0～4.3V）；（b）不同充电电压下 NCM551530（0.2C）

和 NCM811 的比容量依次提高了 0.8%、8.2%、14.9%和 31.5%，比能量依次提升了–2.5%、4.7%、10.8%和 27.2%。

表 2-2 不同镍含量的层状多元材料 0.2C 比容量和首次效率

$x_{(Ni)}$	正极组成	比容量		首次效率/%	平均放电电压/V	正极比能量/(W·h/kg)	比容量增加/%	比能量增加/%
		充电/(mA·h/g)	放电/(mA·h/g)					
0	LCO	165.9	156.5	94.3	3.98	622.9	0.0	0.0
1/3	NCM111	178.4	157.7	88.4	3.85	607.1	0.8	–2.5
0.5	NCM523	191.2	169.4	88.6	3.85	652.2	8.2	4.7
0.6	NCM622	202.5	179.8	88.8	3.84	690.4	14.9	10.8
0.8	NCM811	231.6	205.8	88.8	3.85	792.3	31.5	27.2

与纯的钴酸锂相比，层状多元材料中呈现电化学活性的过渡金属元素从单一的“Co”转变为“Co + Ni”，使得电压平台降低，0.2C 下平均放电电压从 3.98V 降低到 3.85V［图 2-8（a）和表 2-2］。NCM111 的比容量与 $LiCoO_2$ 接近，但由于电压平台的差异，比能量低 2.5%。此外，多元材料首次效率普遍低于 90%。这是由于多元材料存在 Ni^{2+} 倾向进入锂层中，为平衡电荷，处于 MeO_2 片中的 Ni^{3+} 被还原成 Ni^{2+}，从而在材料晶体内局部形成金属混排——$[Li_{1-y}Ni_y^{2+}][Ni_{1-y}^{3+}Ni_y^{2+}]O_2$。锂层中 Ni^{2+} 的存在对电化学性能，特别是首次不可逆容量具有负面影响。一种可能的解释是，进入锂层的 Ni^{2+} 充电时被氧化成离子半径更小的 Ni^{3+}，导致层间距缩小，使再嵌入 Li^+ 困难。也有人提出，Ni^{2+} 取代 Li^+ 引起层间距缩小，增大了锂扩散的迁移势垒[22]。随着 Ni 含量的增加，多元材料的首次效率和平均电压基本保持不变，并未进一步降低，这与体系中存在电化学惰性的 Mn 有一定关系，特有的固溶体结构提高了多元材料的结构稳定性。

提升层状多元材料比容量的途径除采用高镍组成外，也可通过提高充电电压实现。图 2-8（b）是 NCM551530（$LiNi_{0.55}Co_{0.15}Mn_{0.30}O_2$）在不同电压下的 0.2C 首次充放电曲线。随着充电电压的提高，层状多元材料的充电容量和放电容量依次增大，同时平均放电电压提升（表 2-3）。充电电压由 4.20V 提升到 4.30V、4.40V、4.50V、4.60V 时，放电比容量依次增加 7.4%、16.6%、24.2%和 28.2%，比能量依次增加 8.0%、18.5%、27.2%和 31.8%。充电电压提高后，有更多的钴和镍参与电化学反应，使得比能量的提升百分比超过比容量的增加幅度。

表 2-3 不同充电电压下 NCM551530 的 0.2C 比容量和首次效率

充电限制电压/V	比容量		首次效率/%	平均放电电压/V	正极比能量/(W·h/kg)	比容量增加/%	比能量增加/%
	充电/(mA·h/g)	放电/(mA·h/g)					
4.20	179.1	158.4	88.4	3.82	605.1	0.0	0.0
4.30	195.3	173.7	88.9	3.85	668.6	7.4	8.0
4.40	213.0	188.6	88.5	3.89	733.7	16.6	18.5
4.50	226.5	200.9	88.7	3.92	787.4	24.2	27.2
4.60	235.5	207.2	88.0	3.94	816.4	28.2	31.8

2. 倍率性能

锂离子电池的电压由正极材料表面 Li^+浓度决定，当表面脱嵌锂程度与限制电压对应时，恒流充放电过程终止。在小放电电流下，Li^+有足够长的时间进行扩散，使得材料内部的 Li^+能够进行充分的电化学反应，浓度梯度很小，放电曲线接近理想的平衡态。大放电电流下正极材料内部 Li^+浓度梯度变大，表面完全锂化放电结束时，电极颗粒内部远未达到平衡，使得放电电压降低[17]。Li^+在小颗粒材料内部的扩散距离短，更利于在短时间内达到平衡态，比较容易实现大电流充放电，因此小颗粒倍率特性更好。较高温度下，Li^+在固体颗粒材料内部扩散系数大，使得倍率特性变好；电池在低温工作时，Li^+扩散很慢，倍率性能显著变差。

层状多元材料的倍率性能也受到 NCM 组成影响。Co^{3+}的 d 电子组态为 t_{2g}^6，t_{2g} 轨道与 O 的 2p 轨道是重合的，可形成离域性强的π键，利于电子大范围传递，高 Co 组成下材料的倍率性能更好。与层状的 LCO 相比，多元材料中 Ni^{2+}半径较大，Mn^{4+}和 Ni^{2+}的极化能力分别小于 Mn^{3+}和 Ni^{3+}，M—O 键变弱、Li—O 键变强，使得 Li^+扩散活化能增加。此外，高镍材料中锰含量较低，使得大部分镍以 Ni^{3+}存在，其 d 电子组态为 $t_{2g}^6e_g^1$，e_g 轨道与配位氧的 2p 轨道形成σ键，相对于 Co^{3+}的π键，Ni^{3+}/Ni^{4+}的电荷传输比 Co^{3+}/Co^{4+}更难。Choi 等[23]研究了 Co 含量对 $LiNi_{0.5-y}Mn_{0.5-y}Co_{2y}O_2$ 倍率性能的影响，发现材料的倍率特性随 Co 加入量的减少而单调变差［图 2-9（a）］。通过精修测算，钴含量增加后，晶胞体积单调减小，c/a 值持续增大，阳离子混排减弱，二维层状晶体结构特征更加明显。高钴组成的多元材料，锂层中 Ni^{2+}较少，Li^+排布有序性提高，更有利于大电流下 Li^+传输，倍率性能改善。Choi 等[24]还分别研究了 Ni 含量对 $LiCo_{0.5-y}Mn_{0.5-y}Ni_{2y}O_2$、Mn 含量对 $LiNi_{0.5-y}Co_{0.5-y}Mn_{2y}O_2$ 倍率性能的影响，发现材料的倍率特性随 Ni 含量增加、Mn 含量减少而单调变差［图 2-9（b）和（c）］。Ni 含量在 0.2%以下或 Mn 含量高于 0.6%时，出现了 Li_2MnO_3 杂相，材料的比容量较低；Ni 含量高于 0.5%或 Mn 含量低于 0.1%时，阳离子混排增大，影响了 Li^+扩散，造成倍率特性变差。

相对而言，$LiNi_{1/3}Co_{1/3}Mn_{1/3}O_2$组成集成了 Ni、Co、Mn 三种元素的优点，比容量较高，倍率性能较好。

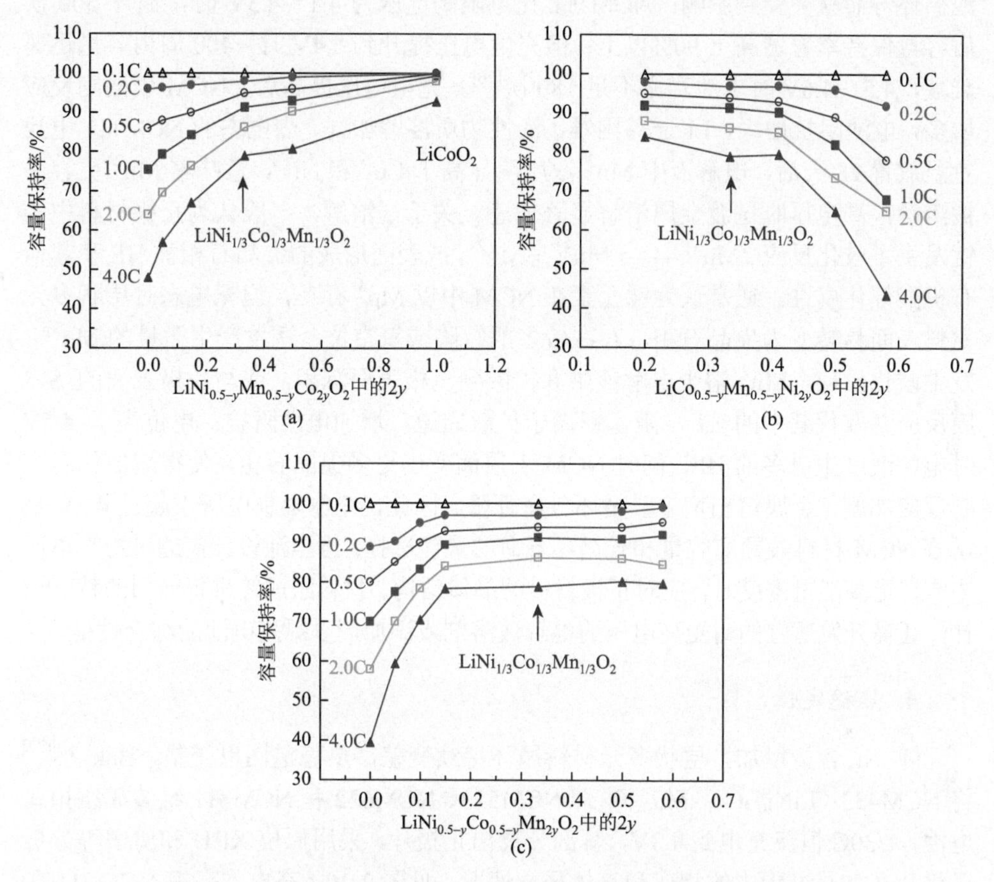

图 2-9　不同过渡金属含量的 NCM 的倍率性能比较（3.0～4.3V）

（a）钴含量变化；（b）镍含量变化；（c）锰含量变化

3. 循环性能

锂离子电池在循环过程中的容量衰减与许多过程及其相互作用有关，包括正极和负极中的电化学反应，及其与电解质的化学副反应，甚至正极和负极的机械降解等。Noh 等[25]发现，随着镍含量增加，多元材料的稳定性降低：高镍的$LiNi_{0.85}Co_{0.075}Mn_{0.075}O_2$初始放电容量最高，但循环过程中容量急剧下降，尤其是55℃时 100 次后，容量保持率仅为 55.6%；低镍的$LiNi_{1/3}Co_{1/3}Mn_{1/3}O_2$稳定性良好，在相同温度和循环次数下容量保持率为 92.4%。高镍多元材料循环稳定性差，一方面与其表层容易形成更稳定的尖晶石相或$Li_xNi_{1-x}O$相、界面电阻增大相关，另一方面与晶胞体积变化大使其颗粒之间及与导电剂之间的连接出现松动、电池内阻增大有关。正极材料比容量可通过提高充电电压来实现，但电压超过 4.3V 时电池循环寿命就会受到影响：NCM111 充电限制电压为 4.1～4.3V 时，循环 500 次后容量保持率普遍高于 90%以上；但充电电压提升到 4.4V 时，400 周内容量迅速衰减，4.5～4.6V 时电池寿命不足 180 次[26]。充电电压提高后，NCM 表面副反应增多，电池阻抗增大，Li^+迁移困难，活性物质溶解加剧。满电态的 NCM111 电池室温放置 28 天后，电解液中 Mn^{2+}浓度明显高于 Co^{2+}和 Ni^{2+}，意味着 Mn^{2+}更容易被溶解，高电压时过渡金属溶解显著加速。关于锰溶解，一般认为正极材料中的锰发生了歧化反应 $2Mn^{3+} \longrightarrow Mn^{4+} + Mn^{2+}$，或表面形成的尖晶石相被 HF 和其他有机酸催化腐蚀。通常认为锰元素在 NCM 中以 Mn^{4+}存在，但充电态时层状多元材料表面易转变为尖晶石相，存在较多的缺陷或氧空位，诱发产生微量的 Mn^{3+}，发生歧化反应，Mn^{2+}溶于电解液中并扩散到负极表面沉积，或与负极表面的 SEI 膜反应并取代其中的 Li^+，阻塞锂离子扩散通道，增加电池阻抗。电位高于 4.5V 时电解液产生更多的 HF，同时 NCM 表层演变出更多尖晶石相，使得酸催化腐蚀副反应加剧，金属溶出增多，循环寿命骤降。因此，充电限制电压不超过 4.3V 是常规 NCM 材料兼顾高容量和长循环寿命的最佳选择；当电池设计需通过提高电压来实现更高能量密度时，应对正极材料的晶体结构、材料组成等进行专门的特殊设计，还需开发适宜的耐受高电压的电解液溶剂或添加剂以提高电池的综合性能。

4. 热稳定性

随 Ni 含量增加，层状多元材料循环持续变差，热稳定性也变差。Bak 等[27]将 NCM433（$LiNi_{0.4}Co_{0.3}Mn_{0.3}O_2$）、NCM523、NCM622 和 NCM811 组装成纽扣式电池，1/30C 恒流充电到 4.3V，解剖分离出正极片，采用原位 XRD 和质谱等分析了极片在加热过程中的相变和气体释放情况，见图 2-10。充电态高镍 NCM811 在加热时率先发生相变和析氧，其次是 NCM622 和 NCM523，最后是 NCM433。即使是比较稳定的 NCM433，在较高温度也会发生少量的氧释放，某些微区从层状 $R\bar{3}m$ 相演变为立方 $Fd\bar{3}m$ 尖晶石相；NCM523 的镍含量略高于 NCM433，其析氧行为非常相似；中镍 NCM622 样品在约 230℃观察到显著的释氧峰，高镍 NMC811 在约 150℃出现非常尖锐的氧气释放峰，并伴随着尖晶石相的转变。高镍材料在较低温度下大量释氧，给锂离子电池带来严重的安全问题。

在完全嵌锂（全放电）状态下，过渡金属平均价态为 +3.0；完全脱锂时，过渡金属呈 +4.0 价；实际使用中，由于荷电状态不同，过渡金属平均价态介于 +3.0～+3.9（表 2-4）。显而易见，平均价态越高，正极活性物质氧化性越强，越容易失氧。实际电池中存在大量易燃的有机电解液，正极释放的高活性氧可与其发生氧化还原反应，电池的安全性及高温存储性能变差。

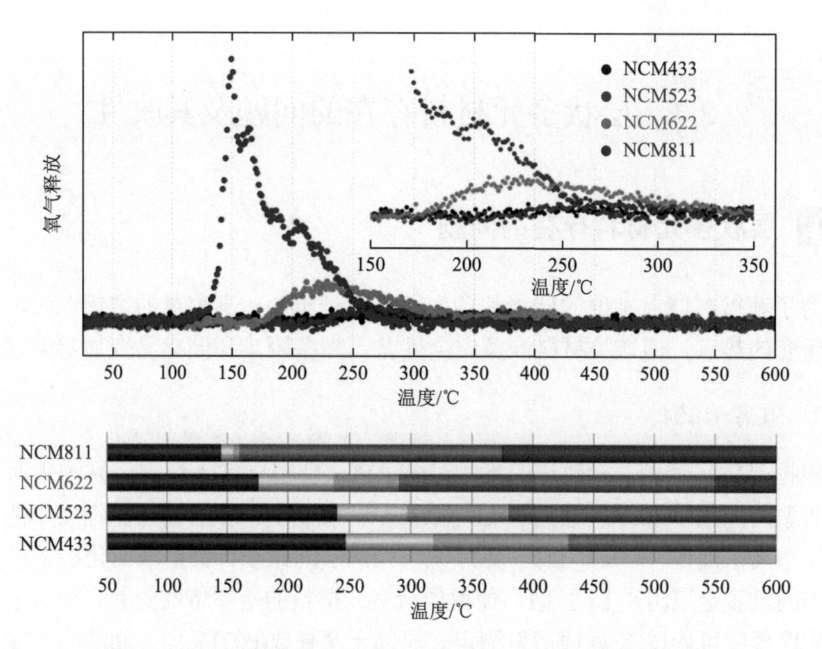

图 2-10　4.3V 充电状态下不同镍含量的 NCM 热稳定性比较

■ 层状相　■ 层状相→$LiMn_2O_4$尖晶石　■ $LiMn_2O_4$尖晶石相→M_3O_4尖晶石（大多为$LiMn_2O_4$尖晶石相）
■ 岩盐相　■ M_3O_4尖晶石→岩盐相（大多为M_3O_4尖晶石相）

表 2-4　不同荷电状态的 NCM 电池正极中过渡金属的平均价态

嵌脱态	电池组成	平均价态
完全嵌锂	（+）$LiNi_{1-x-y}Co_xMn_yO_2$/1mol/L $LiPF_6$ EC-DMC/C_6（−）	+3.0
使用时	（+）$Li_{1-\delta}Ni_{1-x-y}Co_xMn_yO_2$/1mol/L $LiPF_6$ EC-DMC/$Li_\delta C_6$（−）	+3.1～+3.9
完全脱锂	（+）$Ni_{1-x-y}Co_xMn_yO_2$/1mol/L $LiPF_6$ EC-DMC/LiC_6（−）	+4.0

在同一个氧化态下，不同 Ni-Co-Mn 比例组成的材料对应的热稳定性也明显不同，这是因为 3 种元素在高价态下失氧的能力及其副反应的剧烈程度不同。以完全脱锂的镍酸锂、钴酸锂和锰酸锂等几种正极材料为例：1mol 的 NiO_2 进一步受热分解会释放 1/2mol 氧气，1mol 的 CoO_2 释放 1/3mol 氧气；而 MnO_2 在空气中是稳定的，即使在超过 500℃发生热分解，也仅释放 1/4mol 氧气。因此，同样脱锂量状态时，高镍材料的稳定性更差。

$$NiO_2 \longrightarrow NiO + 1/2\ O_2 \tag{2-4}$$

$$CoO_2 \longrightarrow 1/3\ Co_3O_4 + 1/3\ O_2 \tag{2-5}$$

$$MnO_2 \longrightarrow 1/2\ Mn_2O_3 + 1/4\ O_2 \tag{2-6}$$

2.3 层状多元材料存在的问题及其改性

2.3.1 层状多元材料存在的问题

为了获得高能量密度的储能和动力用锂离子电池，高容量的富镍 NCM 成为近年来研究的热点，但该类材料涉及安全性差、制备困难和储存易变质等诸多问题。

1. 阳离子混排

根据晶体场理论，e_g 轨道的不成对电子自旋使得 Ni^{3+}不稳定，易转变为 Ni^{2+}。Ni^{2+}的离子半径为 0.69Å，接近于 Li^+（0.76Å），使得 Ni^{2+}很容易占据锂层中的 3a 位，导致“阳离子混排”（图 2-11）。无序混排相的层间距小，锂扩散活化能势垒高，且锂层中的过渡金属阻碍 Li^+扩散，使得层状多元材料的倍率特性变差。阳离子混排带来的无序程度可通过 X 射线衍射测定。局部无序导致(003)晶面之间的构造发生破坏性干扰，使(003)峰强度降低；与此同时，锂层中的过渡金属离子位于(104)晶面，导致(104)峰强度增加。随无序程度增加，(003)与(104)的峰强比 $I_{(003)}/I_{(104)}$减小，通常高镍材料的 $I_{(003)}/I_{(104)}$高于 1.2[28]。Lin 等[29]通过电子能量损失谱（electron energy loss spectroscopy，EELS）分析，发现 $LiNi_{0.4}Mn_{0.4}Co_{0.18}Ti_{0.02}O_2$ 电池循环后正极锂层中不仅有 Ni^{2+}，还存在 Mn^{2+}和 Co^{2+}。这些过渡金属的混排迁移及相变破坏了活性锂位，导致循环过程中容量逐渐下降甚至跳水。

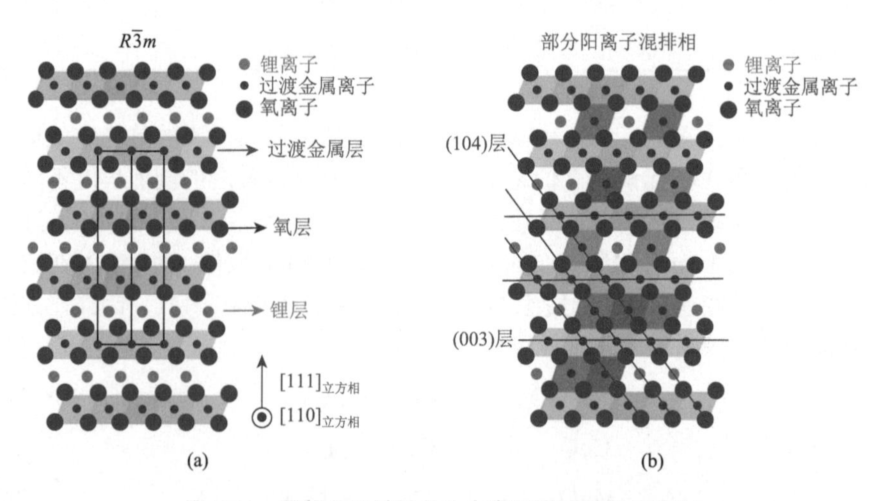

图 2-11 层状多元材料晶体中离子排列结构示意图

（a）排列有序的层状六方相；（b）排列无序的阳离子混排相

2. 表面残锂

层状高镍多元材料的表面通常存在残余锂化合物，是制备或储存期间与环境空气发生副反应而产生的。这些表面残余物质可在电极表面形成电子绝缘材料，高活性的 Ni^{4+}可加速电解质分解，导致电解质耗尽，形成较厚的正极电解质界面层（cathode electrolyte interphase，CEI）。在制备高镍多元材料时，通常需配入过量的锂抑制金属混排，以便得到高度有序的层状复合氧化物。高镍材料烧结温度通常较低，使得材料表面残余部分过剩的锂，主要以 Li_2O 形式存在，与空气中的水分和 CO_2 接触后，形成了 LiOH 和 Li_2CO_3：

$$Li_2O + H_2O \longrightarrow 2\ LiOH \tag{2-7}$$

$$2\ LiOH + CO_2 \longrightarrow Li_2CO_3 + H_2O \tag{2-8}$$

图 2-12 为 NCM811 样品在相对湿度为 60%的空气中暴露的 SEM 图。新制备的高镍样品一次颗粒表面很洁净，一次颗粒表面光滑、颗粒之间界面清晰；经高湿度环境暴露 24h 后，颗粒表面及其粒界出现了絮状的无定形析出物；暴露时间进一步延长到 168h 后，样品表面整体被厚厚的析出物包围和覆盖。对这些样品的 Li_2CO_3、LiOH 和水分进行跟踪测试后发现，Li_2CO_3 和水分含量呈持续增加趋势，LiOH 含量逐渐降低（图 2-13）。通过测算发现，由最初的 LiOH 按照式（2-8）转化为 Li_2CO_3 形式的含量并不高，168h 后基本达到恒定，与实际 Li_2CO_3 测试值相差甚远，说明在存储过程中进一步从材料内部析出活性锂：

$$LiNi_{0.8}Co_{0.1}Mn_{0.1}O_2 + x/4\ O_2 + x/2\ H_2O \longrightarrow Li_{1-x}Ni_{0.8}Co_{0.1}Mn_{0.1}O_2 + x\ LiOH \tag{2-9}$$

$$LiNi_{0.8}Co_{0.1}Mn_{0.1}O_2 + x/4\ O_2 + x/2\ CO_2 \longrightarrow Li_{1-x}Ni_{0.8}Co_{0.1}Mn_{0.1}O_2 + x/2\ Li_2CO_3 \tag{2-10}$$

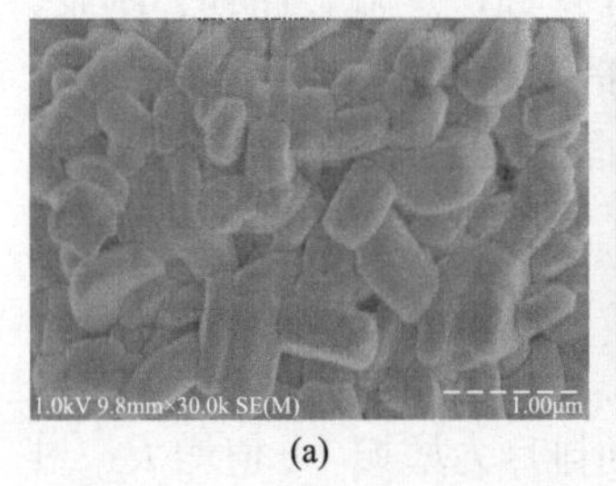

(a)

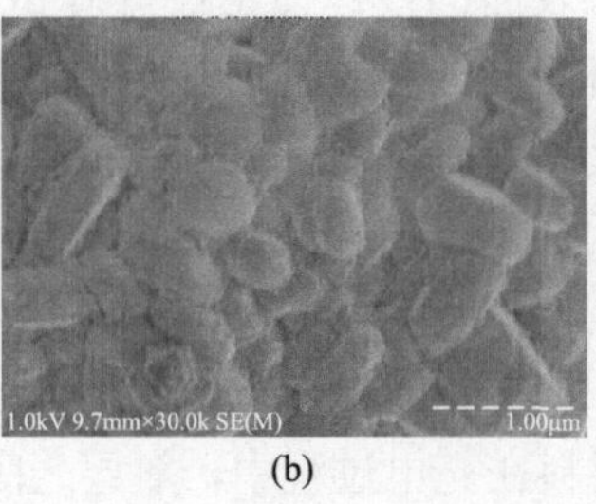

(b)

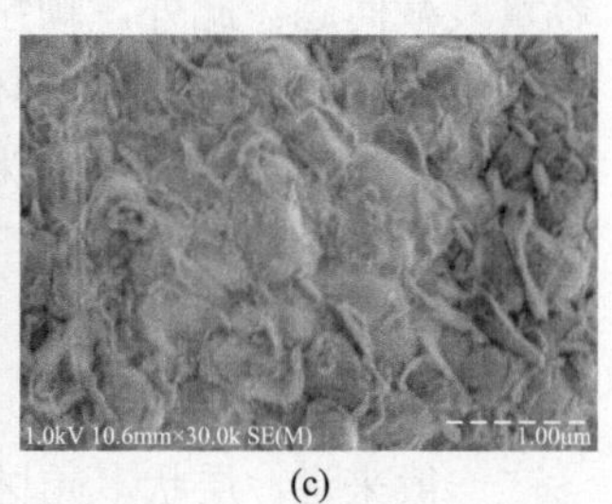

(c)

图 2-12　NCM811 在空气中暴露后的表面变化

（a）新鲜正极；（b）空气中暴露 24h；（c）空气中暴露 168h

表面残余锂化合物使得高镍材料粉末在水中的 pH 通常超过 12，在制备电池浆料时容易吸收空气中的水分，遇到黏结剂聚偏二氟乙烯（PVDF）的 *N*-甲基吡咯烷酮

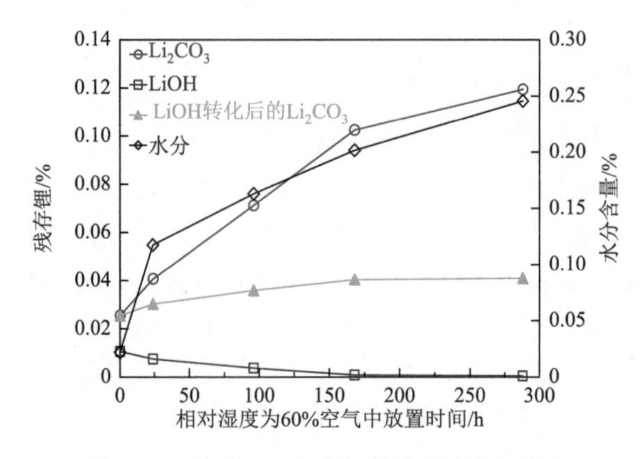

图 2-13 NCM811 在空气中暴露后表面变化

（NMP）溶液时快速形成复合凝胶状，甚至形成果冻状，直接影响正极极片的均匀涂布。在加工成电池后，含锂化合物将正极活性颗粒，及其与集流体 Al 箔隔离开，阻塞锂离子和电子传导，严重降低电池的容量和倍率能力。此外，高镍材料极片与电解液接触后，其表面也会发生自发的副反应，形成含聚碳酸酯、LiF、Li_xPF_y 和 $Li_xPF_yO_z$ 类的多相化合物，它们与 LiF、Li_xCO_3 和 LiOH 等共存于活性材料表面，由于其绝缘性能而阻碍锂离子扩散和电子传导，导致电荷转移电阻的显著增加，进一步使电化学性能恶化。

Self 等[30]对 $LiNi_{0.4}Mn_{0.4}Co_{0.2}O_2$ 全电池化成阶段的气态产物进行了深入研究。在低电压阶段析出以二氧化碳和乙烷为主组成的初始气体，可归因于石墨负极与电解液之间形成的 SEI 层分解；在约 4.3V 时产生二氧化碳，源于正极表面残余锂化合物与电解液的电化学分解反应。这些气态产物对软包电池的影响是致命的，使其鼓胀严重，消耗了电解液；鼓胀会减弱电池极片之间的外在压力，极片间气泡增多、电解液匮乏，增大了锂离子在正负极之间的传输距离，引发内阻增大和容量衰减问题。此外，颗粒表面的残锂使正极材料 pH 提高，运输、储存、制浆、加工组装过程中容易吸收环境空气中的水分，对电池的功率和能量稳定性都有不利影响，在高温环境下尤为突出。因此，需要通过表面工程来改善其表面化学性能，并对运输、储存和使用环境严格控制。

3. 微裂纹

一般来说，层状多元材料在充电过程中，氧层之间排斥力增加，*c* 值增大；过渡金属氧化引起的静电吸引力增加，离子半径变小，*a* 值减小。随着正极中镍含量增加，更多的锂离子脱出，*c* 值发生剧烈变化：$LiNi_{0.4}Co_{0.2}Mn_{0.4}O_2$ 约为 0.36Å，而 $LiNi_{0.8}Co_{0.1}Mn_{0.1}O_2$ 高达 0.51Å[31]，导致颗粒内不同晶畴之间、相邻一次颗粒间产生应力，不可避免地产生大量的微裂纹。商用的层状多元材料大多采用共沉淀法制备，由直径小于 1μm 的一次颗粒团聚而成，边界处常有微孔缺陷。经循环后，在团聚颗粒表面、一次颗粒粒界和晶界处会率先出现微裂纹。在充放电时，各向异性晶格的膨胀和收缩产生应力，导致晶粒体积的变化，在长期循环中团聚颗粒粉化。Watanabe 等[32]研究了 NCA 在不同放电深度（depth of discharge，DOD）下锂离子电池的循环劣化行为，发现微裂纹的产生和生长很大程度上依赖于放电状态：100% DOD 循环时材料的收缩和膨胀体积变化约为 3%，造成较大晶格失配，易在颗粒内部产生微裂纹；电解液沿微裂纹网络渗入团聚颗粒内部，与裂纹面的 Ni^{4+}发生反应，使暴露的内表面迅速劣化，形成了较厚的 CEI 膜和类 NiO 相。而 60% DOD 时，即使经过 5000 次循环也几乎没有裂缝，只在团聚颗粒表面看到类 NiO 相和 CEI 膜，见图 2-14。电解液渗入会通过在裂纹处形成厚的 CEI 膜而阻碍锂离子的传输，孔隙的产生和表面微观结构的变化导致一次粒子之间的电接触不良，进而导致容量、功率和循环性能下降。

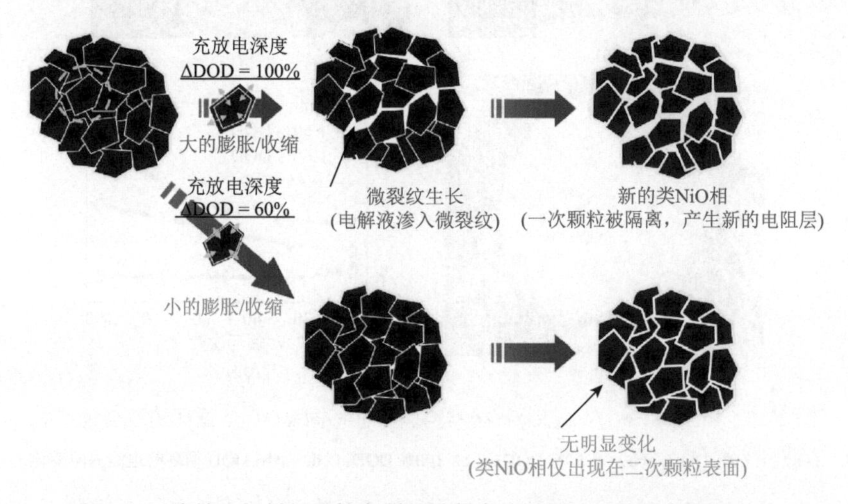

图 2-14　高镍正极材料颗粒在循环过程中的微裂纹扩展及变质示意图

为了研究高镍正极材料的容量衰减机理，Park 等[33]针对 $LiNi_{0.95}Co_{0.04}Al_{0.01}O_2$ 电池设计了上 60% DOD（3.76～4.3V）、下 60% DOD（2.7～4.0V）和 100% DOD（2.7～4.3V）等不同充放电深度循环实验。研究发现，NCA 在上 60% DOD 时循环稳定性显著下降，100 次循环后容量保持率仅为 65.6%，甚至不如 100% DOD（85.5%）。下 60% DOD 方式的 NCA 颗粒保持了原始球状形貌，无可见微裂纹［图 2-15（a）］；100% DOD 时形成微裂纹网络［图 2-15（c）］，而上 60% DOD 时却几乎断裂成单个的一次颗粒［图 2-15（b）］。NCA 以上 60% DOD 方式循环时，高电压下 H2-H3 相变产生的各向异性应力无法完全消除，沿机械强度弱的晶粒界面产生了更多、更大的微裂纹，加速了电解液的渗透和对内部一次粒子的损坏，产生和积累了大量的结构缺陷，破坏了一次粒子的结构完整性。对比不同镍含量的 NCA 发现，镍含量低于 0.8 时受 DOD 限值影响小，放电后形成的微裂纹几乎完全闭合；而高于 0.8 时，DOD 宽度和限值决定了循环性能优劣；镍富集促进了微裂纹形成，DOD 上限决定了充电过程中微裂纹程度，下限控制着放电过程中微裂纹的闭合。因此，抑制微应力、防止一次颗粒和二次颗粒破坏对于实现长循环稳定性，特别是高温循环性至关重要。

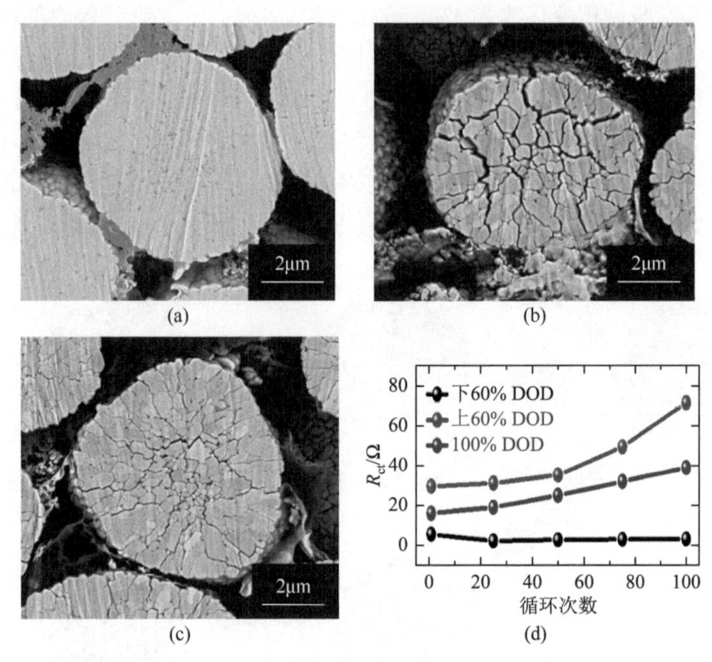

图 2-15 $LiNi_{0.95}Co_{0.04}Al_{0.01}O_2$ 正极材料颗粒在不同 DOD 下循环的微裂纹扩展

（a）上 60% DOD；（b）下 60% DOD；（c）100% DOD；（d）不同 DOD 循环的电池内阻变化

4. 相变

NCM111 的降解机理与典型的层状材料 LCO 类似，在高电压脱锂时容量衰减涉及到 MeO_2 层滑动，发生 O3 相向 O1 相转变，两相之间产生堆积层错。高度脱锂态的 $Li_{0.15}Ni_{1/3}Co_{1/3}Mn_{1/3}O_2$ 的结构变化如图 2-16（a）所示，在加热过程中，锰离子处于原始八面体位置不动，部分镍离子向锂层的八面体位迁移，部分钴离子向四面体位置迁移，使得室温下已在表面形成的 O1 相进一步转变为 Co_3O_4 型尖晶石结构。Mn 在抑制表面岩盐结构形成方面起着重要作用，Mn 和 Co 的共同作用有助于形成和维持 Co_3O_4 型尖晶石，因此提高颗粒表面 Mn 含量，可有效提高层状多元材料的热稳定性[34]。图 2-16（b）对比了高度脱锂态的 $Li_{0.15}Ni_{0.8}Co_{0.15}Al_{0.05}O_2$ 物相分布情况：镍离子向锂层迁移，使表面成为岩盐相、近表面为尖晶石相；加热时岩盐相从表面向颗粒内部扩散，成为高温主导晶相。无论是循环后还是高度脱锂状态下，中镍 NCM523 及高镍多元材料没有显示任何 O1 相证据。高充电态下，过多的锂空位使高镍材料结构极不稳定，使过渡金属离子从 MeO_2 片层迁移到锂层，金属离子混排阻止了 MeO_2 层滑动向 O1 相转变，但发生其他类型的相变。Jung 等[35]研究了 $LiNi_{0.5}Co_{0.2}Mn_{0.3}O_2$ 在不同充电电压下的循环：3.0～4.3V 时，循环性能较好；充电截止电压提高到 4.5V、4.8V 后，循环性能梯次变差。采用高分辨透射电子显微镜（high-resolution transmission electron microscopy，HR-TEM）和快速傅里叶转换（fast Fourier transformation，FFT）分析发现，4.5V 时电极表面的六方相 $R\bar{3}m$ 开始转变为类尖晶石相 $Fd\bar{3}m$，并伴有少量岩盐相 $Fm\bar{3}m$ 形成；4.8V 时高氧化环境促使形成大量岩盐相，并完全包围了类尖晶石相和六方相。4.5～4.8V 时相变区域范围几乎相同（15～20nm），但尖晶石和岩盐相比例明显不同[图 2-16（c）]。这些表面新相引发了电荷转移电阻增加，岩盐相则阻断了锂离子扩散，导致循环过程可逆容量持续下降。NCM523 在 4.8V 的相变类似于高镍材料。

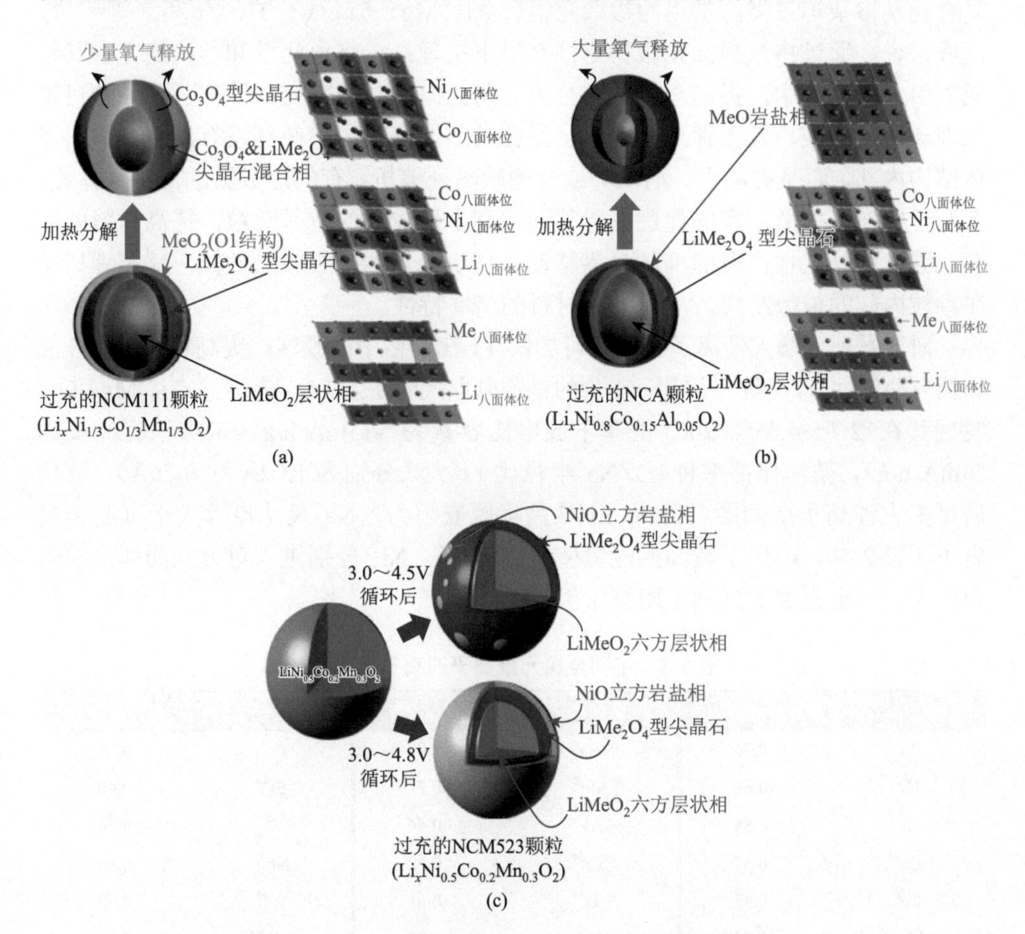

图 2-16　多元正极材料颗粒在高电压充电后相变模型

（a）NCM111；（b）NCA；（c）NCM523

综上所述，多元材料在高电压和高温下存储或使用，晶体结构的对称性降低，能量处于高度非稳定态，不可避免地在材料颗粒表面率先向类尖晶石相、岩盐相畸变，并逐步往颗粒内部扩展，对于高镍材料此类相变尤为突出。这些相变在轻微发生时，正极材料的比容量、倍率特性、高低温性能、存储性能、安全性能等都会发生不可逆的劣化；严重时材料失效，不再具有电化学活性，甚至伴随与电解液的热失控反应，引发起火、爆炸等安全事故。

2.3.2 层状多元材料的掺杂改性

为解决高镍材料的上述问题，将非本征金属离子作为改性剂引入到层状结构是最常见的手段之一，被称为“掺杂”。掺杂可分为阳离子掺杂、阴离子掺杂、复合元素掺杂等三类，常用的掺杂元素有 Al、Mg、Cr、V、Ti、Zr 和 F 等[36-42]。一般来说，通过掺杂提高正极稳定性有以下机理：①将电化学和结构稳定的其他元素引入主结构中，提高与氧的结合力，防止向岩盐相转变；②部分掺杂剂可增加锂离子层间距，利于锂离子迁移；③在某些情况下，掺杂剂没有结合到材料晶体结构内部，而是在晶界、纳米畴或其他缺陷处偏析：有的形成新的离子导体相，有利于锂离子扩散；有的促进晶界移动，利于形成大的单晶颗粒，提高材料的密度、强度和稳定性；有的抑制晶界移动，利于稳定纳米级微晶颗粒，缩短锂离子在颗粒内部的扩散距离，从而提高材料的倍率特性。

研究发现，增大锂离子层间距可加快 Li^+在晶格中的脱嵌，提高材料倍率性能和循环稳定性。郑卓等[43]采用 + 1 价的钠部分取代制备了 $Li_{1-x}Na_xNi_{0.6}Co_{0.2}Mn_{0.2}O_2$，发现其在 2.7～4.3V、20C 倍率下放电比容量为 113mA·h/g（未掺杂样品仅为 74mA·h/g），循环保持率良好。Na^+半径比 Li^+大（分别为 1.02Å 和 0.76Å），取代后可扩大锂离子层间距，降低 Li^+从晶格脱嵌阻力；Na^+尺寸也远大于过渡金属离子（表 2-5），产生了较高的能量壁垒，使 Li^+、Ni^{2+}分别进入对方八面体位的阻力增大，一定程度上抑制了阳离子混排。

表 2-5 不同金属元素离子的离子半径[44]

金属离子	$r_{Me^{n+}}$ /Å	金属离子	$r_{Me^{n+}}$ /Å	金属离子	$r_{Me^{n+}}$ /Å
Li^+	0.76	Na^+	1.02	Hf^{4+}	0.71
Ni^{2+}	0.69	Mg^{2+}	0.72	Si^{4+}	0.40
Ni^{3+}	0.56	Al^{3+}	0.54	V^{5+}	0.54
Co^{2+}	0.65	Cr^{3+}	0.62	Nb^{5+}	0.64
Co^{3+}	0.55	Ti^{4+}	0.61	W^{6+}	0.60
Mn^{3+}	0.58	Ce^{4+}	0.87	Mo^{6+}	0.59
Mn^{4+}	0.53	Zr^{4+}	0.72		

镁是一个非常有前途的 +2 价掺杂元素，其离子半径为 0.72Å，接近 Li^{+}，可在高镍材料中取代锂位，起到阻挡 O^{2-}—O^{2-}层排斥、柱撑晶格结构和防止锂层坍塌的作用。2.3.1 节提到，Ni^{2+}与 Li^{+}半径相近，容易发生“阳离子混排”而成为“柱撑”元素，一定程度上可缓解高镍多元材料在深度脱锂时的体积变化；但在充电过程中，处于柱撑位置的 Ni^{2+}也会进一步被氧化为 Ni^{3+}，离子半径由 0.69Å 进一步减小到 0.56Å，使得结构发生坍塌。镁离子在电化学循环过程中的化合价不变，使其比镍混排表现出更稳定的“柱撑效应”。镁元素本身没有电化学活性，掺杂量高时循环稳定性好，但初始容量降低显著[38]。铝是最常用的 +3 价掺杂元素，它本身无电化学活性，可防止完全脱锂而造成层状结构坍塌，提高电池性能。高镍多元材料充电时形成大量不稳定的 Ni^{4+}，高温循环或存储时会还原为 Ni^{3+}，伴有氧损失，并向类尖晶石相转变。Guilmard 等[45]认为相变过程是过渡金属离子从 MeO_2 片层经四面体间隙位向锂层扩散引发的，Al^{3+}在四面体环境中高度稳定，倾向率先从 MeO_2 片层迁移到四面体间隙位，阻止了阳离子混排，抑制了类尖晶石形成并稳定了层状结构。一般来说，Al 掺杂会使放电容量减小，高镍多元材料需以最少掺杂量达成稳定效果。NCM 材料中的 Ni、Co、Mn 等元素用高价元素取代，也可提高结构稳定性。Kam 等[46]发现 Ti 取代 NCM111 中的 Co 改善了材料的放电比容量和循环性能。邵宗普[41]研究了 Si、Hf、Zr 等 +4 价元素掺杂对 NCM622 的影响，发现 Si 掺杂使放电比容量和循环性能均明显变差；Hf 掺杂也使得放电比容量降低，但容量保持率有所改善；适量 Zr 掺杂后初始放电比容量基本不下降，且循环性能明显改善。Zr 掺杂利用其较大的离子半径和较强的 Zr—O 键能，增大晶面层间距并稳定了结构，提高了锂离子扩散系数，改善了循环性能。Zhong 等[47]尝试把稀土元素 Ce 作为掺杂剂用于 NCM111 的改性，发现 2mol%（摩尔分数，后同）的 Ce 掺杂可提升材料的放电容量，并改善层状材料的循环性能和倍率特性。Zhu 等[40]制备了 V 取代的 NCM523，发现掺杂量低于 3%时可掺入 NCM 晶格，减少阳离子混排，对抑制循环过程电荷转移阻抗增加有明显效果。Wang 等[48]研究了 Mo 对 NCM111 的掺杂影响：Mo^{6+}的离子半径为 0.59Å，与 Ni^{2+}、Co^{3+}、Mn^{4+}相当，可掺杂固溶到 MeO_2 片层内部过渡金属位，稳定材料结构，降低内部扩散阻抗；1%的 Mo 掺杂可提高材料的放电容量、首次效率、放电电压和倍率特性。X 射线光电子能谱（XPS）分析发现充放电后正极材料存在少量的 Mo^{4+}，说明 Mo 还具有电化学活性，放电时发生 $Mo^{6+} \longrightarrow Mo^{4+}$反应，释放出更多的 Li^{+}，提高了 NCM 材料的容量。

金属元素掺杂通常会提升材料的循环稳定性，但大多以牺牲容量为代价，真正的技术挑战是尽可能低的掺杂量和不可逆容量来换取结构和性能的稳定。根据表 2-6 所列的氧化物的标准吉布斯自由能，Mg—O、Al—O、Cr—O、Ti—O、Zr—O、Hf—O、Ce—O、V—O、W—O、Mo—O 等键的结合能显然高于 Ni—O

键，这些过渡金属元素掺杂后可有效地稳定材料晶体结构，有利于改善层状多元材料的循环和存储性能。

表 2-6　不同金属氧化物的标准吉布斯自由能[44]

氧化物	$\Delta_f G^{\ominus}$ /(kJ/mol)	氧化物	$\Delta_f G^{\ominus}$ /(kJ/mol)	氧化物	$\Delta_f G^{\ominus}$ /(kJ/mol)
NiO	−211.7	Li_2O	−375.5	ZrO_2	−1042.8
Ni_2O_3	−489.5	Na_2O	−375.5	HfO_2	−1088.2
CoO	−214.2	MgO	−569.3	SiO_2	−856.3
Co_3O_4	−774.0	Al_2O_3	−1582.3	V_2O_5	−1419.5
MnO_2	−465.1	Cr_2O_3	−1058.1	Nb_2O_5	−1766.0
Mn_2O_3	−881.1	TiO_2	−888.8	WO_3	−746.0
Mn_3O_4	−1283.2	CeO_2	−1024.6	MoO_3	−668.0

单独的阴离子元素掺杂研究较少，通常采用氟取代氧，与过渡金属形成更稳定的离子键，结合更紧密，提高层状材料的结晶度，并改善材料的热稳定性和化学稳定性。Kim 等[49]发现 $Li(Ni_{1/3}Co_{1/3}Mn_{1/3})O_{2-z}F_z$ 的晶胞体积随着 F 掺杂量增加而增大，在 $z=0.05$～0.15 无杂相生成。掺杂后形成的 Li—F 键结合能更高（Li—F 和 Li—O 键能分别为 577kJ/mol 和 341kJ/mol），材料的循环稳定性及热稳定性提高，但比容量有所下降。多元素的复合掺杂可更好地弥补单元素的缺陷，更大限度地改善材料的电化学性能和稳定性。Zhang 等[39]研究了 Cr 和 Mg 在 NCM811 体系的共掺杂，通过 Cr 占据 Ni 位、Mg 占据 Li 位的协同作用，形成互补的有序层状结构，阳离子混排程度降低，材料结构更加稳定，比容量、倍率性能和循环能力都有所提升。Huang 等[50]发现 Si^{4+}和 F^-共掺杂的 $Li(Ni_{1/3}Co_{1/3}Mn_{1/3})_{0.96}Si_{0.04}O_{1.96}F_{0.04}$ 阳离子混排程度降低，晶胞参数 c 和 a 均增大，利于 Li^+在体相的扩散；且电荷转移阻抗降低，电极极化减小，材料电化学性能得到改善。

2.3.3 层状多元材料的包覆改性

类似于负极表面的 SEI 膜，正极表面也会与电解液反应形成一个钝化的 CEI，该层由无机盐（如 Li_2CO_3、LiF）和有机物（如聚碳酸乙烯酯）组成[51]。层状多元材料在新能源汽车和储能领域应用，必须确保对有机电解液的高安全性和循环稳定性，通常需要对层状正极活性物质进行表面改性（surface modification，又称“包覆”）处理，事先人为形成一层 CEI。包覆是采用化学和物理方法改变材料表面的化学成分或组织结构，以提高材料性能的一类改性技术。层状正极材料包覆一些厚度适宜的氧化物、氟化物、磷酸盐、锂盐或某些单质，可稳定或改善正极材料表层结构，减少副反应发生。一般来说，包覆的效果可以分为四个方面：

（1）在材料表面形成具有一定机械强度的非活性包覆层，实现与电解液物理隔离，避免正极材料被深度氧化；

（2）率先与电解液中氟化氢等酸性杂质反应，减少正极材料活性物质的副反应，抑制过渡金属离子在电解液中的溶解；

（3）与表面残存的含锂杂质反应，避免其在充电时分解产气，并形成导电性高的包覆层，提高倍率性能；

（4）包覆元素向材料颗粒内部扩散，通过高浓度的表面梯度掺杂稳定活性材料表面结构。

金属氧化物性质稳定，与电解液基本不发生副反应，因此作为包覆物质可提高材料的安全性能和循环性能。常见的金属氧化物有 Al_2O_3、V_2O_5、ZnO、ZrO_2、TiO_2 和 MgO 等，常见的包覆方法有溶胶-凝胶法、共沉淀法、原子层沉积法等。氧化铝作为一种典型的低成本、性质稳定的氧化物，被广泛应用于正极材料的表面改性。Shi 等[52]采用原子层沉积法在 NCM523 表面均匀包覆了约 0.45nm 的 Al_2O_3 薄层，发现在高工作电压下，尽管容量有所下降，但循环保持率、库仑效率和热稳定性等性能显著提高。惰性的 Al_2O_3 包覆抑制了电极与电解质之间的副反应，降低了电荷转移电阻，提高了复合正极的表观锂离子扩散率；同时循环后的氧释放被抑制，热稳定性得以改善。Chen 等[53]在 NCM622 表面沉积了锐钛矿型 TiO_2，经 450℃热处理得到 25～35nm 包覆层，在 4.5V 的高截止电压下依然表现出较高的放电容量、更高的循环保持率、优良的倍率特性和较好的热稳定性。Lee 等[54]在 $LiNi_{0.8}Co_{0.2}O_2$ 正极材料表面沉积了纳米级 ZrO_2，发现涂层材料未扩散到正极颗粒内部，抑制了循环过程阻抗增加，显著提高了电化学性能。这些金属氧化物包覆通常起到保护层的作用，防止层状多元材料直接暴露于酸性电解液中，使有害的副反应最小化，从而抑制放热反应，提高电化学性能。金属氧化物与电解液中杂质氢氟酸的反应机理，如下所示[51]：

$$Al_2O_3 + 6HF \longrightarrow 2AlF_3 + 3H_2O \quad (2\text{-}11)$$

$$TiO_2 + 4HF \longrightarrow TiF_4 + 2H_2O \quad (2\text{-}12)$$

$$ZrO_2 + 4HF \longrightarrow ZrF_4 + 2H_2O \quad (2\text{-}13)$$

上述反应形成的金属氟化物在正极材料表面形成新的包覆层，对非水性电解液非常稳定，可保护正极活性物质免受腐蚀；但金属氟化物又是电化学惰性的电阻层，过多的引入或致密的包覆反而有负面影响。既然金属氧化物被 HF 腐蚀形成的氟化物很稳定，那么在层状正极材料表面直接包覆金属氟化物也应是可行方案。Shi 等[55]用氟化锂对 NCM111 表面进行了湿化学改性，并经过 500℃退火处理，XRD 和 XPS 分析表明材料晶格结构未发生变化，部分 F 掺杂到颗粒表层晶格中。改性产物初始比容量有所下降，但倍率特性、常温循环、高低温循环都显著改善。表面的 LiF 改性层不仅稳定了颗粒表面晶体结构、降低了过渡金属离子的溶解，而且提高了表面层的导电性，改善了层状正极材料的循环稳定性和高倍率放电能力。AlF_3、SrF_2 等其他氟化物也被报道，电化学性能也有所改善。该类包覆充分利用了氟化物的电化学惰性、本征结构稳定等特点，有效抑制了在高电压充放电过程和高温存储时正极活性物质与电解液的副反应，从而提高了层状多元材料的循环稳定性和热稳定性。值得注意的是，金属氟化物本征电子电导率较低，因此包覆层不宜过厚，否则会阻碍电子和 Li^+的传输。

常见的正极材料中，磷酸铁锂的化学稳定性最好，其根源在于 P—O 键非常强，可阻止正极材料晶体骨架中氧离子释放。磷酸盐包覆可隔离正极活性物质和电解液，提高界面稳定性，抑制其副反应，稳定层状多元材料的晶体结构。Li 等[56]采用共沉淀法制备了 $AlPO_4$ 包覆的 NCM111 材料，1wt%（质量分数，后同）的包覆未降低首次放电容量，倍率放电性能好，且 50 次循环后容量保持率 98.3%，比包覆前提高 8.4%。$AlPO_4$ 涂层降低了电极/电解质界面电荷转移过程的活化能，并抑制了循环过程中电荷转移电阻的增加。Cho 等[57]发现 $AlPO_4$ 包覆 NCM811 改善了热稳定性和电化学性能，包覆后差示扫描量热法（DSC）放热量降为之前的 1/4，并有助于通过 6C/12V 过充电和针刺等安全性能测试； PO_4^{3-} 与 Al^{3+}的共价键对电解质有较强的抵抗力，抑制了高镍 NCM 析氧引发的剧烈相变。

表面涂层并不改变层状多元材料固有的电子和锂离子导电性，而是在单个粒子之间提供导电网络，从而保证锂离子和电子连续传输，最大限度地利用活性材料。表面改性提高性能的途径，很大程度上取决于材料的性质及沉积方式。利用多元材料的残存锂化合物，在其表面形成锂离子导体是最常见的改性方法。Li 等[58]利用 NCM523 残存锂化合物，制备了 4nm 的超薄 $LiAlO_2$ 包覆层，在 4.6V 高电压下具有良好的可逆容量、循环性能和倍率特性：2mol%包覆样品在 100 次高电压循环后 1C 容量仍有 202mA·h/g，容量保持率达到 91%。电化学性能的提高，可归因于锂残留物的去除和独特的 $LiAlO_2$ 表面嵌体结构：前者减少了 Li_2O 与电解质间的副反应，后者可缓冲循环过程中 NCM523 的体积变化，增强复合材料的锂离子扩散能力。Shao 等[59]发现 0.5mol%的 ZrO_2 包覆可与 NCM622 材料颗粒表面残锂反应形成具有电化学活性的锂离子导体 Li_8ZrO_6，有利于提升材料的可逆容量，并具有较好的倍率和循环性能。Kim 等[60]将 $Co_3(PO_4)_2$ 包覆在 NCA 表面并 700℃热处理，表层反应形成贫锂橄榄石相 Li_xCoPO_4，循环寿命提高了 30%；充电态下 90℃储存 7 天后，其表面仍为有序排布的橄榄石相(311)晶格条纹，而未包覆样品已转变为尖晶石相。

无机非金属的碳基材料，如石墨烯、碳纳米管（carbon nanotube，CNT）、石墨和无定形碳也被用作正极材料改性，有助于构建三维导电网络。众所周知，商用磷酸铁锂（$LiFePO_4$，LFP）大多采用了碳包覆方案形成复合材料，用来改善其本征电子导电性差缺陷。然而层状多元材料体系与 LFP 不同，不能在惰性气氛下烧结，否则会增加氧缺陷、促使镍锂混排；而在含氧气氛下热处理，碳包覆层会发生氧化分解。邵宗普等[61]通过机械球磨法制备出石墨烯包覆的 $LiNi_{0.6}Co_{0.2}Mn_{0.2}O_2$ 材料，0.5%石墨烯包覆 NCM622 的 4C 倍率放电比容量达到 140.0mA·h/g，比基体材料提高了 13.0%，倍率特性和循环性能也改善显著。石墨烯在球形 NCM 二次颗粒间搭建起三维导电网络，使 NCM 在高电流密度下仍有良好的电子传导通道，降低了正极在充放电过程中的极化阻抗，提高了材料的电化学性能。Guo 等[62]通过热解聚乙烯醇在 NCM111 粉体表面包覆了 1%疏松的碳层，降低了电荷转移电阻，提高了材料的电化学性能。碳包覆能够改善层状多元材料本征电子电导率，适当厚度的包覆可降低电极极化，但包覆层过厚时锂离子在界面的扩散势垒增大，反而会使材料电化学性能变差。

2.3.4 高镍多元材料的异质结构

高镍多元材料具有高容量、高密度等优点，但其容易发生金属混排，与有机电解质兼容较差等问题也制约了其被快速应用。惰性包覆可将其与电解质隔离，有效地提高材料的倍率性能和热稳定性。包覆层较薄时容易在正极制浆、极片辊压、电池试用过程中脱落，较厚时又会阻止锂离子和电子传输，导致比容量降低、倍率和循环性能变差。利用高比容量活性组分为内核、高稳定的活性组分为外壳的新型核壳结构材料被研究作为解决方案之一。$LiNi_{0.5}Mn_{0.5}O_2$ 具有独特的电子结构：Ni^{2+}和 Mn^{4+}电子都处于低自旋态（分别为 $t_{2g}^6e_g^2$ 和 $t_{2g}^3e_g^0$，详见 2.2.1 节），Mn^{4+}不参与电化学反应，深度脱锂后结构稳定。此外，该材料脱锂反应晶胞体积减少仅为 3%，远小于常见的其他过渡金属氧化物（$LiNiO_2$ 约为 10%，$LiMnO_2$ 约为 8%，$LiCoO_2$ 约为 6%）。Ju 等[63]采用共沉淀法制备了核壳正极材料 $Li(Ni_{0.8}Co_{0.15}Al_{0.05})_{0.8}(Ni_{0.5}Mn_{0.5})_{0.2}O_2$，利用结构稳定的 $LiNi_{0.5}Mn_{0.5}O_2$ 作为外壳，防止了循环过程中电解液中 HF 的侵蚀，抑制了 Co 溶出，提高了热稳定性；此外，壳层本身具有一定的电化学活性，使得核壳结构材料电化学性能和安全性等都显著改善。核壳结构内外成分不同，长期循环时可能在核壳之间形成空隙，导致可逆容量急剧降低，将壳结构设计成浓度梯度有望缓解这一矛盾。Sun 等[64]以 $Li(Ni_{0.8}Co_{0.1}Mn_{0.1})O_2$ 为核，设计了 $Li(Ni_{0.8}Co_{0.1}Mn_{0.1})O_2$ 到 $Li(Ni_{0.46}Co_{0.23}Mn_{0.31})O_2$ 梯度渐变材料的壳，得到的总体组成为 $Li(Ni_{0.64}Co_{0.18}Mn_{0.18})O_2$ 半梯度改进材料。该材料初始放电比容量 209mA·h/g，稍低于核（212mA·h/g）；但在 50℃、3.0～4.4V

循环 50 次后容量保持率为 96%，比核高出 29%；且放热反应的起始温度为 270℃，比核延迟了约 90℃（图 2-17）。这表明半梯度材料借助于高稳定的低镍 NCM 为外壳，限制了高镍的核与电解液的反应性；壳层的梯度组成变化防止了微裂纹的形成和核壳界面处的偏析，兼容了高容量、高安全、长循环和日历寿命的优点。

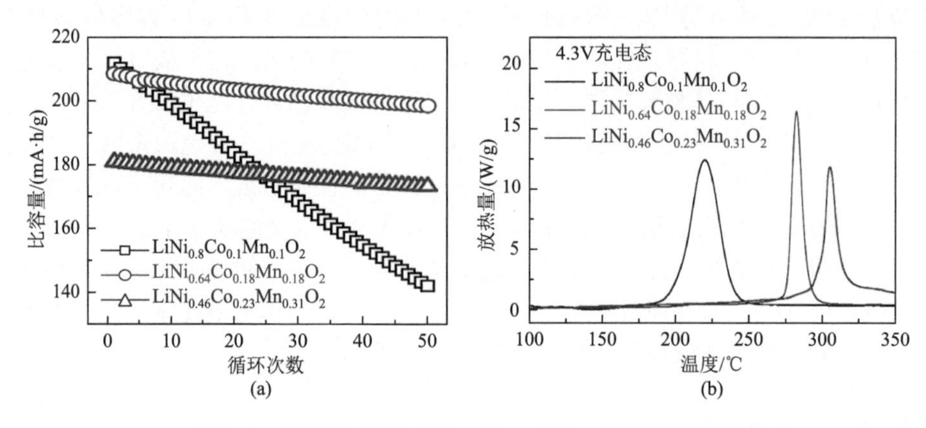

图 2-17 半梯度材料 $LiNi_{0.64}Co_{0.18}Mn_{0.18}O_2$ 的性能优势

（a）循环性能；（b）DSC 曲线

半梯度 NCM 材料的壳层结构较薄，其稳定作用有限，开发没有明显的核壳界面的全梯度浓度成为改进方向。Sun 等[65]报道了一种名义组成为 $LiNi_{0.75}Co_{0.10}Mn_{0.15}O_2$ 的全浓度梯度（full concentration gradient，FCG）正极材料，核心（IC）为 $LiNi_{0.86}Co_{0.10}Mn_{0.04}O_2$、最外层壳（OC）为 $LiNi_{0.70}Co_{0.10}Mn_{0.20}O_2$，镍浓度从颗粒中心到外壳线性降低，而锰浓度线性增大，由整齐排列的针状纳米棒团聚而成。FCG 材料综合了富镍内核的高容量和富锰表面的高热稳定性、长循环寿命优点，其渗透排列的定向纳米棒网络缩短了颗粒中锂离子的扩散路径，材料锂利用率高，放电比容量达到 215.4mA·h/g，接近内核（220.7mA·h/g），但循环性能、倍率特性大幅度提高，室温下 1C 循环 1000 周后容量保持率仍高于 90%，有望在高性能锂离子电池中开发应用（图 2-18）。Hou 等[66]设计了全浓度梯度的 $LiNi_{0.8}Co_{0.15}Al_{0.05}O_2$，其中 Ni 和 Co 含量从球形颗粒内部到表面逐渐降低，Al 含量线性升高。高镍的内核可提供高放电容量，而 Al 从内到外的梯度富集可提供稳定的电极/电解质界面。全梯度 NCA 循环寿命大大延长，100 次循环后容量保持率为 93.6%，而常规 NCA 为 78.5%；20C 倍率下可逆比容量约 140mA·h/g，对应比能量约 480W·h/kg，比常规 NCA（约 330W·h/kg）提高了 45%。此外，充电态 DSC 数据显示全梯度 NCA 峰值温度和放热量分别为 245.2℃和 1016.2J/g，比常规 NCA 有明显改善（依次为 238.9℃和 1573.6J/g），延迟和减缓了热失控反应。Al 在球形团聚颗粒表面的梯度增加，保护了内部高镍组分，抑制了高氧化态 Ni^{4+}和有机电解液之间的副反应，减少了 Ni 离子、Co 离子溶出，提高了 NCA 材料的电化学和热力学稳定性；同时全梯度 Al 带来的晶格参数 c 值增大，改善了 NCA 倍率特性，有望成为一种高能量、高功率、高安全的锂离子电池正极材料设计方案。

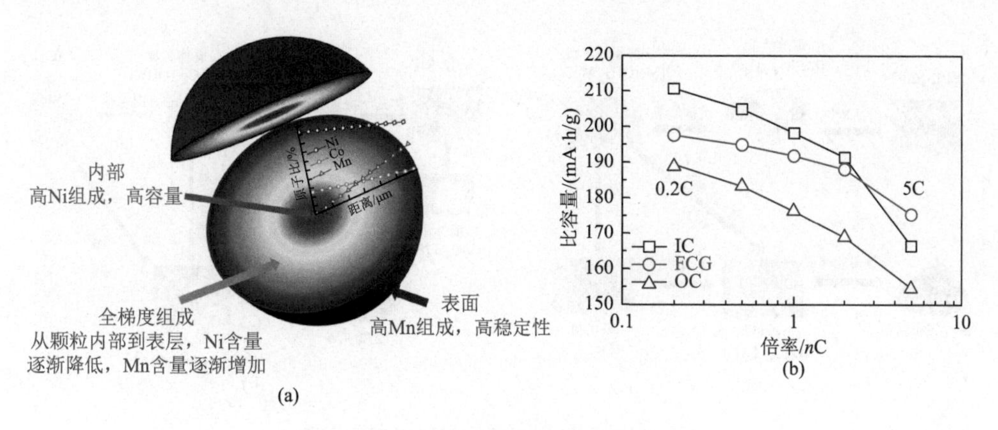

图 2-18 全梯度材料的组成和性能

（a）结构示意图；（b）倍率特性

2.4 商用层状多元材料的制备方法

锂离子电池正极材料的形貌因制备方法不同而各异，与材料的电化学性能密切相关。科研院所、高校进行多元材料机理研究时，采用的合成工艺有：化学共沉淀法、固相法、溶胶-凝胶法、喷雾热解法、热聚合法、模板法、静电纺丝法等。商用多元材料大多采用化学共沉淀法制备前驱体，再配锂后高温固相烧结来实现规模化生产制造。

2.4.1 商用层状多元材料的制备工艺

1. 商用层状多元材料的主要制备工艺

用于储能和新能源汽车的多元材料 NCM（$LiNi_{1-x-y}Co_xMn_yO_2$），目前大多采用图 2-19（a）中流程①工艺制备：先采用化学共沉淀法合成出特定过渡金属组成的前驱体，经洗涤、烘干后，直接与锂盐、添加剂混合，再高温烧结、包覆处理制备得到正极材料。常见的前驱体类型是氢氧化物，这是因为与碳酸盐、草酸盐相比，氢氧化物主含量比较高，且组成相对比较稳定（氢氧化物、碳酸盐、草酸盐的主元素含量依次约为 63%、46%、31%）。为了追求更高的生产效率，个别企业也有将前驱体先焙烧、再配锂反应的做法（流程②），类似于钴酸锂的制备工艺。与钴酸锂不同，多元材料前驱体焙烧后的物相组成比较复杂，高镍的NCM811焙烧后接近于NiO，而低镍的NCM111则为Me_3O_4，接近于Co_3O_4和Mn_3O_4。

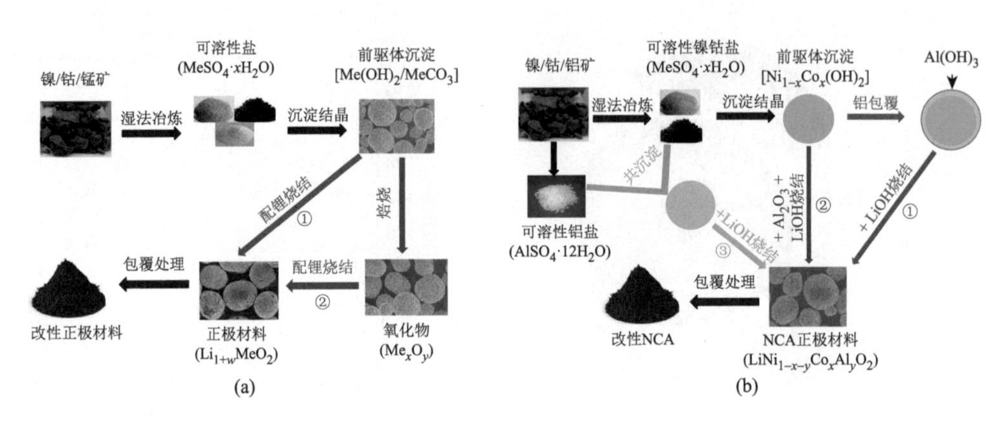

图 2-19 商用层状多元材料的制备工艺

（a）层状NCM材料；（b）层状NCA材料

多元层状的NCA（$LiNi_{1-x-y}Co_xAl_yO_2$）与NCM有所不同，其中的主元素铝是碱土金属，而镍、钴、锰等其他几种是过渡金属元素。铝本身是两性元素，与前驱体制备常用助剂氨水的络合系数不高，不易与镍、钴元素共沉淀。为此，NCA有几种不同的技术路线［图 2-19（b）］：①先化学共沉淀得到$Ni_{1-x}Co_x(OH)_2$，然后在其表面沉积$Al(OH)_3$，最后与锂盐混合烧结制备NCA。以日本户田工业株式会社为代表[67]。②先制备$Ni_{1-x}Co_x(OH)_2$，然后将其与$Al(OH)_3$或Al_2O_3、锂盐一起混合烧结制备NCA。以韩国三星SDI为代表。③采用Ni盐、Co盐、Al盐共沉淀制备$Ni_{1-x-y}Co_xAl_y(OH)_2$，然后与锂盐混合烧结制备NCA。以日本松下电器产业株式会社、日本住友金属矿山株式会社等为代表。

上述工艺中，前两种路线Al元素在前驱体后处理或正极配料工序时加入，元素分布不均匀，表层Al含量偏高，容易形成表面惰性层，容量低、工艺复杂、生产成本高；第三种路线Al元素可均匀分布，产品性能更加优异，但前驱体的制备技术难度更大。目前路线③是比较主流的技术路线，其优点在于生产成本低、流程简单，更适于大规模工业化生产。

2. 化学共沉淀法制备前驱体

工业生产通常以过渡金属硫酸盐（$MeSO_4 \cdot xH_2O$）作原料，氨水（$NH_3 \cdot H_2O$）作络合剂，氢氧化钠（NaOH）或碳酸钠（Na_2CO_3）作沉淀剂，通过化学共沉淀法合成前驱体。化学共沉淀法既保证了Ni、Co、Mn等元素形成原子水平的均匀混合，又可形成球形度高、振实密度大、具有一定粒度分布和结晶形态的前驱体原料，为制备优质的多元层状材料打下基础。Noh 等[68]采用化学共沉淀法合成了 NCM523 的氢氧化物前驱体，研究了 pH、氨水量和搅拌速度对多元材料组成、颗粒大小和振实密度的影响。发现 pH 过低，镍钴沉淀不完全，产物为 $Ni_{0.47}Co_{0.18}Mn_{0.35}(OH)_2$；pH 过高，锰沉淀不完全，产物为 $Ni_{0.57}Co_{0.23}Mn_{0.20}(OH)_2$。氨含量过高，前驱体致密度很低。当 pH = 11、$NH_3/MeSO_4$ = 0.8、搅拌速度 1000r/min、反应温度 50℃时，共沉淀得到 7μm 氢氧化物前驱体，振实密度达到 $2.2g/cm^3$。该前驱体制备的 NCM523 正极材料在 3.0～4.5V 电压范围 0.1C 比容量达到 207mA·h/g，7C 倍率容量保持率为 50%。Park 等[69]采用化学共沉淀法制备了 NCM111 的碳酸盐前驱体，采用 pH = 7.5、搅拌速度 1000r/min、反应温度 60℃等基本工艺条件，得到由 5～8nm 一次颗粒构成的 10μm 球形碳酸盐前驱体，经 600℃焙烧生成氧化物$(Ni_{1/3}Co_{1/3}Mn_{1/3})_3O_4$，配锂烧结制得 NCM111，在 2.8～4.4V 电压范围 0.1C 比容量为 173mA·h/g，具有较好的循环性能。

采用氢氧化物共沉淀法，Ni、Co、Mn 等过渡金属离子与氢氧根（OH^-）的溶度积常数 K_{sp} 依次为 2.0×10^{-15}、1.6×10^{-15} 和 1.9×10^{-13}，形成 $Me(OH)_2$ 的溶度积常数均较小；几种过渡金属离子与氨水形成络合物$[Me(NH_3)_i]^{2+}$（$i = 1～6$）的络合常数也比较接近，更容易实现化学共沉淀；前驱体中主元素含量高，金属离子组成与原始盐溶液接近，产物均匀性好，适合规模化生产。而碳酸盐共沉淀法 Ni、Co、Mn 等过渡金属离子与碳酸根的溶度积常数相差较大：$NiCO_3$、$CoCO_3$ 和 $MnCO_3$ 在室温下的溶度积常数 K_{sp} 分别为 6.6×10^{-9}、1.4×10^{-13} 和 1.8×10^{-11}，且在 pH 高时会形成碱式碳酸盐，如 $CoCO_3\cdot xCo(OH)_2\cdot yH_2O$，难以保证这些金属离子按设计组成均匀沉淀；此外，其得到的碳酸盐前驱体主元素含量过低也是个问题，需通过焙烧形成氧化物进行配混料，才不会影响烧结工序产能。

3. 高温固相法制备层状多元材料

层状多元材料的生产通常需要设计和甄选合适的前驱体，经过配锂混料、高温烧结、破碎、过筛、除铁、包装等工序，得到最终的成品。由于多元材料本身就是几种元素掺杂形成的固溶体，一般在充电宝、笔记本电脑、电动工具、电动自行车用的正极材料不需要做太多的改性即可直接使用。面向电动汽车、储能等市场的大型电池用多元正极材料还需要进行必要的掺杂、包覆等改性处理，以确保其电池制作—存储—应用过程的可加工性、安全性、使用寿命、能量密度、功率密度、高低温性能等。

在锂源选择上，通常中低镍 NCM 与钴酸锂、锰酸锂、磷酸铁锂等其他正极材料一样，以碳酸锂（Li_2CO_3）为原料，这是因为碳酸锂的组成相对比较稳定、杂质含量较低、工业生产成本低，并且锂含量较高（18.8%），用来生产 NCM 时单位消耗量低、烧结产能高。NCM811 和 NCA 等高镍组成的多元材料大多采用一水合氢氧化锂（$LiOH \cdot H_2O$）为原料，这是由于高镍材料中锰含量很低或没有锰，不能通过电子迁移发生 $Ni^{3+} + Mn^{3+} \longrightarrow Ni^{2+} + Mn^{4+}$，大多只能以 Ni^{3+}形式存在，否则会直接发生阳离子混排。而 Ni^{2+}在空气气氛中非常稳定，必须采用高浓度的纯氧气氛才能促成 $Ni^{2+} \longrightarrow Ni^{3+}$的转变。碳酸锂原料的熔点比较高（～720℃），与高镍 NCM 的高温烧结温度接近，其分解产生的大量 CO_2 会直接稀释 O_2 浓度，干扰 Ni^{2+}的氧化，影响产品的理化指标和电化学性能。相对而言，氢氧化锂由于本身熔点较低（～460℃），可在预反应阶段充分脱除其产生的水蒸气，对高镍材料的高温烧结气氛和产品性能影响较小。但氢氧化锂也存在一定问题，它特别容易吸水，无水锂盐原料很不稳定，大多以含有一个结晶水的 $LiOH \cdot H_2O$ 存在，由此造成锂含量较低（16.5%），用来生产高镍材料时单耗高、烧结产能低。

此外，前驱体、Li/Me、混料均匀性、高温烧结温度、烧结时间、气氛等工艺参数，对层状多元材料的晶体结构、振实密度及其电化学性能都有很大影响。通常情况下，镍含量越高，适宜的烧结温度越低，需要的氧浓度越高。

4. 功能优化改性

层状多元材料常用的一种改性手段是掺杂，掺杂元素在 2.3.2 节中已经提及，在此不再赘述。掺杂的方式可从前驱体制备阶段通过化学共沉淀方式引入，也可在正极配混料阶段导入。从前驱体阶段引入时，所用原料主要是含掺杂元素的可溶性盐，常见为硫酸盐、硝酸盐、羧酸盐等；配混料导入时，常用的掺杂剂是含掺杂元素的氧化物、氢氧化物、羟基氧化物、碳酸盐、草酸盐、氟化物等。为保证掺杂效果，配混料时采用的掺杂剂应该都是纳米级原料，以确保分散得更均匀。

另一种常见的改性手段是包覆处理，包覆剂在 2.3.3 节中已经论述，此处也不再展开。包覆的方式分湿法包覆、干法包覆、气相沉积等。以氧化铝包覆为例，包覆工艺经过了四代技术的演变。

（1）第一代技术是有机体系湿法包覆。以异丙醇铝（aluminium isopropoxide，AIP）为起始铝源，将其溶解于乙醇或异丙醇溶剂中，强力搅拌、乳化形成铝溶胶；将制备好的多元材料分散在铝溶胶中，烘干、焙烧、筛分、除铁、包装后，得到氧化铝改性多元材料。此工艺因涉及到易燃易爆的有机溶剂的使用和回收，对生产车间的安全等级要求较高，根据国家标准《建筑设计防火规范（2018 年版）》（GB 50016—2014）中的“生产的火灾危险性分类”，必须采用甲类厂房，对厂房的耐火等级、防火间距、防爆、安全疏散等有严格的强制性要求。该技术曾用于早期的高电压钴酸锂、高性能多元材料的包覆。

（2）第二代技术是水相湿法包覆。以硝酸铝或羧酸铝为起始铝源，将其溶解于纯水中，搅拌形成溶液，加入分散剂和其他助剂，引入氨水或氢氧化钠等形成

$Al(OH)_3$或$AlO(OH)$的溶胶或纳米悬浮液；将制备好的层状多元材料分散在其中，烘干、焙烧、筛分、除铁、包装后，得到氧化铝改性多元材料。该技术以水取代易燃易爆溶剂，对厂房的安全等级要求不高，按丁类或戊类厂房设计即可满足防火规范，被应用于高性能多元材料的包覆。

（3）第三代技术是干法包覆。以纳米级的氧化铝或氢氧化铝为起始铝源，将其与多元材料高速充分物理混合，经焙烧、筛分、除铁、包装后，得到氧化铝改性多元材料。该技术是第二代湿法包覆的工艺简化，被广泛应用于高性能多元材料的包覆。与前两代包覆技术相比，第三代技术在一定程度上存在包覆均匀性差的问题，因此要求包覆剂尽可能尺寸小些，最好处于10～30nm水平，同时对混合设备也要求较高。

（4）第四代技术是气相沉积。以含铝有机物为起始原料，采用化学气相沉积（chemical vapor deposition，CVD）、原子层沉积（atomic layer deposition，ALD）等技术在正极材料粉体或正极极片表面生成厚度可控的均相包覆层。该类方法正在产业化开发阶段。

2.4.2 典型的层状多元材料

与锰酸锂、磷酸铁锂等其他储能及动力电池用正极材料相比，层状多元材料具有比容量高、振实密度大、能量密度高、安全性能较好等特点，已经广泛应用于笔记本电脑、儿童玩具、便携式电动工具、电动自行车、无人机、电动轿车、电动大巴等市场，并被开发用于储能和其他新的应用领域。

层状多元材料综合了镍酸锂的高容量、钴酸锂的高倍率和锰酸锂的高稳定性等优点，同为第Ⅷ族的Ni、Co、Mn等过渡金属原子结构类似，化学性质接近，原则上可以任意比例组成含锂的复合金属氧化物，形成一系列性能不同的镍钴锰酸锂多元材料。根据性能特点及相对优势，它们可以用于不同的细分市场，满足不同应用场景的特殊需要。常见的商用多元材料牌号有NCM111、NCM523、NCM622、NCM811、NCA等。

1. 中低镍的NCM111和NCM523

层状多元材料中，NCM111型低镍材料是最早被提出的材料组成，因而也被研究得最为深入。其中Ni、Co、Mn等过渡金属元素具有相同组成比例，兼具高倍率、长循环和高安全等性能优势。因Ni、Mn含量相等，通常认为其通过电子迁移后以Ni^{2+}、Mn^{4+}形式搭配存在，没有多余的Ni^{3+}，因此NCM111是多元材料中最容易制备的。其Co含量相对较高，对大电流充放电等倍率特性的发挥有利，但也带来材料成本偏高问题。早期推向市场的还有NCM424（$LiNi_{0.4}Co_{0.2}Mn_{0.4}O_2$），也是利用了 Ni、Mn 含量相等的特点，但由于 Mn 含量过高，制备的氢氧化物前驱体容易氧化、结晶不容易长大和致密化，且无容量优势，未真正大批量进入市场。NCM111 的综合性能与 LCO 最为接近，本身比较容易制备，电池制浆加工对环境要求较低，既可单独使用，也可与其他正极材料混合使用，早期在手机、笔记本电脑、电动工具等应用市场被广泛选用，日本索尼公司在 2004 年最先将它替代 LCO 用来提升容量、降低成本，如单独作为正极用于高端笔记本电脑的 2.55A·h 高容量 18650 圆柱电池（型号 US18650G8）；与 LCO 混合使用于手机电池 Nexelion 中；此外也与LMO物理混合，用于电动工具用1.6A·h的US18650V和2.5A·h的US26650VT中；目前主要用于对功率密度要求较高的 48V 启停系统等特殊应用场合。

与 NCM111 相比，NCM523 具有较高的比容量、较低的成本、相近的热稳定性，使其一举成为市场用量最大的三元材料。尽管 Ni 在其中含量较高（达到 50%），但是大多为 +2 价镍以 $LiNi_{0.5}Mn_{0.5}O_2$ 形式存在，+3 价镍的 $LiNiO_2$ 所占比例仅为 20%。因此，NCM523 为典型的中镍材料，与钴酸锂和 NCM111 一样，可在空气气氛下制备。经过近十年来的工艺优化，针对不同的细分市场设计的各种型号 NCM523 产品被陆续开发，工艺的成熟性和稳定性不断提升，广泛应用于笔记本电脑、充电宝、电动工具、电动自行车、混合电动车、纯电动汽车等众多领域（表 2-7）。

表 2-7 某公司针对细分市场开发的 NCM523 材料

产品型号	5YN	5Y3	5ES	5E12	5E5	5EB-10	5SC
应用领域	笔记本电脑	电动工具	储能	纯电动车	混合电动车	纯电动/插电混动	纯电动车
产品类型	单分布团聚	双分布团聚	双分布团聚	单分布团聚	单分布团聚	双分布团聚	单晶
掺杂	无	无	有	有	有	有	有
包覆	无	无	有	有	有	有	有
D_{50}/μm	12.0	9.5	15.6	12.0	4.4	9.5	5.2
振实密度/(g/cm³)	2.52	2.56	2.64	2.50	1.75	2.55	2.27
粉末压实密度/(g/cm³)	3.38	3.39	3.63	3.25	3.20	3.34	3.30
Li_2CO_3 含量/%	0.09	0.10	0.08	0.05	0.07	0.08	0.08
LiOH 含量/%	0.11	0.10	0.10	0.07	0.08	0.10	0.06
0.2C 比容量/(mA·h/g)	169.1	169.7	164.9	168.8	169.5	169.0	169.3
1.0C 比容量/(mA·h/g)	158.7	159.6	154.2	158.7	159.6	159.0	156.8
1.0C 容量保持率（纽扣式，循环 100 次@4.5～3.0V）/%	91.6	93.2	96.8	95.5	95.0	95.3	95.2
SEM 图							

2. 高镍的 NCM622、NCM811 和 NCA

NCM622 型多元材料 0.1C 比容量约 180mA·h/g，比 NCM523 高出近 10mA·h/g。NCM622 中的 $LiNiO_2$ 所占比例已经达到 40%，其制备难度比 NCM111、NCM523 大幅提高。该材料的比容量较高，加工性能较好，已产业化并用于高端笔记本电脑用圆柱电池和高能量密度的纯电动车用电池中。NCM811 型多元材料 0.1C 比容量达 200mA·h/g 以上，比 NCM523 高出 30mA·h/g。镍含量增加、钴含量降低，使得 NCM811 有望摆脱钴资源紧张带来的原料成本困境。但 NCM811 中的 $LiNiO_2$ 已成为主要成分，所占比例高达 70%，必须在纯氧气氛下制备以确保更多的镍以 +3 价存在。此外，该材料对环境湿度比较敏感，在生产、转运、储存、使用时容易吸潮，发生阳离子混排，颗粒表面析出过多的残存锂化合物。这些残存锂使得 pH 较高，易在电池制浆时发生浆料黏度升高，甚至成为果冻状，难以调浆和进行极片涂布。与前几种多元材料不同，市场上销售的 NCM811 大多并非严格地按 Ni∶Co∶Mn = 8∶1∶1 这个组成来制备的。Ni 含量有可能是 78%、83%、85%或 88%等多种组成，以追求更高的比容量和相对稳定的结构，最终实现良好的加工性、高能量密度、长循环寿命、高安全、高性价比等综合指标。

NCA 层状材料 0.1C 比容量达到 200mA·h/g 以上，与 NCM811 接近。Al 能有效地稳定材料的结构，抑制高镍材料常见的金属离子混排，但在材料中的含量不能太高，否则会致使容量下降很多。NCA 中的 $LiNiO_2$ 是固溶体的主要成分，所占比例高达 80%以上，也必须在纯氧气氛下制备以确保所有的镍以 +3 价存在。此外，该材料也容易吸潮，颗粒表面易析出更多的残存锂化合物，对电池制浆、高温存储都有不利影响。与 NCM811 类似，市场上销售的 NCA 大多并非严格地按 Ni∶Co∶Al = 80∶15∶5 这个组成制备。镍含量与 NCM811 相同时，由于 Al 含量不能太高，只能补充更多的 Co，导致材料成本升高，没有市场竞争优势。因此，NCA 适合于面向更高镍组成的高容量电池应用，如镍含量达到 89%、92%或 95%等水平，以实现高能量密度、高安全、长寿命、高性价比等应用开发目标。近几年来，不同镍含量的 NCM/NCA 产品被陆续开发，以满足电动工具、混合电动车、纯电动汽车等多领域的各种细分应用市场需求。

2.5 层状多元材料的发展方向

随着国际能源短缺、日益严重的空气污染以及人类对低碳环保意识的加深，

“节能环保”已经上升成为国家层面的战略高度。根据《节能与新能源汽车产业发展规划（2012—2020年）》中的要求，截至2020年，动力电池比能量达到300W·h/kg，对于电池中制约整体性能的正极材料而言，具有更高能量密度的多元正极材料的综合性能直接关系到动力电池及新能源汽车的发展速度。因此，开发出高能量密度、长寿命、高安全、低成本的正极材料对动力锂电、电动汽车、储能的规模化商用至关重要。

为解决电动汽车续航里程偏低问题，需不断提升正极和负极活性材料的能量密度。从层状多元材料的角度而言，提高其能量密度的手段主要包括提高材料的比容量及单位体积的填充能力。其中，提升比容量手段主要有开发新型高活性材料，提高电化学活性元素占比（如 Ni 含量），扩大充放电电压窗口等；提高单位体积填充能力常规的手段是不断增大正极材料的 D_{50}，采用适宜的粒度分布，实现颗粒单晶化等。而针对电动车、储能应用的成本和安全等方面的要求，则需要进一步优化材料组成和结构、简化工艺流程和开发高效的改性工艺等。以下简要介绍产业内层状多元材料的发展方向。

1. 高镍、高锰及低钴化

通过提高镍含量，多元层状材料的比容量和能量密度都可得到不同程度的提升：以石墨作负极，NCM111、NCM523、NCM622 和 NCM811 为正极对应的锂离子电池单体电芯的比能量密度依次约为 180W·h/kg、210W·h/kg、230W·h/kg 和 280W·h/kg。一定镍含量组成的多元材料，通过提高锰含量、降低钴含量可有效降低材料成本，并在一定程度上改善晶体结构的稳定性：中高镍 NCM 中，Ni-Mn 电荷转移使 Mn^{3+}被氧化为 Mn^{4+}，减缓了 Mn^{3+}歧化带来的失效；+4 价存在的锰不参与电化学反应，具有较高的化学稳定性和结构稳定性；Co_3O_4和 Mn_3O_4在 298K 时吉布斯自由能分别为 774kJ/mol 和 1283.2kJ/mol[44]，表明 Mn—O 键强于 Co—O 键，Mn^{4+}的存在会增加 Me—O 的键强，进一步稳定晶体结构，改善循环性能。55℃高温下 $Li(Ni_{0.85}Co_{0.15-x}Mn_x)O_2$ 几个组成的放电比容量都接近 214mA·h/g，而锰取代钴明显改善了正极材料的循环性能[70]。

2. 高电压化

2.2.2 节曾经提到层状多元正极材料比容量的提升途径除了提高镍含量外，还可通过提高充电电压实现。后者在提升比容量的同时，平均放电电压也有所增加，这对实现电池的高能量密度更为有利。4.5V 充电截止电压下，NCM622 的 0.2C 放电比容量约为 203.0mA·h/g、平均放电电压为 3.89V，对应的正极极片比能量为 789.7W·h/kg；4.3V 的 NCM811 的放电比容量约为 205.9mA·h/g、平均放电电压为

3.83V，对应的正极极片比能量为788.6W·h/kg；二者的比能量接近［图2-20（a）］。采用DSC，考察了在不同充电电压下脱锂态NCM622的放热［图2-20（b）］：4.3V的放热峰峰值温度为286.8℃，放热量为105.8J/g；充电电压提高到4.4V和4.5V时，峰值温度依次降低到281.2℃和265.7℃，同时放热量分别提高到366.9J/g和670.7J/g。这表明充电电压提高后，NCM622的热稳定性变差。尽管如此，与4.3V下的NCM811相比，4.5V的NCM622的放热峰值温度延后46.9℃，放热量降低26%，具有更高的热稳定性。这是由于NCM622包含更多的钴和锰元素，抑制了高镍材料类似于$LiNiO_2$存在的阳离子混排和相变，在同等能量密度下稳定性更高。

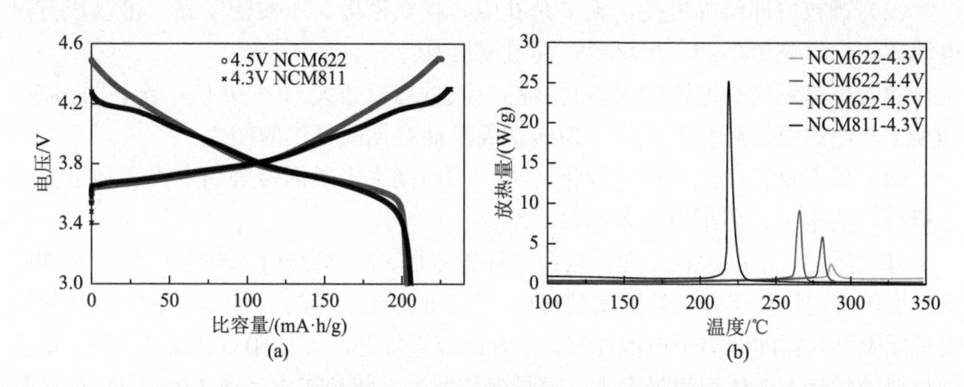

图2-20　相同能量密度下NCM622与NCM811的比较

（a）充放电曲线；（b）DSC曲线

高电压材料也面临挑战：更多的锂脱出后正极材料本身的结构稳定性会变差，有机电解液在高电压下也会自行分解，直接影响电化学性能。尤其是当电荷截止电压超过有机电解液的稳定极限时，会发生电解液氧化，并伴随着气体的产生。Petibon等[71]研究表明，电解液含有常见的碳酸乙烯酯显著降低了电池在高电压下的性能和寿命，加入碳酸亚乙烯酯（VC）、氟代碳酸乙烯酯（FEC）等添加剂有助于降低高电压循环过程的极化增加，提高安全性，意味着高电压多元材料锂离子电池商用需要开发新的电解液和添加剂。在高性能锂离子电池设计和材料选择时，镍钴锰组成、工作电压范围、配套电解液需要优化组合，才能充分发挥正极材料的性能优势。

3. 单晶化

常规的层状多元材料因为采用的是化学共沉淀法制备的前驱体为原料，大多以团聚体形式存在，在极片辊压过程中团聚体不可避免会出现压裂、粉化现象，使材料表面包覆层破坏，一方面增加了团聚体中一次颗粒与有机电解液的接触面积，另一方面会消耗电解液形成更多的CEI及阳离子混排和裂纹等晶体缺陷，增加电荷转移电阻。此外，如2.3.1节所提到的，在高电压循环过程中，较高的锂脱出率下产生大的体积变化，将在团聚颗粒内部形成新的微裂纹和电阻层，阻碍锂离子扩散，导致循环过程中容量持续下降。

一般来说，单晶多元材料具有如下一些特性。

（1）硬度大、抗压强度高，即使经过极片辊压，其单晶形态也可稳定保持。此外，在充放电循环过程中，它没有各向异性的体积变化，未产生微裂纹，避免了电阻层的不断形成，具有稳定的电化学特性，可以耐受更高的充电电压；

（2）颗粒内部结晶度高，无多余孔隙，振实密度、压实密度高，可以在有限电池体积内填充更多的正极材料，能量密度高；

（3）单晶颗粒普遍比团聚型材料的一次颗粒尺寸大10～50倍，比表面积低，减少了与电解质接触和副反应，减缓了高温储存期间气体的产生；

（4）单晶材料在压实的电池极片中，颗粒间大多以面接触为主，有利于提高正极材料的电子、离子电导率和热导率。

综上所述，单晶层状多元材料在循环稳定性、高温存储、安全性、比能量和能量密度等方面均优于传统的团聚型材料。表2-8比较了单晶型NCM523和传统的同组成团聚型材料的锂离子电池性能，二者比容量接近，经过60℃存储7天后，单晶型材料的软包电池体积膨胀率小、容量保持率高；纽扣式电池在3.0～4.5V电压范围内1C充放电100次后，单晶粒子仍保持完整，而团聚颗粒已经严重粉化。

表2-8 单晶型和团聚型NCM523材料的电性能对比

		单晶型NCM523	团聚型NCM523
0.2C比容量（3.0～4.3V）/(mA·h/g)		169.3	169.5
60℃存储7天	膨胀率/%	3.3	9.3
	容量保持率/%	93.4	87.8
3.0～4.5V 100次循环后SEM图		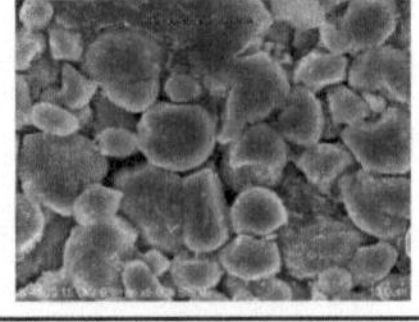	

层状多元材料不同于3C市场广泛使用的钴酸锂，其单晶的尺寸不能太大，通常控制在5μm左右。单晶NCM颗粒尺寸过大时，倍率特性会显著变差，并且在制备过程中需要采用的高烧结温度容易加剧Li-Ni混排，尤其是高镍NCM（NCA）体系。因此，还需借助其他手段实现更高的压实密度。

4. 双峰级配模式

为提高层状多元材料的能量密度，采用大颗粒与小颗粒以双峰级配模式（Bi-modal）掺混是一种简单、低成本的解决方案，已经在智能手机用高压实钴酸锂产业化中被广泛应用。根据球体紧密堆积原理，通过不同粒度颗粒之间合理的级配，利用大颗粒的间隙填充小颗粒，理论上可以实现填充性能的提升，间接起到提高能量密度的作用。例如，表 2-7 中的 5EB-10（NCM523）采用了 12μm 的团聚球形大颗粒 5E12 与 4.4μm 的团聚小颗粒 5E5 掺混方案，粉末压实密度由 3.25g/cm^3 提升到 3.34g/cm^3，比容量和倍率性能也比单一大颗粒的 5E12 有一定改善。为了得到更高的压实密度，可以选用更大团聚颗粒（如 $D_{50}\geqslant$20μm）取代 12μm 颗粒，也可进一步以单晶小颗粒取代 4～5μm 团聚小颗粒。Bi-modal 掺混工艺易于操作、成本低，不失为一种简单有效的改性手段，是提升储能和动力锂电能量密度的一个新的思路。

参 考 文 献

[1] Mizushima K，Jones P C，Wiseman P J，et al. Li_xCoO_2（0<x<1）：a new cathode material for batteries of high energy density [J]. Mater Res Bull，1980，15（6）：783-799.

[2] Goodenough J B，Mizuchima K. Electrochemical cell with new fast ion conductor：US4302518 [P]. 1980-03-31.

[3] Lecerf A，Broussely M，Gabano J P. Process of making a cathode material for a secondary battery including a lithium anode and application of said material：US4980080[P]. 1989-03-31.

[4] Rossen E，Jones C D W，Dahn J R. Structure and electrochemistry of $Li_xMn_yNi_{1-y}O_2$[J]. Solid State Ionics，1992，57（3-4）：311-318.

[5] Armstrong A R，Robertson A D，Bruce P G. Structural transformation on cycling layered $Li(Mn_{1-y}Co_y)O_2$ cathode materials [J]. Electrochim Acta，1999，45：285-294.

[6] Ohzuku T，Ueda A，Kouguchi M. Synthesis and characterization of $LiAl_{1/4}Ni_{3/4}O_2$（$R3m$）for lithium-ion（shuttlecock）batteries [J]. J Electrochem Soc，1995，142（12）：4033.

[7] 青木卓，永田幹人，塚本寿. 锂二次电池用活性物质及其制造方法以及锂二次电池：CN 1156910[P]. 1996-12-27.

[8] 松原行雄，上田正实，井上英俊，等. 锂镍钴复合氧化物及其制法以及用于蓄电池的阳极活性材料：CN1155525 [P]. 1997-08-11.

[9] Liu Z L，Yu A S，Lee J Y. Synthesis and characterization of $LiNi_{1-x-y}Co_xMn_yO_2$ as the cathode materials of secondary lithium batteries [J]. J Power Sources，1999，81-82：416-419.

[10] Ohzuku T，Makimura Y. Layered lithium insertion material of $LiCo_{1/3}Ni_{1/3}Mn_{1/3}O_2$ for lithium-ion batteries [J]. Chem Lett，2001，30（7）：642-643.

[11] Lu Z H，Dahn J R. Cathode compositions for lithium-ion batteries：US6964828 [P]. 2001-04-27.

[12] Ito H，Usui T，Shimakawa M，et al. High density cobalt-manganese coprecipitated nickel

hydroxide and process for its production：US2002/0053663 [P]. 2001-11-02.

[13] Armstrong A R，Bruce P G. Synthesis of layered $LiMnO_2$ as an electrode for rechargeable lithium batteries [J]. Nature，1996，381（6582）：499-500.

[14] Ohzuku T，Makimura Y. Layered lithium insertion material of $LiNi_{1/2}Mn_{1/2}O_2$：a possible alternative to $LiCoO_2$ for advanced lithium-ion batteries [J]. Chem Lett，2001，8：744-745.

[15] Delmas C，Saadoune I. Electrochemical and physical properties of the $Li_xNi_{1-y}Co_yO_2$ phases [J]．Solid State Ionics，1992，53-56：370-375.

[16] Majumder S B，Nieto S，Katiyar R S. Synthesis and electrochemical properties of $LiNi_{0.80}(Co_{0.20-x}Al_x)O_2$（$x = 0.0$ and 0.05）cathodes for Li ion rechargeable batteries [J]. J Power Sources，2006，154：262-267.

[17] Radin M D，Hy S，Sina M，et al. Narrowing the gap between theoretical and practical capacities in Li-ion layered oxide cathode materials advanced energy materials [J]. Adv Energy Mater，2017，7（20）：1602888.

[18] 熊凡，张卫新，杨则恒，等. 高比能量锂离子电池正极材料的研究进展[J]. 储能科学与技术，2018，7（4）：607-617.

[19] Macneil D D，Lu Z，Dahn J R. Structure and electrochemistry of $Li[Ni_xCo_{1-2x}Mn_x]O_2$（$0\leqslant x\leqslant 1/2$）[J]. J Electrochem Soc，2002，149（10）：A1332-A1336.

[20] de Dompablo M E Arroyo y，Ceder G. First-principles calculations of lithium ordering and phase stability on Li_xNiO_2 [J]. Phys Rev B，2002，66（064112）：1-9.

[21] Li D C，Muta T，Zhang L Q. Effect of synthesis method on the electrochemical performance of $LiNi_{1/3}Mn_{1/3}Co_{1/3}O_2$ [J]. J Power Sources，2004，132：150-155.

[22] Kang K，Meng Y S，Bréger J，et al. Electrodes with high power and high capacity for rechargeable lithium batteries [J]. Science，2006，311：977-980.

[23] Choi J，Manthiram A. Structural and electrochemical characterization of the layered $LiNi_{0.5-y}Mn_{0.5-y}Co_{2y}O_2$（$0\leqslant 2y\leqslant 1$）cathodes [J]. Solid State Ionics，2005，176：2251-2256.

[24] Choi J，Manthiram A. Crystal chemistry and electrochemical characterization of layered $LiNi_{0.5-y}Co_{0.5-y}Mn_{2y}O_2$ and $LiCo_{0.5-y}Mn_{0.5-y}Ni_{2y}O_2$（$0\leqslant 2y\leqslant 1$）cathodes [J]. J Power Sources，2006，162：667-672.

[25] Noh H J，Youn S，Yoon C S，et al. Comparison of the structural and electrochemical properties of layered $Li[Ni_xCo_yMn_z]O_2$（$x = 1/3$，0.5，0.6，0.7，0.8 and 0.85）cathode material for lithium-ion batteries [J]. J Power Sources，2013，233：121-130.

[26] Zheng H，Sun Q，Liu Gao，et al. Correlation between dissolution behavior and electrochemical cycling performance for $LiNi_{1/3}Co_{1/3}Mn_{1/3}O_2$-based cells [J]. J Power Sources，2012，207：134-140.

[27] Bak S M，Hu E，Zhou Y，et al. Structural changes and thermal stability of charged $LiNi_xMn_yCo_zO_2$ cathode materials studied by combined *in situ* time-resolved XRD and mass spectroscopy [J]. ACS Appl Mater Inter，2014，6：22594-22601.

[28] Liu W，Oh P，Liu X，et al. Nickel-rich layered lithium transitional-metal oxide for high-energy lithium-ion batteries [J]. Angew Chem Int Edit，2015，54：4440-4458.

[29] Lin F，Markus I M，Nordlund D，et al. Surface reconstruction and chemical evolution of stoichiometric layered cathode materials for lithium-ion batteries [J]. Nat Commun，2014，5：

3529-3530.

[30] Self J，Aiken C P，Petibon R，et al. Survey of gas expansion in Li-ion NMC pouch cells [J]. J Electrochem Soc，2015，162：796-802.

[31] Li J，Shunmugasundaram R，Doig R，et al. *In situ* X-ray diffraction study of layered Li-Ni-Mn-Co oxides：effect of particle size and structural stability of core-shell materials [J]. Chem Mater，2016，28：162.

[32] Watanabe S，Kinoshita M，Hosokawa T，et al. Capacity fade of $LiAl_yNi_{1-x-y}Co_xO_2$ cathode for lithium-ion batteries during accelerated calendar and cycle life tests（surface analysis of $LiAl_yNi_{1-x-y}Co_xO_2$ cathode after cycle tests in restricted depth of discharge ranges）[J]. J Power Sources，2014，258：210-217.

[33] Park K J，Hwang J Y，Ryu H H，et al. Degradation mechanism of Ni-enriched NCA cathode for lithium batteries：are microcracks really critical? [J]. ACS Energy Lett，2019，4：1394-1400.

[34] Nam K W，Bak S M，Hu E，et al. Combining *in situ* synchrotron X-ray diffraction and absorption techniques with transmission electron microscopy to study the origin of thermal instability in overcharged cathode materials for lithium-ion batteries [J]. Adv Funct Mater，2013，23：1047-1063.

[35] Jung S K，Gwon H，Hong J，et al. Understanding the degradation mechanisms of $LiNi_{0.5}Co_{0.2}Mn_{0.3}O_2$ cathode material in lithium ion batteries [J]. Adv Energy Mater，2014，4（1300787）：1-7.

[36] Wu F，Wang M，Su Y，et al. A novel layered material of $LiNi_{0.32}Mn_{0.33}Co_{0.33}Al_{0.01}O_2$ for advanced lithium-ion batteries [J]. J Power Sources，2010，195：2900-2904.

[37] Woo S W，Myung S T，Bang H，et al. Improvement of electrochemical and thermal properties of $Li[Ni_{0.8}Co_{0.1}Mn_{0.1}]O_2$ positive electrode materials by multiple metal（Al, Mg）substitution [J]. Electrochim Acta，2009，54：3851-3856.

[38] Kondo H，Takeuchi Y，Sasaki T，et al. Effects of Mg-substitution in Li（Ni, Co, Al）O_2 positive electrode materials on the crystal structure and battery performance [J]. J Power Sources，2007，174：1131-1136.

[39] Zhang B，Li L，Zheng J. Characterization of multiple metals（Cr，Mg）substituted $LiNi_{0.8}Co_{0.1}Mn_{0.1}O_2$ cathode materials for lithium ion battery [J]. J Alloy Compd，2012，520：190-194.

[40] Zhu H，Xie T，Chen Z，et al. The impact of vanadium substitution on the structure and electrochemical performance of $LiNi_{0.5}Co_{0.2}Mn_{0.3}O_2$ [J]. Electrochim Acta，2014，135：77-85.

[41] 邵宗普. 高能量密度锂离子电池正极材料 $LiNi_{0.6}Co_{0.2}Mn_{0.2}O_2$ 的制备及改性研究[D]. 北京：北京矿冶研究总院，2018.

[42] Shin H S，Shin D，Sun Y K. Improvement of electrochemical properties of $Li[Ni_{0.4}Co_{0.2}Mn_{(0.4-x)}Mg_x]O_{2-y}F_y$ cathode materials at high voltage region [J]. Electrochim Acta，2006，52：1477-1482.

[43] 郑卓，吴振国，向伟，等. Na^+掺杂锂离子电池正极材料 $LiNi_{0.6}Co_{0.2}Mn_{0.2}O_2$ 的制备及电化学性能[J]. 高等学校化学学报，2017，38（8）：1458-1464.

[44] Lide David R. Handbook of Chemistry and Physics[M]. 84th ed. Boca Raton：CRC Press，2004.

[45] Guilmard M，Croguennec L，Denux D，et al. Thermal stability of lithium nickel oxide

derivatives. Part Ⅰ: $Li_xNi_{1.02}O_2$ and $Li_xNi_{0.89}Al_{0.16}O_2$($x = 0.50$ and 0.30)[J]. Chem Mater，2003，15：4476-4483.

[46] Kam K C，Doeff M M. Aliovalent titanium substitution in layered mixed Li Ni-Mn-Co oxides for lithium battery applications [J]. J Mater Chem，2011，21：9991-9993.

[47] Zhong S，Wang Y，Liu J，et al. Synthesis and electrochemical properties of Ce-doped $LiNi_{1/3}Mn_{1/3}Co_{1/3}O_2$ cathode material for Li-ion batteries [J]. J Rare Earths，2011，29（9）：891-893.

[48] Wang L Q，Jiao L F，Yuan H，et al. Synthesis and electrochemical properties of Mo-doped $Li[Ni_{1/3}Mn_{1/3}Co_{1/3}]O_2$ cathode materials for Li-ion battery [J]. J Power Sources，2006，162：1367.

[49] Kim G H，Kim M H，Myung S T，et al. Effect of fluorine on $Li[Ni_{1/3}Co_{1/3}Mn_{1/3}]O_{2-z}F_z$ as lithium intercalation material [J]. J Power Sources，2005，146：602-605.

[50] Huang Y J，Gao D S，Lei G T，et al. Synthesis and characterization of $Li(Ni_{1/3}Co_{1/3}Mn_{1/3})_{0.96}Si_{0.04}O_{1.96}F_{0.04}$ as a cathode material for lithium-ion battery [J]. Mater Chem Phy，2007，106：354-359.

[51] Xiao B，Sun X. Surface and subsurface reactions of lithium transition metal oxide cathode materials：an overview of the fundamental origins and remedying approaches [J]. Adv Energy Mater，2018，1802057：1-27.

[52] Shi Y，Zhang M，Qian D，et al. Ultrathin Al_2O_3 coatings for improved cycling performance and thermal stability of $LiNi_{0.5}Co_{0.2}Mn_{0.3}O_2$ cathode material [J]. Electrochim Acta，2016，203：154-161.

[53] Chen Y，Zhang Y，Chen B，et al. An approach to application for $LiNi_{0.6}Co_{0.2}Mn_{0.2}O_2$ cathode material at high cut off voltage by TiO_2 coating [J]. J Power Sources，2014，256：20-27.

[54] Lee S M，Oh S H，Ahn J P，et al. Electrochemical properties of ZrO_2-coated $LiNi_{0.8}Co_{0.2}O_2$ cathode materials [J]. J Power Sources，2006，159：1334-1339.

[55] Shi S J，Tu J P，Tang Y Y，et al. Enhanced electrochemical performance of LiF-modified $LiNi_{1/3}Co_{1/3}Mn_{1/3}O_2$ cathode materials for Li-ion batteries [J]. J Power Sources，2013，225：338-346.

[56] Li L，Cao Y C，Zheng H，et al. $AlPO_4$ coated $LiNi_{1/3}Co_{1/3}Mn_{1/3}O_2$ for high performance cathode material in lithium batteries [J]. J Mater Sci：Mater El，2017，28（2）：1925-1930.

[57] Cho J，Kim T J，Kim J，et al. Synthesis，thermal，and electrochemical properties of $AlPO_4$-coated $LiNi_{0.8}Co_{0.1}Mn_{0.1}O_2$ cathode materials for a Li-ion cell [J]. J Electrochem Soc，2004，151：A1899-A1904.

[58] Li L，Chen Z，Zhang Q，et al. A hydrolysis-hydrothermal route for the synthesis of ultrathin $LiAlO_2$-inlaid $LiNi_{0.5}Co_{0.2}Mn_{0.3}O_2$ as a high-performance cathode material for lithium ion batteries [J]. J Mater Chem A，2015，3：894-904.

[59] Shao Z，Liu Y，Chen Y，et al. Significantly improving energy density of cathode for lithium ion batteries：the effect of Li-Zr composite oxides coating on $LiNi_{0.6}Co_{0.2}Mn_{0.2}O_2$ [J]. Ionics，2020，26（3）：1173-1180.

[60] Kim Y，Cho J. Lithium-reactive $Co_3(PO_4)_2$ nanoparticle coating on high-capacity $LiNi_{0.8}Co_{0.16}Al_{0.04}O_2$ cathode material for lithium rechargeable batteries [J]. J Electrochem Soc，2007，154（6）：A495-A499.

[61] 邵宗普，王霄鹏，刘亚飞. 正极材料石墨烯包覆 $LiNi_{0.6}Co_{0.2}Mn_{0.2}O_2$ 的性能[J]. 电池，2018，4：236-239.

[62] Guo R，Shi P F，Cheng X Q，et al. Synthesis and characterization of carbon-coated $LiNi_{1/3}Co_{1/3}Mn_{1/3}O_2$ cathode material prepared by polyvinyl alcohol pyrolysis route [J]. J Alloy & Compd，2009，473：53-59.

[63] Ju J H，Ryu K S. Synthesis and electrochemical performance of $Li(Ni_{0.8}Co_{0.15}Al_{0.05})_{0.8}(Ni_{0.5}Mn_{0.5})_{0.2}O_2$ with core-shell structure as cathode material for Li-ion batteries [J]. J Alloy Compd，2011，509：7985-7992.

[64] Sun Y K，Myung S T，Park B C，et al. High-energy cathode material for long-life and safe lithium batteries [J]. Nat Mater，2009，8：320-324.

[65] Sun Y K，Chen Z，Noh H J，et al. Nanostructured high-energy cathode materials for advanced lithium batteries [J]. Nat Mater，2012，11：942-947.

[66] Hou P，Zhang H，Deng X，et al. Stabilizing the electrode/electrolyte interface of $LiNi_{0.8}Co_{0.15}Al_{0.05}O_2$ through tailoring aluminum distribution in microspheres as long-life，high-rate，and safe cathode for lithium-ion batteries [J]. ACS Appl Mater Inter，2017，9：29643-29653.

[67] Albrecht S，Kruft M，Olbrich A，et al. Composition comprising lithium compound and mixed metal hydroxide and their preparation and use：US7622190B2[P]. 2009-09-12.

[68] Noh M，Cho J. Optimized synthetic conditions of $LiNi_{0.5}Co_{0.2}Mn_{0.3}O_2$ cathode materials for high rate lithium batteries via co-precipitation method [J]. J Electrochem Soc，2013，160：A105-A111.

[69] Park S H，Shin H S，Myung S T，et al. Synthesis of nanostructured $Li[Ni_{1/3}Co_{1/3}Mn_{1/3}]O_2$ via a modified carbonate process [J]. Chem Mater，2005，17：6-8.

[70] Sun H H，Choi W，Lee J K，et al. Control of electrochemical properties of nickel-rich layered cathode materials for lithium ion batteries by variation of the manganese to cobalt ratio [J]. J Power Sources，2015，275：877-883.

[71] Petibon R，Xia J，Ma L，et al. Electrolyte system for high voltage Li-ion cells [J]. J Electrochem Soc，2016，163：A2571-A2578.

03

尖晶石型锰酸锂材料

尖晶石型锰酸锂正极材料凭借安全性能好、电压平台高、容易制备、价格低廉、环境友好等优点，在充电宝、电动工具、电动自行车和动力电池中都占据重要地位。本章将回顾尖晶石型正极材料的开发历史，并重点介绍材料结构、电化学性能及改性进展。

3.1 尖晶石型锰酸锂材料的开发历史

尖晶石型锰酸锂几十年来一直受到众多研究者的广泛关注和研究，早在 1958 年 Wickham 等[1]就以碳酸锂和二氧化锰为原料采用固相法制得，1981 年 Hunter[2]发现 $LiMn_2O_4$ 在酸性溶液中的化学脱锂后生成的 λ-MnO_2 仍保持相同的尖晶石结构，直到 1983 年 Thackeray 等[3]以 1mol/L $LiBF_4$-PC 为电解液、金属锂为负极组成原锂电池，发现 $LiMn_2O_4$ 具有电化学脱嵌锂功能，才真正开辟了尖晶石型正极材料这个新的研究方向。1995 年 Sigala 等[4]发现 Cr 掺杂的铬锰酸锂（$LiCr_yMn_{2-y}O_2$，$0 \leqslant y \leqslant 1$）对金属锂表现为 4.9V 电压平台，且容量随 Cr 含量增加而提高；$y \leqslant 0.5$ 时表现出较好的循环稳定性。为了解决 $LiMn_2O_4$ 结构不稳定问题，Zhong 等[5]研究了不同 Ni 含量组成的 $LiNi_xMn_{2-x}O_4$，发现 $x = 0.5$ 时材料在 4.7V 具有超过 100mA·h/g 的可逆比容量，且循环性能较好。Kawai 等[6]发现除 Ni、Cr 之外，用 Fe、Co、Cu 取代部分 Mn，也会将尖晶石型锰酸锂的放电电压提高到 4.8V，甚至 5V 以上。

3.2 尖晶石型锰酸锂材料的结构与电化学性能

3.2.1 尖晶石型锰酸锂的结构

1. 晶体结构

锰具有 +2、+3、+4、+5 和 +7 等多种化合价态，可形成 Li_2MnO_3、$Li_7Mn_5O_{12}$、$LiMn_2O_4$、$Li_5Mn_4O_9$、$LiMnO_2$、MnO_2、$Li_2Mn_4O_9$、$Li_4Mn_5O_{12}$ 等一系列化合物，如图 3-1 的 Li-Mn-O 三元体系相图所示。图中 Mn_3O_4-$Li_4Mn_5O_{12}$ 连线表示具有化学计量的尖晶石相，MnO-Li_2MnO_3 连线表示具有化学计量的岩盐相，Ⅰ区为有缺陷的尖晶石相区，Ⅱ区为有缺陷的岩盐相区[7]。在上述锂锰复合氧化物中，尖晶石型 $LiMn_2O_4$ 材料因结构稳定、合成工艺简单且具有良好的电化学性能而最受关注。

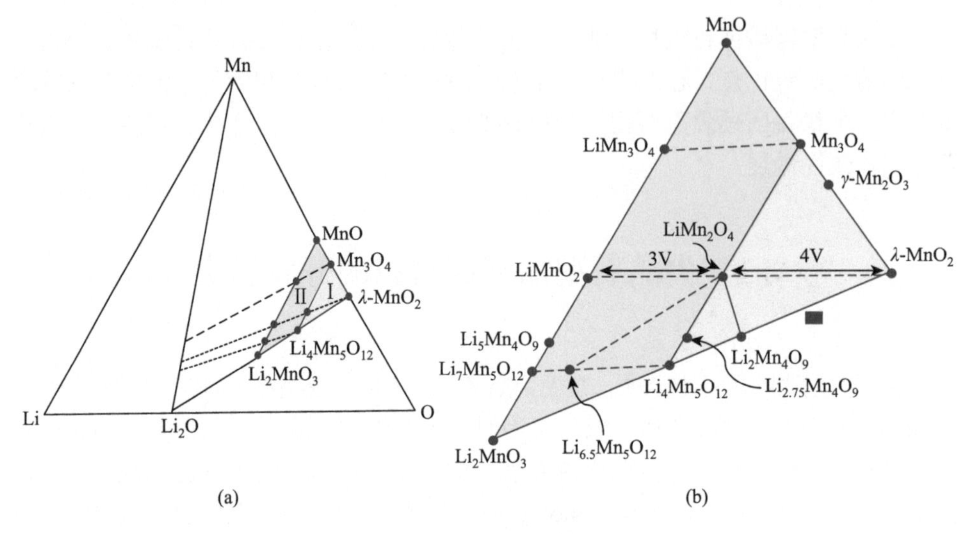

图 3-1 **Li-Mn-O** 三元体系相图（**25℃**）

尖晶石型 $LiMn_2O_4$ 属于具有 $Fd\overline{3}m$ 对称性的立方晶系，其晶体结构如图 3-2 所示[8]。氧呈面心立方紧密堆积，占据八面体的间隙 32e 位，锂占据 1/8 的四面体 8a 位，锰位于 1/2 的八面体间隙 16d 位，其余 7/8 的 8b 和 48f 等四面体间隙以及 1/2 的八面体间隙 16c 为全空，其结构式可表示为 $Li_{8a}[Mn_2]_{16d}O_4$。锂占据的 8a 与空的 48f 及 16c 构成连续互通的三维离子通道，锂离子则通过空的相邻四面体和八面体间隙沿着 8a—16c—8a 通道进行脱出或嵌入，扩散路径 8a—16c—8a 的夹角约为 107°，$LiMn_2O_4$ 中的锂离子扩散系数达 10^{-11}～$10^{-9}cm^2/s$。

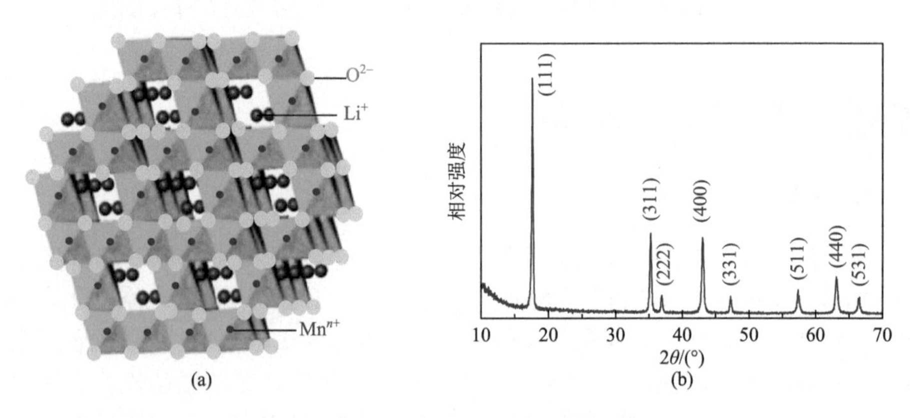

图 3-2 尖晶石型 $LiMn_2O_4$ 的结构示意图

（a）晶体结构示意图；（b）XRD 谱图

当 $LiMn_2O_4$ 中的锰离子被其他低价阳离子部分取代时，Mn^{3+}会全部或者部分

转变为稳定的 Mn^{4+}，形成通式为 $Li_xM_yMn_{2-y}O_4$（M = Ni、Co、Fe、Cu、Cr 等）的尖晶石化合物，其中因电化学性能优异而备受关注的 $LiNi_{0.5}Mn_{1.5}O_4$ 具有两种空间群结构（图 3-3）[9]：一种为遵循严格的化学计量比的有序型尖晶石结构，属 $P4_332$ 空间群，原来空的 16c 位分裂为 4a 和 12d，分别由 Ni 和 Mn 占据，Li^+ 占据 8c 四面体位，沿 8c—4a 和 8c—12d 路径传输时被有序的 Ni、Mn 离子阻碍；另一种为非化学计量比的无序型尖晶石结构，属 $Fd\overline{3}m$ 空间群，Ni 和 Mn 随机分布在 16d 空位，锂离子占据 8a，沿 8a—16c 传输，化学式可表示为 $LiNi_{0.5}Mn_{1.5}O_{4-\delta}$，含晶格氧缺陷或 Mn 过量[10]。

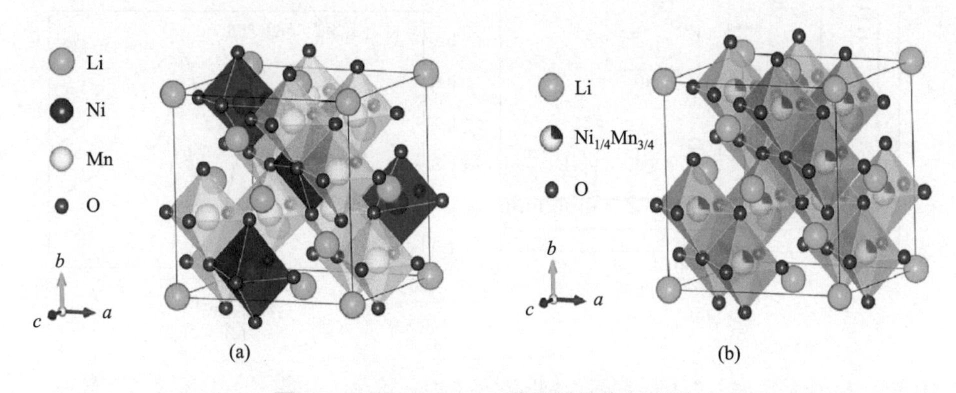

图 3-3　$LiNi_{0.5}Mn_{1.5}O_4$ 的晶体结构示意图

（a）有序型（$P4_332$ 空间群）；（b）无序型（$Fd\overline{3}m$ 空间群）

尖晶石型镍锰酸锂（$LiNi_{0.5}Mn_{1.5}O_4$，LNMS）的有序-无序相结构受制备条件影响：高于 800℃发生失氧，部分 Mn^{4+} 转变为 Mn^{3+}，离子排列无序度增加，以 $Fd\overline{3}m$ 为主；700℃低温处理，补偿高温产生的氧空位，又可变回有序的 $P4_332$[11]。制备过程受限于温度控制波动和 Ni/Mn 比例的轻微变化，难以得到“有序”或“无序”的纯相，通常是两相共存。其晶体结构的显著区别在于是否存在 Mn^{3+}：$P4_332$ 相出现超晶格现象，使 2θ 为 15.3°、39.7°、45.7°、57.5°、65.6°附近出现一些特征衍射峰［图 3-4（a）］[12]。拉曼光谱和红外光谱对局部的晶体结构对称性敏感，也可区分有序和无序结构：有序型 $P4_332$ 的拉曼光谱在 $221cm^{-1}$、$241cm^{-1}$、$406cm^{-1}$ 和 $495cm^{-1}$ 处峰强明显增加[12]；其红外光谱在 $555cm^{-1}$、$464cm^{-1}$ 和 $429cm^{-1}$ 等处出现特征吸收峰［图 3-4（b）和（c）］[13]。

几种常见的尖晶石型正极材料 $Li_xMe_2O_4$ 都属于立方晶系，它们的(hkl)晶面间距 d_{hkl} 与晶格常数 a 和晶胞体积 V 有如下关系：

$$\frac{1}{d_{hkl}^2}=\frac{h^2+k^2+l^2}{a^2} \tag{3-1}$$

$$V=a^3 \tag{3-2}$$

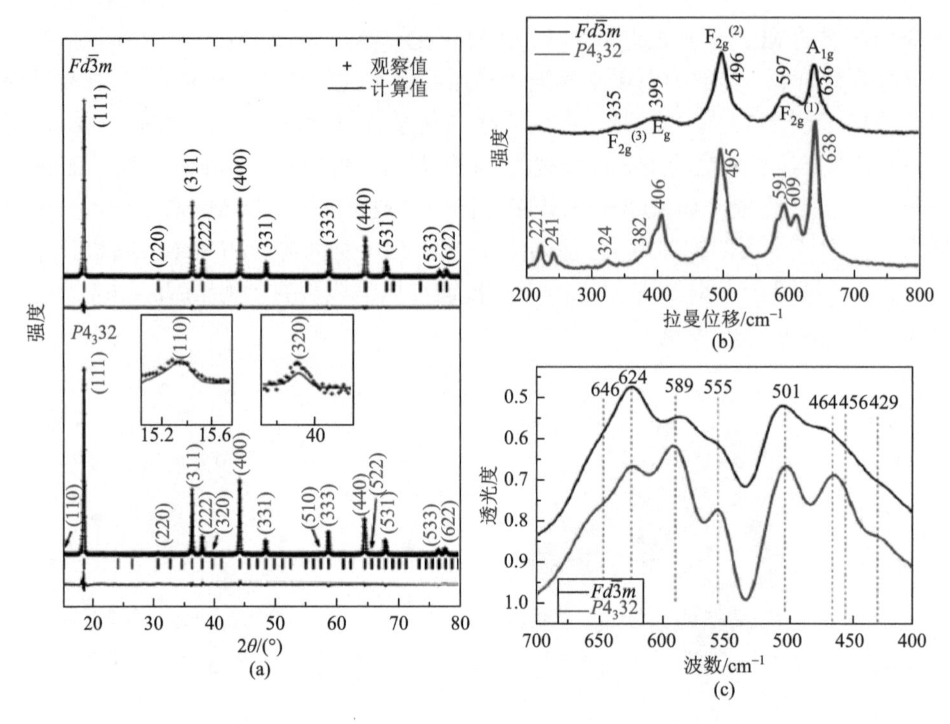

图 3-4 $LiNi_{0.5}Mn_{1.5}O_4$ 两种结构的 X 射线衍射（a）、拉曼光谱图（b）和红外光谱图（c）

将图 3-2（b）和图 3-4（a）若干个晶面衍射峰的相关数据代入式（3-1）～式(3-2)，即可拟合计算尖晶石型正极材料粉末的晶格常数和晶胞体积，见表 3-1。由于 Li^+、Mn^{3+}和 Ni^{2+}等金属离子半径占位不同，几种尖晶石型锰酸锂材料的晶格常数和晶胞体积有所不同，其中完全脱锂的立方相λ-MnO_2 较小，Li^+脱出后晶体发生收缩；过度嵌锂的四方相 $Li_2Mn_2O_4$ 最小，晶型变化导致体积突变；$P4_332$ 和 $Fd\bar{3}m$ 等两种空间群的 $LiNi_{0.5}Mn_{1.5}O_4$ 晶胞体积介于 $LiMn_2O_4$ 和λ-MnO_2 之间。

表 3-1 尖晶石型正极材料的空间群和晶胞参数

种类	晶系	空间群	a/Å	c/Å	V/Å^3	备注
$LiMn_2O_4$	立方	$Fd\bar{3}m$	8.247		561.0	PDF#35-0782
λ-MnO_2	立方	$Fd\bar{3}m$	8.030		517.8	PDF#44-0992
$Li_2Mn_2O_4$	四方	$I4_1/amd$	5.653	9.329	298.1	PDF#84-1524
$LiNi_{0.5}Mn_{1.5}O_4$	立方	$Fd\bar{3}m$	8.170		545.3	PDF#85-0002
$LiNi_{0.5}Mn_{1.5}O_4$	立方	$P4_332$	8.170		545.3	PDF#81-1528

2. 电子结构

尖晶石型锰酸锂 $LiMn^{3+}Mn^{4+}O_4$ 中，Mn^{3+}的电子构型是 $3d^4$，3 个 d 电子占据 3 个 t_{2g} 轨道，另 1 个 d 电子占据能量更高的 e_g 轨道；Mn^{4+}的电子构型是 $3d^3$，3 个电子占据 3 个 t_{2g} 轨道［图 3-5（a）］。脱锂时 Mn^{3+}失去 e_g 轨道的 1 个电子，被氧化为 Mn^{4+}；嵌锂时 Mn^{4+}得到 1 个电子被还原为 Mn^{3+}，$LiMn_2O_4$ 的容量主要来自 Mn^{3+}/Mn^{4+}的氧化还原反应。图 3-5（c）为尖晶石型锰酸锂材料的态密度与能量关系示意图，可以看出：Mn^{3+}/Mn^{4+}能带与 O-2p 能带不重叠，理论上 Li^+可完全脱出而不发生结构失氧，具有高安全性。然而，Mn^{3+}在 e_g 轨道中的 1 个孤电子会通过破坏两个 e_g 轨道之间的简并性以降低体系总能量，发生 Jahn-Teller 畸变，降低材料的结构稳定性。

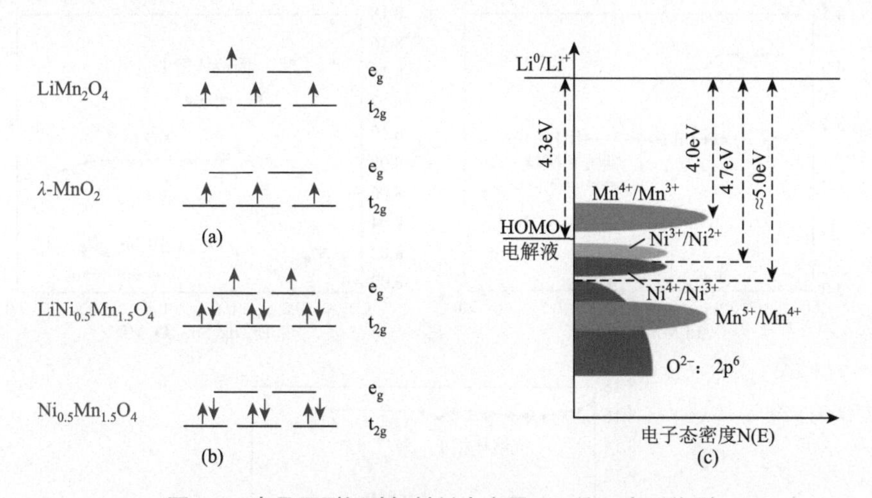

图 3-5　尖晶石型锰酸锂材料中金属 Me 的 d 电子构型

（a）和（b）放电态和充电态 Me 的 d 电子构型；（c）态密度与能量关系示意图[14]，HOMO 代表最高占据分子轨道

在 $LiNi_{0.5}^{2+}Mn_{1.5}^{4+}O_4$ 中，Ni^{2+}的电子构型是 $3d^8$，6 个电子占据 t_{2g} 轨道，另 2 个占据 e_g 轨道［图 3-5（b）］。脱锂时，Ni^{2+}分别失去 e_g 轨道的 2 个电子，被氧化为 Ni^{4+}；嵌锂时，Ni^{4+}依次被还原为 Ni^{3+}和 Ni^{2+}，因此 $LiNi_{0.5}Mn_{1.5}O_4$ 的容量主要来自 Ni^{2+}/Ni^{3+}和 Ni^{3+}/Ni^{4+}的氧化还原反应，与 $LiMn_2O_4$ 的理论容量相近，Mn^{4+}不参与电化学反应。从图 3-5（c）可见，Ni^{2+}/Ni^{3+}能带与 O-2p 能带不重叠，Ni^{3+}/Ni^{4+}的能带与 O-2p 能带有轻微重叠，理论上 Li^+可完全脱出，但 Ni^{2+}/Ni^{3+}和 Ni^{3+}/Ni^{4+}电对的电位超过了常规电解液电化学窗口，会使其分解，因此需开发专用耐高电压电解液。

3. 充放电过程的结构变化

尖晶石型 $Li_xMn_2O_4$ 充电到 3.95V 时，1/2 的 Li^+从 8a 位脱出，Mn^{3+}被氧化为 Mn^{4+}；充电电压升高至 4.15V 时剩余的 Li^+全部脱出，变为保持$[Mn_2]_{16d}O_4$尖晶石构架的 λ-MnO_2，晶格常数从 8.247Å 逐渐降低到 8.030Å（表 3-1）。放电时 Li^+迁回 8a 位：$0<x<1.0$ 时 $Li_xMn_2O_4$ 与 λ-MnO_2 两个立方相共存，尖晶石保持立方对称[14]，构成了 4V 电压平台（图 3-6），此时 Jahn-Teller 效应不明显，发生的电化学反应如下：

$$\square_{8a}[Mn_2^{4+}]_{16d}[O_4^{2-}]_{32e} + Li^+ + e^- \rightleftharpoons [Li^+]_{8a}[Mn^{3+}Mn^{4+}]_{16d}[O_4^{2-}]_{32e} \quad (3\text{-}3)$$

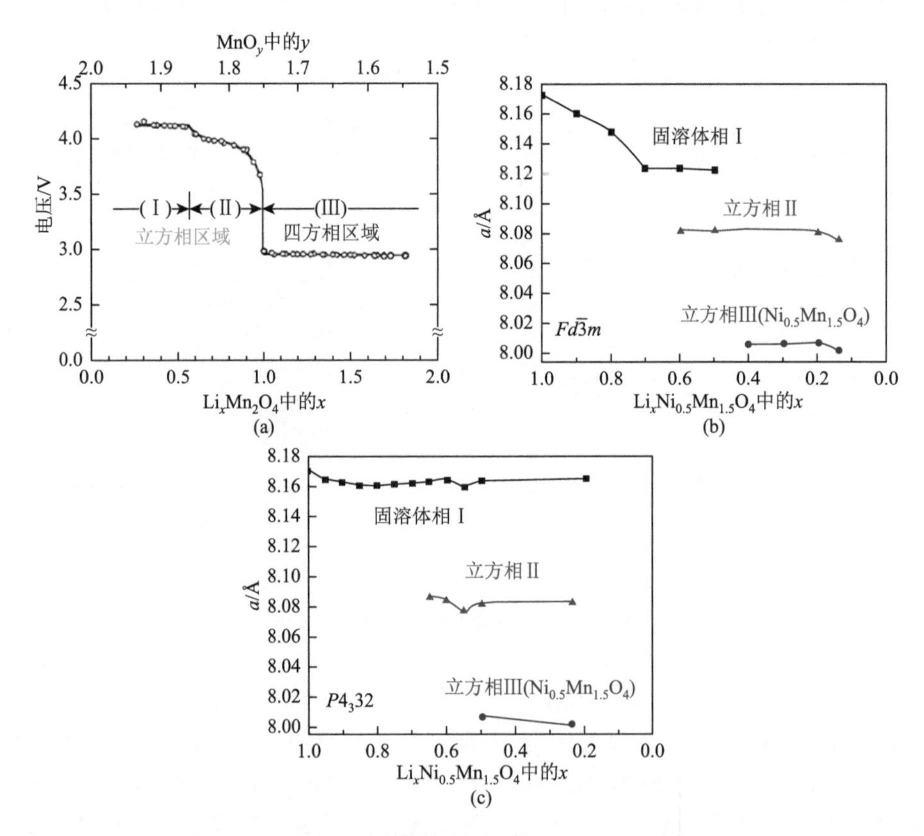

图 3-6 尖晶石型锰酸锂充放电过程的电压和结构变化

（a）尖晶石型 $Li_xMn_2O_4$；（b）无序型 $Li_xNi_{0.5}Mn_{1.5}O_4$；（c）有序型 $Li_xNi_{0.5}Mn_{1.5}O_4$

$LiMn_2O_4$ 进一步放电，过量 Li^+嵌入到氧八面体 16c 位，使更多的 Mn^{4+}被还原为 Mn^{3+}，锰离子平均价态小于 +3.5，导致严重的 Jahn-Teller 效应，使尖晶石结构由立方相向四方相转变［图 3-6（a）］，发生的电化学反应如下：

$$[Li^+]_{8a}[Mn^{3+}Mn^{4+}]_{16d}[O_4^{2-}]_{32e} + Li^+ + e^- \rightleftharpoons [Li^+]_{8a}[Li^+]_{16c}[Mn_2^{3+}]_{16d}[O_4^{2-}]_{32e} \quad (3\text{-}4)$$

与$LiMn_2O_4$类似，无序型$Li_xNi_{0.5}Mn_{1.5}O_4$的晶胞随着锂脱出收缩：a由8.17Å减小到8.00Å，$x=0.6$和$x=0.4$时依次出现第二种和第三种立方晶体结构，发生固溶体两相反应［图3-6（b）］。有序型LNMS的晶格常数a从8.17Å逐渐减少到7.99Å；$x=0.65$和$x=0.5$时依次出现第二种和第三种立方相［图3-6（c）］[13]。无序型结构充电初期是一个连续相变过程，而有序型结构表现出在三种立方相之间的两相反应过程。材料生产制造时难以得到纯相有序型结构，因此无特别说明时本章后面提到的LNMS主要指无序型结构。

3.2.2 尖晶石型锰酸锂的电化学性能

1. 容量与首次效率

图3-7(a)是两种尖晶石型锰酸锂材料的充放电曲线，可以看出尖晶石$LiMn_2O_4$在4V区域有非常明显的电压平台，对应Mn^{3+}/Mn^{4+}的氧化还原反应；$LiNi_{0.5}Mn_{1.5}O_4$在4.7V附近显示两个电压平台，分别对应Ni^{2+}/Ni^{3+}和Ni^{3+}/Ni^{4+}的氧化还原反应，4.0V附近的电压平台对应于Mn^{3+}/Mn^{4+}的氧化还原反应，说明样品含无序LNMS成分；LMO和LNMS的比容量分别为128.0mA·h/g和134.7mA·h/g，首次效率分别为96.3%和93.5%。放电电压平台和比容量的差异，使得LNMS比能量达到623.7W·h/kg，比LMO高出20%（表3-2）。

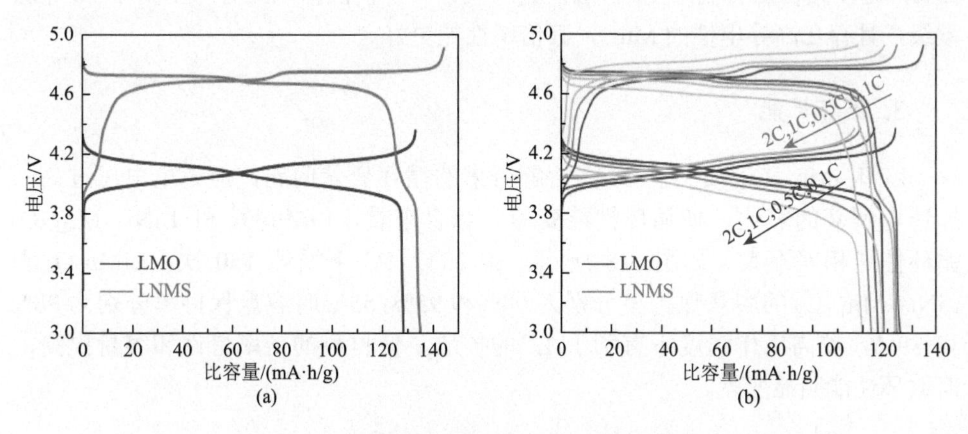

图3-7 尖晶石型锰酸锂材料的充放电曲线

（a）首次充放电曲线；（b）倍率性能

表 3-2 尖晶石型正极材料的容量和首次效率

种类	理论比容量/(mA·h/g)	比容量/(mA·h/g)	首次效率/%	平均放电电压/V	正极比能量/(W·h/kg)
$LiMn_2O_4$	148	128.0	96.3	4.05	518.4
$LiNi_{0.5}Mn_{1.5}O_4$	147	134.7	93.5	4.63	623.7

2. 倍率性能

$LiMn_2O_4$和$LiNi_{0.5}Mn_{1.5}O_4$的价带和导带的带隙差分别是0.725eV和0.007eV，Ni取代Mn后能带带隙减小。与$LiMn_2O_4$相比，$LiNi_{0.5}Mn_{1.5}O_4$中Mn—O键短、键能高，Li—O键长、键能低，有利于Li^+的扩散迁移[15]。因此，通常$LiNi_{0.5}Mn_{1.5}O_4$的倍率性能要优于$LiMn_2O_4$，如图3-7（b）所示，$LiMn_2O_4$和$LiNi_{0.5}Mn_{1.5}O_4$的1C容量保持率分别为96.1%和98.5%。

相变速率受到两相之间锂浓度和空位的限制，而固溶体反应可维持更高的锂浓度梯度，因此无序型结构的Li^+扩散速率更高。当小电流充放电时，无论是无序型还是有序型结构，均有充足的时间进行Li^+的脱嵌，因此均表现出较好性能；当大电流充放电时，由于有序型结构需要进行两次相转变，当没有充足时间完成两相之间转变时，造成结构可逆性差、相滞后，导致电化学性能变差。Koyama等[16]计算发现在LNMS中3种Li^+扩散路径由易到难依次为：8c—4a＜8a—16c＜8c—12d，有序结构中同时存在最易扩散的8c—4a和最难扩散的8c—12d，但前者只占25%，无序结构更有利于Li^+扩散；无序型锂离子扩散系数比有序型高1～2个数量级，且存在高导电性的Mn^{3+}，其倍率性能更好。

3. 循环性能

$LiNi_{0.5}Mn_{1.5}O_4$减少了Mn^{3+}溶解带来的循环变差问题，但充电电压过高，加速电解液的氧化，使循环性能变差。综合来看，$LiMn_2O_4$和$LiNi_{0.5}Mn_{1.5}O_4$循环性能相差不大。如图3-8所示，在25℃ 1C下循环150次，$LiMn_2O_4$和$LiNi_{0.5}Mn_{1.5}O_2$的容量保持率分别为94%和95%，55℃时容量保持率分别为88%和89%，较高工作温度下有利于Li^+的扩散，使材料的倍率特性和容量提高，但循环性能明显变差。

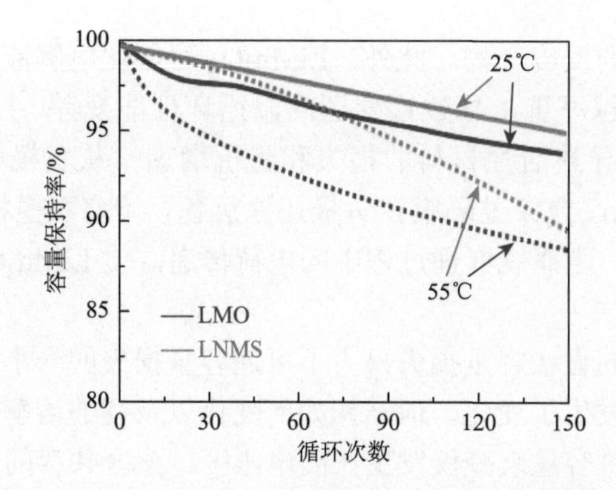

图 3-8 不同环境温度下 **LMO** 和 **LNMS** 的循环性能

3.3 尖晶石型锰酸锂材料存在的问题及其改性

3.3.1 尖晶石型锰酸锂材料存在的问题

在锂离子电池的大型应用中，$LiMn_2O_4$ 凭借成本低廉和安全性好的优势被普遍看好，但存在严重的容量衰减问题，特别是＞40℃高温条件下循环或存储时都存在不可逆的容量损失，导致电池性能下降，甚至失效。便携式计算机工作时锂离子电池温度可达55℃以上，可以想象大型 $LiMn_2O_4$ 电池的发热及容量衰减将非常严重。尖晶石型 $LiMn_2O_4$ 高温性能差可归结为锰的溶解、Jahn-Teller 效应和氧缺陷的存在等原因。

$LiNi_{0.5}Mn_{1.5}O_4$ 继承了 $LiMn_2O_4$ 低成本基本特征，理论上可避免 Mn^{3+}的 Jahn-Teller 效应，结构更稳定，高电压平台可将材料的比能量提升 20%（表 3-2），使其成为未来最有前景的锂离子正极材料之一，但高电压电解液的缺失和高电压下镍、锰的溶解等难题严重制约了其商业化进程。

1. 锰的溶解及材料结构变化

锰的溶解是影响 $LiMn_2O_4$ 电化学性能的重要因素，主要涉及电解液中氢氟酸（HF）对材料的溶解和 Mn^{3+}的歧化反应：

$$4\,HF + 2\,LiMn_2O_4 \longrightarrow 3\,\lambda\text{-}MnO_2 + MnF_2 + 2LiF + 2H_2O \qquad (3\text{-}5)$$

$$2Mn^{3+} \longrightarrow Mn^{4+} + Mn^{2+} \qquad (3\text{-}6)$$

电解液中 HF 对 $LiMn_2O_4$ 颗粒的表面侵蚀是造成锰溶解的直接原因。HF 主要来自电解液本身所含杂质、溶剂发生氧化产生的质子与 F 结合形成的以及电解液中痕量水与导电盐的反应产物。此外，$LiMn_2O_4$ 可催化电解液分解反应，且温度越高锰的溶解损失越严重，导致锰酸锂高温循环性能变差[17]。从正极材料方面来看，锰的溶解会导致活性材料的损失和阻抗增加；从负极材料方面来看，溶解到电解液中的 Mn^{2+} 会穿过隔膜在负极还原沉积，堵塞石墨材料的 Li^+ 通道，导致明显的阻抗增加，阻碍脱嵌锂过程中的电荷传递，使 $LiMn_2O_4$ 电池的放电比容量降低[18]。

锰溶解所造成的直接容量损失只占不可逆容量损失的一小部分，锰溶解同时材料的晶体结构也发生了变化，但结构如何变化以及锰的溶解机理仍存在争议。有研究者认为室温时容量衰减仅发生在高电压区，该区共存的两相在 Li^+ 嵌/脱过程中通过 MnO 的损失转变成稳定的单相结构（$LiMn_{2-x}O_{4-x}$），这一结构变化是容量损失的主要部分；而在高温时容量损失主要发生在高电压区 4.1V，该区内两相结构更有效地转变成稳定的单相结构，且在整个 4V 区发生 Mn_2O_3 的直接溶解，结构变化是容量衰减的主要因素[19]。还有研究者认为高电压区的容量衰减是由于 Mn 的溶解，电极材料逐渐转化为具有低压特性的缺陷尖晶石相 $Li_xMn_4O_9$；容量损失发生在 3.95V 左右，尖晶石相会转变为四方相[20]。Robertson 等[21]提出锰溶解反应的产物 Li_2MnO_3 和 $Li_2Mn_4O_9$ 在 4V 区没有电化学活性，Mn^{3+} 的歧化溶解形成了缺阳离子的尖晶石相，使晶格受到破坏并堵塞 Li^+ 的扩散通道。

5V 尖晶石材料 $LiNi_{0.5}Mn_{1.5}O_4$ 与 $LiMn_2O_4$ 类似，也会受到电解液中 HF 的侵蚀，造成金属离子溶解到电解液中，从而带来材料结构的破坏和放电容量的衰减：

$$4\,LiNi_{0.5}Mn_{1.5}O_4 + 8\,HF \longrightarrow 2\,\lambda\text{-}MnO_2 + MnF_2 + NiF_2 + 4\,LiF + 4H_2O + 2\,Ni_{0.5}Mn_{1.5}O_4 \tag{3-7}$$

反应中生成的水会进一步促进电解液本身的分解。此外，$LiNi_{0.5}Mn_{1.5}O_4$ 中少量的 Mn^{3+} 也会发生式（3-6）的歧化反应，加速金属离子的溶解。

2. Jahn-Teller 效应

Jahn-Teller 效应本质是一种结构畸变，是由金属外层电子云的分布与配位的几何构型不对称所引起的。对于尖晶石型 $LiMn_2O_4$ 正极材料而言，晶体结构中的锰离子由 Mn^{3+} 和 Mn^{4+} 构成，其中 Mn^{3+} 属于质子型 Jahn-Teller 离子，具有较高的自旋和较大的磁矩。高自旋 Mn^{3+} 的电子状态为 d^4，由于这些 d 电子不均匀占据着八面体场作用下分裂的 d 轨道，导致八面体构型对称性下降，产生畸变，发生 Jahn-Teller 效应（图 3-9）[22]。当尖晶石 $LiMn_2O_4$ 进入放电末期时，特别是局部过度放电状态时，晶体结构中的 Mn^{3+} 浓度增大，锰离子的平均价态小于 + 3.5，Jahn-Teller 效应加剧，$LiMn_2O_4$ 由立方相变为对称性低的四方相，阻碍 Li^+ 的扩散和电子的传递，导致容量持续衰减，循环性能变差。

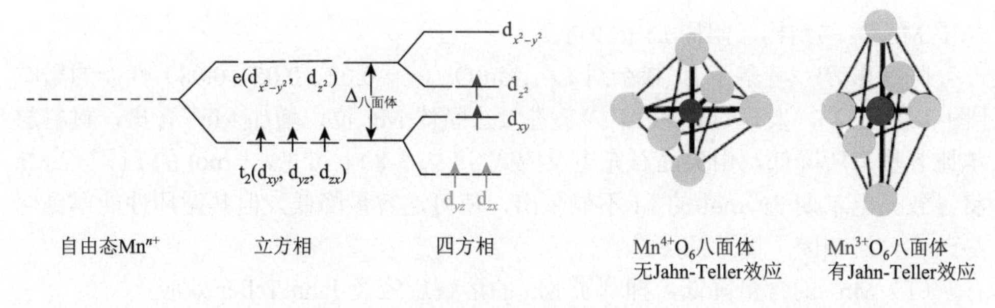

图 3-9 $LiMn_2O_4$的 Jahn-Teller 效应

受限于 Li、Ni、Mn 比例的精确控制，无序的 $LiNi_{0.5}Mn_{1.5}O_4$ 中含有少量的 Mn^{3+}，也会产生 Jahn-Teller 效应，但由于含量较少，一般认为对结构的影响不大。

3. 氧缺陷的存在

尖晶石型 $LiMn_2O_4$ 差的循环性能和高温容量衰减问题与材料的氧缺陷也有较大关系，材料中是否存在氧缺陷可通过放电曲线上是否存在 3.2V 平台来判断。氧缺陷的产生主要来自两方面：①材料制备过程温度过高或者氧气不足，$LiMn_2O_4$ 容易失去氧生成缺氧固溶体 $LiMn_2O_{4-\delta}$；②电池工作时 $LiMn_2O_4$ 与电解液发生氧化还原反应。Yoshio 等[23]研究了 Li/Mn 比和烧结制度对氧缺陷的影响，发现 Li 掺杂和 600℃二次焙烧可抑制氧缺陷的产生；当含氧缺陷的尖晶石相 $LiMn_2O_{4-\delta}$ 充电至 4.3V 以上时，8a 位 Li^+几乎全部脱出形成不稳定的尖晶石相，导致循环初期容量快速衰减和氧缺陷含量增加，Mn 溶解加剧：60℃存储 2 周后的溶解量为 100mg/L。Hao 等[24]比较了 $LiMn_2O_{4.03}$ 和 $LiMn_2O_{3.87}$ 循环前后结构变化，认为氧缺陷加剧了材料在循环过程中的应力和体积变化，最终导致材料严重粉化。

3.3.2 尖晶石型锰酸锂材料的掺杂改性

为了提高尖晶石型正极材料的稳定性和高温循环性能，采用其他元素取代晶格中部分 Mn、Ni 或 O 的掺杂是常用的手段之一。按掺杂元素种类的不同可分为阳离子掺杂、阴离子掺杂和阴阳离子复合掺杂。$LiMn_2O_4$ 材料的掺杂元素一般选取半径和 Mn^{3+}相近且价态不高于＋3 的元素，掺杂进入八面体 16d 位，提高 Mn 平均价态，抑制 Jahn-Teller 效应，同时较强的 M—O 键可提高 $LiMn_2O_4$ 晶体结构的稳定性。无序的 $LiNi_{0.5}Mn_{1.5}O_4$ 中含有少量的 Mn^{3+}，可提高材料的电导率，有利于倍率性能提升，但也会产生歧化反应，Mn^{2+}溶解量随着 Mn^{3+}含量提高而增加。为了获得性能优异的 LNMS 材料，需要优化材料中尤其是颗粒表面的 Mn^{3+}含量。另外，部分过渡金属离子在循环过程中会迁移至四面体 Li 位，在材料表面形成类

似于 Mn_3O_4 的结构，阻碍 Li^+ 的扩散。

陈彦彬等[25]考察了 Li^+ 掺杂对 $Li_{1+x}Mn_2O_4$（$x = 0.02$、0.05、0.08）性能的影响［图 3-10（a）］，发现过量的 Li^+ 掺杂进入八面体 Mn 位，增加 Mn^{4+} 含量，材料放电比容量有所降低。由尖晶石充电反应式［（式 3-8）］可见，y mol 的 Li 取代 Mn 将导致充电末期 $3y$ mol 的 Li 不能脱出，使可逆容量降低，但其循环性能得到明显改善。这归因于以下几点。

（1）Mn^{3+} 的含量降低，抑制了 Mn 的溶解反应及 Jahn-Teller 效应；

（2）脱嵌锂反应结构变化平缓，保持了材料结构的稳定性；

（3）可逆 Li^+ 减少使充放电过程中体积变化减小，提高了材料的抗过充能力。

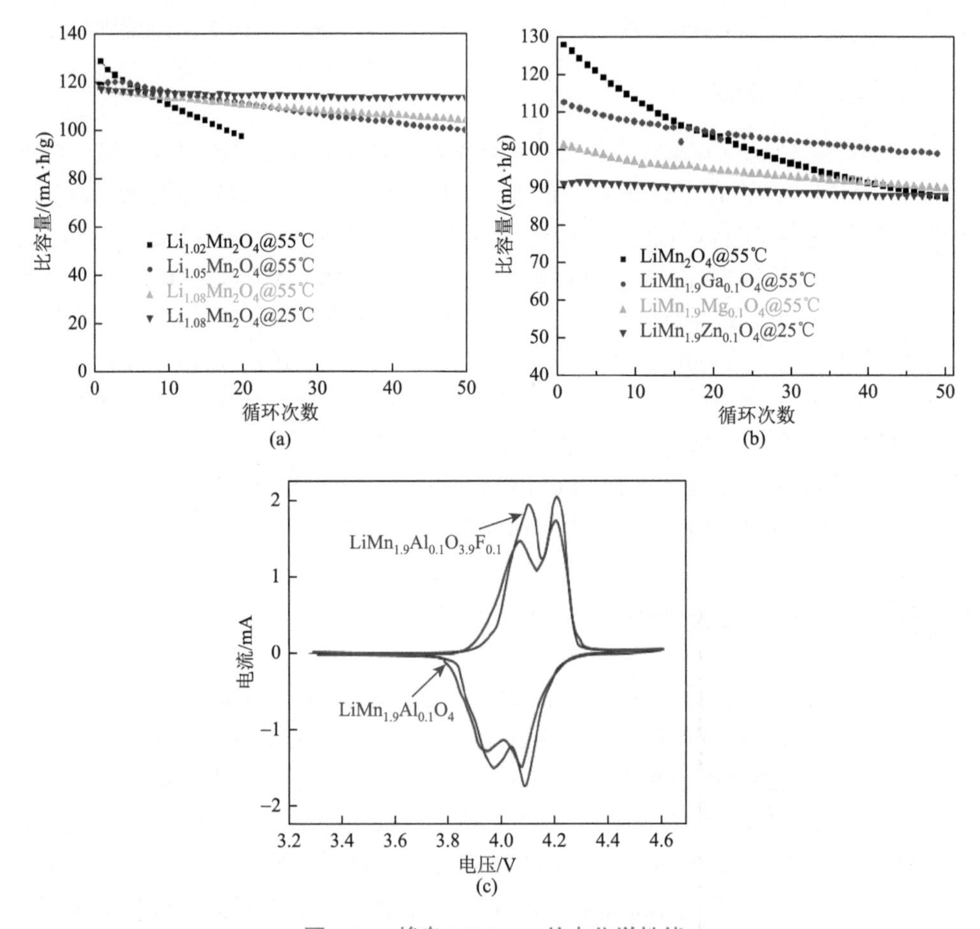

图 3-10　掺杂 $LiMn_2O_4$ 的电化学性能

（a）Li 掺杂（0.2C@3.4～4.35V）；（b）其他金属掺杂（0.2C@3.4～4.35V）；（c）F-Al 共掺杂

$$Li(Mn_{1-3y}^{3+}Mn_{1+2y}^{4+}Li_y)O_4 \longrightarrow Li_{3y}(Mn_{2-y}^{4+}Li_y)O_4 + (1-3y)Li^+ + (1-3y)e^- \tag{3-8}$$

$$Li(Mn_{1-2y}^{3+}Mn_{1+y}^{4+}M_y^{2+})O_4 \longrightarrow Li_{2y}(Mn_{2-y}^{4+}M_y^{2+})O_4 + (1-2y)Li^+ + (1-2y)e^- \tag{3-9}$$

$$Li(Mn_{1-y}^{3+}Mn^{4+}M_y^{3+})O_4 \longrightarrow Li_y(Mn_{2-y}^{4+}M_y^{3+})O_4 + (1-y)Li^+ + (1-y)e^- \tag{3-10}$$

Na^+相比 Li^+具有低的电化学活性和大的离子半径，取代部分 Li^+后，在充放电过程中可以留在 Li^+的三维扩散通道内，起到支撑扩散通道的作用，提高材料的结构稳定性。Xiong 等[26]发现 Na^+掺杂后 $Li_{0.99}Na_{0.01}Mn_2O_4$ 材料的扩散系数从 $3.8\times10^{-11}cm^2/s$ 提高到 $2.45\times10^{-10}cm^2/s$，0.5C 循环 100 次后容量保持率从 78.2% 提高到 92.3%，且掺杂样品 12C 下比容量仍达 108mA·h/g。Na^+掺杂进入 Li 位可增加 Ni、Mn 的无序性，提高 Li^+跃迁途径和电导性，降低电化学极化和欧姆极化。陈彦彬[27]研究了 Ga、Zn、Mg 掺杂对 LMO 容量及循环性能的影响，如图 3-10（b）所示，$y=0.1$ 时 3 种阳离子掺杂材料的比容量存在明显差别：Ga 容量最高，Zn 容量最低。尖晶石型锰酸锂的容量取决于 Mn 的平均氧化态，随掺杂元素价态降低而降低［（式 3-9）和（式 3-10）］；Mg、Zn 价态相同，但掺杂后比容量不同，可能是两种元素所处位置或离子半径存在差异。$ZnMn_2O_4$ 化合物中 Zn 占据四面体 8a 位，部分 Zn 在 LMO 中掺杂时也会处于 8a 位，而 Zn^{2+}半径比 Li^+大，且不参与脱嵌反应，降低了反应动力学特性。Cr 或 Al 掺杂会增强材料的 M—O 键能，提高 MO_6 八面体的结构稳定性，提升尖晶石正极材料的循环性能。对于 $LiNi_{0.5}Mn_{1.5}O_4$ 而言，Co、Cu 掺杂会随机占据八面体 16d 位，增加无序度和电子电导性，提高倍率性能；Mg、Al 掺杂倾向于占据四面体 8a 位，并阻碍 Li^+在 8a—16c—8a—16c 扩散路径的迁移，降低容量和倍率性能；掺杂效果 Co＞Cu≈Al＞Mg，其中 Co 掺杂的 $LiMn_{1.45}Ni_{0.45}Co_{0.1}O_4$ 在 C/2 的比容量为 117mA·h/g，循环 200 次后容量保持率约为 95%，且倍率性能较好[28]。Cr、Fe、Ga 等元素掺杂会在材料表面发生偏析，降低颗粒表面 Ni^{4+}的含量，缓解对电解液的氧化，形成稳定的正极/电解液界面，改善材料循环性能和库仑效率[29, 30]。高价元素也被用于 $LiMn_2O_4$ 的掺杂改性。Li 等[31]发现 Nb 元素对 Mn 系材料具有助熔作用，使材料结晶度增加，提高了极片压实密度；Nb^{5+}半径比 Mn^{4+}大（分别为 0.64Å 和 0.53Å），主要掺杂于 $LiMn_2O_4$ 表层并降低了 Mn 平均价态，提高了放电比容量。稀土金属元素 Re（La、Ce、Nd、Sm 等）也被用于对尖晶石型 $LiMn_2O_4$ 掺杂，Re—O 键能远强于 Mn—O，且 Re^{3+}半径比 Mn^{3+}大，使晶格常数增大，可降低电荷传递电阻，改善倍率性能和循环稳定性。

阴离子（F、Cl、Br、S 等）掺杂主要取代 $LiMn_2O_4$ 中的部分晶格氧[32]。F 的电负性比 O 大，吸电子能力强，可缓解 Mn 的溶解，改善高温存储性能；但 F 掺杂会降低 Mn 的平均价态，产生更多的 Mn^{3+}，加剧 Jahn-Teller 效应，因此 F 掺杂时有必要降低 Li 含量或掺杂其他低价阳离子以维持 Mn 的价态。S、Br 和 Cl 的原子半径比 O 大，使晶格常数增大，利于锂离子的脱嵌，提高循环稳定性。仅阴离子掺杂的报道并不多见，主要是配合阳离子进行复合掺杂。陈彦彬研究了 Al-F、Cr-F、Mg-F、Zn-F 共掺杂对 $LiMn_2O_4$ 性能的影响，发现 F 掺杂有助于提高尖晶石材料的结晶度，使材料由不规则的多面体逐步转变为规则的八面体，降低比表面积。从图 3-10（c）可见，Al-F 共掺杂的两对氧化/还原峰的峰电位均高于单独 Al 掺杂材料，由于 Li—F 键结合能大、Li^+与空位之间相互作用，Li^+的脱嵌反应电位提高；F 取代 O 增加了材料中 Mn^{3+}的含量，有利于提高容量；Mn—F 比 Mn—O 具有更强的离子性，提高了材料的化学稳定性；F 掺杂后比表面积降低，抑制了高温循环容量衰减。F 掺杂对 $LiNi_{0.5}Mn_{1.5}O_4$ 材料也起到较好效果，较强的 M—F 键抵抗了高电压情况下电解液 HF 的侵蚀，降低界面阻抗，稳定晶体结构，提高循环性能。但较强的 Li—F 键不利于 Li^+的脱嵌，当 F 掺杂量大于 0.1%时，LNMS 容量明显降低。多元素复合掺杂的协同作用可进一步改善 $LiMn_2O_4$ 的高温循环性能，平衡容量与循环性能之间的矛盾。例如，Li-Al 共掺杂能够提高结构稳定性、抑制 Jahn-Teller 效应、提高 Mn 的平均价态和降低 Mn 的溶解，共材料表现出较高的初始容量和高温循环稳定性[33]。

3.3.3 尖晶石型锰酸锂材料的包覆改性

表面包覆是通过物理或化学方法在活性材料表面构建具有 Li^+传输功能的表面膜，减弱电解液和活性材料之间的相互作用，抑制 Mn 的溶解和电解液的氧化分解，改善高温循环性能和倍率性能，但初始容量一般会有所牺牲。通常来讲，对包覆材料主要有以下要求：①具有良好的离子导电性，能够供 Li^+顺利脱嵌；②本身结构和化学性质稳定，不与电解液直接发生反应。目前研究较多的包覆材料主要有 Al_2O_3、ZnO、ZrO、MgO、Co_3O_4、B_2O_3、TiO_2、CeO_2、La_2O_3、SiO_2 等氧化物，$AlPO_4$、YPO_4、$LaPO_4$、Li_3PO_4 等磷酸盐，AlF_3、LaF_3、MgF_2、SrF_2 等氟化物，固态电解质，其他电极材料和碳材料等。在以上包覆材料中，有一些氧化物具有 Lewis 碱的作用，如 SiO_2、Al_2O_3、ZnO，可以吸收电解液中残存的痕量 HF，降低了电解液中 HF 的含量，从而缓解了 HF 对活性材料的侵蚀，同时生成的氟化物能继续在活性材料表面起到物理阻隔作用。在包覆过程中一般会经过二次烧结，金属氧化物或者磷酸盐中半径较小的金属原子会向内部扩散，形成表面掺杂结构，有效降低表面层中 Mn^{3+}浓度，稳定表面结构。

大部分的氧化物包覆最主要的作用是去除 HF，降低 Mn 溶解。最近 Hall 等[34]发现表面包覆的 Al_2O_3 与电解液中的 $LiPF_6$ 反应生成 $LiPO_2F_2$，有利于提升电池性能。研究发现，金属氧化物包覆会在材料表面形成无定形的 Li-Mn-Me-O 固溶体，提供 Li^+扩散通道。例如，1wt%的 ZrO_2 包覆可在颗粒表面形成厚度约为 6nm 的 Li-Zr-Mn-O 层，提高材料的高温循环性能和倍率性能[35]。能够耐受 HF 腐蚀的氟化物包覆也是研究热点，例如，SrF_2 包覆的 $LiMn_2O_4$ 在 55℃循环 20 次后，容量保持率从 79%提升至 97%[36]；AlF_3 包覆的 $LiNi_{0.5}Mn_{1.5}O_4$ 在 10C 循环 100 次后，容量保持率从 80.6%提升至 92.1%[37]。磷酸盐包覆通常会改善尖晶石型锰酸锂的高温循环稳定性和安全性能。Deng 等[38]认为磷酸盐包覆时部分 P 元素会扩散进入并形成具有保护作用的固溶体，稳定尖晶石结构，降低 Mn 的溶解，促进 Li^+的扩散。$AlPO_4$ 包覆的 $LiMn_2O_4$ 在 55℃循环 50 次，容量保持率从 77.1%提高至 92.4%[39]。石墨烯、碳纳米管、石墨等碳材料具有良好的电子导电性，也可有效改善 $LiMn_2O_4$ 和 $LiNi_{0.5}Mn_{1.5}O_4$ 的倍率性能，降低锰溶解，改善循环性能。导电碳包覆的 $LiNi_{0.5}Mn_{1.5}O_4$ 在 1C 的比容量达到 130mA·h/g，循环 100 周后的容量保持率为 92%，5C 比容量仍有 114mA·h/g[40]。

3.3.4 尖晶石型锰酸锂材料的形貌结构设计

材料的形貌结构和性能往往具有很大的关系，研究者制备出多种具有特殊形貌的 $LiMn_2O_4$ 材料，如棒状的、多孔的、管状的、核壳结构的等，这些形貌对材料的容量、循环和倍率性能均有一定改善，但材料的比表面积较大，振实密度低，合成工艺复杂且不易控制，不适合工业化生产。尖晶石型材料的比表面积对锰的溶解速度影响很大，可通过增加 LMO 颗粒度、降低材料的比表面积等减小电极材料/电解液的接触面积，但颗粒度不能过大，否则可能造成 Li^+扩散困难，降低电池的倍率性能及放电比容量，甚至材料的可加工性变差，造成隔膜穿孔。球形颗粒具有低的比表面积和各向同性，可抑制循环过程中锰的溶解并缓解材料的内部应力，此外振实密度大、流动性好、易于加工、适合大规模工业化生产。

Thackeray 等[41]通过第一性原理计算出与 Mn 或者 Mn—O 相连的各个面的表面能大小顺序为(111)＞(110)＞(001)，实验结果也表明 Mn 的溶解主要发生在(111)晶面。通过控制尖晶石的形貌和(111)晶面面积，可减少 Mn 溶解，提高材料的高温循环性能。多面体 LNMS 的(100)晶面更容易发生 Mn 的溶解，而(111)晶面具有最低的表面能，能够形成稳定的界面层和具有高的锂离子扩散速率，因而表现出优异的循环和倍率性能[42]。夏永高等[43]在控制 $LiMn_2O_4$ 氧缺陷的基础上，以不同锰氧化物分别合成了八面体、多面体、类球形等 3 种不同形貌的 $LiMn_2O_4$（图 3-11），发现类球形 $LiMn_2O_4$ 具有最小的比表面积和(111)晶面面积。电解液浸泡后八面体 $LiMn_2O_4$ 的(111)晶面表面完全腐蚀，并产生大量附着物；多面体 $LiMn_2O_4$ 的(111)晶面表面部分晶面整体剥落；而类球形 $LiMn_2O_4$ 表面除裸露的小面积(111)晶面被腐蚀外，其他球形处没有出现腐蚀的痕迹。电性能测试结果表明，由类球形$LiMn_2O_4$材料制作成的18650型电池具有优异的循环性能，在常温1C倍率充放电循环2500次后，电池容量保持率维持在80%左右；在60℃循环400次后的容量保持率仍达80%。采用不同的制备工艺和添加剂，也可调控尖晶石型材料晶体的生长取向和形貌。Manthiram等[44]发现Fe、Ga、Zn掺杂的LNMS材料具有规则的八面体微观形貌，Al掺杂会形成微米的棱形细长颗粒，而Cu掺杂形成平板形貌。

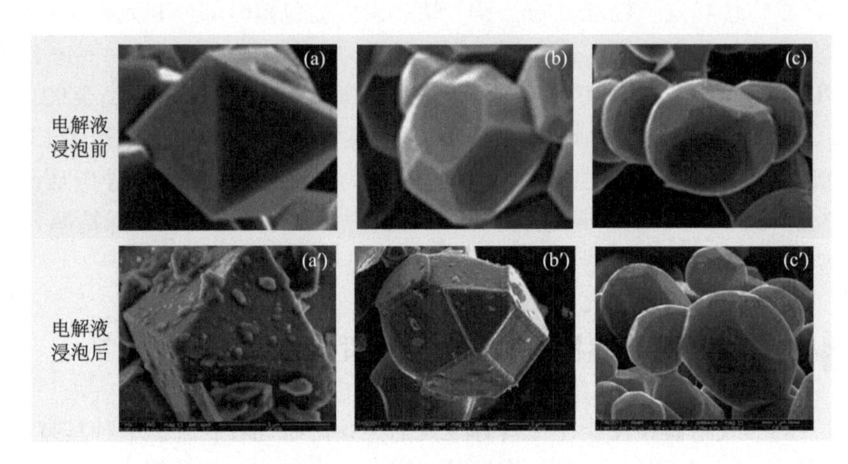

图3-11 $LiMn_2O_4$材料在电解液浸泡前后的形貌变化

（a）、（a′）八面体；（b）、（b′）多面体；（c）、（c′）类球形

3.4 商用尖晶石型锰酸锂材料的制备方法

尖晶石型锰酸锂材料的常见制备方法有溶胶-凝胶法、Pechini法、水热法、微波合成法、熔盐浸渍法、高温固相反应法、共沉淀法、喷雾干燥法等。实验室中最常用的溶胶-凝胶法和水热法等制备的材料通常为纳米或亚微米级颗粒，振实密度和压实密度较低，同时大比表面积导致副反应增多；传统的高温固相反应法成本低、流程简单、易于大规模产业化生产，是商用锰酸锂常见制备工艺；喷雾干燥法可较好地控制产品颗粒的形貌和尺寸，也被用作工业化生产；共沉淀法可制备球形度高、振实密度大、粒度分布可控的正极材料，是商用多元材料的主流工艺，也被用来制备高端车用$LiMn_2O_4$和$LiNi_{0.5}Mn_{1.5}O_4$。

3.4.1 商用尖晶石型锰酸锂材料的制备工艺

工业实践中，典型的尖晶石型锰酸锂生产工艺主要有以下三种（图3-12）。

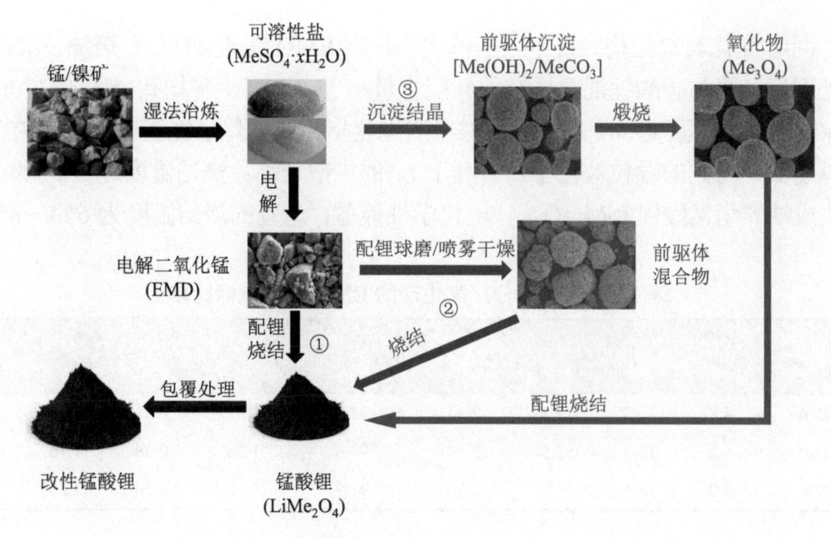

图 3-12　商用锰酸锂材料的生产工艺流程图

（1）流程①以电解二氧化锰（EMD）为锰源，与碳酸锂和添加剂配料混合，再经高温烧结、粉碎、包覆处理、过筛、除铁、包装，得到成品。以日本昭和电工株式会社为代表，也被国内大部分厂家采用。EMD 原料中SO_4^{2-}、Na^+、金属异物等杂质含量较高。

（2）流程②也以 EMD 作初始原料，与碳酸锂、添加剂和溶剂配料混合后，经研磨、喷雾干燥、高温烧结、粉碎、包覆处理、过筛、除铁、包装，得到成品。以日挥化学株式会社为代表，该工艺通常在研磨阶段通过管道除铁器可除去 EMD 带入的部分金属异物，可满足车用动力电池对高端尖晶石型正极材料的需求。

（3）与层状多元材料类似，流程③以可溶性盐为起始原料，先与沉淀剂反应控制结晶、洗涤、焙烧后得到特定组成的类球形前驱体，与锂盐、添加剂混合，再经高温烧结制备得到正极材料。该工艺以日本户田工业株式会社为代表，可用来制备高端车用 $LiMn_2O_4$ 和 5V 尖晶石型 $LiNi_{0.5}Mn_{1.5}O_4$ 材料，产品杂质含量低，可满足车用动力电池对高端尖晶石型正极材料的需求。

1. 常规的高温固相工艺

目前商用 $LiMn_2O_4$ 所用锰源大多为 EMD，通过电解 $MnSO_4$ 溶液制备，该方法制备的 MnO_2 通常含有大量的SO_4^{2-}、Na^+和金属杂质：SO_4^{2-}含量约 1.2%，Na^+含量约 0.3%（表 3-3），这些杂质离子会增加正极材料的电化学阻抗，降低其电化学性能，需要采取纯化措施。例如，日本三井金属矿业株式会社和松下电器产业株式会社采用氢氧化钠或碳酸钠中和 EMD，以改善 $LiMn_2O_4$ 的高温存储和循环性能[45]。采用低温热处理和水洗对 EMD 进行预处理也可降低 $LiMn_2O_4$ 材料的杂质含量，同时优化材料结构。日本电工株式会社将EMD在400℃左右焙烧、水洗、干燥预处理后，再与碳酸锂混合烧结得到硫含量小于0.32%，平均孔径大于120nm的$LiMn_2O_4$[46]。烧结温度和冷却速度对材料的物化指标和电化学性能也有很大的影响：烧结温度低，得到的颗粒粒径小，有利于Li^+的扩散迁移；烧结温度过高，颗粒致密化，生成缺氧型锰酸锂$LiMn_2O_{4-\delta}$，电化学性能差；适宜的烧结温度为650～850℃。

表3-3 国内部分厂家生产的EMD物化指标比较

样品	D_{10} /μm	D_{50} /μm	D_{90} /μm	振实密度 /(g/cm³)	MnO_2含量 /%	H_2O含量 /%	Na含量 /%	SO_4^{2-} /%	pH
EMD-A	4.8	20.7	39.4	2.33	92.5	1.51	0.31	1.02	6.62
EMD-B	6.2	13.5	52.5	2.14	92.6	1.36	0.30	1.16	6.51
EMD-C	3.0	15.5	34.8	2.36	91.9	1.70	0.36	1.26	6.78

2. 喷雾干燥工艺

球形正极材料具有良好的流动性、分散性和可加工性能，利于电极浆料制作和电极片涂覆，可降低电极材料与电解液之间的副反应，减少电池充放电过程中的容量损耗，有利于获得更好的电化学性能。喷雾干燥法是制备球形材料的常用方法，采用不可溶的碳酸盐或金属氧化物作原料，原料相对廉价且没有腐蚀性，混合的均匀性可通过高速研磨制浆改善，产物形貌规整。按配方准确称量EMD、Li_2CO_3、水和黏结剂，搅拌球磨制成均匀料浆，喷雾干燥并高温烧结得到球形$LiMn_2O_4$[47]。合适的浆料固液比可使浆料具有良好的流动性和黏度，防止浆料沉积。固含量太低会产生大量的空心颗粒，造成粉料流动性变差；固含量太高则使料浆黏度过高，雾化困难。在保证浆料正常雾化的前提下，应采用高浓度浆料以提高雾化效率，降低能耗。固含量越高，浆料黏度越大，雾化后形成的液滴也越大：固含量为40%、50%和60%时D_{50}分别为10μm、20μm和65μm。锰酸锂粒径越小，比表面积越大，Mn更易溶解，导致循环性能变差；粒径过大时，锂离子和电子的传递速率减小，材料的倍率性能变差。烧结对材料的理化性质和电化学性能影响很大，750～850℃烧结材料初始容量高，循环特性优异。

3. 共沉淀工艺

共沉淀工艺与层状多元材料类似，先将$MnSO_4$、NaOH、络合剂等共沉淀、过滤、洗涤、热解得到球形Mn_3O_4，再与碳酸锂混合均匀，经高温烧结、破碎、分级等过程得到球形$LiMn_2O_4$材料。Jung等[48]以$NiSO_4$、$CoSO_4$和$MnSO_4$为原料通过共沉淀法制备了$LiNi_{0.45}Mn_{1.45}Co_{0.1}O_4$材料，并与钛酸锂负极组装成全电池进行测试，1C倍率下放电比容量为128mA·h/g，10C循环500次的容量保持率为85.4%。

3.4.2 典型的尖晶石型锰酸锂材料

与层状多元材料、磷酸铁锂等其他储能及动力电池用正极材料相比，尖晶石型材料具有电压平台高、成本低、安全性能较好等特点，已经广泛应用于电动自行车、电动轿车、电动大巴等产品。日产第一代Leaf电动汽车的动力电池中主要采用 $LiMn_2O_4$ 作为正极材料。Toshiba 公司的第一代 SCIB 电池正极材料也采用 $LiMn_2O_4$，负极采用 $Li_4Ti_5O_{12}$，也大量应用于电动汽车、轨道交通及储能领域。$LiNi_{0.5}Mn_{1.5}O_4$ 材料及其电解液、电池设计等配套关键技术尚处于研究开发阶段。

常用的 $LiMn_2O_4$ 材料可根据材料的特性和用途分为普通型、高压实型、高容量型和动力型等（表3-4）。

表3-4 一些商用 $LiMn_2O_4$ 材料的物化性质和电化学性能

产品		普通型	高压实型	高容量型	动力型
应用领域		消费电子	消费电子/储能	高端数码/电动工具/储能	电动汽车/电动自行车/电动工具
前驱体原料		EMD	EMD	Mn_3O_4	Mn_3O_4
掺杂		无	有	无	有
D_{10}/μm		3.7	5.2	8.6	4.2
D_{50}/μm		10.6	12.9	15.4	8.7
D_{90}/μm		16.3	27.1	27.4	15.3
振实密度/(g/cm^3)		1.55	1.92	2.1	1.9
压实密度/(g/cm^3)		>2.9	>3.1	>3.0	>3.0
BET比表面积/(m^2/g)		0.69	0.51	0.45	0.59
pH		8.45	9.52	9.74	10.0
半电池	0.2C比容量/(mA·h/g)	115	117	128	110
	1C比容量/(mA·h/g)	109	112	118	107
	50次比容量保持率/%	93.4	93.2	94.7	97.7
全电池	0.5C比容量/(mA·h/g)	>110	>112	>120	>100
	常温循环寿命	>100次	>350次	>500次	>1000次
SEM					

3.5 尖晶石型锰酸锂材料的发展方向

$LiMn_2O_4$ 制备比较容易，对环境要求低，可单独使用，或与其他正极材料混合使用，在电动自行车、电动轿车、电动大巴等应用场合被批量选用。通过优化材料组成、晶体结构和微观形貌，开发有效的改性工艺来改善高温循环性能，提高循环寿命及简化工艺流程降低成本将是今后的研究重点。以下简要介绍尖晶石型材料的发展方向。

1. 球形化

商用 $LiMn_2O_4$ 一般选用 EMD 作为锰源，通过高温固相法制备，同时提高锂配比来提高材料电化学循环性能，该工艺简单，成本较低，因而在国内被广泛采用。该工艺产物的形貌受 EMD 本身形貌的影响很大，产品仅可用于消费类电子产品。球形化有利于对产品进行改性，前驱体阶段可实现掺杂元素和锰元素的均匀分布，球形形貌可降低材料与电解液的副反应，提高电化学性能，使其可用于高端消费类电子产品或电动汽车、储能等领域。

2. 单晶化

单晶化可降低锰的溶解，提高 $LiMn_2O_4$ 材料的结构稳定性。单晶型 $LiMn_2O_4$ 的晶粒尺寸大，首次效率和放电比容量高，压实密度高，能有效减少锰在电解液中的溶出，高温循环和存储性能好。

3. 掺混

锰酸锂材料在价格及安全性方面具有明显的优势，但比容量和能量密度偏低，且高温存储和循环性能差。多元材料（NCM 和 NCA 等）具有高的比容量和能量密度，但价格较高且安全性较差。将锰酸锂和多元材料掺混使用，可以降低电池成本，提高电池的安全性；多元材料本身 pH 较高，可提供碱性环境，中和电解液中的 HF，抑制锰的溶解。锰酸锂掺混多元材料在放电截止电压过低时，容易引发锰酸锂的 3V 平台，导致锰酸锂结构受到破坏，影响电池性能。

4. 高电压的 LNMS 的产业化

面向高能量密度锂离子电池的需求，开发可商用的高电压 $LiNi_{0.5}Mn_{1.5}O_4$ 是尖晶石型材料体系替代 $LiMn_2O_4$ 的重要研究方向。需要通过离子掺杂和表面修饰，抑制相转变和电解质/电解液之间的副反应；通过开发合适的高电压电解液，降低其在高电压下的氧化分解，改善高温循环稳定性。相信经过电池和材料工程师的共同努力，在不远的将来，5V 尖晶石型材料 $LiNi_{0.5}Mn_{1.5}O_4$ 有望从实验室走向商业化应用。

参考文献

[1] Wickham D G，Croft W J. Crystallographic and magnetic properties of several spinels containing trivalent JA-1044 manganese[J]. J Phys Chem Solids，1958，7：351-360.

[2] Hunter J C. Preparation of a new crystal form of manganese dioxide：λ-MnO_2[J]. J Solid State Chem，1981，3：142-147.

[3] Thackeray M M，David W I F，Bruce P G，et al. Lithium insertion into manganese spinels[J]. Mater Res Bull，1983，18（4）：461-472.

[4] Sigala C，Guyomard D，Verbaere A，et al. Positive electrode materials with high operating voltage for lithium batteries：$LiCr_yMn_{2-y}O_4$（$0\leqslant y\leqslant 1$）[J]. Solid State Ionics，1995，81（3）：167-170.

[5] Zhong Q M，Bonakdarpour A，Zhang M J，et al. Synthesis and electrochemistry of $LiNi_xMn_{2-x}O_4$[J]. J Electrochem Soc，1997，144（1）：205-213.

[6] Kawai H，Nagata M，Tukamoto H，et al. High-voltage lithium cathode materials[J]. J Power Sources，1999，81-82：67-72.

[7] Thackeray M M，De Kock A，Rossow M H，et al. Spinel electrodes from the Li-Mn-O system for rechargeable lithium battery applications[J]. J Electrochem Soc，1992，139（2）：363-366.

[8] Liu Q L，Wang S P，Tan H B，et al. Preparation and doping mode of doped $LiMn_2O_4$ for Li-ion batteries[J]. Energies，2013，6（3）：1718-1730.

[9] 王昊，贲留斌，林明翔，等. 锂离子电池高电压正极材料 $LiNi_{0.5}Mn_{1.5}O_2$ 的研究进展[J]. 储能科学与技术，2017，6（5）：841-854.

[10] 王静，吴比赫，林伟庆，等. 锂离子电池高压正极材料 $LiNi_{0.5}Mn_{1.5}O_2$ 研究进展[J]. 厦门大学学报（自然科学版），2015，54（5）：630-642.

[11] Kim J H，Myung S T，Yoon C S，et al. Comparative study of $LiNi_{0.5}Mn_{1.5}O_{4-\delta}$ and $LiNi_{0.5}Mn_{1.5}O_4$ cathodes having two crystallographic structures：*Fd*3*m* and *P*4$_3$32[J]. Chem Mater，2004，16（5）：906-914.

[12] Amdouni N，Zaghib K，Gendron F，et al. Structure and insertion properties of disordered and ordered $LiNi_{0.5}Mn_{1.5}O_4$ spinels prepared by wet chemistry[J]. Ionics，2006，12（2）：117-126.

[13] Wang L P，Li H，Huang X J，et al. A comparative study of $Fd\overline{3}m$ and $P4_332$ "$LiNi_{0.5}Mn_{1.5}O_4$" [J]. Solid State Ionics，2011，193（1）：32-38.

[14] Ohzuku T，Kitagawa M，Hirai T. Electrochemistry of manganese dioxide in lithium nonaqueous cell：Ⅲ [J]. J Electrochem Soc，1990，137：769-775.

[15] 王延庆，王中明，郭华强，等. 基于第一性原理的尖晶石锰酸锂电池掺杂研究[J]. 材料导报，2014，28（4）：149-152.

[16] Koyama Y，Tanaka I，Adachi H，et al. First principles calculations of formation energies and electronic structures of defects in oxygen-deficient $LiMn_2O_4$[J]. J Electrochem Soc，2003，

150（1）：A63-A67.

[17] Pasquier A D，Blyr A，Courjal P，et al. Mechanism for limited 55℃ storage performance of $Li_{1.05}Mn_{1.95}O_4$ electrodes[J]. J Electrochem Soc，1999，146（2）：428-436.

[18] Zhan C，Wu T P，Lu J，et al. Dissolution，migration，and deposition of transition metal ions in Li-ion batteries exemplified by Mn-based cathodes：a critical review[J]. Energ Environ Sci，2017，11（2）：243-257.

[19] Xia Y，Zhou Y，Yoshio M. Capacity fading on cycling of 4V Li/$LiMn_2O_4$ cells[J]. J Electrochem Soc，1997，8：2593.

[20] Richardson T J，Wen S J，Strichel K A，et al. FTIR spectroscopy of metal oxide insertion materials：analysis of $Li_xMn_2O_4$ spinel electrodes[J]. Mater Res Bull，1996，32（5）：609-618.

[21] Robertson A D，Lu S H，Howard W F，et al. M^{3+}-modified $LiMn_2O_4$ spinel intercalation cathodes II Electrochemical Stabilization by Cr^{3+}[J]. J Electrochem Soc，1997，10：3505-3512.

[22] Yamada A，Tanaka M，Tanaka K，et al. Jahn-Teller instability in spinel Li-Mn-O[J]. J Power Sources，1999，82：73-78.

[23] Deng B，Nakamura H，Yoshio M. Capacity fading with oxygen loss for manganese spinels upon cycling at elevated temperatures[J]. J Power Sources，2008，180（2）：864-868.

[24] Hao X G，Lin X K，Lu W，et al. Oxygen vacancies lead to loss of domain order，particle fracture，and rapid capacity fade in lithium manganospinel batteries[J]. ACS Appl Mater Inter，2014，6（14）：10849-10857.

[25] 陈彦彬，刘庆国. $Li_xMn_2O_4$的组成对结构和性能的影响[J]. 电源技术，2002，26(4)：275-277.

[26] Xiong L，Xu Y，Lei P，et al. The electrochemical performance of sodium-ion-modified spinel $LiMn_2O_4$ used for lithium-ion batteries[J]. J Solid State Electr，2014，18（3）：713-719.

[27] 陈彦彬. 锂离子电池正极材料 $LiMn_2O_4$ 的高温性能研究[D]. 北京：北京科技大学，2001.

[28] Zhu W，Liu D，Trottier J，et al. Comparative studies of the phase evolution in M-doped $Li_xMn_{1.5}Ni_{0.5}O_4$（M = Co，Al，Cu and Mg）by *in-situ* X-ray diffraction[J]. J Power Sources，2014，264：290-298.

[29] Liu J，Manthiram A. Understanding the improved electrochemical performances of Fe-substituted 5V spinel cathode $LiMn_{1.5}Ni_{0.5}O_4$[J]. J Phys Chem C，2009，113（33）：15073-15079.

[30] Arunkumar T A，Manthiram A. Influence of chromium doping on the electrochemical performance of the 5V spinel cathode $LiMn_{1.5}Ni_{0.5}O_4$[J]. Electrochim Acta，2005，50（28）：5568-5572.

[31] Li G，Chen X，Yu Y L，et al. Synthesis of high-energy-density $LiMn_2O_4$ cathode through surficial Nb doping for lithium-ion batteries[J]. J Solid State Electr，2018，22：3099-3109.

[32] Matsumoto K，Fukutsuka T，Okumura T，et al. Electronic structures of partially fluorinated lithium manganese spinel oxides and their electrochemical properties[J]. J Power Sources，189（1）：599-601.

[33] Prabu M，Reddy M V，Selvasekarapandian S，et al. (Li，Al)-co-doped spinel，$Li(Li_{0.1}Al_{0.1}Mn_{1.8})O_4$ as high performance cathode for lithium ion batteries[J]. Electrochim Acta，2013，88：745-755.

[34] Hall D S，Gauthier R，Eldesoky A，et al. New chemical insights into the beneficial role of Al_2O_3

cathode coatings in lithium-ion cells[J]. ACS Appl Mater Inter，2019，11（15）：14095-14100.
[35] Lim S H，Cho J. PVP-assisted ZrO_2 coating on $LiMn_2O_4$ spinel cathode nanoparticles prepared by MnO_2 nanowire templates[J]. Electrochem Commun，2008，10（10）：1478-1481.
[36] Li J G, He X M, Zhao R S, et al. Electrochemical performance of SrF_2-coated $LiMn_2O_4$ cathode material for Li-ion batteries[J]. T Nonferr Metal Soc，2007，17（6）：1324-1327.
[37] Ke X，Zhao Z，Liu J，et al. Improvement in capacity retention of cathode material for high power density lithium ion batteries：the route of surface coating[J]. Appl Energy，2017，194：540-548.
[38] Deng S X，Xiao B W，Wang B Q，et al. New insight into atomic-scale engineering of electrode surface for long-life and safe high voltage lithium ion cathodes [J]. Nano Energy，2017，38：19-27.
[39] Liu D，He Z，Liu X. Increased cycling stability of $AlPO_4$-coated $LiMn_2O_4$ for lithium ion batteries[J]. Mater Lett，2007，61（25）：4703-4706.
[40] Yang T Y，Zhang N Q，Lang Y，et al. Enhanced rate performance of carbon-coated $LiNi_{0.5}Mn_{1.5}O_4$ cathode material for lithium ion batteries[J]. Electrochim Acta，2011，56（11）：4058-4064.
[41] Benedek R，Thackeray M M. Simulation of the surface structure of lithium manganese oxide spinel[J]. Phys Rev B，2011，83（19）：173-184.
[42] Lin H B，Zhang Y M，Rong H B，et al. Crystallographic facet- and size-controllable synthesis of spinel $LiNi_{0.5}Mn_{1.5}O_4$ with excellent cyclic stability as cathode of high voltage lithium ion battery[J]. J Mater Chem A，2014，2（30）：11987-11995.
[43] 赛喜雅勒图，胡华胜，夏永高，等. 高温型锰酸锂正极材料的晶体形貌控制和电化学性能[J]. 科学通报，2013，58（32）：3350-3356.
[44] Maiyalagan T, Chemelewski K R, Manthiram A. Role of the morphology and surface planes on the catalytic activity of spinel $LiMn_{1.5}Ni_{0.5}O_4$ for oxygen evolution reaction[J]. ACS Catal，2014，4（2）：421-425.
[45] 永山雅敏，有元真司，沼田幸一，等. 生产尖晶石型锰酸锂的方法、阴极材料和非水电解质二次电池：CN1151072C[P]. 2004-05-26.
[46] 藤泽爱. 用于锂离子二次电池的正极以及锂离子二次电池：CN108028361A[P]. 2018-05-11.
[47] 蒋庆来. 浆料喷雾干燥法制备球形锰酸锂正极材料及其改性研究[D]. 长沙：中南大学，2011.
[48] Jung H G，Jang M W，Hassoun J，et al. A high-rate long-life $Li_4Ti_5O_{12}/Li[Ni_{0.45}Co_{0.1}Mn_{1.45}]O_4$ lithium-ion battery[J]. Nat Commun，2011，2（1）：516.

04

橄榄石型磷酸盐材料

自然界的橄榄石（olivine）晶体属于聚阴离子类材料，是正交晶系的岛状结构硅酸盐矿物的总称，常见化学组成为$(MgFe)_2SiO_4$，其母岩是地幔最主要的造岩矿物，是地球中最常见的矿物之一，因其常呈橄榄绿色而得名。除硅酸盐外，一些磷酸盐也具有橄榄石结构，自 1997 年 Goodenough 团队[1]首次报道橄榄石型磷酸铁锂（$LiFePO_4$，简称 LFP）可用作锂离子电池正极材料以来，该材料因安全性能好、循环寿命长、原料资源丰富、环境友好等优点，得到广泛关注和深入研究，并快速进入产业化阶段，目前已广泛应用于电动汽车和储能领域。与常见的钴酸锂、多元材料等正极材料相比，磷酸铁锂放电电压平台较低，使得能量密度较低，限制了应用领域拓展。本章将回顾橄榄石型正极材料的开发历史，并重点介绍其材料结构、电化学性能及改性进展。

4.1 橄榄石型磷酸盐材料的开发历史

1987 年，美国得克萨斯州立大学的 Goodenough 团队[2, 3]开始对聚阴离子化合物进行了广泛而深入的研究，总结了诱导效应和晶体结构等对 Fe^{3+}/Fe^{2+}氧化还原电位的影响，期望得到工作电压高、价格低廉的锂离子电池正极材料。1989 年，Manthiram 等[3]研究了硫酸盐正极材料，探究了单斜相和菱方相的 $Fe_2(SO_4)_3$、单斜相 $Fe_2(WO_4)_3$ 等化合物的开路电压（V_{oc}）与嵌锂含量之间的关系。这些化合物每摩尔均可以嵌入 2mol 锂离子，形成 $Li_2Fe_2(XO_4)_3$（X = S、W 等），研究发现单斜相和菱方相的 $Fe_2(SO_4)_3$ 材料的初始开路电压均为 3.6V，而 $Fe_2(WO_4)_3$ 材料仅为 3.0V，这表明阴离子对开路电压的影响很大：SO_4^{2-} 的电负性更大，诱导效应导致 Fe—O 键更弱，从而产生更高的开路电压。1997 年，Padhi 等首次报道了橄榄石型 $LiFePO_4$ 正极材料，并于同年系统研究了 $Li_3Fe_2(PO_4)_3$、$LiFeP_2O_7$、$Fe_4(P_2O_7)_3$ 和 $LiFePO_4$ 等几种磷酸盐化合物的电化学性能[1, 4]。与 SO_4^{2-} 相比，PO_4^{3-} 和 $P_2O_7^{3-}$ 电负性降低，导致 Fe—O 键能增加，上述几种磷酸盐的开路电压依次降低到 2.8V、2.9V、3.1V 和 3.5V，可脱嵌锂离子的摩尔数分别为 1.5～2.0、0.5～0.6、3.0～3.5 和 0.8～1.0。比较而言，磷酸铁锂材料具有最高的理论比容量和较高的工作电压，应用前景良好，引起学术和产业界的广泛关注。1997 年 Goodenough 教授基于上述研究成果在美国申请了第一个基础专利（US5910382），并于 1999 年得到专利授权[5]，得克萨斯州立大学与加拿大魁北克水电公司（Hydro-Quebec）获得了独家授权。在丰富的学术论文和专利等研究成果基础上，工业界进行了系统的产业化技术研究和工艺优化，推出了一系列以磷酸铁锂为正极的电池产品。2001 年麻省理工学院蒋业明教授成立了 A123 Systems 公司，提出离子掺杂和纳米化技术，缩短了锂离子在材料内的传输距离，利于大电流放电[6]；2005 年基于此技术成功制造了功率型磷酸铁锂电池，用于便携式高功率电动工具。

磷酸铁锂的商业化应用使得橄榄石型正极材料成为研究热点。为了进一步提高该类材料的能量密度，磷酸锰锂、磷酸锰铁锂、磷酸钴锂和磷酸镍锂等[7-10]几种具有更高电压平台的橄榄石型正极材料被陆续报道。其中，磷酸锰锂、磷酸钴锂和磷酸镍锂的锂脱嵌电压依次为 4.1V、4.8V 和 5.1V，而磷酸锰铁锂则在 4.1V 和 3.4V 处分别有两个电压平台，平台容量占比则取决于材料中锰和铁的比例。与磷酸铁锂材料相比，上述四种橄榄石型正极材料的电压平台显著提高，但是倍率性能和循环性能却有较大差距；$LiMn_xFe_{1-x}PO_4$ 材料本身的电压特点导致实际应用时存在显著的电压分段现象，对电池管理和成组也提出了很大挑战。这使得橄榄石型磷酸盐正极材料的研究热点和产业化重点依旧基于磷酸铁锂材料的改进。面向产业化应用的研究开发，主要着眼于如何解决磷酸铁锂材料的低电导率问题（电子电导率约为 10^{-9}S/cm，锂离子扩散系数约为 $10^{-14}cm^2/s$）。Armand 团队[11]首次提出用有机物包覆磷酸铁锂矿石（triphylite），再通过惰性气氛下热解得到碳包覆材料，为提高磷酸铁锂导电性指明了重要方向。Dahn 等[12]系统地研究了磷酸铁锂包覆方式，建议最好在配混料阶段引入有机物形成前驱体再热处理，可使磷酸铁锂材料颗粒更均匀，包覆效果更好，这一方法也逐渐被学术界认可，并在产业界得到验证。

4.2 橄榄石型磷酸盐材料的结构与电化学性能

4.2.1 橄榄石型磷酸盐材料的结构

1. 晶体结构

橄榄石型正极材料 $LiMPO_4$（M = Fe，Mn，Co，Ni）的晶体结构由 MO_6 八面体、PO_4 四面体及 LiO_6 八面体相互连接而成，其中过渡金属离子处于 MO_6 八面体的 4c 位置，磷位于 PO_4 四面体的 4c 位，而锂离子在 LiO_6 八面体 4a 位置。MO_6 八面体共边、PO_4 四面体共角连接，锂离子则沿着[010]方向排列形成一维链状结构，这使得 Li^+ 具有可移动性，在充放电过程中可发生嵌入和脱出。由于所有的氧离子都处于稳定的 PO_4 四面体骨架结构上，橄榄石型磷酸盐材料具有非常高的晶格稳定性，如图 4-1（a）所示[13]。

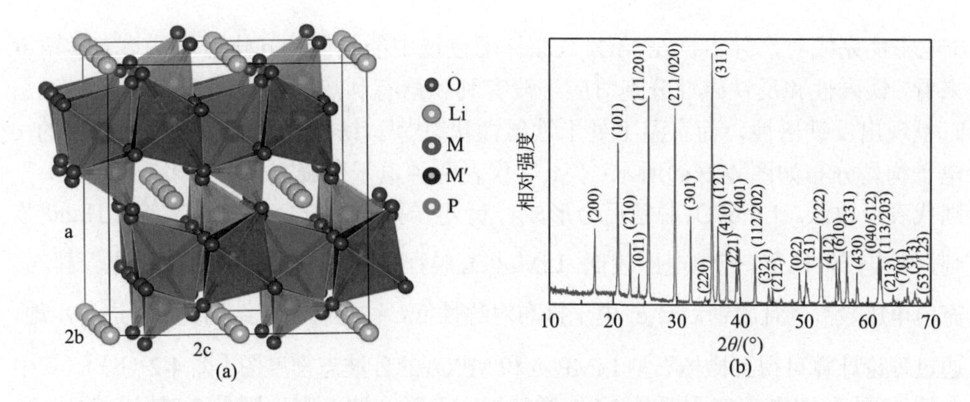

图 4-1 橄榄石型磷酸盐材料的晶体结构示意图和 XRD 谱图

（a）晶体结构示意图；（b）XRD 谱图

几种常见的橄榄石型结构材料 $LiMPO_4$ 都属于正交晶系 *Pnma* 点群。正交晶系的(hkl)晶面间距 d_{hkl} 与晶格常数 a、b、c 和晶胞体积 V 有如下关系：

$$\frac{1}{d_{hkl}^2}=\frac{h^2}{a^2}+\frac{k^2}{b^2}+\frac{l^2}{c^2} \tag{4-1}$$

$$V=abc \tag{4-2}$$

将图 4-1（b）中若干个晶面衍射峰的相关数据代入式（4-1）和式（4-2），即可拟合计算橄榄石型正极粉末的晶格常数和晶胞体积，见表 4-1。由于几种过渡金属的离子半径不同（Fe^{2+}、Mn^{2+}、Co^{2+}和 Ni^{2+}的离子半径依次为 0.76Å、0.80Å、0.74Å 和 0.72Å），几种磷酸盐正极材料的晶格常数和晶胞体积略有不同，其中磷酸镍锂最小，磷酸锰锂最大。

表 4-1 橄榄石型材料的空间群和晶格常数

种类	晶系	空间群	a/Å	b/Å	c/Å	V/Å^3	备注
$LiFePO_4$	正交	*Pnma*	10.33	6.010	4.693	291.47	PDF#83-2092
$LiMnPO_4$	正交	*Pnma*	10.43	6.090	4.740	301.08	文献[14]
$LiCoPO_4$	正交	*Pnma*	10.20	5.919	4.689	283.19	PDF#85-0002
$LiNiPO_4$	正交	*Pnma*	10.03	5.853	4.680	274.64	PDF#81-1528

2. 电子结构

橄榄石型 $LiMPO_4$ 材料具有铁磁性（ferromagnetism，FM）和反铁磁性（antiferromagnetism，AF）两种状态。铁磁性 $LiMPO_4$ 中金属 M 的 d 电子优先占据不同的 d 轨道，符合电子排布的 Hund 规则；而反铁磁性 $LiMPO_4$ 中金属 M 的

d电子优先成对，并占据在MO_6八面体配位场中能级低的d轨道。从热力学角度来看，铁磁性和反铁磁性分别对应于熵有利和焓有利热力学态：$LiMPO_4$材料低温时呈现出反铁磁性，而室温下处于铁磁性状态[15]。铁磁性$LiMPO_4$材料相应的d电子构型分布如图4-2(a)所示："↑"代表两种电子自旋方向中的多数派，"↓"则代表少数派。$LiFePO_4$脱锂后会形成$t_{2g}^3e_g^2$电子排布，符合单电子排布的Hund规则，结构较为稳定，充电电压较低。$LiMnPO_4$脱锂则破坏原先稳定的$t_{2g}^3e_g^2$电子排布，充电电压较高，且脱锂后$t_{2g}^3e_g^1$电子排布对称性低，往往会引起结构变形。进一步地，通过理论计算可得到橄榄石型$LiMPO_4$和MPO_4的分波态密度图［图4-2(b)］，其中金属M的分波态密度主要是3d轨道特性，而氧分波态密度则是2p轨道特性。除$LiNiPO_4$外，金属M的d轨道最接近费米能级，说明$LiMPO_4$材料发生电化学反应的是金属M。具体来说，$LiFePO_4$和$LiCoPO_4$都是t_{2g}能级优先失去电子形成$FePO_4$和$CoPO_4$，而$LiMnPO_4$则是e_g能级优先失去电子形成$MnPO_4$。$LiNiPO_4$材料中O的p轨道接近费米能级，充放电时部分电荷会转移到氧上，结构稳定性变差[16]。

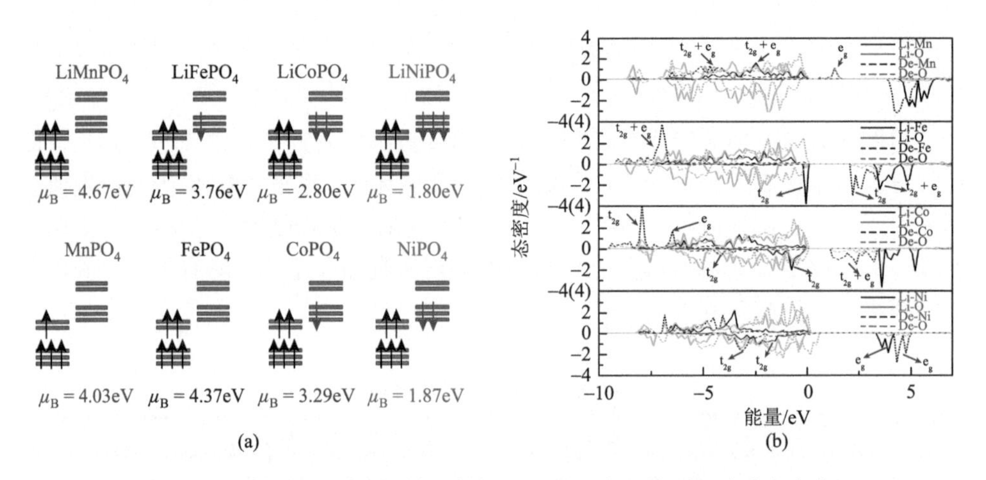

图4-2 几种橄榄石型正极材料中金属M的d电子构型和分波态密度图

(a) 放电态和充电态M的d电子构型；(b) 分波态密度图，De表示脱锂态

3. 充放电过程的结构变化

在充放电过程中，橄榄石型材料$LiMPO_4$会经历一级相变[1, 7, 9]，不同于$LiCoO_2$形成$Li_{1-x}CoO_2$，$Li_{1-x}MPO_4$的实际组成为$(1-x)LiMPO_4$和$xMPO_4$。以$LiFePO_4$为例，充电前材料物相为$LiFePO_4$相（triphylite，T相），充电过程中T相的XRD峰强度逐渐降低，而$FePO_4$相（heterosite，H相）的XRD峰逐渐增强；放电时正好相反。$LiFePO_4$在电化学循环过程中伴随着两相界面反应，新相的生成和两相

转变的动力学特性最终决定了材料充放电容量和倍率性能。

4.2.2 橄榄石型磷酸盐材料的电化学性能

$LiNiPO_4$ 材料充电电压在 5.1V 以上，远远超出常规电解液电化学窗口，并且不含缺陷或杂质的纯 $LiNiPO_4$ 难以制备，相关电化学研究较少，因此以下重点比较 $LiFePO_4$、$LiMnPO_4$ 和 $LiCoPO_4$ 橄榄石型材料的电化学性能。

1. 容量、倍率与循环

锂离子的脱嵌同时伴随着 M^{2+}/M^{3+} 电对的氧化还原反应，而该氧化还原电位的高低对于材料能量密度具有非常重要的影响。基于 1mol/L $LiPF_6$-EC/DMC 电解液，图 4-3（a）比较了几种橄榄石型结构正极材料的 0.5C 首次充放电曲线：$LiFePO_4$、$LiMnPO_4$ 和 $LiCoPO_4$ 材料首次放电比容量依次为 136.0mA·h/g、107.7mA·h/g 和 83.4mA·h/g[17]。$LiFePO_4$ 在约 3.4V 处呈现出明显的电压平台，这一特征佐证了 $LiFePO_4$ 的电化学反应为 $LiFePO_4/FePO_4$ 两相反应，而不是 Li_xFePO_4 固溶体体系。$LiMnPO_4$ 脱嵌锂时 e_g 能级电子参与电化学反应，放电平台电压提高到 3.9V。Co—O 键长比 Fe—O 更短、键能更大，使得 $LiCoPO_4$ 材料表现出较高的氧化还原电位，放电平台电压提高到 4.7V；但这个平台在整个放电曲线中占比很小，并且充放电效率很低，与电解液在高电压下分解有一定关系。

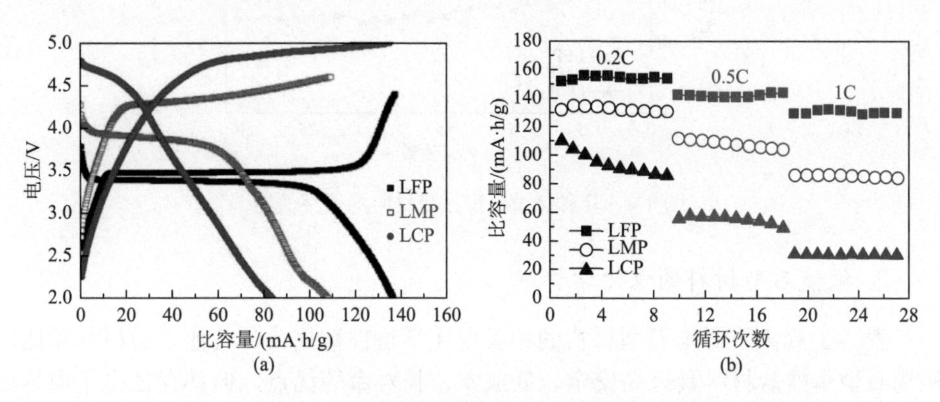

图 4-3 几种橄榄石型正极材料的电性能对比

（a）首次充放电曲线；（b）倍率特性

图 4-3（b）展示了在 0.2C、0.5C 和 1C 下，$LiFePO_4$、$LiMnPO_4$ 和 $LiCoPO_4$ 材料的倍率性能。其中 $LiFePO_4$ 材料具有最好的倍率性能，其在 0.2C、0.5C 和 1C 下的比容量分别为 150mA·h/g、140mA·h/g 和 130mA·h/g[17]。随着橄榄石型正极材料合成与改性技术的深入研究，磷酸铁锂材料的倍率性能得以提升，目前商用

LFP 材料的 0.1C 比容量通常可达 160mA·h/g，1C 比容量高于 140mA·h/g。图 4-4 比较了 0.5C 下 $LiFePO_4$、$LiMnPO_4$ 和 $LiCoPO_4$ 材料的循环性能[18]，$LiFePO_4$ 材料循环性能最好，30 周循环后容量保持率为 100%，而相应的 $LiMnPO_4$ 和 $LiCoPO_4$ 材料的容量保持率分别为 78%和 59%。在 4.2.2 节中已述及，$LiCoPO_4$ 电池在高电压下伴随一定的电解液分解，导致其循环性能欠佳。而对于 $LiMnPO_4$ 材料，纯相 $LiMnPO_4$ 的电子导电性低于 $LiFePO_4$，同时 $MnPO_4$ 中 Mn^{3+} 存在 Jahn-Teller 畸变效应，即 Mn^{3+} 的 $t_{2g}^3e_g^1$ 的电子结构导致 $Mn^{III}O_6$ 八面体在 z 方向上的 Mn—O 键变长，而在 x 和 y 方向上的 Mn—O 键变短，而这种畸变最终会导致晶胞在充放电时结构发生巨大变化。Yamada 等[8]系统研究了 $LiMn_xFe_{1-x}PO_4$ 中 Fe/Mn 比例对橄榄石型晶体结构发生电化学脱嵌时稳定性的影响，结果显示锰含量越高，$LiMn_xFe_{1-x}PO_4$ 材料与充电态（$Mn_xFe_{1-x}PO_4$）的晶胞体积变化越大；当 $x>0.8$ 时，充电态材料 $Mn_x^{III}Fe_{1-x}^{III}PO_4$ 中部分橄榄石型结构变为无定形结构，由此可以预测 $MnPO_4$ 结构稳定性会更差。上述两个因素的共同作用导致 $LiMnPO_4$ 材料的电性能不及 $LiFePO_4$。

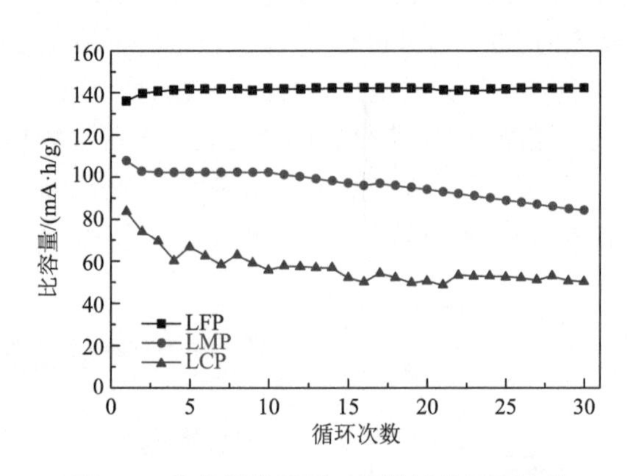

图 4-4　几种橄榄石型正极材料的循环性能

2. 橄榄石型材料的电化学特征

表 4-2 列出了橄榄石型材料的相关电化学特性数据。与其他正极材料相比，橄榄石型磷酸盐材料具有高安全、低成本、长寿命等优点，但都存在电子电导率低、锂离子扩散系数小等共性问题。

表 4-2　几种橄榄石型磷酸盐材料的基本特性

种类	放电平台/V	理论比容量/(mA·h/g)	正极比能量/(W·h/kg)	电子电导率/(S/cm)	锂离子扩散系数/(cm^2/s)	热力学稳定性	充放电体积变化率/%
$LiFePO_4$	3.4	170	578	10^{-9}	10^{-14}	稳定	6.8
$LiMnPO_4$	4.1	170	697	10^{-12}	10^{-18}	较稳定	8.9

续表

种类	放电平台/V	理论比容量/(mA·h/g)	正极比能量/(W·h/kg)	电子电导率/(S/cm)	锂离子扩散系数/(cm²/s)	热力学稳定性	充放电体积变化率/%
$LiCoPO_4$	4.8	167	801	10^{-9}	10^{-14}	稳定	2
$LiNiPO_4$	5.1	167	851	10^{-11}	10^{-15}	稳定	—

以下将表 4-2 中橄榄石型正极材料的电化学特性数据进行定性解释。以 $LiFePO_4$ 为例，电压平台源于电化学两相反应：

$$FePO_4 + x\,Li^+ + x\,e^- \longrightarrow x\,LiFePO_4 + (1-x)FePO_4 \tag{4-3}$$

等同于

$$FePO_4 + Li^+ + e^- \longrightarrow LiFePO_4 \tag{4-4}$$

此时，$FePO_4/LiFePO_4$ 的电极电位 φ 由式（4-5）确定：

$$\varphi = \frac{\Delta G_m(FePO_4) + \Delta G_m(Li^+) - \Delta G_m(LiFePO_4)}{F} \tag{4-5}$$

式中，$\Delta G_m(FePO_4)$、$\Delta G_m(Li^+)$和$\Delta G_m(LiFePO_4)$ 分别为 $FePO_4$、Li^+ 和 $LiFePO_4$ 的摩尔生成自由能；F 为法拉第常数。式（4-5）中不存在与充放电程度相关的参数，即 φ 在充放电的区域内为恒量，使得电压曲线表现为平台特征。

正极材料的电压平台高低可通过电对稳定性进行定性判断，Fe、Co 和 Ni 三者都是 t_{2g} 轨道失去电子［图 4-2（a）］，随原子序数增加（Fe、Co 和 Ni 原子序数依次为 26、27 和 28），过渡金属 M^{3+}/M^{2+}电对的氧化性逐渐增加，电压数值上有 $LiFePO_4 < LiCoPO_4 < LiNiPO_4$。而 $LiMnPO_4$ 中锂的脱出会破坏原先稳定的 $t_{2g}^3e_g^2$ 电子排布，造成 $MnPO_4$ 稳定性下降，此效应打破了电压随原子序数增加而升高的规律（Mn 原子序数为 25），Mn^{3+}/Mn^{2+}电位增加并超过 Fe^{3+}/Fe^{2+}，最终放电电压平台由低到高变为：$LiFePO_4 < LiMnPO_4 < LiCoPO_4 < LiNiPO_4$。

从表 4-2 电子电导率的数量级看，几种橄榄石型材料均属于半导体。$LiCoO_2$ 在充电时存在 $Li_{1-x}CoO_2$ 相，使得＋3 价和＋4 价的钴共存，组成可表示为 $Li_{1-x}(Co_{1-x}^{3+}Co_x^{4+})O_2$，电荷在材料内部传递可通过钴之间的价态变化来实现，从而实现高电导率。不同于 $LiCoO_2$，两相反应的 $LiMPO_4$ 材料不存在从半导体向导体的转变过程，材料的导电性严重依赖于外部修饰，该内容将在 4.3 节中详细介绍。橄榄石型材料的本征电子电导率大小可从材料能带结构［图 4-2（b）］大致判断。由于在 $LiFePO_4$、$LiCoPO_4$ 和 $LiNiPO_4$ 中，金属的 d 电子数大于 5，d 电子构型可以分别表示为 $t_{2g}^4e_g^2$、$t_{2g}^5e_g^2$ 和 $t_{2g}^6e_g^2$ ［图 4-2（a）］，存在自旋方向为“↓”的 d 电子占据 t_{2g} 轨道。而 $LiMnPO_4$ 中 Mn 的 d 电子构型为 $t_{2g}^3e_g^2$，无“↓”自旋 d 电子，带隙对应的是“↑”自旋电子能级与“↓”能级差值，在 4 种材料中最大，因此电子电导率最低（10^{-12}S/cm）。另外，$LiNiPO_4$的 d 电子构型为$t_{2g}^6e_g^2$，其带隙大致对应于“↓”自旋电子占据 t_{2g} 轨道能级和 e_g 轨道能级的差值，要稍大于 $LiFePO_4$ 和 $LiCoPO_4$ 的带隙，因此 $LiNiPO_4$ 的电子电导率稍低（10^{-11}S/cm），而 $LiCoPO_4$ 和 $LiFePO_4$ 的电子电导率接近（10^{-9}S/cm）。

橄榄石型正极材料的锂离子扩散系数 D 与迁移路径密切相关。以 $LiFePO_4$ 为例，橄榄石型晶体结构锂离子的可能迁移路径有 3 种（图 4-5）[18]：路径中锂离子沿[010]方向迁移，会经历 2 个 LiO_6 八面体间的四面体过渡态；路径 2 中锂离子沿 c 轴穿过 PO_4 四面体空隙迁移，会经历与 2 个 PO_4 四面体形成共面的 LiO_6 八面体过渡态；路径 3 中锂离子沿[101]方向穿过 FeO_6 八面体迁移，此路径非常复杂，最短的路径也要经历 3 个过渡态——2 个四面体和 1 个八面体。根据理论预测，$D_{(路径1)}/D_{(路径2)}\approx10^{37}$，$D_{(路径1)}/D_{(路径3)}>10^{11}$，因此橄榄石型材料中锂离子的迁移路径主要是路径 1，即沿[010]方向的一维通道。这也造成了橄榄石型材料锂离子扩散系数低于 $LiCoO_2$（具有二维锂离子迁移通道）和 $LiMn_2O_4$（具有三维锂离子迁移通道）。

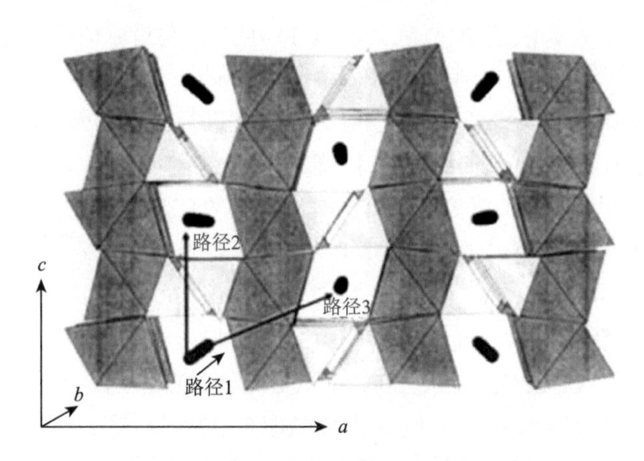

图 4-5　$LiFePO_4$ 材料晶体结构沿 b 轴的投影图

4.3　橄榄石型磷酸盐材料存在的问题及其改性

4.3.1　橄榄石型磷酸盐材料存在的问题

在 4.2 节中已经述及，橄榄石型材料的电子电导率较低，且具有两相反应的 $LiMPO_4$ 材料电化学脱嵌并不会增强材料导电性，该类材料的导电性严重依赖于外部修饰改性。除此之外，$LiFePO_4$ 材料工作电压较低，使得电池能量密度较低。$LiMnPO_4$ 工作电压较 $LiFePO_4$ 材料有一定提高，且处于传统电解液稳定性范围之内，理论能量密度在前者的基础上提高了 20%左右，但该材料的脱锂产物稳定性非常差：一方面，Mn^{3+}的 Jahn-Teller 效应引起的结构扭曲导致 $LiMnPO_4$ 和 $MnPO_4$ 界面的晶格失配；另一方面，$LiMnPO_4$ 材料去锂化过程中体积变化产生的应力表现为各向异性，不均匀的界面应力破坏了原子排列均匀性，多次循环后会导致材料无定形化[19]；此外，$LiMnPO_4$ 材料与其他锰系正极材料一样存在锰溶解的问题。$LiCoPO_4$ 具有更高的工作电压，理论上能够提供更高的能量密度，但工作电压与常规电解液不匹配，容易发生分解副反应，造成循环过程容量快速衰减。$LiNiPO_4$ 材料在橄榄石体系具有最高工作电压，电解液电压窗口问题更为显著，其本身电化学活性非常差，因此相关研究很少。

针对橄榄石型正极材料本身固有的缺陷进行修饰改性，是改善电化学性能的必要手段，主要可分为四类：①导电材料包覆/复合；②掺杂改性；③结构纳米化；④新型结构设计。

4.3.2 导电材料包覆/复合

Armand 团队[11]首次提出采用有机物热解碳包覆改善磷酸铁锂导电性的策略，并提出了一个可规模化生产的碳包覆方案，即采用蔗糖、纤维素乙酸酯或修饰后的多环芳烃的水溶液与含磷酸铁锂相的原料进行混合，然后进行干燥和高温烧结碳化得到碳包覆的磷酸铁锂材料。研究证明采用碳包覆后，磷酸铁锂材料的循环伏安曲线显示出更大的充放电电流、更高的比容量和更好的循环性能，显著改善了橄榄石型正极材料的电化学性能。之后，研究者开始尝试各种新的碳复合/包覆工艺，进一步提高橄榄石型正极材料的电导率及电化学性能。Huang 等[20]采用原位聚合间苯二酚-甲醛将磷酸铁锂凝胶化，经烧结处理得到担载于 15%多孔碳网络中的材料，首次充电实现了 98%的锂离子从晶格中脱出，非常接近磷酸铁锂的理论比容量。为了在材料电性能和碳含量之间寻求平衡，Chen 等[12]尝试将蔗糖在 Li_2CO_3、$FeC_2O_4·2H_2O$ 和$(NH_4)_2HPO_4$ 的配混料时引入，经球磨混合和高温烧结，得到碳含量为 3.5%的材料具有优异的倍率性能，与 Huang 报道的 15%碳含量复合材料相当。研究表明，在配混料时引入有机碳，可使有机碳前驱体均匀包覆在前驱体颗粒表面，经高温烧结反应形成均匀的碳包裹层，提高材料导电性的同时有效阻止颗粒进一步长大与融合，得到的磷酸铁锂材料颗粒更小且更均匀，电化学性能得到有效提升。这一方法过程简单可控，逐渐被学术界认可，并在产业界得到大规模应用。

为了进一步提高包覆碳的电子电导率，通常需在有限温度区间（550～750℃）

内提高碳的石墨化程度，但高度石墨化的碳往往较为密实，对电解液和锂离子的传递不利。因此，对材料电性能的提高需要综合考虑电子电导率和离子通透性的平衡，这需要选择合适的有机前驱体组分进行优化研究。一般来说，葡萄糖、蔗糖等有机小分子热解形成的是多孔无定形碳包覆层，对于电解液的充分浸润和离子传导是比较有利的；而大分子尤其是含有芳环的大分子则会形成密实的碳包覆层，这类碳层的石墨化程度高，具有更高的电子电导率，但是对于电解液的浸润性较差。Rao 等[21]使用蔗糖和酚醛树脂混合物对磷酸铁锂材料进行碳包覆，研究发现酚醛树脂与蔗糖的混合比例为 3∶7 时所合成的磷酸铁锂碳复合材料具有最佳的倍率性能，其在 0.1C、1C 和 4C 倍率下的放电比容量分别为 162mA·h/g、150mA·h/g 和 130mA·h/g。除了调控有机物碳化后的石墨化程度外，还可对包覆碳进行氮掺杂，以在碳层中形成一定量的缺陷助力锂离子在二维碳层间的迁移，一般是采用含氮有机分子作为掺氮碳源对磷酸铁锂材料进行包覆然后高温热解碳化，实现碳包覆层的掺氮，提升材料电化学性能[22]。

与 $LiFePO_4$ 材料相比，$LiMnPO_4$ 的电子电导率要低 3 个数量级（表 4-2），而且 $LiMnPO_4$ 材料与碳之间的相互作用不强，寻找合适的碳包覆工艺对于提升其电化学性能至关重要。Li 等[23]通过溶剂热法合成了 $LiMnPO_4$ 纳米棒，并研究了采用抗坏血酸、柠檬酸、葡萄糖、蔗糖和 β-环糊精为碳源对材料进行碳包覆的作用，对比发现 β-环糊精所形成的包覆碳比其他 4 种碳源更加均匀，这是由于 β-环糊精中有更多的含氧官能团（—COOH、—OH、—O—或—COO—），在混料过程中其与无机前驱体之间的结合更强，从而在后续碳化时在材料表面可形成均匀结合更加紧密的碳包覆层，表现出最好的电化学性能。另外一种包覆碳的有效方法是采用石墨烯包覆[24]，采用石墨为原料制备氧化石墨烯、与 $LiMnPO_4$ 材料进行复合，再加热还原将包覆的氧化石墨烯转变为石墨烯。此外，氧化石墨烯利用自身众多的含氧官能团来提高与 $LiMnPO_4$ 材料的亲和性，实现了石墨烯对正极材料的包覆。石墨烯包覆 $LiMnPO_4$ 材料有两点优势，一是具有超高电子电导率的石墨烯的包覆有效提高了 $LiMnPO_4$ 的导电性，其中的缺陷也有利于锂离子的传输；二是石墨烯属于柔性包覆层，可缓冲 $LiMnPO_4$ 材料电化学脱嵌锂时的体积变化。

4.3.3 掺杂改性

采用导电材料包覆对橄榄石型材料进行改性，其主要作用是提高材料外部的电子扩散传导速率，对材料体相的本征离子和电子传输性能改善效果很小。为了进一步提高材料的储能活性，提高材料本体的离子电子传导效率势在必行。通过对材料晶体结构中的某些位点进行掺杂取代，调控材料的晶体结构缺陷、锂混溶性间隙以及相变动力学等，是提高材料电化学性能的有效方法。橄榄石型材料的金属掺杂有两种情况：一种是锂位掺杂，另一种是变价金属位掺杂。Chung等[25]研究了 Mg、Zr、Nb、Ti 和 W 元素锂位掺杂的磷酸铁锂材料（组成表示为 $Li_{1-x}M_xFePO_4$）的电子电导率，发现掺杂后材料的室温电子电导率均达到了 10^{-3}S/cm 水平，与未掺杂的 $LiFePO_4$ 材料（电子电导率约为 10^{-9}S/cm）相比提高了至少 100 万倍，且具有更低的活化能（5.8～7.7kJ/mol），而 $LiFePO_4$ 的高活化能（～48kJ/mol）可能来自纯相中缺陷的形成和迁移。材料导电性增强的原因被认为是占据了锂位置的 M 具有稳定磷酸铁骨架中混合价态铁的作用。以 M 为 +2 价为例进行说明，初始材料组成可写作 $Li_{1-2x}M_xFe^{2+}PO_4$，锂脱出时变为 $Li_{1-2x-y}M_x(Fe^{2+}_{1-y}Fe^{3+}_y)PO_4$，这种混合价态的铁在纯相 $LiFePO_4$ 中是不存在的，其在电化学脱嵌时分相变为 $LiMPO_4$ 和 MPO_4。利用高于 +1 价的 M 制造出铁的混合价态后，材料的导电性由于价带中载流子浓度的增加而提高，区别在于在富锂相 $Li_{1-2x-y}M_x(Fe^{2+}_{1-y}Fe^{3+}_y)PO_4$ 中，Fe^{2+}的含量更高，属于 p 型掺杂；而在贫锂相中，Fe^{3+}的含量更高，属于 n 型掺杂。然而，锂位掺杂的磷酸铁锂材料在材料解析上具有一定争议：橄榄石型材料的锂离子迁移通道是一维的，锂位掺杂很可能堵塞原本有限的锂离子的迁移路径；同时，缺锂状态下的橄榄石型材料在高温下原本 +2 价的金属 M 很可能进一步被还原为金属单质或金属磷化物。在 Chung 等发表结果 2 年后，Nazar 团队[26]报道了 Zr 掺杂的磷酸铁锂和磷酸镍锂材料，发现其电子电导率提升的根源：缺锂状态下 $Li_{1-x}M_xFePO_4$ 会首先分解产生 $Fe_2P_2O_7$ 物相，在还原性气氛中进一步还原产生 Fe_2P，并增强材料的电子电导率。磷化铁相可明显地改善 $LiFePO_4$ 材料的电子导电性，但考虑到充电过程中存在氧化及向电解液溶解的趋势，铁溶解可能会在负极侧沉积、破坏负极 SEI 膜，甚至形成枝晶，造成电池内部短路，引发安全问题。

不同于锂位掺杂会损害电池循环性能或引发相关安全问题，变价金属位掺杂理论上不产生锂缺失的状态，但也存在一些问题：橄榄石型材料是半导体，最好选用异价金属以提高价带中载流子浓度，但其在能量上往往是不利的，同时 PO_4 基团中 P—O 键键能高，使得形成氧缺陷比较困难，以上两点导致异价金属的 M2 掺杂实现起来较为困难。目前比较成功的异价金属掺杂实例是 V 掺杂的磷酸铁锂材料 $LiFe_{1-3x/2}V_xPO_4$，该材料在常规磷酸铁锂的合成温度（～700℃）下是不稳定的，存在分解产生 $Li_3V_2(PO_4)_3$ 和 Fe_2P 等杂质的倾向。Omenya 等[27]采取了精确控制合成温度（550℃）的方法实现了材料的成功制备。材料中 V 价态高于 +2，存在一定铁空位：$LiFe_{1-3x/2}V_x\square_{x/2}PO_4$。铁空位有利于锂离子迁移，使材料离子电导率得以提高。根据 X 射线吸收近边结构（X-ray absorption near edge structure，XANES）的结果，V 的平均价态为 +3.2，说明其中存在一定的 V^{4+}，借助于其与 Fe^{2+}的电子传递：$V^{4+} + Fe^{2+} \longrightarrow V^{3+} + Fe^{3+}$，提高材料的电子电导率。

4.3.4 结构纳米化

在应用碳包覆和金属掺杂两种方式改善材料电子电导率的同时，往往还涉及磷酸铁锂材料的纳米化过程，缩短离子和电子的传输路径，以进一步提升材料的电子电导率和离子电导率。早在 2001 年，Yamada 等[28]指出 500～600℃下合成的磷酸铁锂材料性能最好：高于 600℃烧结时颗粒会显著长大，比表面积减小，比容量明显降低。材料的纳米化一般是先通过机械研磨有效减小原材料的颗粒大小，同时添加适量的有机碳源，将有机前驱体与前驱体进行充分预混，然后在高温下进行烧结，碳化包覆层有效阻止了 $LiFePO_4$ 材料颗粒的进一步长大，可得到碳包覆 $LiFePO_4$ 纳米材料。利用机械研磨-高温固相法制备磷酸铁锂纳米材料的工艺已比较成熟，其详细流程将会在本书第 7 章进行论述。水热法是合成磷酸铁锂纳米材料的另一种有效方法，一般通过精确调控一系列合成条件（如反应原料种类和浓度、温度、溶剂、表面活性剂等），可制备出不同形貌的磷酸铁锂纳米材料。除了高温固相法和水热法外，还有一些可用于实验室阶段制备纳米级磷酸铁锂材料的工艺路线，其中比较有代表性的方法是静电纺丝法。Toprakci 等[29]将磷酸铁锂前驱体［$LiOOCCH_3$、$Fe(OOCCH_3)_2$ 和 H_3PO_4］和聚丙烯腈（PAN）分别溶于 N,N-二甲基甲酰胺（DMF）中，通过泵输送喷出，在强电场作用下得到担载了磷酸铁锂前驱体的纤维细丝，高温下烧结即可得到 $LiFePO_4$/C 纳米纤维材料。该 $LiFePO_4$/C 材料在 0.05C、0.1C、0.2C、0.5C、1C 和 2C 倍率下放电比容量分别为 162mA·h/g、153mA·h/g、136mA·h/g、98mA·h/g、71mA·h/g 和 37mA·h/g。静电纺丝法中，高分子 PAN 既保证了纺丝过程的顺利进行，又充当了材料中碳的来源，可制备磷酸铁锂纳米线，适用于实验室范围的探索研究。减小材料颗粒大小可缩短电子和离子的传输路径，增大材料与电解液接触面积，进而有效提高材料的比能量，但同时也会降低材料的振实密度和能量密度，考虑电池中集流体、隔膜、包装材料等因素，过小的材料颗粒会进一步牺牲电池的能量密度和成本等。因此，如何制备高导电性高压实密度的磷酸铁锂材料依然是目前的一个研究热点和难点。合成具有微纳结构的磷酸铁锂复合材料是一个可行方案，在一次纳米颗粒构成的微米团聚颗粒，兼顾了电化学性能和加工性能。微纳结构复合材料有两种制备方法，一种是在溶液中通过溶解-沉淀的化学平衡，调控溶液组成和温度，实现纳米颗粒的有效聚集；另一种是通过喷雾干燥的方式对纳米磷酸铁锂前驱体进行喷雾造粒，实现微纳结构磷酸铁锂材料的制备[30]。

4.3.5 新型结构设计

$LiMn_xFe_{1-x}PO_4$（LMFP）、$LiMnPO_4$、$LiCoPO_4$ 等高电压材料具有能量密度优

势，但稳定性普遍较差，采用2.3.4节多元材料所用的核壳或梯度设计方法制备多种橄榄石型复合正极材料是一种有效解决策略。例如，在 $LiMnPO_4$ 或富锰的 $LiMn_{1-x}Fe_xPO_4$ 内核外包覆一层 $LiFePO_4$ 或富铁的 $LiFe_{1-x}Mn_xPO_4$ 壳层，可隔绝不稳定的 $LiMnPO_4$ 或富锰相材料与电解液的直接接触，提高材料在电解液中的稳定性。Oh 等[31]采用 $Mn_{0.85}Fe_{0.15}PO_4$ 作为核心，使用 $Fe(NO_3)_3$、H_3PO_4 和 $NH_3·H_2O$ 在其外包裹一层 $FePO_4·xH_2O$，经脱水、高温锂化得到 $LiMn_{0.85}Fe_{0.15}PO_4$-$LiFePO_4$ 材料，通过聚焦离子束切开单个固体颗粒进行观察，可见形成核壳结构正极材料（图4-6）。Yang 等[32]先用固相法合成了 $LiMn_{0.8}Fe_{0.2}PO_4$ 材料，之后用水热法在 LMFP 外生长一层 $LiFePO_4$ 材料，将其进行包碳处理得到最终的正极材料 CG-LMFP［CG 为 concentration gradient（浓度梯度）的缩写］。从图4-7可见，CG-LMFP 的电压曲线与 LMFP 的非常类似，但具有更高的容量和更好的倍率性能，其表面 $LiFePO_4$ 与 C 相容性更好，碳包覆效果更好。同时，CG-LMFP 在55℃高温下也具有更好的循环性能，说明 $LiFePO_4$ 包覆层在高电压下有效地隔绝了电解液的副

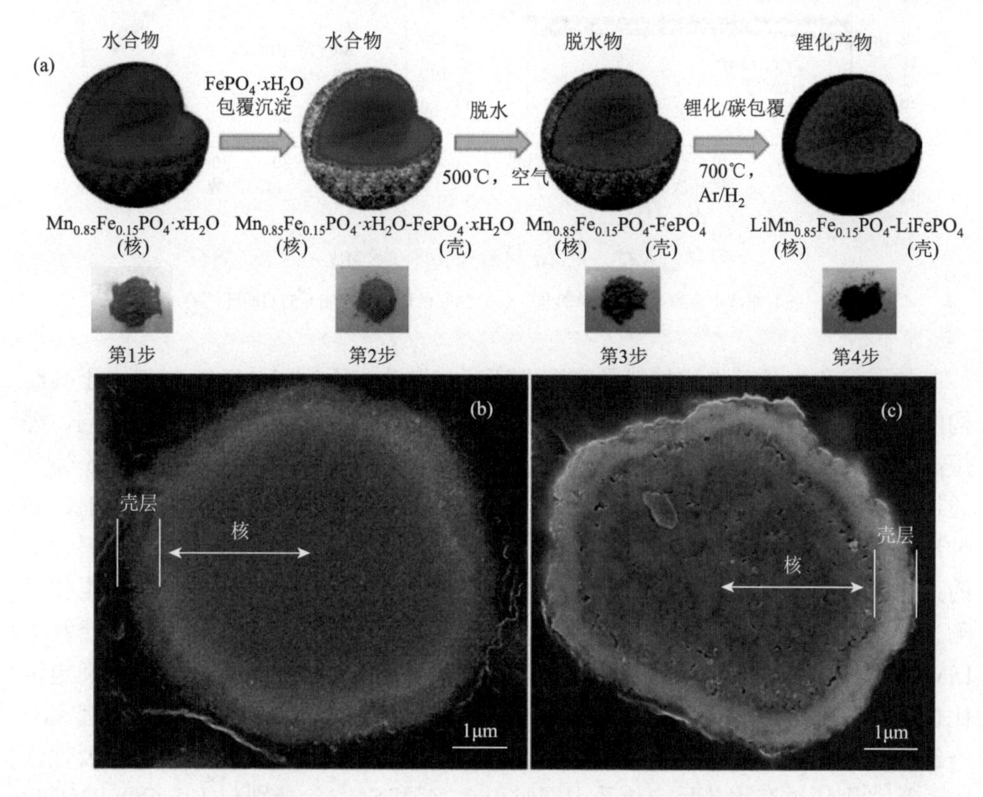

图4-6 $LiMn_{0.85}Fe_{0.15}PO_4$-$LiFePO_4$ 材料制备及表征

（a）LMFP-LFP 材料合成流程；（b）前驱体剖面 SEM 图；（c）LMFP-LFP 剖面 SEM 图

反应，起到了预期的保护作用。Kreder 等[33]使用 5%的 $LiFePO_4$ 对 V 掺杂的磷酸钴锂 $LiCo_{1-3x/2}V_x\square_{x/2}PO_4$ 进行包覆，结果显示 $LiFePO_4$ 包覆后，首次放电比容量和库仑效率有了明显的提升，而且循环性能非常优异。

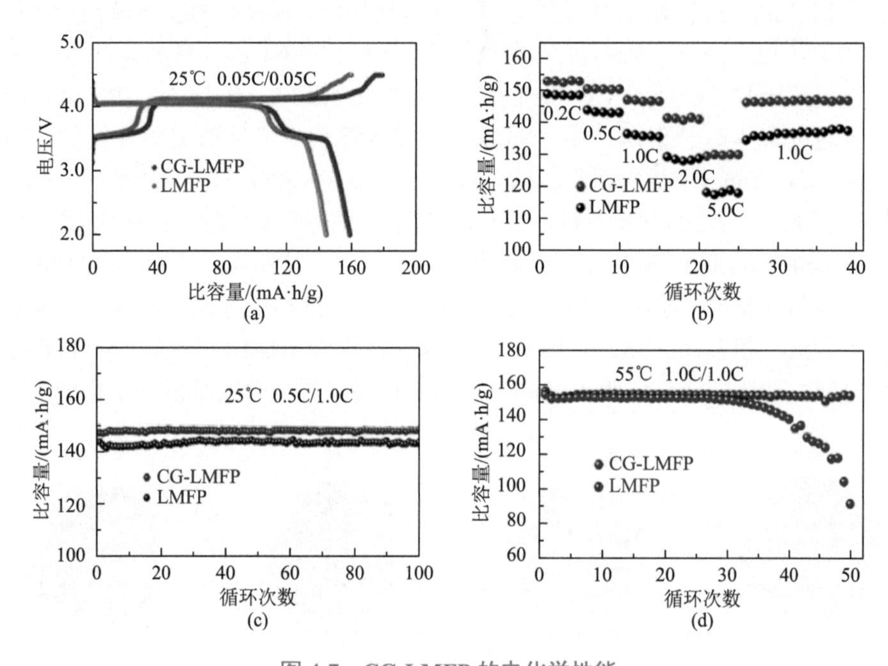

图 4-7 CG-LMFP 的电化学性能

（a）充放电曲线；（b）倍率性能；（c）25℃循环性能；（d）55℃循环性能

与层状和尖晶石结构材料具有多个离子扩散方向不同，$LiMPO_4$ 材料由于其结构的特殊性，锂离子仅可沿[010]方向进行扩散，通过结构优化设计晶体取向、缩短离子扩散长度、降低反应活化能是提高材料电化学性能的重要方式。Zhao 等[34]通过制备择优取向的 $LiFePO_4$ 纳米片来提高锂离子扩散和材料的电化学性能。通过选区电子衍射图样证明材料(010)面的生长得到了抑制，并使(010)面在材料表面的占比提高［图 4-8（b）］，进而有效缩短了离子扩散距离［图 4-8（c）］，电化学测试结果也证实了该思路的可行性。Wang 等[35]采用第一性原理的方法计算了 $LiMnPO_4$ 材料 6 个不同晶面表面能和氧化还原电位，结果表明(010)面的脱锂电位比体相低 0.8V［图 4-8（d）］，而[010]方向是 $LiMnPO_4$ 和 $LiFePO_4$ 材料的锂离子一维扩散路径，从原理上揭示了橄榄石型材料制备定向择优取向生长的重要性。Bao 等[36]则通过在水热反应体系中同时引入 K^+和 SO_4^{2-}，分别与 $LiFePO_4$ 的(100)面和(010)面进行紧密结合，降低了两个晶面的表面能，成功制备了(001)面择优生长的 $LiFePO_4$ 纳米棒［图 4-8（e）］。Guo 等[37]将 $LiFePO_4$ 材料与碳纳米管的悬浮液高速搅拌分散再辅以后续高温烧结处理，制备了 $LiFePO_4$@C/CNTs 复合物材料。$LiFePO_4$ 材料与碳纳米管的紧密锚定保证了快速的电子传导与电极结构的稳定，该复合物在 120C 的高倍率电流下仍能保持 59%的可逆容量，循环 500 次后容量保持率超过 98%。Sun 等[38]直接以三维碳纳米管片为导电基底，通过原子层沉积技术在基底上沉积了厚度可控的 $LiFePO_4$ 材料，碳纳米管与活性材料的紧密连接实现了电子的高速传导，纳米级别的活性物质结构保证了离子的快速扩散，材料的电化学性能得到了极大的提升，在 0.1C 倍率下其可逆容量超过 160mA·h/g，1C 倍率下循环 2000 次容量无明显衰减。

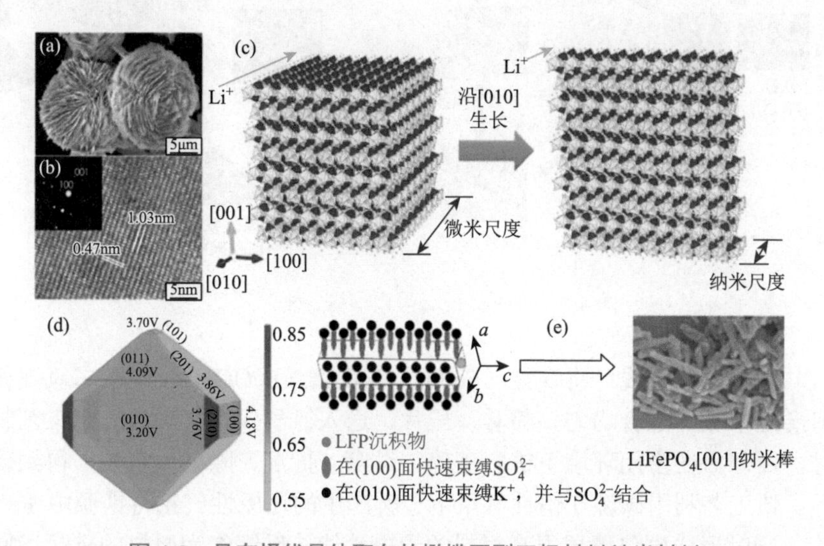

图 4-8　具有择优晶体取向的橄榄石型正极材料纳米材料

$LiFePO_4$ 纳米片的 SEM（a），HRTEM 和选区电子衍射图像（b）；（c）$LiFePO_4$ 通过暴露更多(010)面而缩短离子扩散距离；（d）$LiMnPO_4$ 不同晶面的表面能；（e）$LiFePO_4$ 纳米棒的合成示意图

4.4　商用磷酸铁锂材料的制备方法

4.4.1　商用磷酸铁锂材料的制备工艺

自从 Padhi 等[4]首次成功制备磷酸铁锂以来，人们尝试采用固相法、流变相法、喷雾干燥法、共沉淀法、溶胶-凝胶法、水热与溶剂热法等各种方法来合成橄榄石型正极材料，探讨不同合成方法、工艺条件对 $LiFePO_4$ 材料的晶相、晶粒大小、微观结构、表观形态的影响，以及由此带来的电化学性能的变化。商用橄榄石型磷酸铁锂生产工艺有碳热还原路线、草酸亚铁路线、磷酸铁路线、水热法路线和

溶胶-凝胶法路线等，几种工艺的简化流程参见图 4-9。

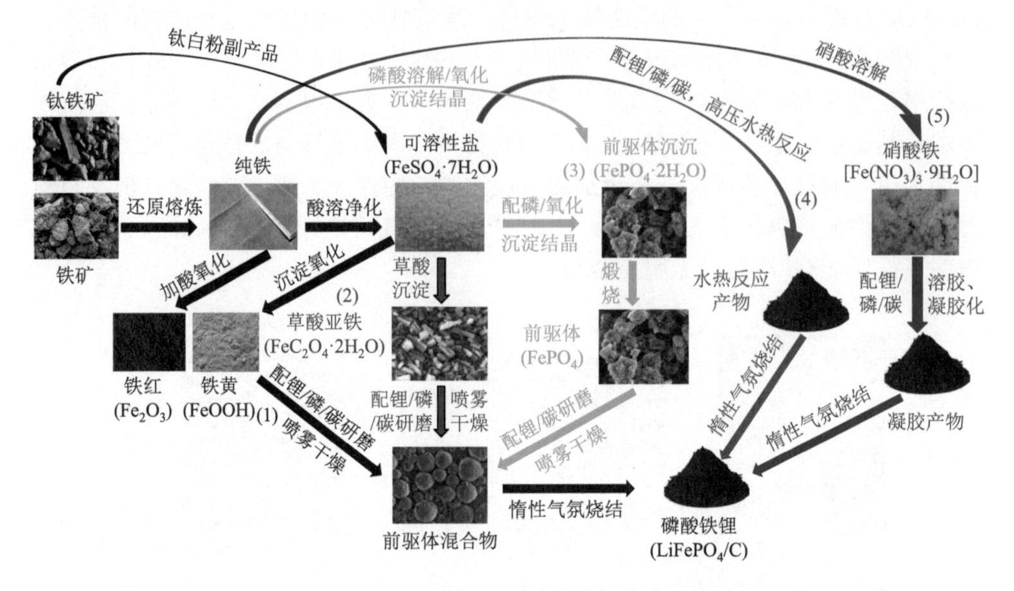

图 4-9 商用橄榄石型磷酸铁锂生产工艺

（1）碳热还原路线：将铁红（Fe_2O_3）或铁黄（FeOOH）、磷酸二氢锂和碳源加入研磨罐中破碎混合均匀、喷雾、压片、送入氮气保护窑炉按一定工艺制度进行烧结，冷却后在密闭环境下进行破碎、过筛、批混、除磁、包装，得到磷酸铁锂成品。该工艺利用碳源在惰性气氛下分解产生的还原性气氛将铁源中 Fe^{3+}还原为 Fe^{2+}，同时形成碳包覆层提高材料的导电性能。以铁红为原料的碳热还原工艺曾被美国 Valence 科技有限公司[39]、恒正科技（苏州）有限公司等企业所采用，所制备的磷酸铁锂材料在 2.5～4V 电压区间内可逆比容量只有 120mA·h/g 左右，大规模推广应用受到限制。以铁黄为原料的碳热还原工艺曾被德国 BASF 股份公司[40]申请过专利，但未被大规模推广；原料铁黄因生产工艺不同，水合程度差异大，导致计量配料不稳定，产品一致性欠佳。

（2）草酸亚铁路线[5]：将草酸亚铁（$FeC_2O_4·2H_2O$）、磷酸二氢铵（$NH_4H_2PO_4$）、碳酸锂、碳源和溶剂按一定化学计量比充分研磨混合后，经干燥、惰性气氛高温烧结，然后在密闭环境下破碎、过筛、批混、除磁、包装，得到橄榄石型磷酸铁锂正极材料。这是早期磷酸铁锂生产企业的通用方案，以美国 A123 Systems 公司、北大先行、天津斯特兰能源科技有限公司等企业为代表。草酸亚铁路线的所有原料在升温烧结过程中都分解并释放大量气体，产量低、尾气处理麻烦，整体成本偏高，现在已逐渐被淘汰。

（3）磷酸铁路线：该路线是在碳热还原法基础上发展起来的，先采用化学共沉淀法制备出 Fe、P 均匀分布的磷酸铁前驱体，再与碳酸锂、碳源和溶剂充分混合研磨，经干燥、惰性气氛高温烧结，在密闭环境下进行破碎、过筛、批混、除磁、包装，得到橄榄石型磷酸铁锂正极材料。该路线工艺简单，原材料利用率高，目前北大先行、深圳市贝特瑞新能源材料股份有限公司等磷酸铁锂材料企业均采用该工艺路线。

（4）水热法路线[41]：将硫酸亚铁、氢氧化锂、磷酸按照化学计量比 1∶3∶1 置于溶液中，在反应釜中混合均匀密封，在水热作用下直接结晶生成磷酸铁锂正极材料。反应中需要避免 $Fe(OH)_2$ 生成和 Fe^{2+}的氧化，一般先将氢氧化锂与磷酸混合，并在硫酸亚铁溶液中加入一定有机还原剂（如抗坏血酸等）。水热反应得到灰色产物需进一步高温烧结以提高结晶度并使残留的有机物碳化，最终得到磷酸铁锂成品。该工艺产品粒度分布均匀、颗粒形貌规整，但需高压条件、对设备要求高、环保压力大、生产成本高，难以规模化生产。Phostech Lithium 公司位于加拿大魁北克省 St. Bruno 的工厂自 2006 年开始采用水热法生产磷酸铁锂，但每年产能仅有 400t。目前该工艺路线已逐渐退出市场。

（5）溶胶-凝胶法路线：将纯铁用硝酸溶解得到硝酸铁，与锂源、磷源、碳源和溶剂充分混合，在一定温度下溶胶、凝胶化，经干燥、惰性气氛高温烧结、破碎、包装，得到磷酸铁锂。采用该工艺路线的主要是深圳市德方纳米科技股份有限公司。

近年来经过技术研发人员的不断努力探索和攻关，我国磷酸铁锂生产技术日臻成熟，磷酸铁路线逐渐发展成为主流工艺。该法采用的主要原料为无水 $FePO_4$ 和 Li_2CO_3，产气少且稳定性好，工艺简单，制备出的正极材料综合电性能好，详细介绍参见本书第 7 章相关内容。

4.4.2 典型的磷酸铁锂材料

随着磷酸铁锂电池性能不断提升、成本日趋下降，应用领域正逐渐扩大，对磷酸铁锂电池及其正极材料提出了不同的性能指标需求。根据应用场景是否有大倍率充放电需求，可将磷酸铁锂电池分为能量型和功率型两类，具体应用领域如下。

（1）能量型。包括纯电动汽车，基于太阳能、风能发电系统配套的储能设备，电网调峰，不间断供电系统（UPS），用于通信、移动基站、电信等领域的固定型电源，用于计算机系统作为保护、自动控制的备用电源，电动玩具等。

（2）功率型。包括混合动力汽车、无线类高功率电动工具（电锤、电钻等）、汽车启停电源、汽车制动能量回收。

与之对应需要配用能量型和功率型磷酸铁锂材料：能量型磷酸铁锂材料需要具有高压实密度，在一定程度上兼顾功率和低温等综合性能；功率型磷酸铁锂材料一般颗粒较小，比表面积偏高，注重瞬时放电性能，适用于对低温和倍率性能要求较高的电池体系。表 4-3 为某公司能量型和功率型磷酸铁锂电池材料的规格。

表 4-3　某公司针对细分市场开发的橄榄石型正极材料

产品型号	E	P
产品类型	能量型	功率型
碳含量/%	1.3～1.5	1.3～1.7
D_{50}/μm	1.5～3.0	1.0～2.5
一次颗粒粒径/μm	＞0.3	0.1～0.3
振实密度/(g/cm^3)	＞1.0	＞1.0
粉末压实密度/(g/cm^3)	≥2.5	≥2.4
比表面积/(m^2/g)	11～14	13.5～17
粉末电阻率/(Ω·cm)	＜50	＜20
pH	7.0～10.0	7.0～10.0
0.2C 比容量/(mA·h/g)	≥155	≥155
0.2C 首次效率/%	≥93	≥93
1.0C 比容量/(mA·h/g)	141	143
5.0C 容量保持率/%	92	100
10.0C 容量保持率/%	—	99
30.0C 容量保持率/%	—	98
1.0C 循环寿命/次	≥2000	≥2000
SEM 图		

4.5　橄榄石型磷酸盐材料的发展方向

橄榄石型正极材料理论上具有安全性能好、循环寿命长等优点，是动力和储能电池的理想正极材料，但由于其电子及离子电导率低等固有缺点，该类材料的电化学性能难以充分发挥，限制了其发展应用。经过研究者们的多年努力，通过掺杂、包覆、纳米化、结构设计等复合修饰改性方法的应用与优化，近年来该类材料的电化学性能已经获得了很大的提升，磷酸铁锂材料已经展现出高安全、低成本、长寿命等显著优势，快速进入大规模生产与应用阶段，为电动汽车及储能产业的发展提供了重要支撑。展望未来，橄榄石型正极材料仍然需要在以下几个方面持续改进。

（1）磷酸铁锂材料性能的进一步提升。磷酸铁锂的成功产业化为电动汽车和储能产业的发展提供了可靠的电池体系支撑，但随着电动汽车产业对动力电池系统性能指标要求的逐步提升，磷酸铁锂电池较低的能量密度和低温性能已成为限制其应用市场进一步扩展的主要障碍，也是近年来磷酸铁锂电池在电动汽车领域占比逐渐降低的最主要原因。因此，在充分发挥磷酸铁锂材料高安全、长寿命、低成本优势的同时，进一步提高磷酸铁锂材料和电池的能量密度和低温性能是拓展其应用领域的关键。磷酸铁锂的真密度为 3.6g/cm^3，实际应用压实密度在 2.4g/cm^{3}左右，密度利用率只有 66.7%，压实密度仍有很大提升空间。在保持磷酸铁锂良好电化学性能的同时如何持续提升其压实密度和能量密度，将是磷酸铁锂材料领域所面临的挑战性研究课题。此外，磷酸铁锂电池寿命相对较长，但仍有很大的提升空间，因此围绕磷酸铁锂电池使用和存储过程中容量衰减机理进行研究，减少其服役过程中的副反应，以进一步提升其循环寿命，将有助于进一步增强其经济性和市场竞争力。

（2）高电压磷酸锰锂材料的复合改性研究与应用。磷酸锰锂与磷酸铁锂类似，具有高安全、长寿命、低成本等优点，且其放电电压较高，理论能量密度比磷酸铁锂高 20%，因此该材料曾被寄予厚望。但研究表明，磷酸锰锂材料的离子电导率低，难以制备出性能优良的产品。采用铁锰复合技术制备磷酸锰铁锂材料可有效提升材料的电化学性能，近年来相关研究与应用取得一定进展，但产业化仍然较为困难，制备具有较低比表面积和优良电化学性能的磷酸锰铁锂材料仍面临很大挑战。因此，研究开发具有高锰含量、低比表面积和优良电化学性能的磷酸锰铁锂复合材料具有重要的理论和实际意义，同时如何实现高电压磷酸锰铁锂材料与高能量密度多元材料的复合应用也将是极具应用前景的研究课题。

（3）磷酸钴锂和磷酸镍锂等具有更高的电压平台，有望提高能量密度，理论上具有应用潜力。但这两种材料较低的离子电导率影响了性能发挥，过高的电压对电解液提出挑战，需要对材料进行更为深入的改性和机理研究，开发与其匹配的高电压电解液。

随着信息技术的快速发展，特别是 5G 时代的来临，各种信息化、智能化的移动设备和出行工具应运而生，对电池系统的需求量越来越大，性能要求也越来越高。橄榄石型正极材料作为锂离子电池核心正极材料之一，磷酸铁锂已成功实现产业化，广泛应用于电动汽车和储能领域，为电动时代和信息时代的发展做出卓越贡献。能量密度和低温性能等方面缺陷使得磷酸铁锂饱受诟病，但其在安全、循环及成本等方面的显著优势也深深吸引着市场和客户端。通过进一步开展相关基础和应用技术研究，橄榄石型正极材料一定可凭借其与生俱来的高安全和长寿命优势，在动力、储能和其他新兴电池领域大放异彩。

参 考 文 献

[1] Padhi A K，Nanjundaswamy K S，Goodenough J B. Phospho olivines as positive electrode materials for rechargeable lithium batteries[J]. J Electrochem Soc，1997，144：1188-1194.

[2] Manthiram A，Goodenough J B. Lithium insertion into $Fe_2(MO_4)_3$ frameworks：comparison of M = W with M = Mo[J]. J Solid State Chem，1987，71：349-360.

[3] Manthiram A，Goodenough J B. Lithium insertion into $Fe_2(SO_4)_3$ frameworks[J]. J Power Sources，1989，26：403-408.

[4] Padhi A K，Nanjundaswamy K S，Masquelier C，et al. Effect of structure on the Fe^{3+}/ Fe^{2+} redox couple in iron phosphates [J]. J Electrochem Soc，1997，144：1609-1613.

[5] Goodenoough J B，Padhi A K，Nanjundaswamy K S，et al. Cathode materials for secondary (rechargeable) lithium batteries：US5910382A[P]. 1997-04-21.

[6] Chiang Y M，Gozdz A S，Payne M W. Nanoscale ion storage materials including co-existing phases or solid solutions：US7939201B2[P]. 2006-04-03.

[7] Li G，Azuma H，Tohda M. $LiMnPO_4$ as the cathode for lithium batteries[J]. Electrochem Solid State Lett，2002，5：135-137.

[8] Yamada A，Chung S C. Crystal chemistry of the olivine-type $Li(Mn_yFe_{1-y})PO_4$ and $(Mn_yFe_{1-y})PO_4$ as possible 4V cathode materials for lithium batteries[J]. J Electrochem Soc，2001，148：A960-A967.

[9] Amine K，Yasuda H，Yamachi M. Olivine $LiCoPO_4$ as 4.8V electrode material for lithium batteries[J]. Electrochem Solid State Lett，2000，3：178-179.

[10] Wolfenstine J，Allen J. Ni^{3+}/Ni^{2+} redox potential in $LiNiPO_4$[J]. J Power Sources，2005，142：389-390.

[11] Ravet N，Chouinard Y，Magnan J F，et al. Electroactivity of natural and synthetic triphylite[J]. J Power Sources，2001，97-98：503-507.

[12] Chen Z，Dahn J R. Reducing carbon in $LiFePO_4$/C composite electrodes to maximize specific energy，volumetric energy，and tap density[J]. J Electrochem Soc，2002，149：1184-1189.

[13] Shang S L，Wang Y，Mei Z G，et al. Lattice dynamics，thermodynamics，and bonding strength of lithium-ion battery materials $LiMPO_4$（M = Mn，Fe，Co，and Ni）：a comparative first-principles study[J]. J Mater Chem，2012，22：1142-1149.

[14] Garcıa-Moreno O，Alvarez-Vega M，Garcıa-Alvarado F，et al. Influence of the structure on the electrochemical performance of lithium transition metal phosphates as cathodic materials in rechargeable lithium batteries：a new high-pressure form of $LiMPO_4$（M = Fe and Ni）[J]. Chem Mater，2001，13：1570-1576.

[15] Tang P，Holzwarth N A W. Electronic structure of $FePO_4$，$LiFePO_4$，and related materials[J]. Phys Rev B，2003，68：165107.

[16] Bhowmik A，Sarkar T，Kumar Varanasi A，et al. Origins of electrochemical performance of olivine phosphate as cathodes in Li-ion batteries：charge transfer，spin-state，and structural distortion[J]. J Renew Sustain Ener，2013，5：053130-1-9.

[17] Kim K，Kim J K. Comparison of structural characteristics and electrochemical properties of

$LiMPO_4$（M = Fe，Mn，and Co）olivine compounds[J]. Mater Lett，2016，176：244-247.
[18] Morgan D，van der Ven A，Ceder G. Li conductivity in Li_xMPO_4（M = Mn，Fe，Co，Ni）olivine materials[J]. Electrochem Solid State Lett，2004，7：A30-A32.
[19] Norberg N S，Kostecki R. The degradation mechanism of a composite $LiMnPO_4$ cathode[J]. J Electrochem Soc，2012，159：A1431-A1434.
[20] Huang H，Yin S C，Nazar L F. Approaching theoretical capacity of $LiFePO_4$ at room temperature at high rates[J]. Electrochem Solid State Lett，2001，4：A170-A172.
[21] Rao Y，Wang K，Zeng H. The effect of phenol-formaldehyde resin on the electrochemical properties of carbon-coated $LiFePO_4$ materials in pilot scale[J]. Ionics，2014，21：1525-1531.
[22] Xiong Q Q，Lou J J，Teng X J，et al. Controllable synthesis of N-C@$LiFePO_4$ nanospheres as advanced cathode of lithium ion batteries[J]. J Alloy Compd，2018，743：377-382.
[23] Li L，Liu J，Chen L，et al. Effect of different carbon sources on the electrochemical properties of rod-like $LiMnPO_4$-C nanocomposites[J]. RSC Adv，2013，3：6847-6852.
[24] Fu X，Chang K，Li B，et al. Low-temperature synthesis of $LiMnPO_4$/RGO cathode material with excellent voltage platform and cycle performance[J]. Electrochim Acta，2017，225：272-282.
[25] Chung S Y，Bloking J T，Chiang Y M. Electronically conductive phospho-olivines as lithium storage electrodes[J]. Nat Mater，2002，1：123-128.
[26] Herle P S，Ellis B，Coombs N，et al. Nano-network electronic conduction in iron and nickel olivine phosphates[J]. Nat Mater，2004，3：147-152.
[27] Omenya F，Chernova N A，Upreti S，et al. Can vanadium be substituted into $LiFePO_4$? [J]. Chem Mater，2011，23：4733-4740.
[28] Yamada A，Chung S C，Hinokuma K. Optimized $LiFePO_4$ for lithium battery cathodes[J]. J Electrochem Soc，2001，148：A224-A229.
[29] Toprakci O，Ji L，Lin Z，et al. Fabrication and electrochemical characteristics of electrospun $LiFePO_4$/carbon composite fibers for lithium-ion batteries[J]. J Power Sources，2011，196：7692-7699.
[30] Ni L，Zheng J，Qin C，et al. Fabrication and characteristics of spherical hierarchical $LiFePO_4$/C cathode material by a facile method[J]. Electrochim Acta，2014，147：330-336.
[31] Oh S M，Myung S T，Park J B，et al. Double-structured $LiMn_{0.85}Fe_{0.15}PO_4$ coordinated with $LiFePO_4$ for rechargeable lithium batteries[J]. Angew Chem Int Edit，2012，51：1853-1856.
[32] Yang L，Xia Y，Qin L，et al. Concentration-gradient $LiMn_{0.8}Fe_{0.2}PO_4$ cathode material for high performance lithium ion battery[J]. J Power Sources，2016，304：293-300.
[33] Kreder K J，Manthiram A. Vanadium-substituted $LiCoPO_4$ core with a monolithic $LiFePO_4$ shell for high-voltage lithium-ion batteries[J]. ACS Energy Lett，2016，2：64-69.
[34] Zhao Y，Peng L，Liu B，et al. Single-crystalline $LiFePO_4$ nanosheets for high-rate Li-ion batteries[J]. Nano Lett，2014，14：2849-2853.
[35] Wang L，Zhou F，Ceder G. *Ab initio* study of the surface properties and nanoscale effects of $LiMnPO_4$ [J]. Electrochem Solid State Lett，2008，11：A94-A96.
[36] Bao L，Xu G，Sun X，et al. Mono-dispersed $LiFePO_4$@C core-shell [001] nanorods for a high power Li-ion battery cathode[J]. J Alloy Compd，2017，708：685-693.
[37] Wu X L，Guo Y G，Su J，et al. Carbon-nanotube-decorated nano-$LiFePO_4$@C cathode material

with superior high-rate and low-temperature performances for lithium-ion batteries[J]. Adv Energy Mater，2013，3：1155-1160.

[38] Liu J，Banis M N，Sun Q，et al. Rational design of atomic-layer-deposited $LiFePO_4$ as a high-performance cathode for lithium-ion batteries[J]. Adv Mater，2014，26：6472-6477.

[39] Barker J，Saidi M Y，Swoyer J. Method of making lithium-containing materials：US6528033B1[P]. 2000-06-18.

[40] Hibst H，Roberts B，Lampert J K，et al. Process for the preparation of crystaline lithium-iron- and phosphate-comprising materials：WO2009127674A1[P]. 2009-04-16.

[41] Yang S，Zavalij P Y，Whittingham M S. Hydrothermal synthesis of lithium iron phosphate cathodes[J]. Electrochem Commun，2001，3：505-508.

05

富锂锰基正极材料

相对于前几章论述的传统正极材料，富锂锰基材料放电比容量更高，大于250mA·h/g，但存在首次不可逆容量大、倍率和低温性能差、循环寿命短、循环过程电压衰减大等问题。为此，科研工作者对该材料晶体结构、充放电过程中过渡金属离子与晶格氧电荷补偿转移，以及循环过程中材料表面/内部的晶体结构演化、组成变迁、电子离子输运特性变化等各方面进行了系统深入的研究，并提出了优化组成、掺杂改性、表面修饰、组分梯度结构设计等一系列提高材料电化学性能的策略。富锂锰基材料的全电池应用研究报道相对较少，一方面由于本身存在许多问题和挑战，另一方面因需要充电到高电压（>4.6V）电化学激活后才能发挥出高容量，迄今能长期耐受此高工作电压的电解液尚未开发量产。本章将聚焦论述富锂锰基材料的微观结构以及对应可能存在的电化学反应机理，详细列出该材料存在的问题以及改善策略，并展望相关前沿研究动态。

5.1 富锂锰基材料的开发历史

早在 20 世纪 90 年代初，Rossouw 等[1]利用酸处理 Li_2MnO_3 脱锂得到了 $Li_{2-x}MnO_{3-x/2}$，发现将其用作正极可释放出 200mA·h/g 比容量。1997 年日本三井金属矿业株式会社的 Numata 等[2]基于 Li_2MnO_3 和 $LiCoO_2$ 层状结构相似性，合成出单斜晶系固溶体$[Li(Li_{x/3}Mn_{2x/3}Co_{1-x})O_2]$；发现引入 Li_2MnO_3 后 $LiCoO_2$ 充电曲线在 4.1V 左右，代表六方相转变为单斜相的平台阶跃消失，且倍率和循环特性良好。1999 年 Kalyani 等[3]发现充电电压高于 4.5V 时，富锂锰基材料中的 Li_2MnO_3 组分在未经酸处理条件下依然可以被激活，这个里程碑式的发现意味着 Li_2MnO_3 组分具有电化学活性。2001 年 4 月，Dahn 等[4]率先为美国 3M 公司申请了最早的富锂锰基专利，第 1 种、第 3 种典型组成 $Li[Li_{(1-2y)/3}Ni_yMn_{(2-y)/3}]O_2$ 和 $Li[Li_{(1-y)/3}Co_yMn_{(2-2y)/3}]O_2$ 都涉及到富锂锰基材料。2001 年 6 月，美国阿贡国家实验室 Thackeray 等[5]申请专利保护组成为 $xLi_2M'O_3·(1-x)LiMO_2$ 材料：其中 $0<x<1$，M′包含 Mn、Ti 或 Zr 中的一种或多种，M 选自 Mn、Co、Ni 且必须含 Mn，M 和 M′可掺杂 Ti^{4+}、Mg^{2+} 和/或 Al^{3+}，Li^+可部分被 H^+取代。此后该类材料因具有成本低廉、放电比容量高、稳定性高等优点，被认为是下一代锂离子电池正极材料的最佳选择。

近年来，科研工作者对富锂层状氧化物进行了大量的研究改性工作。2018 年，夏定国课题组[6]通过 P2 结构 $Na_{5/6}Li_{1/4}(Mn_{0.675}Co_{0.325})_{3/4}O_2$ 经熔盐锂离子交换，制备出 ABBA 紧密堆积的 O2 结构 $Li_{1.25}Co_{0.25}Mn_{0.50}O_2$，认为 O2 型结构可稳定 O^-/O^{2-} 氧化还原电对，有望改善富锂锰基材料高电压下析氧、向尖晶石相转变。同年尉海军课题组[7]制备了 $LiMeO_2$ 和 Li_2MnO_3 相共存的富锂锰基材料，发现充放电循环中晶格氧逸出导致过渡金属离子向材料表面富集，演变为以 $LiMeO_2$ 相为内核、以尖晶石相和岩盐相为外层构成的核壳结构。该研究阐明了富锂锰基层状氧化物的结构演变机理，为类似高比能量材料的结构设计奠定了基础。

5.2 富锂锰基材料的结构与电化学性能

5.2.1 富锂锰基材料的结构

富锂锰基材料从被发现到现在已近 20 年，但在文献报道中关于其结构始终存在争议：是单相的固溶体？还是 Li_2MnO_3 和 $LiMeO_2$ 两相在纳米尺度的混合？其主要原因是氧最紧密堆积状态下单斜相的(001)面和六方相的(003)面都存在约 4.7Å 的晶面间距（图 5-1）。

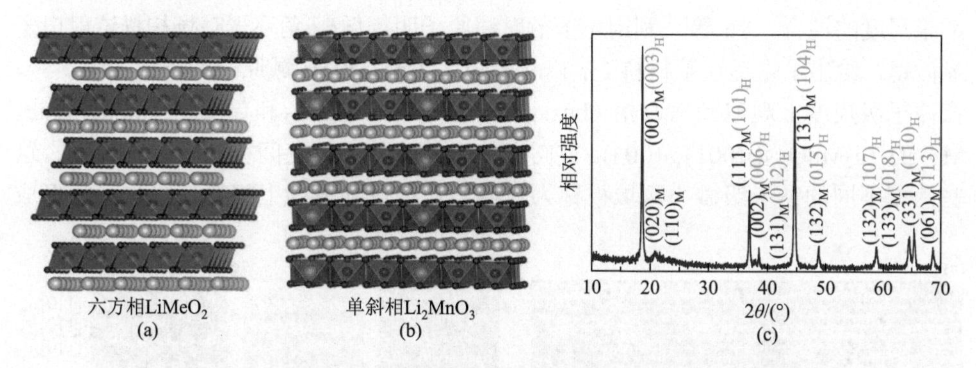

图 5-1 富锂锰基正极材料的晶体结构示意图和典型的 XRD 谱图

（a）六方相晶体结构；（b）单斜相晶体结构；（c）典型的 XRD 谱图

1. 固溶体结构

Dahn 和 Jarvis 等认为富锂锰基正极材料是单相的固溶体。Dahn 等[8]通过 XRD 测试发现 $Li(Ni_xLi_{1/3-2x/3}Mn_{2/3-x/3})O_2$ 的晶格参数连续变化遵循 Vegard 定理（图 5-2），认为锂与过渡金属元素形成了完全固溶体。Li-Ni-Mn-O 和 Li-Co-Mn-O 体系相图研究发现，冷却过程中没有足够的时间来形成大微晶，会导致纳米区域内相分离[9]。Jarvis 等[10]利用球差校正的 STEM 和电子衍射等手段解析发现 $Li(Li_{0.2}Ni_{0.2}Mn_{0.6})O_2$ 是由单斜相的 Li_2MnO_3 和多级面缺陷组成的固溶体，认为 Li 迁移到过渡金属层后使无序的 $R\overline{3}m$ 态转变为有序的 $C2/m$ 态。

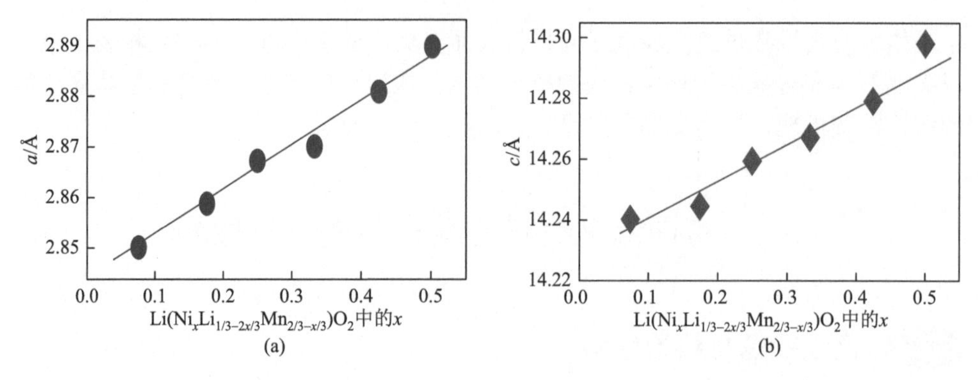

图 5-2 富锂锰基材料 $Li(Ni_xLi_{1/3-2x/3}Mn_{2/3-x/3})O_2$ 晶格常数随组成变化图

（a）晶格常数 a；（b）晶格常数 c

2. 纳米尺寸上的两相结构

部分研究者认为 $xLi_2MnO_3\cdot(1-x)LiMeO_2$ 材料的结构是 Li_2MnO_3 和 $LiMeO_2$ 在纳米尺度的混合。Yu 等[11]利用电子衍射和原子明场像/高角环形暗场扫描透射电子显微镜，给出了富锂锰基材料 $Li_{1.2}Mn_{0.567}Ni_{0.166}Co_{0.067}O_2$ 局域原子的排列（图 5-3），在原子级尺度上观察到六方相（hexagonal，H）的 $LiMeO_2$ 和单斜相（monoclinic，M）的 Li_2MnO_3 沿 $(001)_M/(003)_H$ 方向交替生长，且它们之间存在异质结界面。这些两相不同的纳米级微小区域被称为“畴”，在排列方向上略有偏离，其间形成

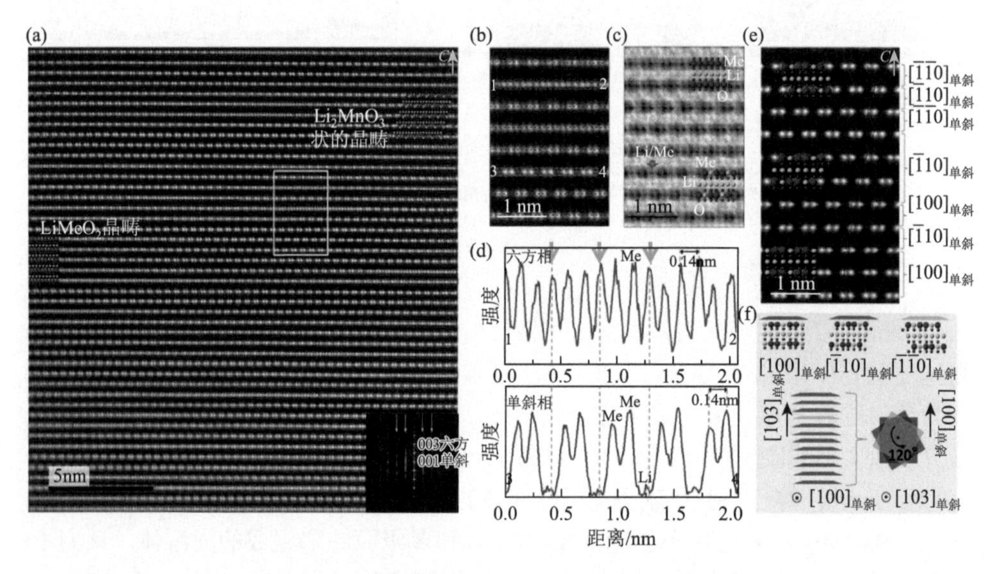

图 5-3 富锂锰基材料在纳米尺度上的两相结构

二维内界面缺陷，更容易容纳杂质原子，有利于缓解材料的体积变化，影响高容量储能材料的电化学性能。

3. 充放电过程的结构变化

Mohanty 等[12]通过密度泛函理论（density functional theory，DFT）计算及中子散射等研究了富锂正极材料在不同电压下充电时离子迁移机理。当电压低于 4.1V 时，Li^+从过渡金属层的八面体位迁移至锂层四面体位，形成“哑铃”结构；当电压高于 4.1V 时，Mn 从过渡金属层八面体位迁移到了锂层八面体位，同时形成尖晶石相，使富锂材料的整体结构发生了改变，其转变过程如图 5-4 所示。Gu 等[13]利用球差校正的 STEM-HAADF 成像技术及 STEM-EELS 实验在原子范围直接观察富锂锰基材料在循环过程中的结构变化。在充放电循环中 Li 和 O 脱出，Mn 从表面向体相迁移并逐渐占据锂层空位，原先的 $R\overline{3}m$ 层状相及部分 $C2/m$ 富锂相转变为尖晶石相，相变由表面向体相扩展，导致材料致密化。

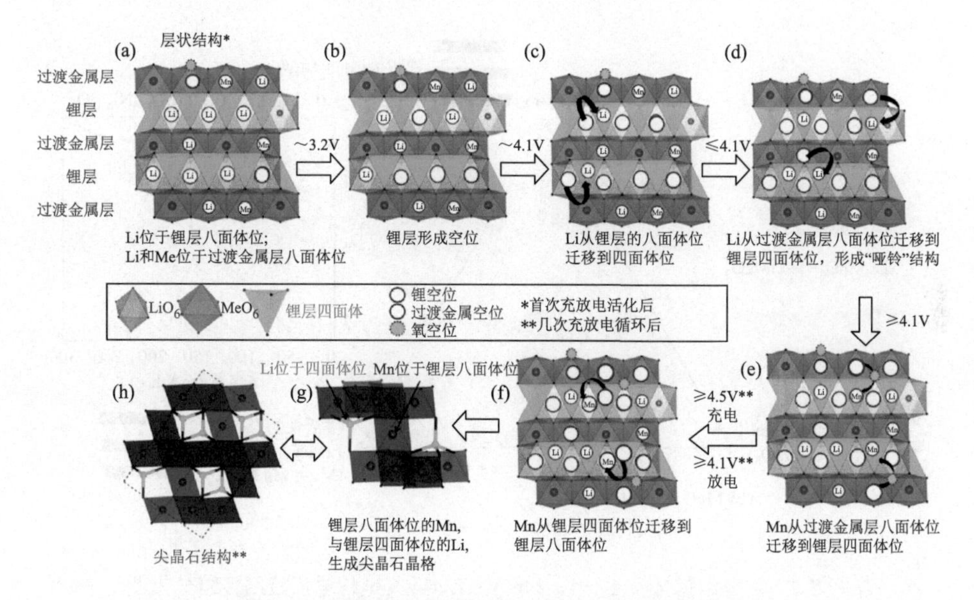

图 5-4 富锂正极材料充放电过程中相变转化机理

5.2.2 富锂锰基材料的电化学性能

1. 首次库仑效率及容量

富锂锰基正极材料$(1-x)Li_2MnO_3 \cdot xLiMeO_2$(Me = Ni、Co、Mn)在充放电过程的$Li^+$脱嵌、组分改变且反应机理比较复杂，可结合图 5-5 所示相图分析如下[14]。

当首次充电电压低于 4.4V 时，$LiMeO_2$ 组分脱出 Li^+，过渡金属离子被氧化为最高价态：

$$x\,Li_2MnO_3\cdot(1-x)LiMeO_2 \longrightarrow x\,Li_2MnO_3\cdot(1-x)MeO_2 + (1-x)Li^+ + (1-x)e^- \tag{5-1}$$

当首次充电电压高于 4.4V 时，Li_2MnO_3 组分将会被活化，Li 和 O 以 Li_2O 的形式从结构中脱出，留下 MnO_2 骨架及大量的 O 空位；Li_2MnO_3 组分的锰层中八面体位的 Li^+扩散到贫锂层中的四面体位以维持结构稳定性：

$$x\,Li_2MnO_3\cdot(1-x)MeO_2 \longrightarrow (x-\delta)Li_2MnO_3\cdot\delta\,MnO_2\cdot(1-x)MeO_2 + \delta\,Li_2O \tag{5-2}$$

放电过程中电压低于 4.4V 时，伴随着 Me^{4+}还原为 Me^{3+}，$(1-x)$个 Li^+可逆嵌回到正极材料结构中：

$$(x-\delta)Li_2MnO_3\cdot\delta\,MnO_2\cdot(1-x)MeO_2 + (1-x+\delta)Li^+ + (1-x+\delta)e^- \longrightarrow (x-\delta)Li_2MnO_3\cdot\delta\,LiMnO_2\cdot(1-x)LiMeO_2 \tag{5-3}$$

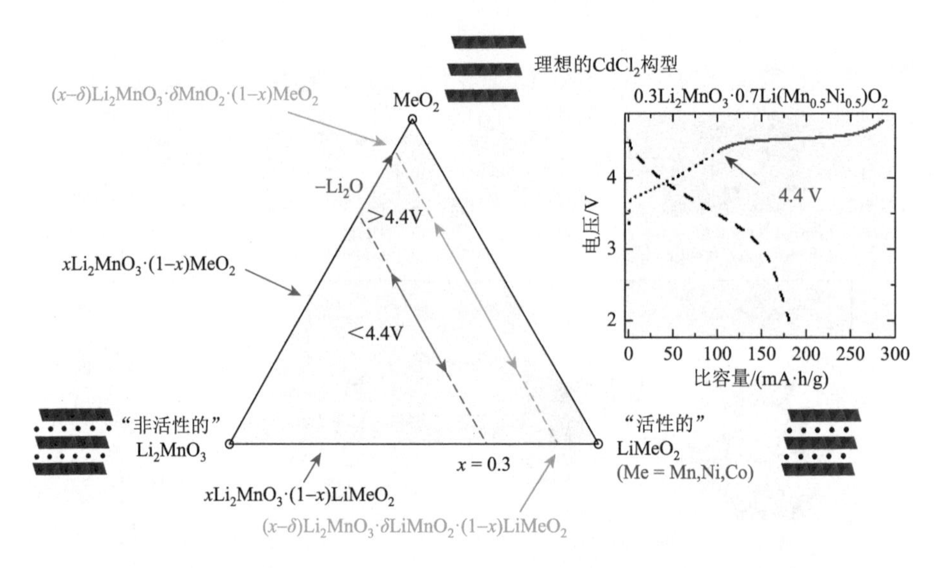

图 5-5 富锂锰基材料$(1-x)Li_2MnO_3\cdot xLiMeO_2$电化学反应路径组分相图

富锂锰基材料的组成对结构稳定性和电性能有一定的影响，冯海兰等[15]采用高温原位 XRD 对 $0.6Li(Li_{1/3}Mn_{2/3})O_2\cdot0.4LiNi_xCo_yMn_{1-x-y}O_2$ 中占比 40%的几种不同 NCM 组成样品进行分析发现：随温度升高，LR-NCM111、LR-NCM424 和 LR-NCM523 等样品的衍射峰均开始向低角度偏移，晶格常数 a、c 和晶胞体积 V 均逐渐增大。高温下 Li^+脱出导致金属离子混排加剧，材料发生晶格畸变和相变：800℃时在 $2\theta=42°\sim44°$和 $62°\sim65°$处不同程度出现尖晶石和 Mn_3O_4 的杂相；

LR-NCM523 的杂质相衍射峰最强，LR-NCM424 次之，而 LR-NCM111 最弱。图 5-6（a）为几种组成样品在 2.0～4.6V 下 0.1C 首次充放电曲线，充电时～4.0V 平台对应于 Ni^{2+}/Ni^{3+}、Ni^{3+}/Ni^{4+}和 Co^{3+}/Co^{4+}的氧化还原；4.5V 平台与 Li_2MnO_3 部分的阴离子激活有关。随着 Ni 含量增加，LR-NCM111、LR-NCM424 和 LR-NCM523 的放电比容量依次为 260.1mA·h/g、251.6mA·h/g 和 236.2mA·h/g，首次效率依次为 83.2%、79.9%和 74.7%。Ni 含量高的组成放电容量低、首次不可逆容量大，主要归因于 Li^+/Ni^{2+}混排严重，使 Li^+嵌入受到阻碍。从图 5-6（b）可以看出，几个样品在循环初期都出现放电容量爬坡现象，说明 Li_2MnO_3 部分的阴离子活性被逐步激活，参与充放电反应；经过 50 周循环后，LR-NCM111、LR-NCM424 和 LR-NCM523 的容量保持率依次为 99.7%、96.3%和 92.0%。其中，LR-NCM111 组分样品具有最高的容量、首次效率和最优的循环性能。

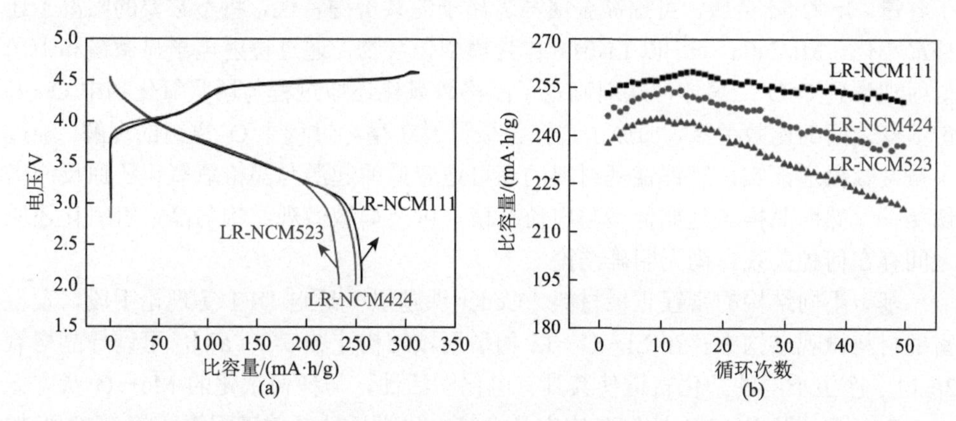

图 5-6 不同 NCM 组分的 $0.6Li(Li_{1/3}Mn_{2/3})O_2·0.4LiNi_xCo_yMn_{1-x-y}O_2$ 电性能比较

（a）首次充放电曲线；（b）循环性能

2. 晶格氧可逆氧化还原机理

Armstrong 等[16]针对 $Li(Li_{0.2}Ni_{0.2}Mn_{0.6})O_2$ 材料中发生氧缺失提出了两种模型，模型 1 中 Li 和 O 同时从电极材料表面脱出时，氧离子从材料内部扩散到表面以维持反应继续进行，同时在材料内部产生氧空位。模型 2 中氧气从材料表面释放时，表面过渡金属离子会扩散到结构内部；当脱嵌留下所有八面体空位被从表面转移过来的过渡金属离子占据时，析氧过程结束。Arunkumar 等[17]研究 $xLi_2MnO_3·(1-x)Li(Mn_{0.5-y}Ni_{0.5-y}Co_{2y})O_2$ 时发现，首次充放电过程中氧离子空位并未完全消失，仍有部分空位留在晶格内。上述“活化机理”论述了富锂锰基正极材料的首次充放电过程机理，但未充分解释其本身高容量的原因。

一般情况下，富锂锰基材料如 $Li_{1.2}Mn_{0.54}Co_{0.13}Ni_{0.13}O_2$ 在 2.0～4.8V 电压区间

首次放电比容量高于 250mA·h/g，基于过渡金属阳离子 Co^{3+}/Co^{4+}和 Ni^{2+}/Ni^{4+}的氧化还原反应所产生的容量远远低于此值。Koga 等[18, 19]通过 NO_2BF_4 和 LiI 对 $Li_{1.2}Mn_{0.54}Co_{0.13}Ni_{0.13}O_2$ 进行化学脱嵌，发现充电时当所有过渡金属离子处于最高价态时，材料表面存在晶格氧氧化和析出现象，过渡金属离子迁入 Li 空位使结构开始致密化；放电时晶格氧与 MnO_6 八面体相互作用，仅大量锂空位富集部分具有电化学活性，证明了晶格氧可逆参与氧化还原过程。近年来，为了进一步验证富锂锰基材料反应机理，一些科研工作者利用 4d 和 5d 金属（Ru、Ir 等）的富锂正极材料作为模型进行研究。Sathiya 等[20]设计并制备出 $Li_2Ru_{1-y}Sn_yO_3$ 材料，其中 Sn^{4+}（$4d^{10}$）不易被还原为 Sn^{2+}，仅 Ru^{4+}具有电化学活性；该材料的可逆比容量高达 230mA·h/g，几乎是 Ru^{4+}可提供比容量的两倍，结合 XPS 和电子顺磁共振（EPR）分析，其高比容量不仅来源于过渡金属氧化还原，同样晶格氧可逆氧化还原贡献了容量。Ir 为 5d 金属，可提高金属与氧离子的共价键特性，将不必要的阳离子迁移最小化。McCalla 等[21]以 Li_2IrO_3 作为模型化合物，通过透射电子显微镜和中子衍射观察到 O-O 二聚体，从而确定了晶格氧氧化还原过程与层状氧化物中 O—O 键演变之间的构效关系，加深了富锂正极材料在循环过程中 O_2 重组的理解。经过大量文献报道证实，富锂锰基材料的高可逆容量的起源与晶格氧氧化还原反应密切相关，然而晶格氧是如何参与电荷补偿，以及局域微观结构与晶格氧氧化还原之间存在何种关系，尚无明确结论。

基于不同结构的富锂正极材料，Ceder 课题组[22]通过 DFT 等理论手段，发现富锂材料微观结构中存在 Li—O—Li 构型局域结构［图 5-7（a)］，可诱导晶格氧 2p 电子产生不同的杂化轨道使其具有电化学活性，与任何杂化的 Me—O 状态无关。Qiu 等[23]发现 Li/O 比例是决定晶格氧电化学活性的关键因素，随 Li/O 增加晶格氧的局域环境发生改变，并诱导出电化学活性。总之，富锂锰基材料的高容量是由于晶格氧可逆地参与氧化还原过程，导致更多 Li^+的脱嵌；晶格氧电化学活性则是由于其 Li—O—Li 局域结构的特殊性，提供额外的电化学氧化还原中心产生更高的放电比容量。Ben 等[24]给出了阴离子可逆性的判据［图 5-7（b)］：图中 Δ_{CT}，Δ^{σ}_{O-O}，Δ^{π}_{O-O} 表示不同键带间的能量差，d_{O-O} 代表 O 和 O 之间的键长，以 h^o 代表每个氧的空穴数，该参数被证明是控制阴离子氧化还原过程可逆性的关键参数，而 x 代表一个衡量数值。对于均匀的 O 晶格网络，$h^o \leqslant x$ 意味着总容量中至少有 $1-x$ 个电子被前期的阳离子所消耗，涉及一个或多个电活性金属。O 能够参与电荷补偿的前提是存在孤对电子（等同于 Li—O—Li 构型），而孤对电子数目又与过渡金属中碱金属数目相关，例如，$LiMO_2$、Li_2MnO_3 和 Li_5MO_6 中的孤对电子数分别为 0、1 和 2。孤对电子数可通过以下两种手段增加：①碱金属或碱土金属以及外壳层为 d^{10} 排布的阳离子掺杂；②金属离子空位。阴离子发生氧化不可避免地会产生氧的 2p 孤对电子，打破了八隅体规则，使体系失稳，为维持体系能量最低，阳离子发生迁移或 O—O 成对。材料中的元素是否参与电荷补偿取决于电子的基态。半导体材料一般会存在两类电荷转移过程：配体到中心离子、中心离子间的电荷转移。设定配体到中心离子的电荷转移能为 Δ，d 层的电子相互作用库仑能为 U。$U>\Delta$ 时主要发生配体到中心离子的电荷转移，$U<\Delta$ 时主要是中心离子之间进行电荷传递（即 Mott-Hubbard）。氧参与电荷补偿发生于 $U>\Delta$ 的情况下，此时 O 的 2p 能级的电子向过渡金属的 d 能级跃迁，留下电子空穴。理论计算发现当 O 上的电子空穴数小于 1/3 时，晶格氧电化学反应完全可逆。

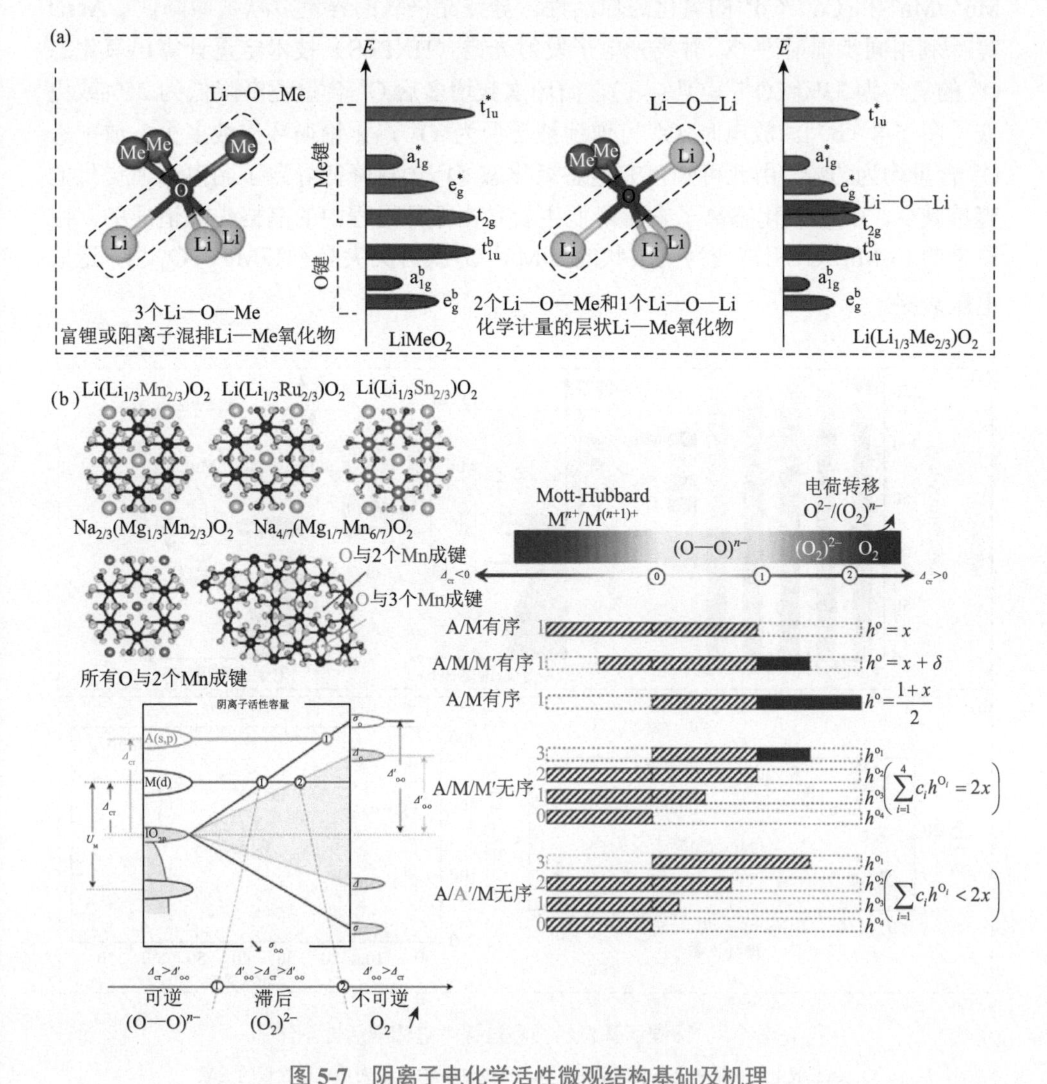

图 5-7 阴离子电化学活性微观结构基础及机理

（a）层状正极材料的能带结构示意图；（b）氧阴离子演化理论计算示意图

富锂锰基材料的晶格氧具有电化学活性，在循环过程中始终贡献着容量，如何量化晶格氧对于材料整体容量的贡献成为研究的热点问题。循环过程中过渡金属对容量贡献可根据价态变化来测算，Hu 等[25]利用同步辐射硬 X 射线吸收光谱（synchrotron hard X-ray absorption spectrum，SHXAS）研究了 $Li_{1.2}Ni_{0.15}Co_{0.1}Mn_{0.55}O_2$ 在不同循环次数下 $Ni^{2+}/Ni^{3+}/Ni^{4+}$、Co^{3+}/Co^{4+}、Mn^{3+}/Mn^{4+}等过渡金属离子对容量的贡献［图 5-8（a）］。循环过程局域电子结构的改变导致相应元素费米能级 E_F 变化，所有过渡金属离子的平均价态都有降低趋势，激活了 Mn^{3+}/Mn^{4+}和 Co^{3+}/Co^{4+}的氧化还原活性，导致晶格氧的容量贡献稍微降低。Assat 等[26]利用同步辐射硬 X 射线光电子发射光谱（HXPES）技术定量计算出氧化态 O^{n-}的氧约为 33%（$O^{2-}+O^{n-}=1$），循环次数增多后 O^{n-}含量逐渐降低为 25%或更低［图 5-8（b）］。放电时 O^{n-}可逆地被还原为 O^{2-}，无论循环次数多少，放电态 O^{n-}含量均为 9%。由此可知，充电态氧化态 O^{n-}含量降低导致了阴离子所提供的容量减少。O 的氧化态离子含量降低主要是由循环过程中的晶格失氧造成的，由原来的 $Li_2Mn^{4+}O_3$ 相转变为类层状的 $LiMn^{3+}O_2$ 或者类尖晶石 $LiMn_2^{3.5+}O_4$ 相，造成电压衰减。

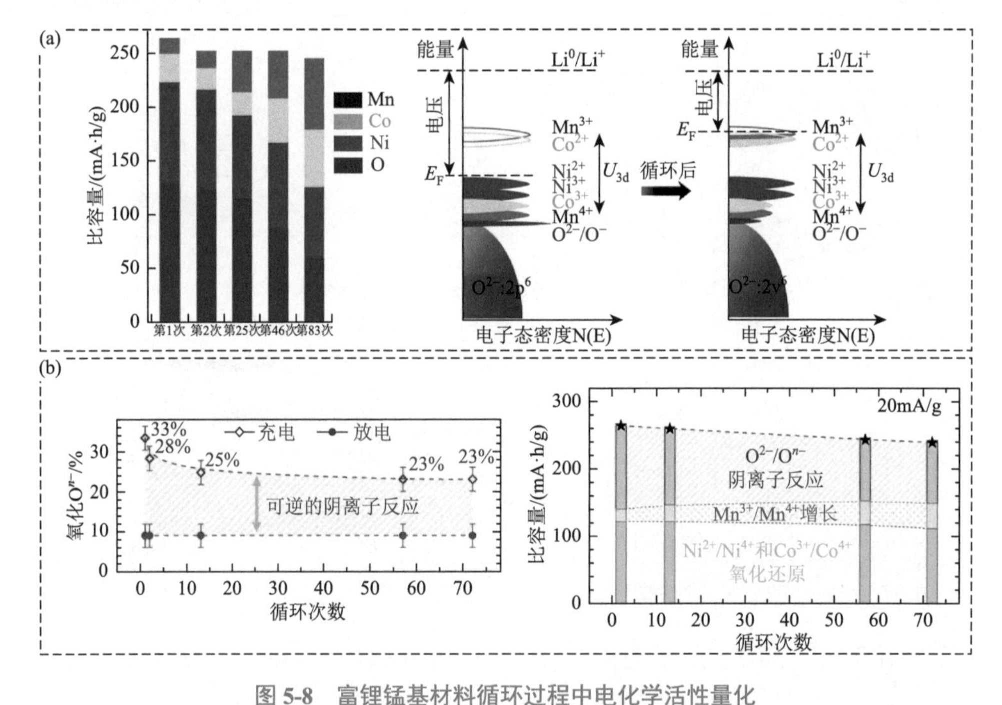

图 5-8 富锂锰基材料循环过程中电化学活性量化

（a）放电比容量和电压衰减机理；（b）Ni/Co/Mn/O 元素对放电比容量的贡献

5.3 富锂锰基材料存在的问题及其改性

5.3.1 富锂锰基材料存在的问题

1）首次循环库仑效率低

富锂锰基材料首次库仑效率通常低于85%，是限制其商业化应用的重要因素。这是由于在首次充电电压高于4.4V时，材料中Li_2MnO_3组分被活化，Li和O以Li_2O和O_2的形式脱出；放电时，只有一个Li^+可以嵌回到MnO_2组分中，导致首次循环过程中不可逆容量损失。晶格氧的氧化还原反应提供了较高比容量，但通常不易在可逆范围内控制，并且过量氧化易导致晶格氧析出，同样会造成首次循环不可逆容量损失。

2）倍率性能差

富锂锰基材料另一个关键问题是倍率性能较差，有以下几个可能原因：①较低的离子电导率和电子电导率；②晶格氧氧化还原动力学差；③循环过程中正极材料表面形成低电导率的CEI。Hong等[27]认为，高电压会加剧富锂锰基材料与电解质的界面副反应，使CEI膜增厚，富锂锰基材料颗粒传输电阻增大，同时循环过程中会在电极表面生成Li_2CO_3及Li_2O等电化学惰性物质，使富锂锰基正极材料电导率降低，阻碍Li^+的传输，进而造成电极倍率性能下降。

3）电压衰减

根据“氧流失”机理，即首次充电过程电压大于4.4V时，Li_2MnO_3组分被激活，Li和O会以Li^+和O_2的形式从锂层及过渡金属层中脱出产生空位。一些研究者认为在之后的放电过程中，位于材料表面的过渡金属离子会迁移到体相占据这些空位，使部分富锂相转变为尖晶石相，充放电过程变为Mn^{4+}/Mn^{3+}氧化还原反应，造成电压衰减及比容量的损失，使电池性能降低（图5-9）。随循环次数增加，尖晶石相增多，先在富锂锰基材料表面出现，再逐步向内部生长。为了活化晶格氧，富锂锰基正极材料电池必须充电到4.5V以上，活化过程导致形成锂空位、氧空位、锂四面体位、过渡金属迁移占位、边缘位错、堆垛层错和局域应力等缺陷，导致不可逆的结构转变，出现电压迟滞；循环过程中缺陷浓度不断增加，平均放电电压持续衰减。此外，循环过程中富锂相转变为尖晶石相，其比例不断提高，导致比容量持续衰减，同时富锂锰基材料与电解质不断发生界面反应，使循环稳定性进一步降低。

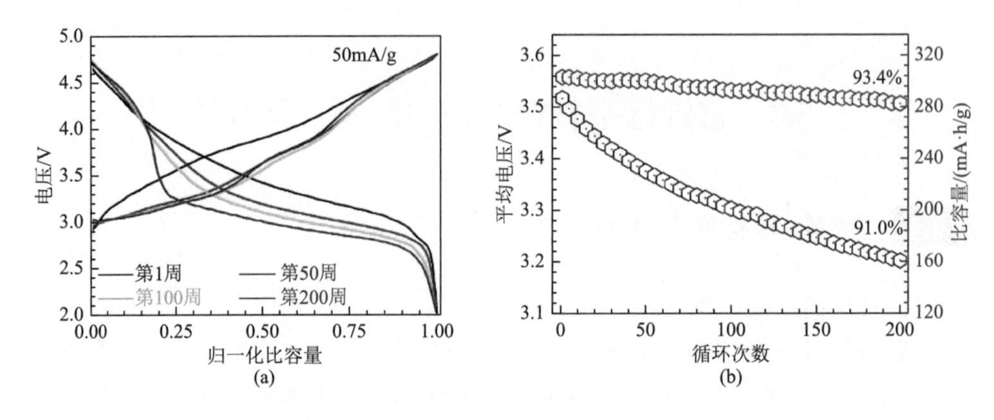

图 5-9　富锂锰基材料在循环过程中的电压衰减

以上几个方面的问题严重制约了富锂锰基材料的推广应用，为此科研工作者们进行了大量的改性研究，包括材料预处理、元素掺杂、表面包覆及结构优化设计等几种途径。

5.3.2 富锂锰基材料的掺杂改性

掺杂被证明是一种提升正极材料性能的有效方法，通过引入其他类型的离子或基团，可在“氧流失”的过程中抑制过渡金属迁移，维持晶体结构稳定性，提升循环性能，减少电压衰减和容量衰减。不同的离子掺杂作用各异，例如，铬掺杂可提升电子电导率；镁掺杂可提升导电性及循环稳定性；铝掺杂可提升结构稳定性；钛掺杂可提高放电电压、稳定放电平台等。

锂位掺杂如 Na^+、K^+等碱性阳离子对稳定富锂锰基材料层状结构有积极作用，可在锂层中起柱撑作用，有效地增强了正极材料脱嵌锂过程的结构稳定性。将富锂锰基材料浸入熔融态的 NaCl 中，利用 Na^+的浓差扩散形成表面梯度掺杂，放电比容量和首次库仑效率分别达到 286mA·h/g 和 87%，受费米能级钉扎效应影响，正极材料结构趋于稳定，提升了安全性、循环性能和倍率性能[28]。Mg^{2+}掺杂可降低富锂锰基材料的电荷转移电阻，提升导电性能；同时 Mg—O 可稳定层状结构，抑制首次充放电过程中氧晶格脱出及过渡金属迁移相变，提升循环效率[29]。Tang 等[30]发现随 Al 含量提高，$Li(Li_{0.2}Mn_{0.55}Ni_{0.15}Co_{0.1-x}Al_x)O_2$ 比容量略微降低，但循环性能和倍率性能得到了极大提升，55℃下放电比容量为 275.8mA·h/g，库仑效率达 89%，循环 30 周后容量保持率为 98%。Wang 等[31]制备了 Ti 修饰的 $Li_{1.2}Mn_{0.54-x}Ti_xNi_{0.13}Co_{0.13}O_2$，d$Q$/d$V$ 数据表明由层状相向尖晶石相的转变受到了抑制，这可能是由于 Ti—O 键的结合能较强。Wang 等[32]发现 Sn^{4+}掺杂材料

$Li_{1.16}Mn_{0.59}Ni_{0.21}Sn_{0.03}O_2$ 具有更好的电压保持性能，并且在 3V 以上的容量衰减缓慢，倍率性能也有所提高。

除阳离子掺杂外，阴离子部分取代 O^{2-}同样被认为是一种简单有效的改性方法。F^-掺杂可提升富锂锰基材料的结构稳定性，抑制首次不可逆氧流失，延缓层状相向尖晶石相转变，稳定放电平台，提高容量保持率；但同时也增强了与过渡金属离子及 Li 的键能、一次颗粒增大，造成初始放电比容量降低。因此 F^-掺入量需要优化，在不损失可逆容量前提下达到缓解电压衰减的目的。Guo 等[33]制备了氟铝共掺杂的 $Li_{1.2}Ni_{0.13}Co_{0.12}Mn_{0.54}Al_{0.01}O_{1.94}F_{0.06}$，Al 掺杂可提升电极材料稳定性并抑制 Li^+/Ni^{2+}混排，F^-掺杂则提高库仑效率和放电比容量，0.1C 首次放电比容量高达 300mA·h/g，0.5C 循环 150 周后容量保持率仍然可保持在 88.21%。Zhang 等[34]将磷酸根掺杂到富锂层状材料晶格中，利用 PO_4^{3-} 强电子吸引力增强阴阳离子的相互作用，并在材料晶格中产生位错等缺陷，提高材料结构稳定性，在一定程度上抑制了循环过程中的离子混排和结构转变。$Li(Li_{0.17}Ni_{0.20}Co_{0.05}Mn_{0.58})O_{1.95}(PO_4)_{0.05}$ 材料 300 周循环的中值电压衰减为 0.49V，比未掺杂的 0.76V 有明显改善。

5.3.3 富锂锰基材料的表面改性

1）表面包覆

表面包覆作为改性方法的一种，可有效避免电极材料与电解质直接接触而发生的副反应，对电极性能起到关键性的作用。表面包覆主要作用分以下几个方面：①保护富锂锰基材料，减少电极材料与电解质的副反应；②减少晶格氧的脱出并抑制相变的发生；③加速 Li^+和电子的传导，提升电极材料的倍率性能和电子电导率。

金属氧化物包覆富锂锰基材料是一种提升倍率性能及循环寿命的有效方式，如 MgO、ZrO_2、TiO_2、Al_2O_3、MnO_2 以及 Ni-Mn 复合氧化物等均被用于表面包覆，并显示出优异的电化学性能。Kumar 等[35]在 $0.5Li_2MnO_3\cdot0.5LiNi_{0.5}Mn_{0.5}O_2$ 表面包覆 MgO，避免活性物质与电解质反应，提高循环稳定性，但也限制了电子和 Li^+转移速度，降低了反应活性，减小了首次放电容量。Mohadese 等[36]在 $Li_{1.2}Mn_{0.54}Ni_{0.13}Co_{0.13}O_2$ 表面进行了掺氟的 TiO_2 包覆，氟掺杂在 TiO_2 中形成氧空位，从而接收正极材料释放的氧原子，减少 SEI 中锂的消耗，提高首次库仑效率和倍率性能，包覆层在循环过程中隔离了正极材料和电解液。金属氟化物可有效减少 HF 对材料的腐蚀而被研究者用于正极的表面包覆。氟化铝具有较高的活化能，可诱导富锂层状氧化物的预活化，并为 Li^+的脱嵌提供更多的活性位点，有助于提升电极性能。AlF_3 包覆后高电压区极化较低，便于 Li^+脱嵌，且有效抑制了首次充电电解质分解：包覆前后初始放电比容量分别为210mA·h/g和246mA·h/g，初始库仑效率分别为76.4%和89.5%，循环性能也得到改善[37]。惰性磷酸盐、氢氧化物以及一些新型材料也被用作富锂锰基正极材料包覆，并显示出了优异的倍率和循环性能。Wang等[38]以2% $AlPO_4$或$CoPO_4$为内壳层，2%～3.5% Al_2O_3为外壳层包覆富锂锰基材料，双层包覆的优化效果较为明显：①$AlPO_4$作为内层包覆材料，在循环过程中Al^{3+}进入晶格可稳定晶体结构，而Li^+与PO_4^{3-}结合生成有利于Li^+扩散的Li_3PO_4，提升材料的倍率性能；②Al_2O_3与Li^+结合生成离子电导性能良好的$LiAlO_2$，提升Li^+的扩散速率；③Al_2O_3包覆外层可隔绝材料与有机电解液的接触，有效抑制副反应产物HF对富锂层状氧化物的腐蚀，提升了电极的循环稳定性。Martha等[39]采用磁控溅射技术在富锂相$Li_{1.2}Mn_{0.525}Ni_{0.175}Co_{0.1}O_2$表面沉积一层LiPON，提高了界面稳定性和容量保持率。充电到4.9V循环300周后，比容量依然大于275mA·h/g，比未包覆物提高了3倍。一些研究者也提出表面掺杂的概念用于改善电池材料性能，即在表面包覆后通过高温处理实现表面梯度掺杂或表面形成固溶体。最近，Liu等[40]对$Li_{1.2}Mn_{0.54}Ni_{0.13}Co_{0.13}O_2$进行了Nb表面掺杂，Nb进入表面富锂相中锂层，通过Nb—O的强键能提高材料的结构稳定性，降低材料表层的氧活性。材料的首次比容量高达320mA·h/g，充放电效率94.5%；循环100周后，平均放电电压下降136mV。

2）材料预处理

富锂锰基材料首次充电时在4.5V左右出现一个相对平缓且较宽的平台，根据被广泛认同的“氧流失”机理，将富锂锰基材料在电池循环前进行预处理，除去Li_2MnO_3中的Li_2O，从而达到减少不可逆容量、提升首次充放电效率的目的[41]。在酸处理Li_2MnO_3过程中，首先发生的是Li^+与H^+的离子交换，之后才会与Li_2O进行反应，产物可写为$(1-x)Li_{2-\delta}H_{\delta}MnO_3 \cdot xMnO_2$，获得与$Li_2MnO_3$组分活化后结构相似的$MnO_2$网络，有效地解决了富锂锰基正极材料首次循环过程中不可逆容量大的问题。Zhao等[42]提出了一种与酸浸出方法类似的新型梯度聚阴离子掺杂策略，使富锂锰基材料表面形成纳米级的尖晶石包覆层，将活性物质与电解质隔离，避免副反应发生，并改善电子和Li^+的传导性；同时，通过PO_4^{3-}掺杂来稳定内部结构，提升循环稳定性。为了避免酸破坏材料本身结构，可尝试利用酸性化合物进行预处理。利用$Na_2S_2O_8$除去材料颗粒表面Li和O，使电化学阻抗降低，同时将部分表层结构还原为尖晶石结构，为Li^+扩散提供通道，提升正极材料倍率性能[43]。也可用NH_4HF_2溶液进行表面浸出处理，除去颗粒表面部分Li_2O，为Li^+的回嵌提供额外空位；高温热处理在表面诱导生成萤石涂层和尖晶石相，为Li^+的扩散提供三维通道，避免了富锂锰基材料与电解质副反应的发生，整体提升了电极性能[44]。除了在材料表面形成尖晶石相外，在表面制造晶体缺陷或氧活性位点同样可以提升电化学性能。将富锂锰基材料在氨气中 400℃热处理数小时，在材料表层掺杂了痕量氮原子，降低材料界面阻抗，提高界面稳定性，从而显著提高了材料的放电比容量、倍率性能和循环稳定性[45]。尽管具体的作用机理还有待进一步研究，但已证明表面氮化对富锂锰基材料性能的提升具有一定的促进作用。

制造表面缺陷或活性位点的方法可保留富锂锰基正极材料表面结构的完整性，显著提升电化学性能。而浸出处理等方式进行材料的改性虽可在一定程度上提升富锂锰基正极材料的初始库仑效率，但在后续循环过程中容量损失依然存在，循环稳定性无法显著提高。

5.3.4 新型结构设计

材料的形貌结构对其性能有很大的影响，设计核壳结构可有效改善正极材料的电化学性能，壳层能够完整地包覆在颗粒表面，起到稳定材料结构以及提升电化学性能的作用。Chong 等[46]制备了球形富锂核壳结构，壳层的 $Li_{1.2}Ni_{0.2}Mn_{0.6}O_2$ 有效抑制了晶格氧的脱出，弱化了主体材料 $Li_{1.2}Ni_{0.4}Mn_{0.4}O_2$ 与电解质的副反应，减缓了主体相向尖晶石相的演变，改善了正极材料的电化学动力学性能。当核壳质量比为 1∶1 时，0.1C 下初始放电比容量为 218mA·h/g，工作电压高达 3.763V。核壳结构较好地稳定了富锂锰基材料结构，改善了电化学性能，但由于核层与壳层组分存在差异，二者无法完美结合，在充放电过程中材料的体积变化易造成颗粒破裂，导致电池性能下降。因此，一些研究者尝试通过原位转化的方式制备富锂锰基材料的异质核壳结构。Wu 等[47]通过共沉淀方法制备了富锂锰基正极材料，再通过溶胶-凝胶法在主体材料表面包覆乙酸锰，最后通过高温固相法利用离子扩散在材料表面原位转化包覆了尖晶石相材料，形成异质核壳结构，尖晶石相抑制了富锂相与电解质的副反应发生，提高了循环稳定性，同时尖晶石相独特的三维结构为 Li^+的扩散提供了通道，提升了正极材料的倍率性能。电化学测试初始放电比容量可达 269mA·h/g，初始库仑效率 90.3%，10C 倍率下仍有 175.8mA·h/g 的放电比容量。Gao 等[48]采用共沉淀法制备了核壳结构 $Li_{1.2}[(Co_{0.5}Mn_{0.5})_{0.5}(Ni_{0.5}Mn_{0.5})_{0.5}]_{0.8}O_2$，核层为富 Co 组分，使电极具有更好的倍率性能及电导性；壳层为富 Ni 组分，提供了结构稳定性，提升了富锂锰基正极材料的电化学性能及热稳定性。一些研究者通过共沉淀浓度梯度的方法制备了异质结构对富锂锰基材料进行改性：Yang 等[49]制备了浓度梯度的 $Li_{1.14}(Mn_{0.6}Ni_{0.25}Co_{0.15})_{0.86}O_2$，颗粒由内到外 Mn 浓度逐渐升高、Co 浓度逐渐降低、Ni 含量不变，兼具了高比容量与高稳定性优点，在 2～4.6V 区间内放电比容量高达 230mA·h/g，0.5C 下循环 150 周容量保持率为 93.8%，对电压衰减和尖晶石相变都起到了良好的抑制作用。

除上述方法外，Zuo 等[6]采用离子交换法制备了以 O_2 相为主的 $Li_{1.25}Co_{0.25}Mn_{0.50}O_2$，

得益于 $LiMe_6$ 均匀分布的结构，材料在后续充放电过程中氧离子结构保持稳定，锰离子不容易迁移到四面体位，发挥出 400mA·h/g 高比容量，比能量约为 1360W·h/kg（图 5-10）。

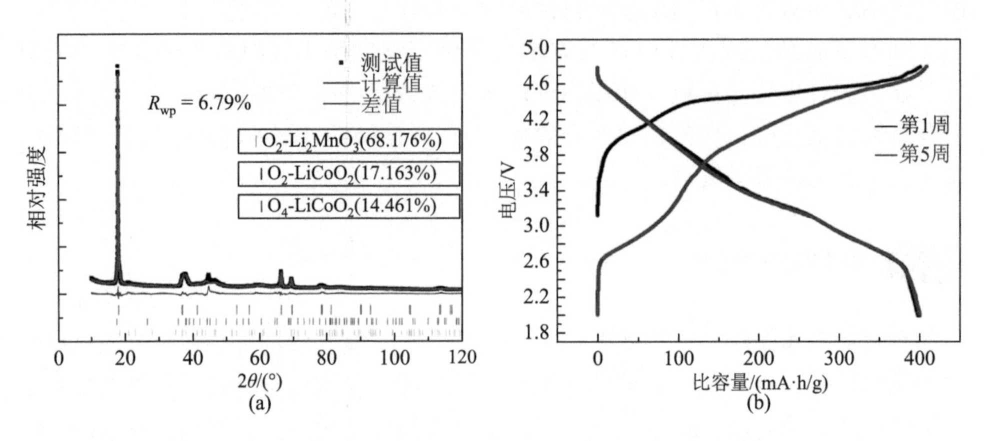

图 5-10 O_2 结构富锂锰基材料 $Li_{1.25}Co_{0.25}Mn_{0.5}O_2$ 的性能测试

（a）XRD 谱图及精修图；（b）充放电曲线

5.4 富锂锰基材料的制备方法

5.4.1 商用富锂锰基材料的制备工艺

从成本及工艺角度考虑，面向商用的富锂锰基材料通常采用先化学共沉淀制备前驱体，随后配锂进行高温固相反应的方法进行。

1）化学共沉淀法制备前驱体

化学共沉淀法是最常见的层状多元材料的制备工艺，富锂锰基材料通常也采用与第 2 章介绍的类似工艺进行规模化生产。通过将 Mn、Ni、Co、Fe 等可溶性过渡金属盐与氢氧化钠或碳酸钠等沉淀剂反应，使各组分按化学计量比进行共沉淀反应。在沉淀过程中，通过调节如反应物浓度、温度、pH、络合剂浓度、加料速度和搅拌速度等条件来控制沉淀结晶过程中晶体的成核速率和生长速率，得到由一定形貌和尺寸的一次颗粒团聚而成的、具有设定粒度分布、结晶度高、各元素分布均匀的前驱体。根据沉淀剂的不同，可分为碳酸盐共沉淀、氢氧化物共沉淀工艺。

2）高温固相法制备富锂锰基材料

将上述制备的前驱体与化学计量的碳酸锂或氢氧化锂充分混合后，在氧气氛围下进行高温烧结，经后处理即得富锂锰基材料。其中，注意事项有以下两点：①由于锂在高温合成过程中会产生挥发现象，因此在配锂时锂元素需过量 5%～10%；②为保证前驱体与锂源反应能充分进行，需经过预烧结再升温至 800～900℃完全反应。

5.4.2 典型的富锂锰基材料

富锂锰基材料具有较高比容量、优异循环性能以及新的电化学充放电机理，有望成为下一代高能量密度锂离子电池正极材料，但其成分、结构以及化合价变化十分复杂，使人无法深刻认识材料本质。Thackeray[5]最先提出了两相复合结构观点，用 $x\mathrm{Li_2MnO_3}\cdot(1-x)\mathrm{LiMeO_2}$（Me＝Ni、Co、Mn 等）表达。富锂锰基材料是由 $\mathrm{Li_2MnO_3}$ 组分与一种或多种 $\mathrm{LiMeO_2}$ 传统层状材料组成，种类繁多，有 $x\mathrm{Li_2MnO_3}\cdot(1-x)\mathrm{LiCoO_2}$、$x\mathrm{Li_2MnO_3}\cdot(1-x)\mathrm{LiNi_{0.5}Mn_{0.5}O_2}$、$x\mathrm{Li_2MnO_3}\cdot(1-x-y)\mathrm{LiNi_{0.5}Mn_{0.5}O_2}\cdot y\mathrm{LiCoO_2}$、$x\mathrm{Li_2MnO_3}\cdot(1-x)\mathrm{LiNi_{1/3}Co_{1/3}Mn_{1/3}O_2}$ 等。目前研究最多的是 $0.5\mathrm{Li_2MnO_3}\cdot0.5\mathrm{LiNi_{0.5}Mn_{0.5}O_2}$ 和 $x\mathrm{Li_2MnO_3}\cdot(1-x)\mathrm{LiNi_{1/3}Co_{1/3}Mn_{1/3}O_2}$（$x=0.3$、0.5、0.7）。借助相图方法有助于加深理解该类材料的本质（图 5-11）[50]。

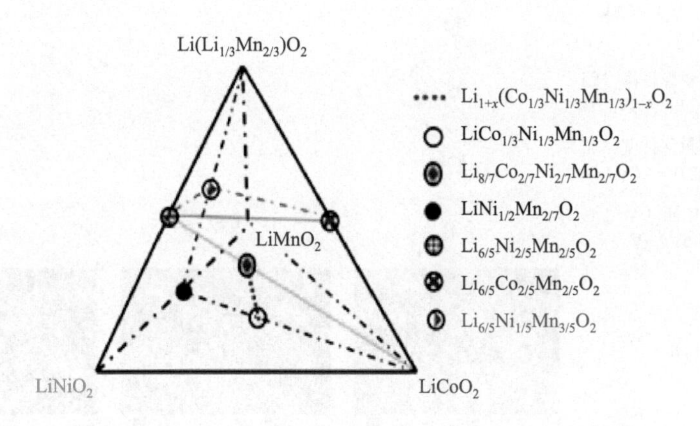

图 5-11　$\mathrm{LiNiO_2}$-$\mathrm{LiCoO_2}$-$\mathrm{LiMnO_2}$-$\mathrm{Li(Li_{1/3}Mn_{2/3})O_2}$ 相图

中国科学院宁波材料技术与工程研究所项目团队在全球范围内率先开展了富锂锰基正极材料的中试技术开发，突破了富锰碳酸盐前驱体规模化制备、材料烧结、富锂材料气固界面后处理工程化开发及稳定的表面包覆技术等关键工艺，并成功开发出 LR-300、LR-270、LR-250 三款针对不同应用场景的富锂锰基正极材料产品（表 5-1），系列富锂锰基正极材料在高容量、长寿命以及低的电压降方面表现出独特的优势。随着行业高电压电解液的开发，未来 2～3 年有望在富锂材料应用方面取得实质性突破，从而完成动力锂电池单体比能量达到 350W·h/kg 以上的目标，有望解决电动汽车续航里程短难题，促进我国电动汽车产业化和规模推广。

表 5-1　处于市场推广期的一些典型的富锂锰基材料

产品型号	LR-300	LR-270	LR-250
应用领域	无人机、纯电动车	无人机、电动工具、纯电动车、储能	3C、电动工具、无人机、纯电动车、储能
产品类型	单分布团聚	单分布团聚	单分布团聚
掺杂	有	有	有
包覆	有	有	有
Mn∶Ni∶Co	4∶1∶1	3∶1∶1	2∶1∶1
D_{10}/μm	6.54	6.84	7.84
D_{50}/μm	12.25	12.65	14.57
D_{90}/μm	23.15	33.45	24.15
振实密度/(g/cm^3)	2.05	2.05	1.98
Li_2CO_3 含量/%	0.152	0.162	0.145
LiOH 含量/%	0.116	0.142	0.113
pH	11.32	11.32	11.32
0.1C 比容量@ 2.0～4.8V /(mA·h/g)	285	275	256
1C 室温循环容量保持率（纽扣式，100 次@2.0～4.8V）/%	95	96	96
1C 55℃循环容量保持率（纽扣式，100 次@2.0～4.8V）/%	95		
1.0C 平均放电电压（全电池@ 2.0～4.6V）/V	3.38	3.38	3.52
SEM 图	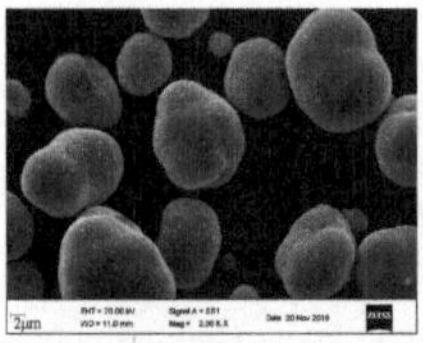	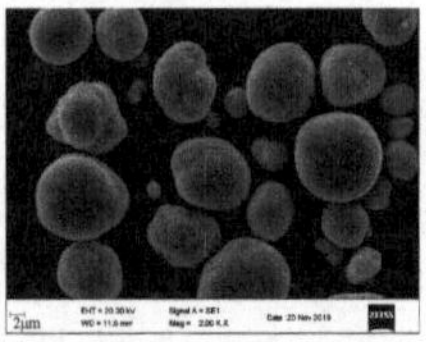	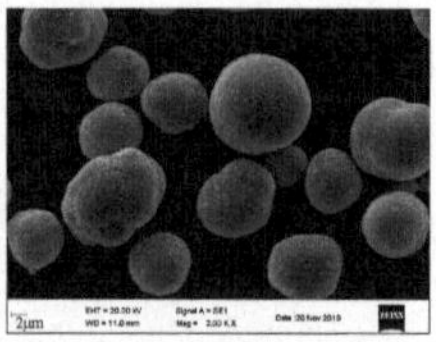

5.5　富锂锰基材料的发展方向

1. 晶格氧电化学活性的调控

综上所述，富锂锰基材料的高容量来源主要是体相晶格氧参与电化学反应，但也带来了新的问题和挑战。很多人认为富锂材料循环过程中的电压衰减是由过渡金属的迁移引起的，忽视了晶格氧电化学活性是高容量的来源，在充放电过程中部分晶格氧位置发生了改变。为了利用富锂材料超高比容量的优势，必须调控富锂锰基材料的晶格氧电化学活性。最近，一些研究工作开始关注调控晶格氧电化学活性，也取得了阶段性成果，但如何调控晶格氧活性、什么是影响晶格氧活性的决定性因素还没有统一认识。

2. 压实密度的提升

对于实际应用来说，富锂锰基正极材料具有超高比能量，但是材料的制备大多采用碳酸盐前驱体作为原材料，烧结过程中 CO_2 的释放会使材料产生大量孔隙，致使材料振实密度相对偏低（$<2.5g/cm^3$），全电池极片压实密度通常小于 $3.0g/cm^3$，能量密度不高。如何提升富锂锰基材料的密度是其在高比能电池应用的一个重要指标。

3. 配套高电压电解液的开发

富锂锰基材料中高容量的发挥依托于高电压的激活（>4.6V *vs.* Li^+/Li），目前商用碳酸酯类电解液的分解电压通常在 4.4V 以下，迄今尚无合适的商用配套电解液。添加一些新型添加剂能在一定程度范围改善富锂材料电池性能，但相关研究局限于实验室电池测试结果，且电化学性能也未得到全面评估。开发高电压稳定并与富锂锰基材料兼容的新型电解液，也是实现富锂锰基材料实用化的一个重要前提。

参考文献

[1] Rossouw M H，Thackeray M M. Lithium manganese oxides from Li_2MnO_3 for rechargeable lithium battery applications[J]. Mater Res Bull，1991，26：463.

[2] Numata K，Sakaki C，Yamanaka S. Synthesis of solid solutions in a system of $LiCoO_2$-Li_2MnO_3 for cathode materials of secondary lithium batteries[J]. Chem Lett，1997，8：725-726.

[3] Kalyani P，Chitra S，Mohan T，et al. Lithium metal rechargeable cells using Li_2MnO_3 as the positive electrode[J]. J Power Sources，1999，80：103-106.

[4] Lu Z H，Dahn J R. Cathode compositions for lithium-ion batteries：US6964828 [P]. 2001-04-27.

[5] Thackeray M M，Johnson C S，Amine K，et al. Lithium metal oxide electrodes for lithium cells and batteries：US6677082[P]. 2001-06-21.

[6] Zuo Y X，Li B，Jiang N，et al. A high-capacity O_2-type Li-rich cathode material with a single-layer Li_2MnO_3 superstructure[J]. Adv Mater，2018，30（16）：1707255.

[7] Yu H J，So Y G，Ren Y，et al. Temperature-sensitive structure evolution of lithium-manganese-rich layered oxides for lithium-ion batteries[J]. J Am Chem Soc，2018，140：15279-15289.

[8] Lu Z，Dahn J R. Understanding the anomalous capacity of $Li/Li[Ni_xLi_{(1/3-2x/3)}Mn_{(2/3-x/3)}]O_2$ cells using *in situ* X-ray diffraction and electrochemical studies[J]. J Electrochem Soc，2002，149：A815-A822.

[9] Mccalla E，Lowartz C M，Brown C R，et al. Formation of layered-layered composites in the Li-Co-Mn oxide pseudoternary system during slow cooling[J]. Chem Mater，2013，25（6）：912-918.

[10] Jarvis K A，Deng Z，Allard L F，et al. Understanding structural defects in lithium-rich layered oxide cathodes[J]. J Mater Chem，2012，22（23）：11550-11555.

[11] Yu H，Ishikawa R，Yeong-Gi S，et al. Direct atomic-resolution observation of two phases in the $Li_{1.2}Mn_{0.567}Ni_{0.166}Co_{0.067}O_2$ cathode material for lithium-ion batteries[J]. Angew Chem Int Edit，2013，52（23）：5969-5973.

[12] Mohanty D，Li J，Abraham D P，et al. Unraveling the voltage-fade mechanism in high-energy-density lithium-ion batteries：origin of the tetrahedral cations for spinel conversion[J]. Chem Mater，2014，26（21）：6272.

[13] Gu M，Belharouak I，Zheng J，et al. Formation of the spinel phase in the layered composite cathode used in Li-ion batteries[J]. ACS Nano，2013，7（1）：760-767.

[14] Thackeray M M，Kang S，Johnson C S，et al. Li_2MnO_3-stabilized $LiMO_2$（M = Mn，Ni，Co）electrodes for lithium-ion batteries[J]. J Mater Chem，2007，17：3112-3125.

[15] 冯海兰，刘亚飞，陈彦彬. 富锂锰基层状正极材料 $0.6Li[Li_{1/3}Mn_{2/3}]O_2 \cdot 0.4LiNi_xMn_yCo_{1-x-y}O_2$（$x<0.6$，$y>0$）的制备及性能研究[J]. 电化学，2015，21（5）：480-487.

[16] Armstrong A R，Holzapfel M，Novák P，et al. Demonstrating oxygen loss and associated structural reorganization in the lithium battery cathode $Li[Ni_{0.2}Li_{0.2}Mn_{0.6}]O_2$[J]. J Am Chem Soc，2006，128（26）：8694-8698.

[17] Arunkumar T A，Wu Y，Manthiram A. Factors influencing the irreversible oxygen loss and reversible capacity in layered $Li[Li_{1/3}Mn_{2/3}]O_2$-$Li[M]O_2$（M = $Mn_{0.5-y}Ni_{0.5-y}Co_{2y}$ and $Ni_{1-y}Co_y$）solid solutions[J]. Chem Mater，2007，19（12）：3067-3073.

[18] Koga H，Croguennec L，Menetrier M，et al. Reversible oxygen participation to the redox processes revealed for $Li_{1.20}Mn_{0.54}Co_{0.13}Ni_{0.13}O_2$[J]. J Electrochem Soc，2013，160：A786-A792.

[19] Koga H，Croguennec L，Menetrier M，et al. Operando X-ray absorption study of the redox processes involved upon cycling of the Li-rich layered oxide $Li_{1.20}Mn_{0.54}Co_{0.13}Ni_{0.13}O_2$ in Li ion batteries[J]. J Phys Chem C，2014，118（11）：5700-5709.

[20] Sathiya M，Rousse G，Ramesha K，et al. Reversible anionic redox chemistry in high-capacity layered-oxide electrodes[J]. Nat Mater，2013，12（9）：827-835.

[21] McCalla E，Abakumov A M，Saubanere M，et al. Visualization of O-O peroxo-like dimers in high-capacity layered oxides for Li-ion batteries[J]. Science，2015，350（6267）：1516-1521.

[22] Seo D H，Lee J，Urban A，et al. The structural and chemical origin of the oxygen redox activity in layered and cation-disordered Li-excess cathode materials[J]. Nat Chem，2016，8：692-697.

[23] Qiu B，Zhang M，Xia Y，et al. Understanding and controlling anionic electrochemical activity in high-capacity oxides for next generation Li-ion batteries[J]. Chem Mater，2017，29（3）：908-915.

[24] Ben Y M，Vergnet J，Saubanere M，et al. Unified picture of anionic redox in Li/Na-ion

batteries[J]. Nat Mater，2019，18（5）：496-502.

[25] Hu E Y，Yu X Q，Lin R Q，et al. Evolution of redox couples in Li- and Mn-rich cathode materials and mitigation of voltage fade by reducing oxygen release[J]. Nat Energy，2018，3（8）：690-698.

[26] Assat G，Iadecola A，Foix D，et al. Direct quantification of anionic redox over long cycling of Li-rich NMC via hard X-ray photoemission spectroscopy[J]. ACS Energy Lett，2018，3（11）：2721-2728.

[27] Hong J，Lim H D，Lee M，et al. Critical role of oxygen evolved from layered Li-excess metal oxides in lithium rechargeable batteries[J]. Chem Mater，2012，24（14）：2692-2697.

[28] Qing R P，Shi J L，Xiao D D，et al. Enhancing the kinetics of Li-rich cathode materials through the pinning effects of gradient surface Na^+ doping[J]. Adv Energy Mater，2016，6（6）：1501914.

[29] Nayak P K，Grinblat J，Levi E，et al. Understanding the influence of Mg doping for the stabilization of capacity and higher discharge voltage of Li- and Mn-rich cathodes for Li-ion batteries[J]. Phys Chem Chem Phys，2017，19（8）：6142-6152.

[30] Tang T，Zhang H. Synthesis and electrochemical performance of lithium-rich cathode material $Li[Li_{0.2}Ni_{0.15}Mn_{0.55}Co_{0.1-x}Al_x]O_2$[J]. Electrochim Acta，2016，191（10）：263-269.

[31] Wang S，Li Y，Wu J，et al. Toward a stabilized lattice framework and surface structure of layered lithium-rich cathode materials with Ti modification[J]. Phys Chem Chem Phys，2015，17（15）：10151-10159.

[32] Wang Y，Yang Z，Qian Y，et al. New insights into improving rate performance of lithium-rich cathode material[J]. Adv Mater，2015，27（26）：3915-3920.

[33] Guo B，Zhao J，Fan X，et al. Aluminum and fluorine co-doping for promotion of stability and safety of lithium-rich layered cathode material[J]. Electrochim Acta，2017，236：171-179.

[34] Zhang H Z，Qiao Q Q，Li G R，et al. PO_4^{3-} polyanion-doping for stabilizing Li-rich layered oxides as cathode materials for advanced lithium-ion batteries[J]. J Mater Chem A，2014，2（20）：7454-7460.

[35] Kumar A，Nazzario R，Torres-Castro L，et al. Electrochemical properties of MgO-coated $0.5Li_2MnO_3$-$0.5LiNi_{0.5}Mn_{0.5}O_2$ composite cathode material for lithium ion battery[J]. Int J Hydrogen Energ，2015，40（14）：4931-4935.

[36] Mohadese RD，Mehran J，Hamid O. Enhanced performance of layered $Li_{1.2}Mn_{0.54}Co_{0.13}Ni_{0.13}O_2$ cathode material in Li-ion batteries using nanoscale surface coating with fluorine-doped anatase TiO_2[J]. Solid State Ionics，2019，331：74-88.

[37] Li G R，Feng X，Ding Y，et al. AlF_3-coated $Li(Li_{0.17}Ni_{0.25}Mn_{0.58})O_2$ as cathode material for Li-ion batteries[J]. Electrochim Acta，2012，78：308-315.

[38] Wang Q，Liu J，Murugan A，et al. High capacity double-layer surface modified $Li[Li_{0.2}Mn_{0.54}Ni_{0.13}Co_{0.13}]O_2$ cathode with improved rate capability[J]. J Mater Chem，2009，19（28）：4965.

[39] Martha S K，Nanda J，Kim Y，et al. Solid electrolyte coated high voltage layered-layered lithium-rich composite cathode：$Li_{1.2}Mn_{0.525}Ni_{0.175}Co_{0.1}O_2$[J]. J Mater Chem A，2013，1（18）：5587-5595.

[40] Liu S，Liu Z，Shen X，et al. Surface doping to enhance structural integrity and performance of

Li-rich layered oxide[J]. Adv Energy Mater，2018，31（8）：1802105.

[41] Johnson C S，Kim J S，Lefief C，et al. The significance of the Li_2MnO_3 component in 'composite' $xLi_2MnO_3\cdot(1-x)LiMn_{0.5}Ni_{0.5}O_2$ electrodes[J]. Electrochem Commun，2004，6（10）：1085-1091.

[42] Zhao Y，Liu J，Wang S，et al. Surface structural transition induced by gradient polyanion-doping in Li-rich layered oxides：implications for enhanced electrochemical performance[J]. Adv Funct Mater，2016，26：4760-4767.

[43] Han S，Bao Q，Zhen W，et al. Surface structural conversion and electrochemical enhancement by heat treatment of chemical pre-delithiation processed lithium-rich layered cathode material[J]. J Power Sources，2014，268（4）：683-691.

[44] Liu H，Du C，Yin G，et al. An Li-rich oxide cathode material with mosaic spinel grain and a surface coating for high performance Li-ion batteries[J]. J Mater Chem A，2014，2（37）：15640.

[45] Zhang H Z，Qiao Q Q，Li G R，et al. Surface nitridation of Li-rich layered $Li(Li_{0.17}Ni_{0.25}Mn_{0.58})O_2$ oxide as cathode material for lithium-ion battery[J]. J Mater Chem，2012，22（26）：13104-13109.

[46] Chong S，Wu Y，Chen Y，et al. A strategy of constructing spherical core-shell structure of $Li_{1.2}Ni_{0.2}Mn_{0.6}O_2$@$Li_{1.2}Ni_{0.4}Mn_{0.4}O_2$，cathode material for high-performance lithium-ion batteries[J]. J Power Sources，2017，356：153-162.

[47] Wu F，Li N，Su Y，et al. Spinel/layered heterostructured cathode material for high-capacity and high-rate Li-ion batteries[J]. Adv Mater，2013，25（27）：3722-3726.

[48] Gao S，Yang T，Zhang H，et al. Improved electrochemical performance and thermal stability of Li-rich material $Li_{1.2}(Ni_{0.25}Co_{0.25}Mn_{0.5})_{0.8}O_2$ through a novel core-shelled structure design[J]. J Alloy Compd，2017，729：695-702.

[49] Yang X，Wang D，Yu R，et al. Suppressed capacity/voltage fading of high-capacity lithium-rich layered materials via the design of heterogeneous distribution in the composition[J]. J Mater Chem A，2014，2（11）：3899-3911.

[50] 张联齐，肖成伟，杨瑞娟. 有序/无序岩盐结构的 $Li_{(1+x)}M_{(1-x)}O_2$ 锂离子电池正极材料[J]. 化学进展，2011，23（1）：410-417.

06

其他新型正极材料

为了满足不同需求层次、不同应用功能的锂离子电池的需要，各种新型正极材料也被陆续研究或开发。本章将重点介绍几种典型的新型正极材料，包括硅酸盐、钒酸盐、硫化物、氟化物、普鲁士蓝以及有机电极材料。

6.1 硅酸盐正极材料

低成本、高安全、高能量密度电池的持续应用需求，推动了新型高容量锂离子电池正极材料的研究。硅酸盐材料（Li_2MeSiO_4，Me = Fe、Mn、Co、Ni）是近年来新兴起的一种正极材料，充放电过程通常为两电子反应，理论比容量高（～330mA·h/g），且原料易得、成本低，具有较高的热稳定性和安全性，是 $LiMePO_4$ 系列正极材料的潜在替代材料。

6.1.1 硅酸盐正极材料的结构与电化学性能

1）硅酸盐正极材料的结构

以硅酸铁锂（Li_2FeSiO_4）为例，Li、Fe、Si 原子分别以 LiO_4、FeO_4、SiO_4 等正四面体形式存在，通过共角、共边等方式构成材料骨架。制备工艺和条件不同，硅酸铁锂的晶体结构随之改变，主要包含正交晶系的 $Pmn2_1$、$Pmnb$ 和单斜晶系的 $P2_1/n$ 等三种类型[1]（图 6-1）。

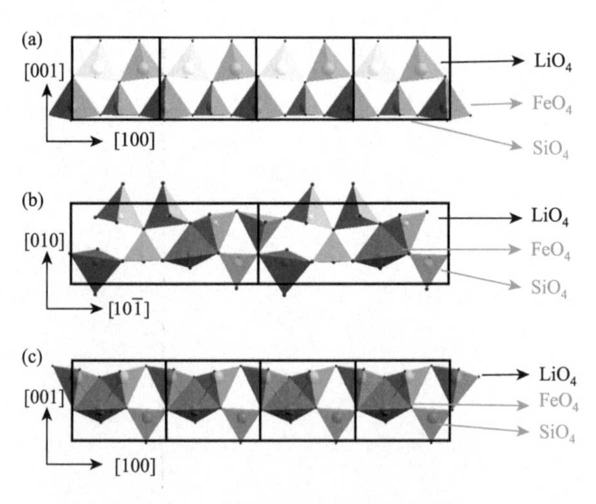

图 6-1 硅酸铁锂的三种晶体结构

（a）β 相（正交晶系 $Pmn2_1$）；（b）γ_s 相（单斜晶系 $P2_1/n$）；（c）γ_{II} 相（正交晶系 $Pmnb$）

在空间结构上，三种晶体结构的主要区别在于FeO_4四面体连接方式和空间指向不同。400℃制备的β-Li_2FeSiO_4属于正交晶系$Pmn2_1$，LiO_4、FeO_4、SiO_4等三种类型的正四面体沿 c 轴共角连接，且均指向同一个方向；700℃得到的γ_s-Li_2FeSiO_4属于单斜晶系$P2_1/n$，FeO_4四面体的一条边与LiO_4共边连接，FeO_4与SiO_4按“上-上-下-下-上-上”的规律交替连接；而900℃的γ_{II}-Li_2FeSiO_4样品属于正交晶系$Pmnb$，FeO_4四面体的两条边与LiO_4四面体共边连接，FeO_4与SiO_4按“上-下-上-下-上-下”的规律交替连接。四面体连接和指向的不同对Fe—O键长和晶胞体积有很大影响。随焙烧温度提高，Fe—O键长逐渐缩短，β、γ_s和γ_{II}分别为2.061Å、2.032Å和2.026Å；FeO_4四面体的扭曲畸变程度依次增大，β、γ_s和γ_{II}分别为2.3×10^{-4}Å^3、9.9×10^{-4}Å^{3}和12.8×10^{-4}Å^3。三种类型晶体结构并非孤立存在，在一定条件下可相互转换：β相（$Pmn2_1$）加热到530℃，晶型变为γ_s相（$P2_1/n$），继续加热到875℃又变作γ_{II}相（$Pmnb$）；降温过程中，724℃由γ_{II}相转为γ_s相，继续降温到453℃又变回β相。

2）硅酸盐正极材料的电化学性能

硅酸盐材料中，Si—O键使其表现出优异的安全性能，每个分子中允许可逆嵌脱2个Li^+（Me^{2+}/Me^{4+}氧化还原对），理论比容量可高达300mA·h/g以上，在储能和动力等大型电池领域具有良好的应用前景。Arroyo-de等[2]利用第一性原理对Li_2MeSiO_4（Me＝Mn、Fe、Co和Ni）的嵌锂电压进行了计算［图6-2（a）］，发现：Me为Fe时对应的第一个嵌锂电压较低，原因是锂嵌入前后发生$Fe^{2+} \longrightarrow Fe^{3+} + e^-$，使得核外电子从$3d^6$变为能量更低的$3d^5$态，$Li^+$嵌入所需能量较少，使得电压平台较低，现用电解液体系基本都能配套使用，因此Li_2FeSiO_4成为较早被研究的硅酸盐正极材料。Nytén等[3]采用原位XRD和Mössbauer光谱等研究发现，Li_2FeSiO_4在首次充放电过程中发生结构重组，其中一部分占据4b位置的Li^+与占据2a位置

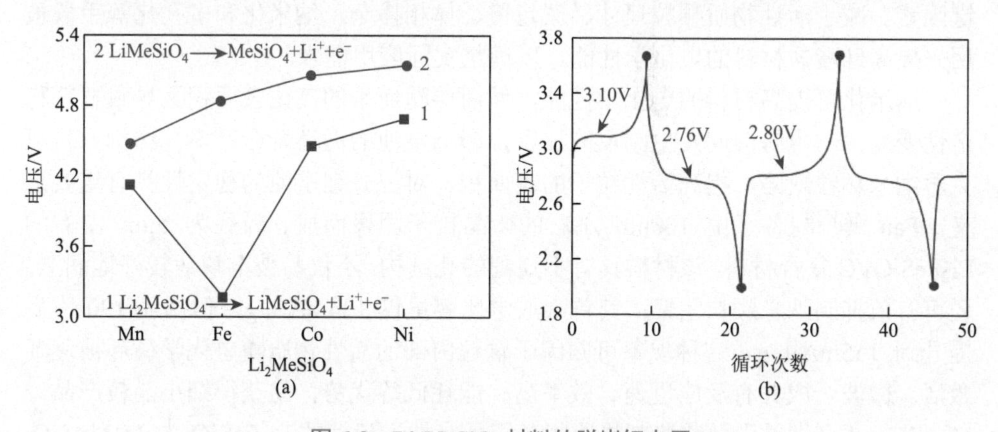

图6-2 Li_2MeSiO_4材料的脱嵌锂电压

（a）嵌锂电压；（b）Li_2FeSiO_4循环过程电压变化

的 Fe^{3+}发生了位置互换，导致该材料的电压平台由首次的 3.10V，在充放电过程中降为 2.80V，转变为更稳定的结构［图 6-2（b）］。值得注意的是，Li_2FeSiO_4 材料中 Fe^{3+}很难被氧化成 Fe^{4+}，按可逆脱嵌 1 个 Li^+计，材料理论比容量为 166mA·h/g，充电和放电比容量分别为 165mA·h/g 和 130mA·h/g。

硅酸铁锂的 Li 存储机理是固溶行为还是两相反应仍存在争议，这与众所周知的 $LiFePO_4$ 正极的两相分离储锂机理形成对比。这主要是因为硅酸铁锂：①存在单斜和正交等多晶型，包含多种空间群（$P1$、$P2_1$、$P2_1/n$、$Pmn2_1$、$Pmnb$ 等）；②共顶点的四面体配位稳定性低于 $LiFePO_4$ 的共顶点/共边八面体配位，在脱锂时容易发生相变，进而干扰 Li^+迁移；③Li^+和电子间关联性较强，无法从电化学数据中确认倍率与粒度、相变的关联性；④模糊电荷补偿机理，与多次脱锂后是否存在 Fe^{4+}相关。在充分利用 Li_2FeSiO_4 的容量优势之前，需要进一步结合多种原位/非原位表征技术进行深入研究，来理清错综复杂的结构演变和电荷补偿机理。与硅酸铁锂相比，硅酸锰锂（Li_2MnSiO_4）可发生 Mn^{2+}/Mn^{3+}和 Mn^{3+}/Mn^{4+}氧化还原反应，实现了两个电子交换，两个充电平台分别为 4.1V 和 4.5V，理论比容量可高达 333mA·h/g。然而，Dominko 等[4]通过溶胶-凝胶法制备的 Li_2MnSiO_4 正极材料在 C/30 下充放电，首次放电比容量仅为 100mA·h/g 左右，约 0.6 个 Li^+参与脱嵌。在后续的循环中，容量会发生持续衰减，仅有 0.3 个 Li^+参与了脱嵌，容量进一步衰减。硅酸钴锂（Li_2CoSiO_4）的脱锂电位为 4.1V，仅能可逆脱嵌 0.26 个 Li^+，钴资源有限、价格高等缺点限制了其商业化应用。

6.1.2 硅酸盐正极材料存在的问题及其改性

自身电导率低、循环稳定性差和可逆性差等缺点是制约硅酸盐材料发展的关键因素。减小活性物质颗粒尺寸、碳包覆、体相掺杂、纳米化和多孔化等手段被用来提高硅酸盐材料的电化学性能，以满足实际应用需求。

纳米化可提高材料的电化学性能，然而伴随而来的高比表面积又导致材料稳定性变差，与电解液间发生副反应加剧，影响电池的循环寿命。多孔结构材料可克服纳米颗粒缺陷，提高活性粒子的表面积，对提升锂电池的稳定性具有重要意义。Fan 等[5]制备了由 100nm 左右的微晶粒子团聚而成、粒径为 5μm 左右的 Li_2FeSiO_4/C 复合材料，该材料具有不规则的孔结构，不仅易被电解液较好地润湿，还可有效抑制纳米颗粒团聚；其首次放电比容量仅 134mA·h/g，但循环 190 次后提升到 155mA·h/g，这种现象可归因于颗粒内部的活性物质随电化学循环被逐渐激活。微波合成具有反应迅速、效率高、能耗低等优势，易获得细小晶粒产品。Muraliganth 等[6]采用微波溶剂热法制备了具有纳米尺寸的 Li_2FeSiO_4 与 Li_2MnSiO_4 材料，为提高材料结晶度和导电性，又分别进行了碳包覆。制备的 Li_2FeSiO_4/C 材料显示出优异的倍率性能和循环稳定性，室温下放电比容量为 148mA·h/g；Li_2MnSiO_4/C 材料放电比容量更高，达到 210mA·h/g（图 6-3）。

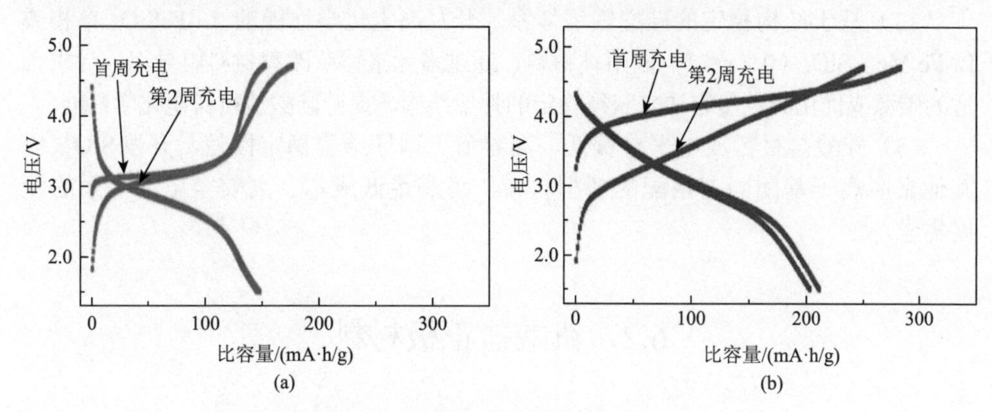

图 6-3 室温下 Li_2MeSiO_4/C 材料的充放电曲线（1/20C）

（a）Li_2FeSiO_4/C；（b）Li_2MnSiO_4/C

掺杂也是改善材料电化学性能的重要手段之一。Wiriya 等[7]制备了 $Li_2Fe_{1-x}Mn_xSiO_4/C$ 材料，比能量比 Li_2FeSiO_4 高 60%（分别为 655W·h/kg 和 408W·h/kg）。Mn 掺杂后 Fe—O 键变长，导致锂离子的扩散系数从 $8.6\times10^{-16}cm^2/s$ 提高到 $2.1\times10^{-15}cm^2/s$，0.1C、0.2C 和 1C 时放电比容量分别为 253mA·h/g、195mA·h/g 和 159mA·h/g，远远高于未掺杂材料的放电比容量（160mA·h/g、150mA·h/g 和 115mA·h/g）。除 M 位外，硅酸盐材料中的 Si 位也可进行掺杂。Kuganathan 等[8]建立理论模型，模拟了 Li_2MnSiO_4 的缺陷化学、掺杂行为和锂离子扩散路径，发现将 Al^{3+} 掺杂到 Si 位能够对锂空位有效补偿，是最优的掺杂方式，形成的固溶体 $Li_{2+x}MnSi_{1-x}Al_xO_4$ 在理想状态时（$x=1.0$）可完成 2 个 Li^+ 脱嵌，比容量高达 300mA·h/g。Wu 等[9]采用密度泛函理论分析了 Na 掺杂对 Li_2CoSiO_4 材料电子导电性和材料结构稳定性的影响，Na 部分取代 Li 使材料导带降低、带隙变窄，有助于提高材料的电子导电性；Na 掺杂引发晶格膨胀效应，导致相邻层间距变大，有利于锂离子扩散。Armand 等[10]通过第一性原理计算了将聚阴离子材料 Li_2FeSiO_4 中的 O 用 N 或 F 取代后材料电化学性能的变化，F 掺杂可降低 Li^+ 脱嵌时 Fe^{3+}/Fe^{4+} 氧化还原电位，而 N 置换 O 则提升电化学性能，使硅酸铁锂材料发挥出 330mA·h/g 的放电比容量。

6.1.3 硅酸盐正极材料的发展方向

目前硅酸盐材料结构及性能的相关研究尚不成熟，很难合成出高纯度、高性能的材料。硅酸盐材料的研究重点包括以下方面。

（1）硅酸盐具有多种晶相结构，且易于相互转化，需要开展系统的结构、相图研究。

（2）基于结构稳定的硅酸铁锂体系，开发高电化学性能的 Li_2FeSiO_4 单相或 $Li_2Fe_xMe_{1-x}SiO_4$（$0<x<1$）固溶体材料，通过多元素掺杂改善材料电导率，寻求合适的碳源或优化碳包覆方法来获得稳定的骨架结构，提升硅酸盐材料电化学性能。

（3）硅酸盐材料放电平台偏低、高容量下循环结构稳定性差，开发 SiO_4^{4-} 与其他聚阴离子基团固溶搭配的新型材料，可满足低成本、高安全电池体系的发展需求。

6.2 钒酸盐正极材料

钒在我国储量丰富且开采手段较为成熟，钒酸盐材料具有多步可逆的氧化还原反应，在脱嵌锂过程中结构稳定，理论比容量较高，具有一定应用前景。钒酸盐化合物可分为含锂钒酸盐和无锂钒酸盐两大类，后者可细分为过渡金属钒酸盐与非过渡金属钒酸盐两类。钒酸盐化合物的分子通式为 $A_xV_yO_z$，A 通常为碱性金属和过渡金属离子，三钒酸盐（$A_xV_3O_z$）是研究较多的材料，其中 A 位于层间空隙位置，结构较为稳定。目前研究较多的是 NaV_3O_8、LiV_3O_8 等碱金属钒酸盐化合物。

6.2.1 钒酸盐正极材料的结构与电化学性能

1）钒酸盐正极材料的结构

LiV_3O_8 具有典型的层状结构，属于单斜晶系，$P2_1/m$ 空间群。它是由 Li^+ 相连的两层折叠的 $V_3O_8^-$ 的夹心饼结构，晶体中存在 VO_6 八面体、VO_5 三角双锥两种单元，二者共顶角连接，形成八面体空位，位于八面体空隙中的 Li^+ 与 $V_3O_8^-$ 形成离子键，从而将相邻的层紧密连接在一起（图 6-4）[11]。

2）钒酸盐正极材料的电化学性能

LiV_3O_8 中，部分位于八面体空隙的 Li^+ 作为结构骨架不参与电化学反应，四面体位的 Li^+ 能进行相对自由的扩散，可逆地在 LiV_3O_8 层间脱嵌。1mol 钒氧化物能可逆脱嵌 3mol 锂离子，晶格结构不发生改变，理论可逆比容量约为 300mA·h/g。LiV_3O_8 电极材料的嵌锂过程可分为三步：$0<x<1.5$ 时，锂离子嵌入 $Li_{1+x}V_3O_8$ 以单相反应进行，锂离子扩散系数可达 $10^{-8}cm^2/s$，此时 $Li_{1+x}V_3O_8$ 放电容量与温度变化无关；$1.5<x<3.2$ 时，LiV_3O_8 和 $Li_4V_3O_8$ 两相共存，锂离子在第二相的扩散速

度较为缓慢，受温度影响较大：温度从 5℃升至 45℃时，锂离子扩散系数由 $10^{-11}cm^2/s$ 提高到 $10^{-9}cm^2/s$；x>3.2 时，为 $Li_4V_3O_8$ 单相区[12]。另外，$Li_{1+x}V_3O_8$ 的脱锂反应放热，$Li_4V_3O_8$ 与 LiV_3O_8 之间存在不可逆相变，导致锂电池的容量衰减和寿命缩短。

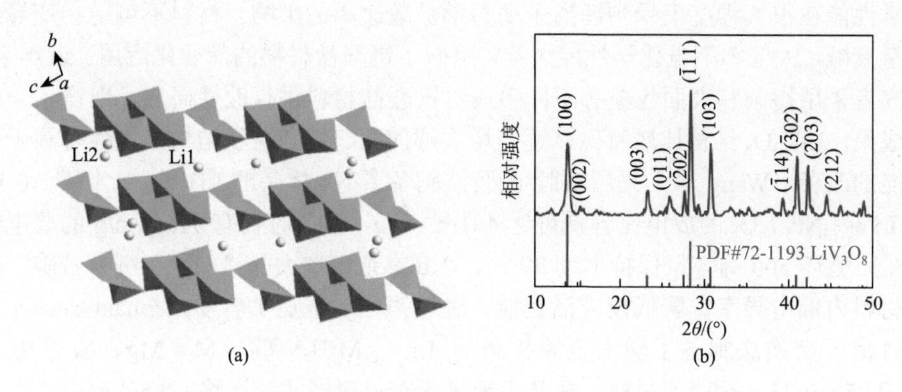

图 6-4　LiV_3O_8 的晶体结构示意图（a）和 XRD 谱图（b）

LiV_3O_8 作为正极材料时仅有的 1 个锂离子也不能脱出，需要负极材料提供锂。以金属锂为对电极的电极反应式为

$$x\,Li^+ + x\,e^- + LiV_3O_8 \rightleftharpoons Li_{1+x}V_3O_8 \qquad (6\text{-}1)$$

$Li_{1+x}V_3O_8$ 材料的充放电过程可分为 3 个阶段：x<0.2 时 $Li_4V_3O_8$ 相开始消失，同时伴随着 LiV_3O_8 相形成；0.2<x<1.5 时 $Li_4V_3O_8$ 相完全消失，全部转变为 LiV_3O_8 相；嵌锂量继续增加，Li^+进入四面体位。LiV_3O_8 材料的典型充放电曲线见图 6-5，首次放电比容量达 300mA·h/g 以上，超过 3.5 个锂离子在电极材料中进行了可逆脱嵌。

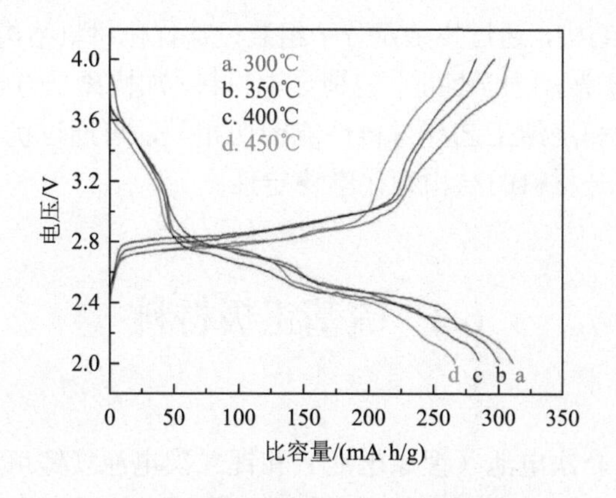

图 6-5　典型的 LiV_3O_8 充放电曲线

6.2.2 钒酸盐正极材料存在的问题及其改性

钒酸盐材料在充放电过程中晶体结构容易遭到破坏，溶于电解液中，材料电化学性能在很大程度上受到锂离子动力学扩散速率的影响。材料不可逆相变导致容量衰减，大倍率下电化学性能欠佳，阻碍了钒酸盐材料的商业化应用。近年来，研究者采用掺杂和表面包覆等不同手段对钒酸盐材料进行改性研究，取得了一定的成果。LiV_3O_8结构比较特殊，适当增大层间距、提高层状结构稳定性有利于电性能的改善。Wang 等[13]采用溶胶-凝胶法制备了 Nb 掺杂的 LiV_3O_8纳米棒，0.1C 下 $LiV_{2.94}Nb_{0.06}O_8$ 的放电比容量可达 401mA·h/g，20C 时仍有 91mA·h/g 的放电比容量，循环 500 周容量保持率为 99.7%。Nb 掺杂可增大晶格间距、减少带隙，提升材料内部电导率，降低反应活化能，使锂离子脱嵌更加容易。Jouanneau 等[14]通过离子交换法制备了碱土金属掺杂的 $Li_{1.1-2y}M_yH_zV_3O_8$（M = Mg、Ca、Ba；$y = 0.05 \sim 0.2$；$z \approx 0.1$）材料，提升了锂离子在材料层间的迁移，0.5C 放电比容量为 269mA·h/g，100 周循环后比容量仍高达 232.5mA·h/g，电化学性能显著提升。包覆方面，Huang 等[15]在 LiV_3O_8 材料表面形成 0.5%氧化铝涂层，0.3C 放电比容量为 283.1mA·h/g，10C 循环 100 周后材料的放电比容量仍有 118.5mA·h/g。Al_2O_3涂层阻碍了材料不可逆相变，减少了活性物质与电解液接触，同时为锂离子提供了扩散路径，使钒酸锂表现出较好的电化学性能。

6.2.3 钒酸盐正极材料的发展方向

钒酸盐材料本身的倍率特性和循环性能比较差，距离实用化有较大差距。其发展方向如下。

（1）制备纳米结构，通过掺杂及分子组装设计优化材料结构，改善晶体内部电导率，提升锂离子扩散动力学性能；包覆导电材料，加快离子与电子的反应动力学。

（2）制备方法和烧结工艺与材料性能密切相关，可通过优化合成工艺或设计新型制备手段，提升材料的结构和化学稳定性。

6.3 硫基正极材料

锂电池分为锂一次电池（锂原电池）和锂二次电池（锂可充电电池、锂离子电池），20 世纪 60 年代，科研工作者沿两条路径寻找可用的正极材料：一是转向具有层状结构，后来被称为“嵌入化合物”的电极材料；二是瞄准过渡金属氧化物。1972 年 Exxon 团队设计了以 TiS_2 为正极、锂金属为负极、$LiClO_4$/二噁茂烷为电解液的电池体系，可深度循环 1000 次[16]。二硫化钛受到关注并非偶然：首先其层状结构可使锂离子快速迁移，嵌入反应速率较快；其次较好的导电性使其无需多添加导电剂；最后锂嵌入/脱出反应过程中，无相变或成核反应发生，具有优异的电化学反应可逆性。锂硫电池具有高能量密度，被认为是继常规锂离子电池之后最有前途的下一代储能系统之一，近年来受到科研工作者的广泛关注。相比于传统的钴酸锂正极材料，硫自然界储量丰富、毒性低、价格低廉、环境友好，理论比容量为 1675mA·h/g，能量密度高达 2500W·h/kg 和 2800W·h/L，具有明显的竞争优势。锂硫电池一般以单质硫或硫化物作为正极材料、金属锂作为负极。

6.3.1 硫基正极材料的结构与电化学性能

1）硫基正极材料的结构

单质硫在室温时以最稳定的 S_8 环状分子形式存在。金属二硫化物（MX_2）主要以黄铁矿的形式存在于自然界中，其中 M 为第 4 到第 10 主族的过渡金属，X 则为 S、Se 和 Te。最常见的晶体结构为立方相和五角十二面体相。以 FeS_2 为例，Fe^{2+}在硫的正八面体内部，形成面心立方单元晶胞，而 S 原子与周围的 3 个 Fe 原子和一个 S 原子以四面体配位形式键合（图 6-6）[17]。而 MnP 型 FeS 属于 *Pnma* 空间群，Fe 位于扭曲的八面体中心位置，S 位于八面体顶点处构成 FeS_6 结构单元，整个 FeS 结构可以看成由 FeS_6 结构单元通过共边或者共面紧密连接形成。

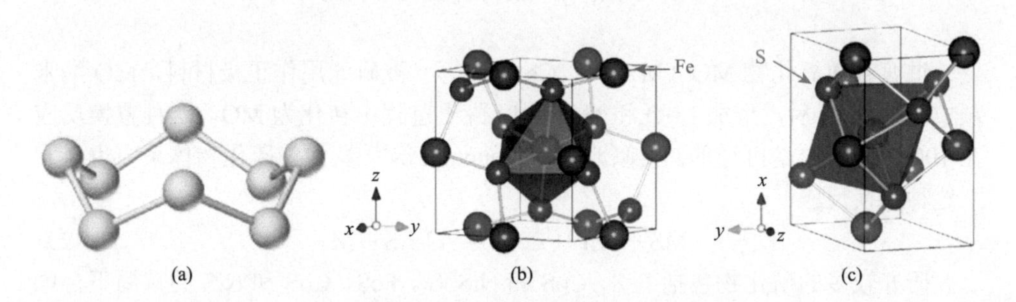

图 6-6 硫基材料晶体结构示意图

（a）单质硫 S_8；（b）黄铁矿 FeS_2；（c）MnP 型 FeS

2）硫基正极材料的电化学性能

单质硫在放电时 S_8 环打开，与 Li^+反应生成多硫化锂 Li_2S_x（$4\leqslant x\leqslant 8$），随着放电进行，x 值不断减小，直到生成最终放电产物 Li_2S；充电过程与之相反［图 6-7（a）］[18]。其中 S_8、Li_2S_2 和 Li_2S 以固相存在，而中间产物多硫化锂 Li_2S_x（$4\leqslant x\leqslant 8$）在醚类液态电解液部分溶解。

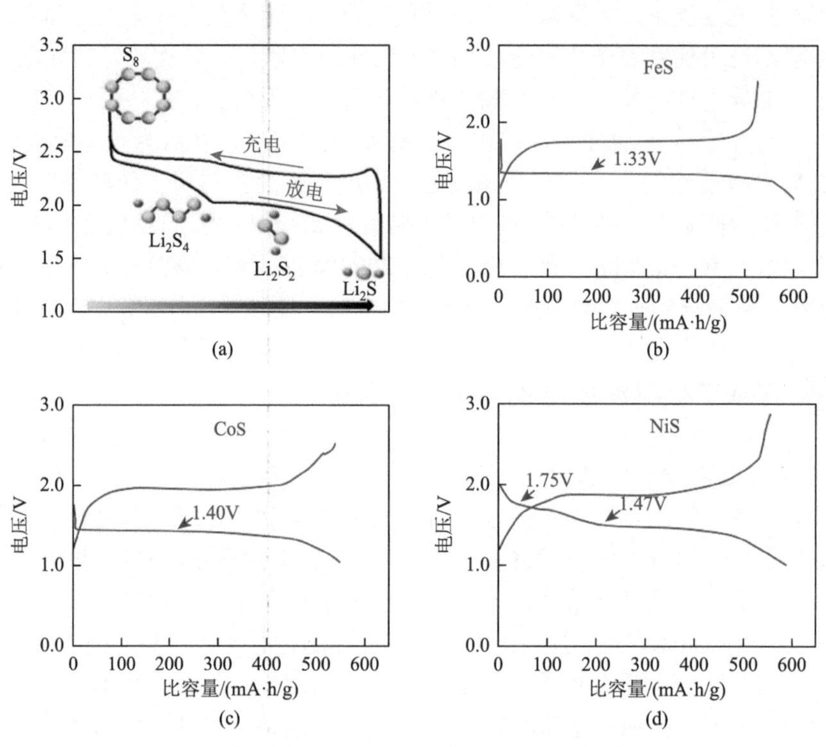

图 6-7 锂硫电池与 MS 正极电池的首次充放电曲线

（a）单质硫；（b）FeS；（c）CoS；（d）NiS

过渡金属氧化物 MO（M = Fe、Co、Ni 等）被研究用作正极材料，MO 纳米颗粒中插入 Li 后，形成 Li_2O 和 M，在 Li 脱出过程中转化为 MO，这种置换反应在 100 个循环内是可逆的。类似地，Goodenough 等[19]认为在硫化物体系中也会发生这种置换反应：

$$MS + 2Li^+ + 2e^- \longrightarrow Li_2S + M \tag{6-2}$$

研究较多的硫化物包括 FeS、CoS 和 NiS 等。FeS、CoS 和 NiS 的首周平台电压分别约为 1.33V、1.40V 和 1.47V，对应放电比容量分别约为 600mA·h/g、550mA·h/g 和 590mA·h/g，如图 6-7（b）～（d）所示。

6.3.2 硫基正极材料存在的问题及其改性

锂硫电池的实际应用仍受诸多因素限制，例如，单质硫及其固态放电产物

（Li_2S_2/Li_2S）的电子和离子电导率都较低，导致电极反应动力学及倍率性能差；充放电过程形成的长链多硫化物易溶于电解液，在正负极间发生“穿梭效应”，造成活性物质损失，导致电池容量迅速衰减、库仑效率和开路电压大幅度下降；单质硫及其产物在充放电过程中存在高达 80%的体积膨胀，导致电极材料易结构坍塌粉化，电极阻抗增加，容量衰减加速。针对上述问题，通常的解决策略有[20]：

（1）引入导电组分或构建导电网络，增强电荷传导，降低电极极化；

（2）构筑多孔结构的同时吸附多硫化物，缓解硫体积变化，提供更多反应活性位点；

（3）优化电极结构，促进电解液的浸润与渗透，缩短锂离子扩散路径；

（4）增加电极比表面积，为不溶产物的沉积提供充分的位置，减少沉积厚度和对电极的钝化。

过渡金属硫化物导电性较差，使得其倍率性能和循环性能不佳，构建不同结构的纳米复合材料有望增强过渡金属的导电性，减缓活性颗粒的体积膨胀，抑制在循环过程中硫化物的粉化，最终提升材料的电化学性能。Zhang 等[21]使用无定形碳包覆制备了 FeS_2/C 电极，0.05C 下 1.2～2.6V 循环 50 周，放电比容量仍可达 495mA·h/g，而未包覆的 FeS_2 放电比容量仅为 345mA·h/g。导电组分 C 的引入，在有效提升材料的电导率的同时减少了硫化物的溶解，缓解了 HF 对材料的腐蚀，稳定了材料结构，最终提升了材料的电化学性能。碳包覆的 FeS 纳米片在 100mA/g 电流密度下，循环 100 周后放电比容量可高达 615mA·h/g，6C 倍率下仍然具有 266mA·h/g 的放电比容量[22]。Li 等[23]在 NiS-碳纳米纤维膜（CNF）上原位聚合了导电聚合物——聚吡咯（PPy），CNF 具有较好的机械性能和电子导电性，PPy 涂层缓解了锂离子脱嵌过程中 NiS 的体积膨胀，提高了材料的电导率。电池首次放电和充电比容量分别为 806mA·h/g 和 605mA·h/g，高于 NiS 的理论比容量（590mA·h/g），较高的容量可能来源于纳米纤维膜的贡献。Zhang 等[24]报道了 CoS_2 纳米修饰莲藕状碳纤维网络（LRC）作为硫化硒（SeS_2）载体以提高其储锂性能，所制备的电极由三维多通道的碳纤维组成，可容纳 70%的 SeS_2，同时能够保证电子和离子的快速传输。电流密度为 0.2A/g 时，起始比容量可达 1015mA·h/g，接近材料的理论比容量（1123mA·h/g），循环 100 周后比容量为 745mA·h/g（图 6-8）。

6.3.3 硫基正极材料的发展方向

制备具有纳米结构的硫基正极材料可提高材料的储锂密度、改善电池的倍率性能，然而纳米材料由于较大的比表面积易发生团簇现象。此外，在电化学反应过程中，不可逆多硫化物生成和锂离子脱嵌会造成材料结构的变化甚至坍塌，对电化学性能产生不利影响。因此，在材料设计时需控制颗粒形貌和团簇程度，抑制充放电过程多硫化物产生。

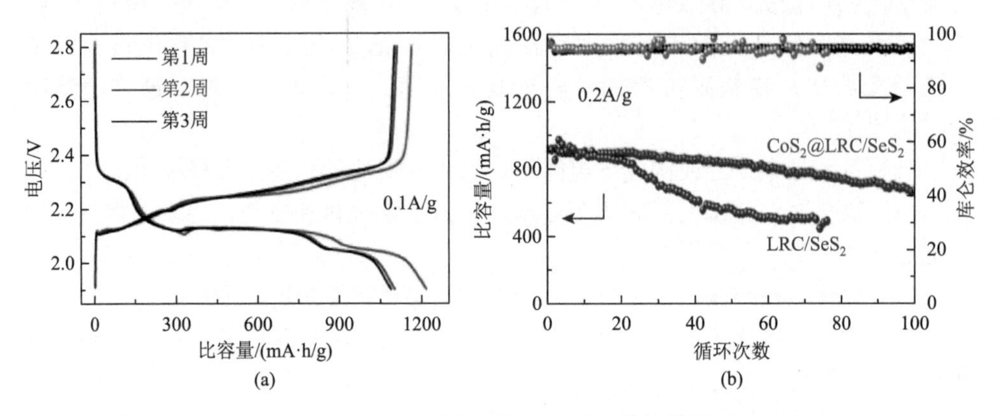

图 6-8 CoS_2 纳米修饰 SeS_2 的电性能曲线

（a）充放电曲线；（b）循环性能

6.4 金属氟化物正极材料

金属氟化物在较高电位下可实现锂离子脱嵌，放电比容量远高于传统嵌入型正极材料，引起了研究人员的广泛关注。然而值得注意的是，金属氟化物具有很强的 M—F 离子键，禁带宽度较大，导电性差，无法直接用作电池材料，一般通过与其他导电性好的基材复合后作为电极使用。目前报道的氟化物正极材料可用 MF_n 表示，其中 M 为 Fe、Co、Mn、Ni 等过渡金属。相对于传统正极材料而言，常见的氟化物 FeF_3 和 FeF_2 分子量较小，通过转化反应可存储 2 个 Li^+，较强的 Fe—F 离子键使其具有较高的电化学电位，具有较高的理论比能量。此外，FeF_3 和 FeF_2 还具有资源丰富、成本低廉、环境友好、热稳定性好等优点，被认为是极具研究价值和应用前景的新一代锂离子电池正极材料。本节将以 FeF_3 和 FeF_2 为主线，介绍两者的晶体结构特点、电化学机理研究及存在的问题等[25]。

6.4.1 金属氟化物正极材料的结构与电化学性能

1）金属氟化物材料的结构及电化学反应机理

FeF_3 属于斜方晶系，空间群为 $R3C$，其晶体结构示意图如图 6-9（a）所示[26]。由图 6-9（a）可见，Fe^{3+} 与 6 个 F 连接形成正八面体 FeF_6，6 个 FeF_6 由 F 原子相连形成 1 个巨大六边形空腔。4 个紧密堆积的 FeF_6 连接成 1 个$(FeF_6)_4$ 正四面体单元，垂直连接形成金字塔形的$(FeF_6)_{16}$超大正四面体结构，中心的四边形空腔相互连通，原子之间交错相连构成了连续的三维交叉微孔框架结构。Fe 位于(012)晶面，而(024)晶面作为空位面可用于 Li^+的嵌入。FeF_3 的电化学储锂机理为电化学嵌入与转换两步反应：2.5～4.5V 放电时，Li^+可逆进入晶体三维扩散通道，维持原晶体结构不变形成固溶体 $LiFeF_3$，理论比容量为 237.5mA·h/g，反应如下：

$$FeF_3 + Li^+ + e^- \longrightarrow LiFeF_3 \qquad (6\text{-}3)$$

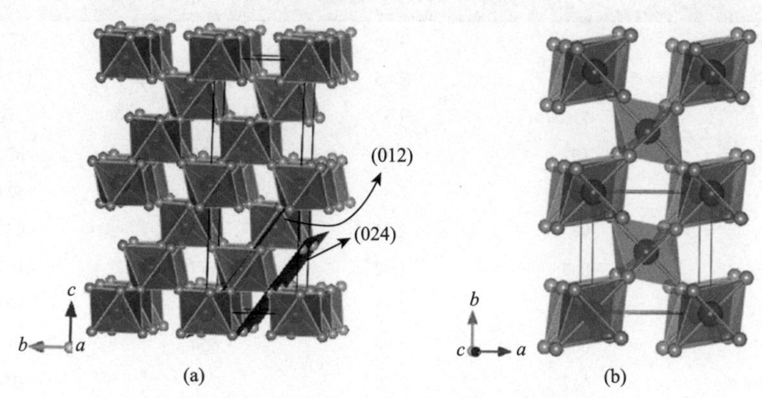

图 6-9　FeF_3 和 FeF_2 晶体结构示意图

（a）FeF_3；（b）FeF_2

1.5～2.5V 进一步放电，氟化物与 2 个 Li^+发生可逆转化反应，变为两个完全不同的新相——氟化锂和金属单质 α 铁，理论比容量为 475mA·h/g，相应反应如下：

$$LiFeF_3 + 2Li^+ + 2e^- \rightleftharpoons 3LiF + Fe \qquad (6\text{-}4)$$

充电过程中 Fe 和 LiF 先发生式（6-4）的可逆反应，4.5V 时形成与金红石型 FeF_2 结构相似的缺陷金红石型 FeF_3，而非最初的斜方 FeF_3。

FeF_2 为金红石结构，空间群 *P*42/*mnm*，其晶体结构见图 6-9（b）。放电到 2.66V 时，发生与 2 个 Li^+可逆转化的反应，原结构可逆转变为氟化锂和单质铁，相应的理论比容量为 571mA·h/g：

$$FeF_2 + 2Li^+ + 2e^- \rightleftharpoons 2\,LiF + Fe \qquad (6\text{-}5)$$

研究人员探索 FeF_2 在转化反应中的实际物相及微观结构变化，发现其转化生成 Fe 纳米颗粒嵌于绝缘 LiF 相中的结构：Fe 纳米颗粒之间互相搭接形成半连续导电网络，作为转化反应中的局域电子传输路径，Fe 相与 LiF 相之间的巨大界面作为转化反应中的离子传输路径。也有研究认为转化反应首先发生于 FeF_2 颗粒表面，而后逐层向颗粒内部推进[25]。

2）金属氟化物正极材料的电化学性能

Li 等[27]总结了一些金属氟化物的理论电压和比容量（表 6-1），可以发现：AgF、

CoF_3、CuF_2、SnF_2、NiF_2、PbF_2、CoF_2、FeF_3、FeF_2、MnF_3和ZnF_2等具有较高的理论工作电压E^0，TiF_3、VF_3、MnF_3、FeF_3、CoF_3、MnF_2和FeF_2等具有较高的理论比容量，CoF_3、FeF_3、MnF_3、CuF_2、NiF_2、CoF_2、FeF_2和VF_3等比能量较高，具有一定的实用价值。

表 6-1　一些金属氟化物的理论电压和比容量

MF_n	ΔG_f/(kJ/mol)	E^0/V	比容量/(mA·h/g)	正极比能量/(W·h/kg)
AgF	−187	4.16	211	877
CoF_2	−627	2.85	553	1578
CoF_3	−719	3.62	694	2510
CuF_2	−492	3.55	528	1876
FeF_2	−663	2.66	571	1521
FeF_3	−972	2.74	712	1952
MnF_2	−807	1.92	577	1107
MnF_3	−1000	2.65	719	1903
NiF_2	−604	2.96	554	1642
PbF_2	−617	2.90	218	633
SnF_2	−601	2.98	342	1021
TiF_3	−1361	1.40	767	1071
VF_3	−1226	1.86	745	1388
ZnF_2	−714	2.40	518	1245

几种常见的氟化物的实际充放电曲线如图 6-10 所示。按照表 6-1 的计算结果，FeF_3理论工作电压和比容量分别为 2.74V 和 712mA·h/g，图 6-10（e）显示在 2.0～4.5V 工作区间内，小电流充放电可逆比容量不到 120mA·h/g。Fe—F 离子键使其表现出典型的离子晶体性质，较差的导电性导致其实际容量偏低问题。氟化物材料一般具有较高的理论比容量，充放电完全时伴随较大的体积变化，影响其循环稳定性，这也是转化类材料面临的突出问题。

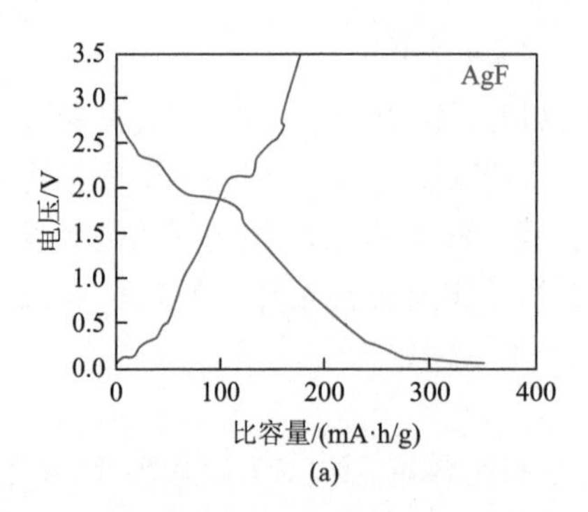

(a)

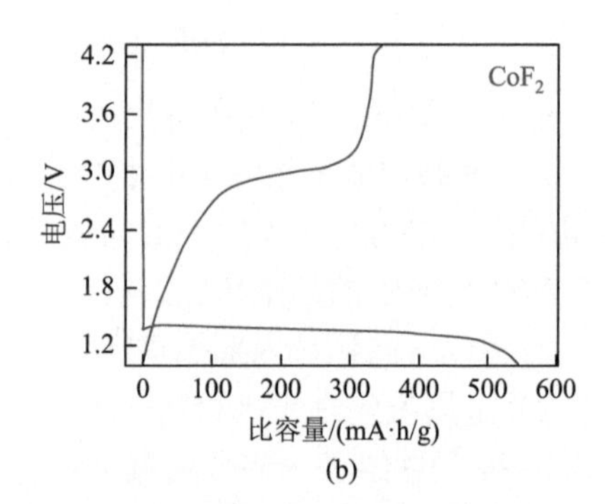

(b)

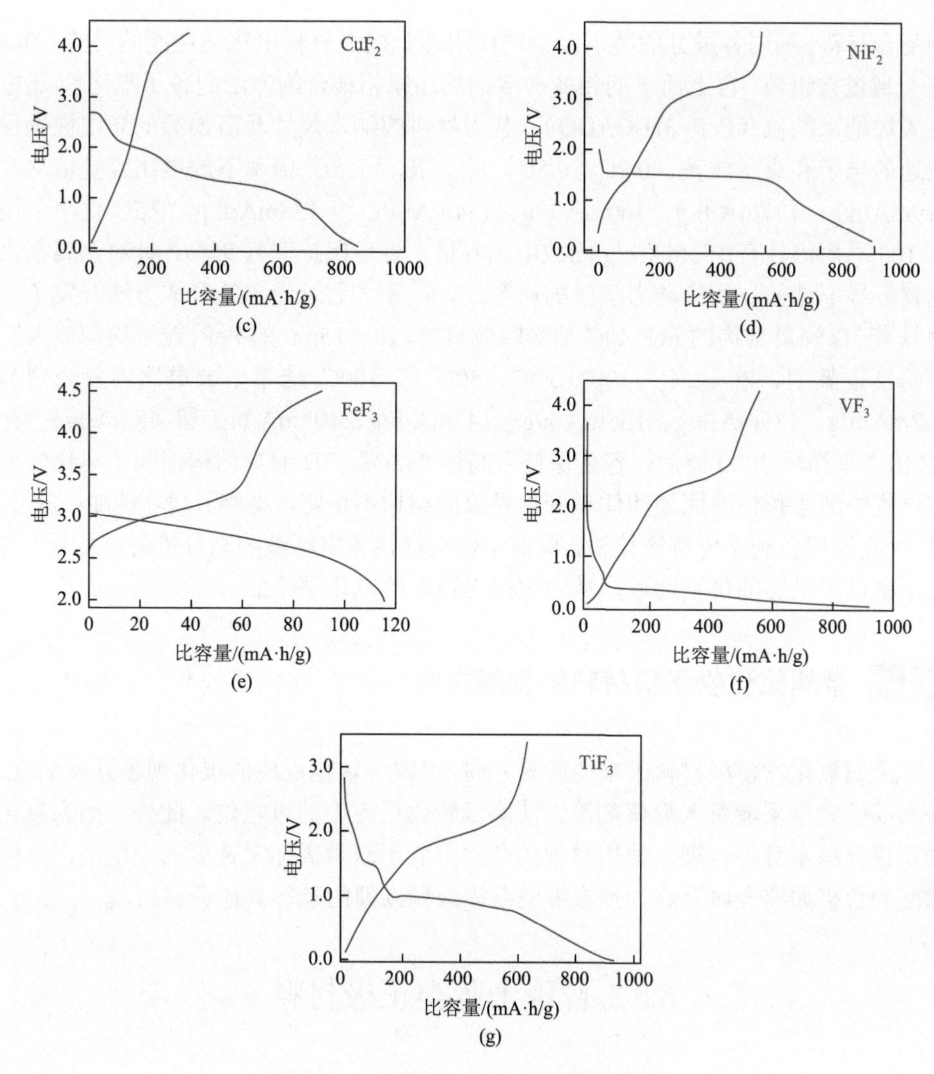

图 6-10 金属氟化物的充放电曲线[28-32]

6.4.2 金属氟化物正极材料存在的问题及其改性

氟化物普遍存在禁带宽度大、导电性差的问题，导致电化学性能得不到充分发挥；锂离子嵌入/脱出过程中极化严重，充放电曲线滞后现象严重；反应过程中体积膨胀较大，电池性能迅速衰减、循环稳定性差。推动此类材料走向应用，主要从以下几个方面进行改性：与碳材料进行复合，提高复合电极导电性；制备纳米金属氟化物，缩短电子和离子的扩散距离，提升倍率性能；构建不同金属氟化物复合材料，利用各成分的特点及协同作用达到提高材料电化学性能的目的。Zhai等[33]通过自组装、自上而下的相变和溶剂热还原相结合的方法制备了氟化铁/还原石墨烯纳米颗粒（$FeF_3{\cdot}3H_2O$/rGO），利用材料的纳米尺寸及石墨烯的导电性确保快速的电子和离子传输，0.2C、0.5C、1C、2C 和 5C 倍率下放电比容量依次为199mA·h/g、177mA·h/g、160mA·h/g、154mA·h/g 和 138mA·h/g，0.5C 倍率下循环 100 周后仍具有 175mA·h/g 的放电比容量，容量保持率为 98%。针对金属氟化物材料导电性差、反应动力学慢的问题，Wu 等[34]通过简单的合成方法开发了一种具有 3D 蜂窝结构的 FeF_3@C 纳米颗粒材料，10～15nm 的 FeF_3 粒子均匀嵌入三维蜂窝框架中，2C、5C、10C、20C、50C 和 100C 倍率下放电比容量分别为202mA·h/g、185mA·h/g、166mA·h/g、143mA·h/g、108mA·h/g 和 48mA·h/g；在2C 倍率下循环 1000 周后，容量保持率高达 84.6%。3D 蜂窝结构消除了电化学反应过程中纳米颗粒的团簇和体积变化导致的结构不稳定，改善了循环性能；同时，3D 大孔结构有利于电解液传输，保证了电极材料和电解液的充分接触，为电子和离子提供了足够的传输通道，从而发挥出较好的电化学性能。

6.4.3 金属氟化物正极材料的发展方向

金属氟化物正极材料未来的研究方向，可围绕转化反应的极化现象开展细致、深入的研究，采取引入形核剂等方法降低转化反应中的过电位。此外，因为氟化物正极材料本身不含锂，使用含锂的负极有利于获得高能量密度的全电池，可以匹配的负极如锂金属合金、预嵌锂的石墨或预嵌锂的硅等其他新材料。

6.5 普鲁士蓝类正极材料

普鲁士蓝（$Fe_4[Fe(CN)_6]$）于 1704 年被开发用作颜料，近年来逐渐向各种功能材料市场应用拓展。一系列具有相同或相近结构的化合物被合成出来，可用 $A_xT[M(CN)_6]{\cdot}nH_2O$ 表示：其中 A 为碱金属离子，T 和 M 为 Fe、Co、Ni、Mn 等过渡金属，材料中过渡金属可发生氧化还原反应，碱金属离子能够可逆脱嵌，具有一定的应用前景。

作为锂离子电池正极，普鲁士蓝类材料具有以下特点：①一般发生可逆的双电子反应，具有高比容量；②立方几何和纳米多孔开放框架结构形成的宽通道，可确保离子的快速传导，实现高倍率充放电；③离子脱嵌过程框架结构变化很小，具有较长的循环寿命；④制备方法简单，成本低廉，有望大规模应用。

6.5.1 普鲁士蓝类正极材料的结构与电化学性能

1）普鲁士蓝类正极材料的结构

普鲁士蓝材料主要有三种晶体结构：立方相、单斜相和菱方相，如图 6-11 所示。以 $A_xMn[Mn(CN)_6]\cdot nH_2O$ 为例，其晶体结构取决于骨架中碱金属离子的含量[35]：$x<1$ 时晶胞呈现立方相；$x=1.72$ 时表现出单斜相；$1<x<1.72$ 时发生立方相与单斜相的相变。立方相的空间群为 $Fm\overline{3}m$，过渡金属是以面心立方排列顺序排列：一个过渡金属原子与碳原子八面体配位，另一个则与氮原子配位，这样的开放式骨架提供了较大的离子通道和间隙，能容纳一系列较大半径碱金属阳离子（如 Na^+和 K^+）可逆的嵌入，同时不发生晶体结构变化，具有优异的动力学性能。

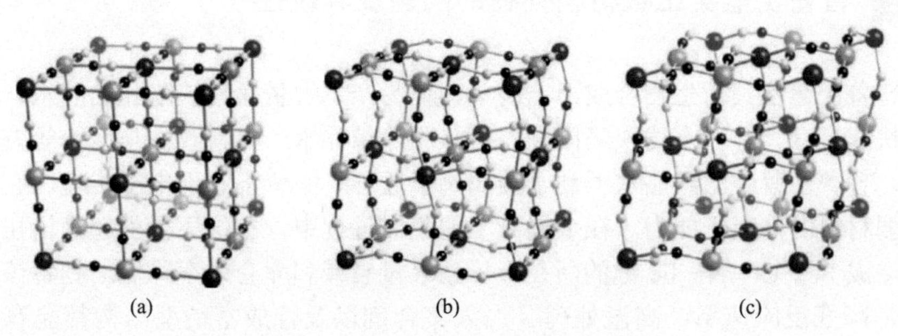

图 6-11 普鲁士蓝材料三种晶体结构

（a）立方相；（b）单斜相；（c）菱方相

2）普鲁士蓝类正极材料的电化学性能

普鲁士蓝化学式 $A_xT[M(CN)_6]\cdot nH_2O$ 中具有 T 和 M 两个氧化还原中心，可通过两电子氧化还原反应提供容量。王兆翔课题组[36]采用共沉淀法合成了约 7.8nm 的 $Fe_4[Fe(CN)_6]_3$ 和约 32.6nm 的 $FeFe(CN)_6$ 两种纳米级普鲁士蓝锂离子电池正极材料。电流密度为 25mA/g 时，$Fe_4[Fe(CN)_6]_3$ 首次可逆比容量达 95mA·h/g，循环 50 周后容量保持率为 75%；而 $FeFe(CN)_6$ 首次可逆比容量为 138mA·h/g，循环 50 周后比容量为 96mA·h/g，仍高于前者的初始容量。艾新平课题组采用水解沉淀法制备了低缺陷的 $FeFe(CN)_6$ 纳米晶体，发现晶格缺陷和水含量会阻断氧化还原活性位点，导致普鲁士蓝骨架的结构坍塌，使材料容量迅速衰减[37]。当晶格缺陷和水含量最终消除时，$FeFe(CN)_6$ 表现出 160mA·h/g 的高比容量和优异的循环性能。较高的 3.7V 平台电压对应于低自旋 C-Fe^{3+}/Fe^{2+}的贡献，2.9V 平台电压归因于高自旋的 N-Fe^{3+}/Fe^{2+}（图 6-12）。

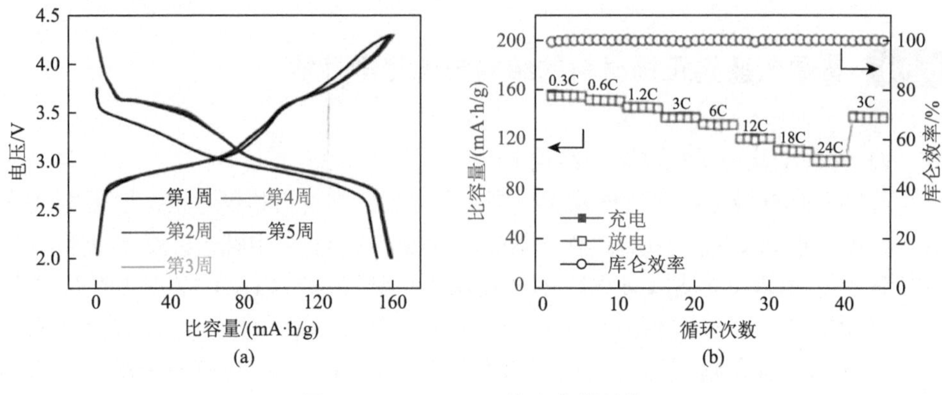

图 6-12 FeFe(CN)$_6$ 的电化学性能

（a）0.15C 充放电曲线；（b）倍率曲线

6.5.2 普鲁士蓝类正极材料存在的问题及其改性

普鲁士蓝及其衍生物合成工艺简单，但易产生大量晶格缺陷和结晶水，导致容量快速衰减。针对上述缺陷问题，可从脱除结晶水、材料改性与修饰等方面来解决。普鲁士蓝中的结晶水不利于金属离子迁移，空位不利于电子传输，它们都会削弱材料的储离子能力。在金属离子的脱嵌过程中，空位还会引起晶格扭曲，甚至造成 Fe—C≡N—Fe 键的断裂，导致容量衰减和库仑效率降低。制备该类材料时，降低反应速率、高温处理、加入螯合剂以及合成富钠型结构都能有效减少结晶水和空位的占比。You 等[38]采用缓慢结晶方法合成了水含量低、空位少、结晶度高的 $Na_{0.61}Fe[Fe(CN)_6]_{0.94}$ 材料，该材料的实际比容量接近于理论比容量（～170mA·h/g），库仑效率接近 100%，循环 150 周后无明显衰减，具有优异的电化学性能。Song 等[39]研究了干燥条件对普鲁士蓝材料 $Na_2CoFe(CN)_6$ 性能的影响：有结晶水时材料为立方晶相，脱去结晶水后转变为斜方六面体；斜方六面体材料具有更优异的电化学性能，20C 倍率下放电比容量为 120mA·h/g，0.7C 倍率下循环 500 周后容量保持率为 75%；组装成全电池，首次放电比容量可达 140mA·h/g。通过调控缺陷空位和结晶水的含量能够有效改善材料的结晶度和结构稳定性，从而提升电化学性能。过渡金属元素掺杂可增强普鲁士蓝材料晶体结构的稳定性，掺杂 Fe 与 Ni 元素后晶胞体积增大，Li^+或 Na^+更容易脱嵌，可逆容量得到提升。Yang 等[40]以 Ni 部分取代 $Na_2MnFe(CN)_6$ 材料中的 Mn，合成了钠离子电池正极材料，Na^+脱嵌时 Ni 不活跃，可平衡 Mn 氧化带来的结构微扰，电流密度 10A/g 时材料能够发挥 118.2mA·h/g 的放电比容量；在电流密度 100mA/g 下循环 800 周后电池的容量保持率为 83.8%。

6.5.3 普鲁士蓝类正极材料的发展方向

普鲁士蓝纳米多孔开放骨架有利于快速离子转移，其中的结晶水、晶格缺陷和金属中心对各种金属离子电池的性能至关重要，未来的发展大致可分为以下三个研究方向。

（1）普鲁士蓝材料中结晶水的类型（分子筛或配位）和含量在一价和多价金属离子电池中具有不同的作用。一般来说，结晶水对单价金属离子电池有害，可能阻塞金属氧化还原中心，破坏电极的晶体结构；相比之下，它可改善多价金属离子电池中多价阳离子的溶剂化，促进离子扩散。因此，有必要开发新的合成方法来精确控制普鲁士蓝中的结晶水，利用各种表征手段研究PB/PBAs中的水构象，建立具有结晶水的材料结构与电池电化学性能间的关系，具有非常重要的意义。

（2）Fe、Co、Ni 和 Mn 是普鲁士蓝最常用的氧化还原中心，探索 V、Cr、Mo、W 等高价金属作为氧化还原中心非常必要，有助于提升能量密度。

（3）对普鲁士蓝在金属离子电池中的性能进行理论分析，有助于验证实验结果，预测潜在性能，并指导材料应用导向的设计和合成。DFT 是最被广泛接受的能够平衡精度和计算工作量的模拟技术，然而由于普鲁士蓝结构的多样性和复杂性，建立模型计算其结构和电子性能仍面临巨大挑战。因此，应加强理论研究与实验结果之间的联系，以提供更准确的计算模型，开发合适的采样和优化策略以及新的计算方法。

6.6 有机正极材料

有机物主要由碳、氢、氧、氮等元素组成，因来源丰富、可控合成、种类众多、环境友好等优点而引起了广泛关注。具有共轭羰基、氮氧自由基等基团的有机材料，在氧化还原反应过程中能够发生电子转移并实现锂离子的存储与释放，可与适当的负极匹配构筑锂离子电池。能够发生可逆的电化学氧化还原反应的有机物，都是具有开发潜力的正极材料。根据结构类型的不同，有机正极材料主要包括以下四种类型。

（1）有机小分子。1969 年，二氯异氰酸最早被报道用作锂电池正极材料[41]，随后均苯四甲酸酐、三苯甲烷类和醌亚胺类染料、亚胺类聚合物以及酮类电子受体等材料也被陆续研究，它们皆可实现锂离子脱嵌，具有一定应用前景。

（2）导电高分子。20 世纪 70 年代导电高分子问世，其在掺杂后具有金属或半导体导电性，同时具有稳定的电化学氧化还原活性。聚乙炔、聚苯胺、聚吡咯、聚噻吩等多种导电高分子被广泛报道用作锂二次电池正极材料。

（3）自由基高分子。2002 年 Nakahara 等[42]首次报道了含有稳定氮氧自由基的高分子聚合物 2, 2, 6, 6-四甲基哌啶氧基甲基丙烯酸酯（PTMA）用作锂电池正极材料，通过氧化还原反应产生自由基，表现出良好的倍率性能和循环稳定性。

（4）共轭羰基类化合物。1972 年 Alt 等[43]最早将氯醌用作锂电池正极材料。醌类、酸酐类等共轭羰基类化合物是目前研究最为广泛的有机正极材料，羰基官能团经历可逆的单电子还原反应形成自由基单阴离子。

6.6.1 有机正极材料的结构与电化学性能

1）有机正极材料的结构

表 6-2 是几类常见的有机电极材料的典型结构与反应机理。

表 6-2 几类常见的有机电极材料的典型结构与反应机理

类型	典型结构	反应机理
共轭碳氢聚合物	PAc　PPP	$-(R)_n^{x+}- \rightleftharpoons -(R)_n- \rightleftharpoons -(R)_n^{y-}-$
共轭胺基聚合物	PAn　PPy	$R_2\dot{N}^{+}H \rightleftharpoons R_2NH$
共轭硫醚化合物	PTh　TA	$R-\dot{S}^{+}-R \rightleftharpoons R-S-R$
有机二硫化物	PDMcT　PDTTA	$R-S-S-R \rightleftharpoons R-S^{-}+{}^{-}S-R$
氮氧自由基		$R_2N^{+}=O \rightleftharpoons R_2N-O^{\bullet} \rightleftharpoons R_2N-O^{-}$
共轭羰基化合物	AQ　NTCDA	$R_2C=O \rightleftharpoons R_2\dot{C}-O^{-}$

与传统无机正极材料过渡金属中心发生氧化还原、伴随锂离子脱嵌反应机理

不同，有机正极材料的氧化还原反应以电活性有机基团或部分电荷态变化为基础，两种材料的共同特点是在充放电过程中当有机物的电荷数发生改变时，从电解液中转移相应的阴离子或阳离子以保持电极的电中性。根据氧化还原反应不同，可将有机正极材料分为N型、P型、B（双极）型等三类（图6-13）。

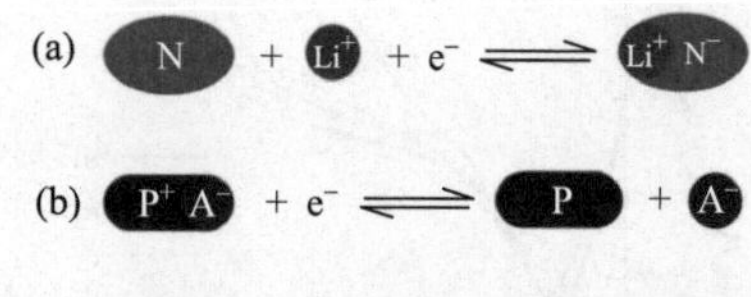
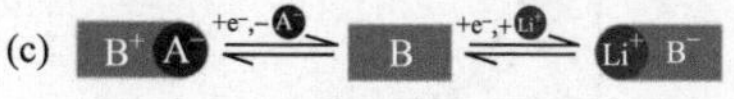

图6-13 三种具有电活性的有机物的氧化还原反应

（a）N型；（b）P型；（c）B（双极）型，A^-为电解质的阴离子

对于N型有机物，可逆反应在中性态（N）和带负电荷的状态（N^-）之间进行；对于P型有机物，反应在中性态（P）和带正电状态（P^+）之间发生；而对于B型有机物，其中性状态（B）可被还原为带负电状态（B^-）或被氧化成带正电状态（B^+）。放电过程中，N型有机物的电化学还原反应或P型有机物的电化学氧化反应，分别需要阳离子（Li^+）或阴离子（A^-）来中和N^-或P^+，从而实现离子的存储与释放。充电过程中，Li^+或A^-将从电极迁移回电解质。对于大多数N型有机物，Li^+可以被其他碱金属（如Na^+和K^+）甚至H^+取代，这种取代不会显著影响材料的电化学行为，该特性是有机正极材料与其他无机材料最大的不同之处。对于P型有机物，许多阴离子可用作A^-，例如，在非水电解质中为ClO_4^-、PF_6^-、BF_4^-或$TFSI^-$，在含水电解质中A^-可以是Cl^-和NO_3^-。

2）有机正极材料的电化学性能

有机正极材料易溶于电解液并与之反应，循环性能较差，制约了其市场化应用。设计合成具有超高容量的有机正极材料，并解决其在电解液中的溶解问题具有重要意义。醌类物质占比增多，电极材料容量提高：聚（2, 5-二羟基-1, 4-磺基苯醌）（PDBS）含量60%时，0.05C放电比容量为250mA·h/g[44]；梯状高分子聚（2, 3-二硫-1, 4-苯醌）（PDB）含量80%时，0.1C放电比容量高达1050mA·h/g，循环100周后可逆比容量为681mA·h/g（图6-14）[45]。芳香酰亚胺中，萘二酰亚胺的理论比容量为201mA·h/g，在2.41V和2.64V处有两个平台，活性物质含量达到70%时，放电比容量为140mA·h/g，0.5C倍率下循环100周后比容量衰减为80mA·h/g。这主要归因于电极材料在电解液中的溶解，氮原子锂化后放电比容量降低至131mA·h/g，0.5C倍率下循环100周后，具有117mA·h/g的放电比容量，电极溶解得到有效抑制[46]。自由基高分子中，PTMA可发生单电子氧化还原反应，放电平台为3.5V，比容量为110mA·h/g，循环500周后没有衰减。与其他有机正极材料相比，该类材料倍率性能好、循环性能稳定，但比容量略低[47]。

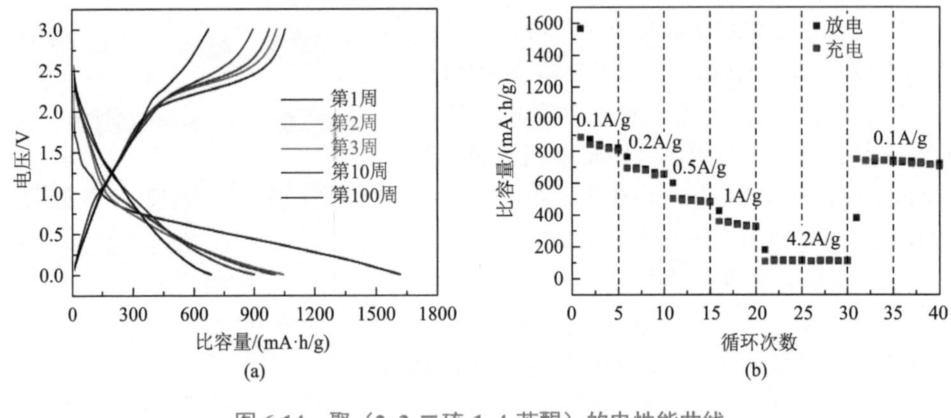

图 6-14 聚（2, 3-二硫-1, 4-苯醌）的电性能曲线

（a）充放电曲线；（b）倍率曲线

6.6.2 有机正极材料存在的问题及其改性

近年来，有机正极材料的出现为开发高容量、长寿命锂离子电池提供了更多的选择。但目前的发展水平与其走向实际应用相比，仍然有较大差距，具体存在的问题如下。

1）有机小分子的溶解

有机小分子正极材料在电池循环初始阶段具有较高的容量，但此类材料易溶于电解液中，循环性能差、自放电现象严重。将小分子聚合提高其分子量是一种非常有效的手段。例如，1, 4, 5, 8-萘三甲酸二酐（NTCDA）只有在 1.5V 深度放电下才能实现全部 4 个电子放电，然而聚合后在 1.5～3.5V 范围即可发挥 200mA·h/g 的放电比容量。优化新型电解液也能有效抑制小分子正极材料在电解液中的溶解问题，使用改性电解液，共轭羰基正极材料环己六酮可释放 902mA·h/g 的放电比容量，刷新了有机正极材料容量纪录。倍率性能测试结果表明，在电流密度为 50mA/g、100mA/g、200mA/g 和 500mA/g 时，电池的比容量分别可达 656mA·h/g、560mA·h/g、484mA·h/g 和 382mA·h/g，在 50mA/g 电流密度下循环 100 周后容量保持率为 82%。此外，环己六酮在高极性离子液体中的溶解度较低，组装电池后表现出高容量和长循环寿命[48]。

2）工作电压低

电池的电压取决于正负极的氧化还原电位，有机正极材料的工作电压可通过引入吸电子基团或供电子基团进行调节，改变最低未占据分子轨道（LUMO）的能量，以得到更高或更低的氧化还原电位。通常情况下，调节电压引入的取代基团增加了分子量，会引起放电比容量降低，而引入电负性更强的原子（O、S、N）有利于材料的还原，且不引起分子量发生明显变化。向蒽醌（AQ）分子中引入 2

个 N 原子形成吡啶[3, 4]异喹啉-5, 10-二酮（PID），首周放电电压升高 0.44V，但比容量基本不变，仅从 257mA·h/g 下降至 255mA·h/g[49]。

3）电导率低

羰基化合物具有快速的反应动力学，但固有的低导电性导致其倍率性能较差，在制备电极时需加入大量导电剂，不可避免地降低了电池的能量密度。制备有机导电化合物可以在一定程度上改善此问题。聚（5-氨基-1, 4-萘醌）是早期制备的具有导电能力的正极材料，工作电压为 2.6V 时电池能够发挥 300mA·h/g 的放电比容量，循环 15 周后放电比容量为 260mA·h/g。在聚合物中加入 π-共轭链段也可增强氧化还原聚合物的电子导电性[50]。

6.6.3 有机正极材料的发展方向

与传统的锂离子电池正极材料相比，有机材料易溶于电解液、导电性差和氧化还原电位较低等问题亟须解决。为了克服上述问题，采取官能团取代、分子骨架排列和分子聚合等方式从分子设计角度可有效改善有机正极材料的电化学性能；加入添加剂制备复合正极等电极设计的方法，同样能够改善正极材料的电化学性能[51]。

参考文献

[1] Mali G，Sirisopanaporn C，Masquelier C，et al. Li_2FeSiO_4 polymorphs probed by ^{6}Li MAS NMR and ^{56}Fe mossbauer spectroscopy[J]. Chem Mater，2011，23：2735-2744.

[2] Arroyo-de Dompablo M E，Armand M，Tarascon J M，et al. On-demand design of polyoxianionic cathode materials based on electronegativity correlations：an exploation of the Li_2MSiO_4 system（M = Fe，Mn，Co，Ni）[J]. Electrochem Commun，2006，8（8）：1292-1298.

[3] Nytén A，Abouimrane A，Armand M，et al. Electrochemical performance of Li_2FeSiO_4 as a new Li-battery cathode material[J]. Electrochem Commun，2005，7：156-160.

[4] Dominko R，Bele M，Gaberscek M，et al. Structure and electrochemical performance of Li_2MnSiO_4 and Li_2FeSiO_4 as potential Li-battery cathode materials[J]. Electrochem Commun，2006，8：217-222.

[5] Fan X Y，Yan L，Wang J J，et al. Synthesis and electrochemical performance of porous Li_2FeSiO_4/C cathode material for long-life lithium-ion batteries[J]. J Alloy Compd，2010，493：77-80.

[6] Muraliganth T，Stroukoff K R，Manthiram A. Microwave-solvothermal synthesis of nanostructured Li_2MSiO_4/C（M = Mn and Fe）cathodes for lithium-ion batteries[J]. Chem Mater，2010，22：5754-5761.

[7] Wiriya N，Chantrasuwan P，Kaewmala S，et al. Doping effect of manganese on the structural and electrochemical properties of Li_2FeSiO_4 cathode materials for rechargeable Li-ion batteries[J].

Rad Phys Chem，2020，171：108753.

[8] Kuganathan N，Islam M S. Li_2MnSiO_4 lithium battery material：atomic-scale study of defects，lithium mobility，and trivalent dopants[J]. Chem Mater，2009，21：5196-5202.

[9] Wu S Q，Zhu Z Z，Yang Y，et al. Effects of Na-substitution on structural and electronic properties of Li_2CoSiO_4 cathode material[J]. T Nonferr Metal Soc，2009，19：182-186.

[10] Armand M，Tarascon J M，Arroyo-de Dompablo M E. Comparative computational investigation of N and F substituted polyoxoanionic compounds[J]. Electrochem Commun，2011，13：1047-1050.

[11] Mei P，Wu X L，Xie H M，et al. LiV_3O_8 nanorods as cathode materials for high-power and long-life rechargeable lithium-ion batteries[J]. RSC Adv，2014，4（49）：25494-25501.

[12] Kawakita J，Miura T，Kishi T. Lithium insertion and extraction kinetics of $Li_{1+x}V_3O_8$[J]. J Power Sources，1999，83：79-83.

[13] Wang L P，Deng L B，Li Y L，et al. Nb^{5+} doped LiV_3O_8 nanorods with extraordinary rate performance and cycling stability as cathodes for lithium-ion batteries[J]. Electrochim Acta，2018，284：366-375.

[14] Jouanneau S，Le Gal La Salle A，Verbaere A，et al. New alkaline earth substituted lithium trivanadates：synthesis，characterization and lithium insertion behavior[J]. J Mater Chem，2003，13（7）：1827-1834.

[15] Huang S，Tu J P，Jian X M，et al. Enhanced electrochemical properties of Al_2O_3-coated LiV_3O_8 cathode materials for high-power lithium-ion batteries[J]. J Power Sources，2014，245：698-705.

[16] 黄彦瑜. 锂电池发展简史[J]. 物理，2007（8）：643-651.

[17] Krishnamoorthy A，Herbert F W，Yip S，et al. Electronic states of intrinsic surface and bulk vacancies in FeS_2[J]. J Phy Conden Matter，2013，25（4）：045004.

[18] Evers S，Nazar L F. New approaches for high energy density lithium-sulfur battery cathodes[J]. Accounts Chem Res，2013，46：1135-1143.

[19] Kim Y，Goodenough J B. Lithium insertion into transition-metal monosulfides：tuning the position of the metal 4s band[J]. J Phys Chem C，2008，112：15060-15064.

[20] 袁艳，郑东东，方钊，等. 锂硫电池硫正极技术研究进展[J]. 储能科学与技术，2018，7（4）：618-630.

[21] Zhang D，Mai Y J，Xiang J Y，et al. FeS_2/C composite as an anode for lithium ion batteries with enhanced reversible capacity[J]. J Power Sources，2012，217（11）：229-235.

[22] Xu C，Zeng Y，Rui X，et al. Controlled soft-template synthesis of ultrathin C@FeS nanosheets with high-Li-storage performance[J]. ACS Nano，2012，6（6）：4713-4721.

[23] Li X，Chen Y，Zou J，et al. Stable freestanding Li-ion battery cathodes by *in situ* conformal coating of conducting polypyrrole on NiS-carbon nanofiber films[J]. J Power Sources，2016，331：360-365.

[24] Zhang J，Li Z，Lou X W. A freestanding selenium disulfide cathode based on cobalt disulfide-decorated multichannel carbon fibers with enhanced lithium storage performance[J]. Angew Chem Int Edit，2017，56（45）：14107-14112.

[25] 张艳丽，王莉，何向明，等. 铁基氟化物锂电正极材料研究现状[J]. 储能科学与技术，2016，5（1）：44-57.

[26] Yamakawa N，Jiang M，Key B，et al. Identifying the local structures formed during lithiation of the conversion material，iron fluoride，in a Li-ion battery：a solid-state NMR，X-ray diffraction，and pair distribution function analysis study[J]. J Am Chem Soc，2009，131（30）：10525-10536.
[27] Li H，Richter G，Maier J. Reversible formation and decomposition of LiF clusters using transition metal fluorides as precursors and their application in rechargeable Li batteries[J]. Adv Mater，2003，15（9）：736-739.
[28] 崔艳华，汪小琳，李达，等. 新型薄膜锂离子电池电极材料——脉冲激光沉积氟化银薄膜[C]. 全国电化学学术会议，2009.
[29] 王先友，伍文，刘修明，等. FeF_3/V_2O_5 混合导电化合物的制备及其在锂离子电池正极材料中的应用研究[C]. 全国化学与物理电源学术年会，2009.
[30] 张奇. 新型锂离子电池正极材料氟化钴的合成与电化学性能改性研究[D]. 哈尔滨：哈尔滨工业大学，2015.
[31] Li H，Balaya P，Maier J. Li-storage via heterogeneous reaction in selected binary metal fluorides and oxides[J]. J Electrochem Soc，2004，151（11）：A1878-A1885.
[32] Li H，Richter G，Maier J. Reversible formation and decomposition of LiF clusters using transition metal fluorides as precursors and their application in rechargeable Li batteries[J]. Adv Mater，2003，15（9）：736-739.
[33] Zhai J，Lei Z，Rooney D，et al. Top-down synthesis of iron fluoride/reduced graphene nanocomposite for high performance lithium-ion battery[J]. Electrochim Acta，2019，313：497-504.
[34] Wu F，Srot V，Chen S，et al. 3D honeycomb architecture enables a high-rate and long-life iron(Ⅲ)fluoride-lithium battery[J]. Adv Mater，2019，31（43）：1905146.
[35] Asakura D，Okubo M，Mizuno Y，et al. Fabrication of a cyanide-bridged coordination polymer electrode for enhanced electrochemical ion storage ability[J]. J Phys Chem C，2012，116（15）：8364-8369.
[36] Wu X，Shao M，Wu C，et al. Low defect $FeFe(CN)_6$ framework as stable host material for high performance Li-ion batteries[J]. ACS Appl Mater Inter，2016，8（36）：23706-23712.
[37] Shen L，Wang Z X，Chen L Q. Prussian blues as a cathode material for lithium ion batteries[J]. Chemistry，2014，20（39）：12559-12562.
[38] You Y，Wu X L，Yin Y X，et al. High-quality prussian blue crystals as superior cathode materials for room-temperature sodium-ion batteries[J]. Energ Environ Sci，2014，7（5）：1643-1647.
[39] Song J，Wang L，Lu Y H，et al. Removal of interstitial H_2O in hexacyanometallates for a superior cathode of a sodium-ion battery[J]. J Am Chem Soc，2015，137：2658-2664.
[40] Yang D，Xu J，Liao X Z，et al. Structure optimization of prussian blue analogue cathode materials for advanced sodium ion batteries[J]. Chem Commun，2014，50（87）：13377-13380.
[41] Williams D，Byrne J，Driscoll J. A high energy density lithium/dichloroisocyanuric acid battery system[J]. J Electrochem Soc，1969，116（1）：2-4.
[42] Nakahara K，Iwasa S，Satoh M，et al. Rechargeable batteries with organic radical cathodes[J]. Chem Phys Lett，2002，359（5/6）：351-354.
[43] Alt H，Binder H，Köhling A，et al. Investigation into the use of quinone compounds—for

battery cathodes[J]. Electrochim Acta，1972，17（5）：873-387.

[44] Liu K，Zheng J，Zhong G，et al. Poly(2, 5-dihydroxy-1, 4-benzoquinonyl sulfide)（PDBS）as a cathode material for lithium ion batteries[J]. J Mater Chem，2011，21：4125-4131.

[45] Xie J，Wang Z，Gu P，et al. A novel quinone-based polymer electrode for high performance lithium-ion batteries[J]. Sci China Mater，2016，59（1）：6-11.

[46] Kim D J，Je S H，Sampath S，et al. Effect of *N*-substitution in naphthalenediimides on the electrochemical performance of organic rechargeable batteries[J]. RSC Adv，2012，2（21）：7968-7970.

[47] Oyaizu K，Nishide H. Radical polymers for organic electronic devices：a radical departure from conjugated polymers[J]. Adv Mater，2009，21（22）：2339-2344.

[48] Lu Y，Hou X，Miao L，et al. Cyclohexanehexone with ultrahigh capacity as cathode materials for lithium-ion batteries[J]. Angew Chem Int Edit，2019，58（21）：7020-7024.

[49] Yokoji T，Matsubara H，Satoh M. Rechargeable organic lithium-ion batteries using electron-deficient benzoquinones as positive-electrode materials with high discharge voltages[J]. J Mater Chem A，2014，2（45）：19347-19354.

[50] Liang Y，Chen Z，Jing Y，et al. Heavily n-dopable π-conjugated redox polymers with ultrafast energy storage capability[J]. J Am Chem Soc，2015，137（15）：4956-4959.

[51] Lu Y，Chen J. Prospects of organic electrode materials for practical lithium batteries[J]. Nat Rev Chem，2020，4：127-142.

07

正极材料及其前驱体的制备技术与关键设备

随着储能和电动汽车产业的快速发展，国内磷酸铁锂、多元材料、锰酸锂等正极材料的产能和销量迅猛增长，但与日本、韩国的一流企业相比，对应正极材料产品的综合性能仍存在较大差距，除了产品的组成与结构设计外，很大程度上归因于生产工艺流程、关键设备装备、自动化控制等方面的技术水平落后，亟待转型升级。

根据制备工艺不同，商用储能和动力电池用正极材料可分为复合氧化物和磷酸盐两大类，其中复合氧化物包括多元材料、锰酸锂、富锂锰基材料等。复合氧化物类正极材料的主流生产制备工艺为共沉淀法制备含有活性过渡金属元素的前驱体，然后将其与锂源、添加剂混合，采用高温固相法在含氧气氛下烧结，经后处理得到正极材料。正极材料所用的前驱体可以是氧化物、氢氧化物、碳酸盐、草酸盐等。对于活性元素为多种过渡金属组成的六方层状型镍钴锰酸锂、镍钴铝酸锂等，常见的前驱体为氢氧化物形式；对于多元素复合的尖晶石型镍锰酸锂、层状富锂锰基（Li-rich 或 OLO）等，常用的前驱体是碳酸盐或氢氧化物；对于主活性元素为单一过渡金属元素的尖晶石型锰酸锂，常用的前驱体分别为电解二氧化锰和四氧化三锰等氧化物。含有磷酸根的橄榄石型正极材料磷酸铁锂、磷酸锰铁锂等前驱体通常为磷酸盐、氧化物、草酸盐等形式，将其与锂源、添加剂混合研磨，采用高温固相法在惰性气氛下烧结得到正极材料。

尽管锰酸锂在电动大巴领域有一定应用市场，但储能及动力电池用的主流正极材料是层状多元材料和橄榄石型磷酸铁锂，因此本章将以这两类材料为主线，介绍“前驱体—正极”的制备工艺技术及其关键设备选用现状。

7.1 多元材料及其前驱体的制备技术与设备

7.1.1 多元材料前驱体的制备技术与设备

1. 多元材料前驱体的制备流程图

前驱体是由化工原材料制备目标产物工艺过程中的前级重要中间品。氢氧化物 $M(OH)_2$ 是层状多元材料用前驱体最常见的存在形式，是由金属元素与氢氧根构成的无机物，基本生产工艺如下：先将硫酸镍（$NiSO_4·6H_2O$）、硫酸钴（$CoSO_4·7H_2O$）、硫酸锰（$MnSO_4·H_2O$）等可溶性盐按照化学计量比溶于纯水中，形成金属混合盐溶液，氢氧化钠（液碱或固碱）加纯水配制成一定浓度的碱溶液作为沉淀剂，液氨、浓氨水或铵盐加纯水配成一定浓度的溶液作为络合助剂。以上三种溶液经过滤除杂后按一定流量加入反应釜中，控制搅拌速度、反应温度、

pH、助剂用量等，使金属混合盐与沉淀剂发生反应，生成氢氧化物前驱体晶核并不断长大，反应一段时间后过滤、洗涤、热处理、过筛，得到多元材料前驱体（图 7-1）。为防止沉淀结晶过程新生成的 $Mn(OH)_2$ 和 $Co(OH)_2$ 被空气氧化成 MnO(OH)、MnO_2、CoO(OH)、$Co(OH)_3$ 等与 $Ni(OH)_2$ 分相沉淀，前驱体制备过程需要通入氮气作为保护气体，或加入还原剂防止 Mn^{2+}和 Co^{2+}被氧化[1]。近年来基于提升正极材料烧结产能的目的，也有将洗涤后的氢氧化物滤饼焙烧成氧化物，再与锂盐等进行高温固相烧结的制造工艺［图 2-19（a）］。

2. 多元材料前驱体的制备工艺

按照图 7-1 的工艺流程，多元材料前驱体制备可分为原料准备、沉淀结晶、固液分离与洗涤、热处理等几个关键工序。以下简要介绍其主要工艺过程。

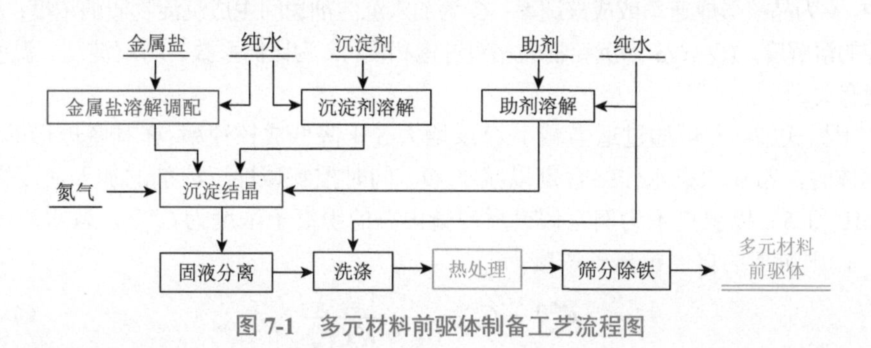

图 7-1 多元材料前驱体制备工艺流程图

1）原料准备

化学共沉淀法制备多元材料前驱体工艺中，金属盐、沉淀剂和助剂等的溶解和后期洗涤工序都需要用纯水作为溶剂，并对其杂质严加控制。纯水通常采用自来水或地下水作为原水，先经过石英砂、活性炭过滤器，除去原水中的悬浮物、细颗粒、有机杂质等；再通过多级反渗透膜处理器，去除残余的大分子、可溶性盐等；必要时还需经离子交换柱进一步去除残余的可溶性盐类杂质。

多元材料前驱体的金属盐原料包括硫酸盐、氯化物、硝酸盐等，通常采用硫酸盐作为原料，这是因为硫酸盐原料价格比较便宜，对常用的不锈钢设备腐蚀性小，不像氯化物那样腐蚀性强，必须使用钛材反应釜，也不像硝酸盐原料那样释放 NO_x 有害气体。金属盐溶解分两种主要方式：①将几种可溶性金属盐分别溶解形成一定浓度的单一盐溶液，然后将其按工艺要求的比例计量、混合，搅拌形成混合盐溶液；②将几种可溶性金属盐按照一定配比分别称量，然后依次、交替加入盛有一定量纯水的溶解釜中，搅拌形成混合盐溶液。前者比较容易实现自动化控制，适合大型前驱体工厂选用；后者操作烦琐，适用于小批量实验或小型前驱体工厂。沉淀剂原料包括氢氧化钠、氢氧化钾、氢氧化锂、碳酸钠、碳酸氢钠、碳酸氢铵等，

NCM 或 NCA 前驱体通常以氢氧化钠作为沉淀剂，以片碱或液碱为原料。

2）沉淀结晶

沉淀结晶是从溶液中析出不溶物并形成晶体的过程。前驱体沉淀过程一般经过成核与晶体生长两个阶段。成核快、晶体生长慢时，容易生成絮状无定形沉淀或溶胶；成核慢、晶体生长快时，则得到有序结晶的大颗粒沉淀。前驱体大多是难溶物质，溶度积常数 K_{sp} 很小，且不同金属离子的 K_{sp} 差异很大，极易生成胶状沉淀。需设法提高溶液过饱和度，抑制溶度积常数过小的金属元素率先成核，使之利于多元素、多晶、球形颗粒的可控生长。金属元素前驱体的晶核形成速率与过饱和度的关系可以用经验公式来表示[2]：

$$v = k\frac{Q-S}{S} \tag{7-1}$$

式中，v 为晶核形成速率或成核速率；Q 为加入沉淀剂瞬间生成沉淀物质的浓度；S 为沉淀的溶解度；$(Q-S)/S$ 为沉淀物的相对过饱和度；k 为比例系数，与沉淀剂、温度等因素有关。

根据式(7-1)，可通过适当减小 Q 或增大 S 来降低成核速率。在制备球形 NCM 前驱体时，常加入氨水作络合剂以减小 Q，同时控制碱性沉淀剂的加入速度来调节 pH 和 S。以镍离子为例，假设反应釜内总的镍离子浓度为 $C_{Ni^{2+}}^{total}$，氨水浓度为 C_{NH_3}，则游离的自由镍离子浓度为

$$C_{Ni^{2+}}^{free} = C_{Ni^{2+}}^{total}\frac{1}{1+\sum K_i C_{NH_3}} \tag{7-2}$$

式中，K_i 为镍的氨配位离子的各级累积稳定常数，25℃时对应值参见表 7-1。

表 7-1 溶液中几种过渡金属离子与配体的平衡反应及常数[3]

平衡反应式	K_i	$\lg K_i$		
		Ni	Co	Mn
$Me^{2+} + NH_3 \rightleftharpoons [Me(NH_3)]^{2+}$	K_1	2.80	2.11	0.80
$[Me(NH_3)]^{2+} + NH_3 \rightleftharpoons [Me(NH_3)_2]^{2+}$	K_2	5.04	3.74	1.30
$[Me(NH_3)_2]^{2+} + NH_3 \rightleftharpoons [Me(NH_3)_3]^{2+}$	K_3	6.77	4.79	
$[Me(NH_3)_3]^{2+} + NH_3 \rightleftharpoons [Me(NH_3)_4]^{2+}$	K_4	7.96	5.55	
$[Me(NH_3)_4]^{2+} + NH_3 \rightleftharpoons [Me(NH_3)_5]^{2+}$	K_5	8.71	5.73	
$[Me(NH_3)_5]^{2+} + NH_3 \rightleftharpoons [Me(NH_3)_6]^{2+}$	K_6	8.74	5.11	
$Me^{2+} + 2OH^- \rightleftharpoons Me(OH)_2$	K_{sp}	−14.7	−14.8	−12.7
$Me^{2+} + CO_3^{2-} \rightleftharpoons MeCO_3$	K_{sp}	−8.18	−12.8	−10.7

生成 $Ni(OH)_2$ 沉淀必须满足：

$$C_{Ni^{2+}}^{free} \cdot C_{OH^-}^{2} \geqslant K_{sp} \tag{7-3}$$

式中，C_{OH^-} 为溶液中 OH^- 浓度；K_{sp} 为溶度积常数，随温度变化而变化，25℃时新鲜沉淀 $Ni(OH)_2$ 的 K_{sp} 为 2.0×10^{-15}，对应的 $\lg K_{sp}$ 见表 7-1。生成 $Ni(OH)_2$ 沉淀所需的 pH 必须大于一定的临界值 pH_{min}：

$$pH \geqslant pH_{min} = 14 + \lg\sqrt{\frac{K_{sp}}{C_{Ni^{2+}}^{free}}} \tag{7-4}$$

不同的总镍离子浓度 $C_{Ni^{2+}}^{total}$、pH 和 C_{NH_3} 下，$Ni(OH)_2$ 沉淀的成核速率不同。简化起见，假设式（7-1）的比例系数 $k=1$，则成核速率：

$$v = k\frac{Q-S}{S} = \frac{Q}{S} - 1 \tag{7-5}$$

式中，$Q = C_{Ni^{2+}}^{free} = C_{Ni^{2+}}^{total}\dfrac{1}{1+\sum K_i C_{NH_3}}$，$S = \dfrac{K_{sp}}{C_{OH^-}^{2}}$。

由此可见，氨水存在下镍盐和强碱反应时能否得到结晶良好的 $Ni(OH)_2$，关键取决于是否有效控制影响成核和生长的各种工艺因素。除了上述金属盐浓度、加入速度、pH、氨水浓度、温度等外，沉淀结晶的球形度、粒度分布、密度等指标还与反应釜内部结构、搅拌方式、搅拌强度等密切相关。

在制备层状多元材料 NCM 或 NCA 的前驱体时，沉淀结晶的控制远比单一的 $Ni(OH)_2$ 复杂得多。Ni、Co、Mn 等氢氧化物溶度积常数不同，$Mn(OH)_2$ 比 $Ni(OH)_2$ 和 $Co(OH)_2$ 大两个数量级（表 7-1），混合盐与碱反应时会发生 Ni^{2+}、Co^{2+} 先沉淀现象；而 NCA 用前驱体走向另一个极端，$Al(OH)_3$ 溶度积常数非常小，也使得 Al^{3+} 难以与 Ni^{2+}、Co^{2+} 均匀共沉淀。此外，$Mn(OH)_2$ 和 $Co(OH)_2$ 比较容易被空气氧化，多元材料前驱体的沉淀结晶需在惰性或还原环境下进行，通常是向反应釜内液体中通入氮气，或加入还原剂。因此，需借助氨水等络合剂进行多级络合，控制体系中几种元素的金属离子过度饱和，并通过设计合适的反应器，选用适宜反应物浓度、加料速度、氮气通入量、pH、温度、搅拌方式、搅拌强度等工艺条件，来生产具有一定粒度分布、元素分布、结晶形貌、密度的球形前驱体。

以 NCM 前驱体为例，其化学共沉淀的基本原理如下：

$$(1-x-y)NiSO_4 + xCoSO_4 + yMnSO_4 + nNH_4OH \longrightarrow [Ni_{1-x-y}Co_xMn_y(NH_3)_n]SO_4 + nH_2O \tag{7-6}$$

$$[Ni_{1-x-y}Co_xMn_y(NH_3)_n]SO_4 + 2NaOH + nH_2O \longrightarrow Ni_{1-x-y}Co_xMn_y(OH)_2\downarrow + Na_2SO_4 + nNH_4OH \tag{7-7}$$

前驱体结晶中主元素比例和元素分布，可通过控制加入金属盐溶液的 Ni、Co、

Mn、Al 等元素的配比、浓度、加入方式和加入速度等参数进行调节。前驱体沉淀中微晶形貌、微晶有序度、元素分布均匀性等，可借助络合剂、沉淀剂等的浓度，加入参数，反应温度和时间等控制反应成核和晶体生长速率来实现。络合剂常见为氨水（$NH_3{\cdot}H_2O$），也可用$(NH_4)_2SO_4$、NH_4NO_3等铵盐。

正如式（7-6）和式（7-7）所示，金属离子先与溶于水的氨形成一系列络合物$[M(NH_3)_n]^{2+}$，然后通过阴离子交换反应形成过渡金属氢氧化物前驱体。沉淀结晶过程中 NH_3 与 OH^-始终在争夺对 Ni^{2+}、Co^{2+}、Mn^{2+}等金属离子的控制，前者利于晶体成长，后者利于形成新核。一般认为微米级球形颗粒氢氧化物前驱体是通过奥斯特瓦尔德熟化机理由纳米级一次颗粒自组装聚集而成。随着氨浓度的提高，反应体系中镍、钴、锰的溶解度显著增加，过饱和度急剧减小，沉淀成核速率降低，晶体生长速率则不断加快，使得沉淀产物一次颗粒的尺寸依次增大，致密性也逐渐提高（图 7-2）。但氨浓度也不能过高，否则会使 Ni、Co 沉淀不完全，影响层状多元材料的组成和电化学性能。

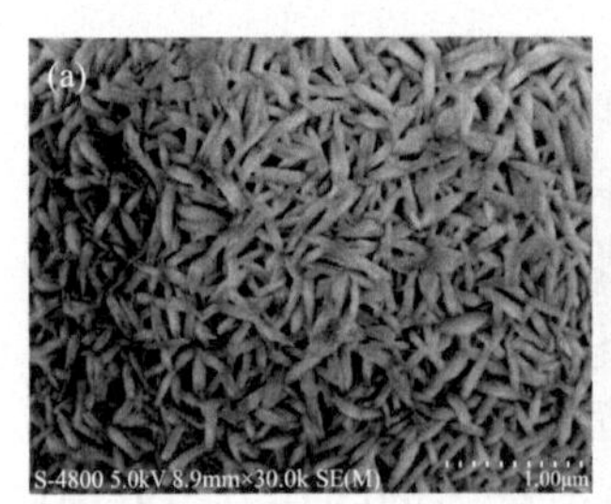

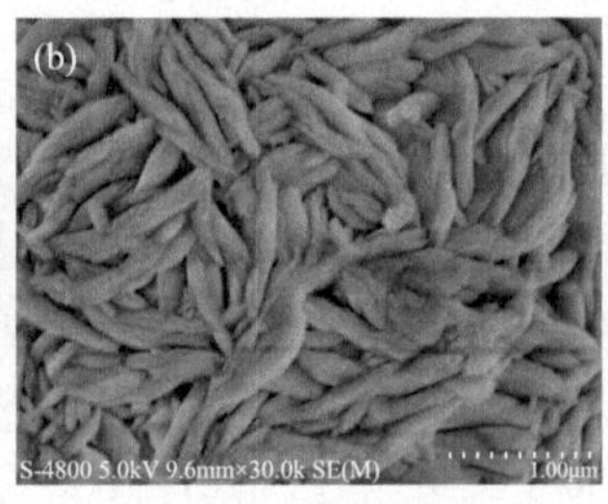

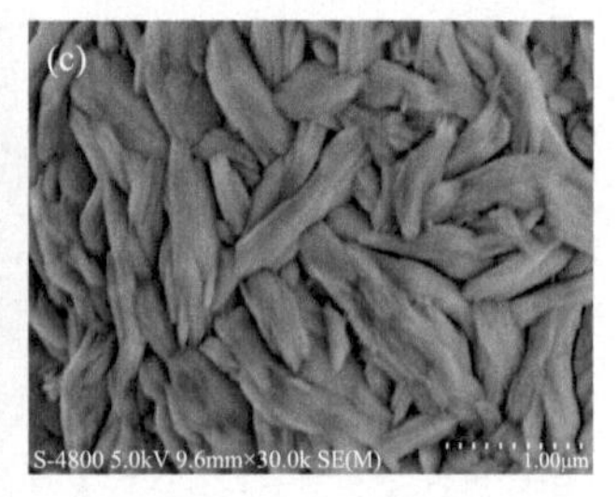

图 7-2 不同氨含量下制备的多元材料前驱体的 SEM 图

（a）2g/L；（b）7g/L；（c）12g/L

除了络合剂，pH 的选择和控制在层状多元材料前驱体合成中非常关键。氢氧化物前驱体属于强碱弱酸盐，制备过程中 pH 通常在 8～12。此时沉淀体系所呈现的碱性条件既有沉淀剂氢氧化钠的贡献，又有络合剂氨水的贡献，当 pH＞10 时主要受 NaOH 影响。当 pH 过低时，一般会出现沉淀不完全现象，或形成过多的 α 相，产品中容易残存更多的硫酸根（图 7-3）；而 pH 过高时以成核为主，将产生过多的细颗粒，且沉淀物组成容易失配；当 pH≈11 时，沉淀结晶形貌均一、球形度好、粒度分布窄、振实密度高，有利于提高层状多元正极材料的电化学性能。

此外，搅拌强度、反应温度、反应气氛、陈化等工艺条件都会给前驱体的性能指标带来较大影响。对于含 Mn 的 NCM 前驱体，在惰性气氛不足、温度高于60℃时，容易优先形成锰氧化物沉淀。温度升高，金属盐溶液的过饱和度随之下降，结晶颗粒生成速率增大，松装密度提高；但温度过高，反应物分子动能增加过快也不利于形成稳定的晶核，又使松装密度变小。搅拌强度提高，前驱体球形度会变好，同时粒度分布变宽，使得松装密度变大。

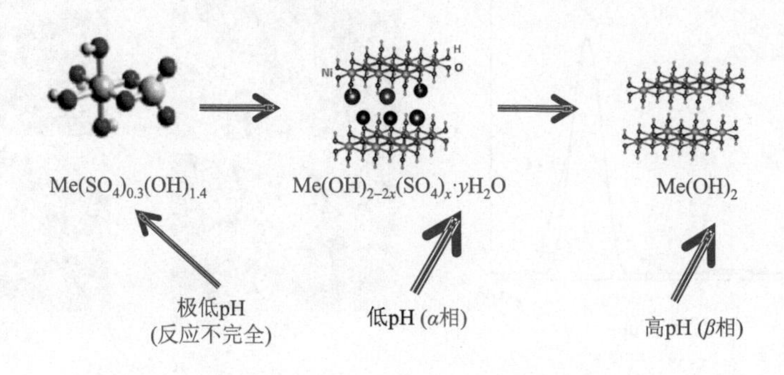

图 7-3 不同 pH 下制备的多元材料前驱体组成

商用层状多元材料前驱体生产工艺主要分为连续法和间歇法。连续法工艺中，主反应釜是连续进料、连续沉淀、连续溢流的，而固液分离通常是间歇式操作工序，中间需要一个陈化釜过渡。间歇法在进料结束后，一般应继续加热、搅拌、陈化，使最后进入反应釜的物料反应完全、结晶完善。最先从溶液相中析出的沉淀物为有序度很差的六方层状 α 相，其层间填充着水和各种离子，层间距大，片层排列极不规整（图 7-3）。随着氢氧化物前驱体在晶核上的不断沉积，颗粒不断长大并伴随着陈化的过程从 α 相到 β 相的转化。在陈化过程中，前驱体内部晶体结构不断密实并有序化，层间水和离子不断排出，层间距减小，片层排列趋向规整，内部位错且缺陷减少[4]。图 7-4（a）和（b）对比了 $D_{50}=10.5\mu m$ 的连续法和间歇法制备的 $Ni_{0.5}Co_{0.2}Mn_{0.3}(OH)_2$ 的粒度分布和微观形貌。可以看出，连续法制备的前驱体粒度分布较宽，小颗粒可充分填充到大颗粒的间隙，利于松装密度的提高（连续法前驱体约为 $1.7g/cm^3$，间歇法约为 $1.6g/cm^3$）；而间歇法制备的前驱体粒度分布较窄，大部分颗粒经历了完全相同的成核、生长、相转变等过程，团聚颗粒尺寸均匀，理论上与锂盐进行高温固相反应时锂化程度更接近，有利于制备循环性能优异的正极材料。为了提高反应釜产能，近年来增固工艺已经逐渐成为业内的主流工艺，有助于提高前驱体颗粒的结晶有序性、致密度和球形度，在连续法和间歇法的应用中都有成功的案例。

在前驱体沉淀结晶过程中，采用的工艺条件不同，其产品的结晶程度和内部织构也不同，一次微晶颗粒排布的状态主要呈现为有序化、半有序化和无序化等三种状态。前驱体晶粒由内向外呈放射状排布，有利于烧结过程中熔融态的锂盐从前驱体颗粒周围由外向内扩散，反应更加充分，并形成连续的锂离子扩散通道，有利于锂离子的嵌入和脱出；此外，这种放射状结构材料内部缺陷少、致密度高、颗粒强度高，结构更加稳定，电化学性能优异［图 7-4（c）］。

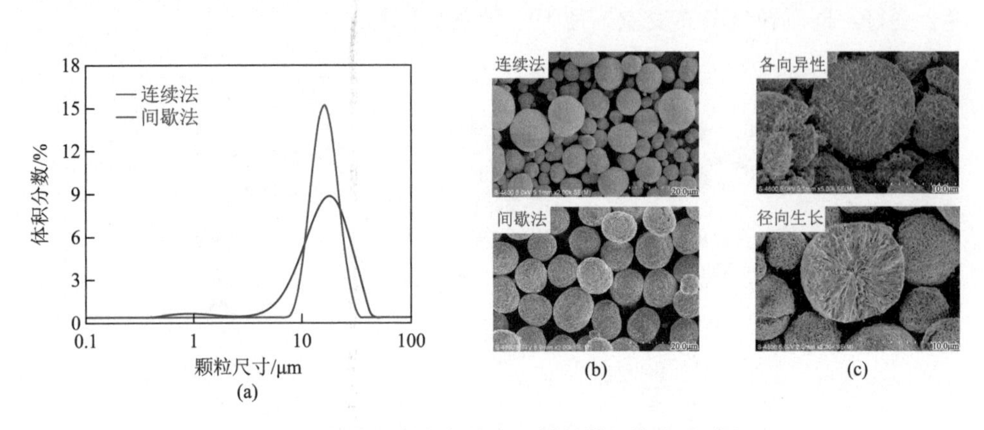

图 7-4　不同工艺制备的多元材料前驱体产品对比

（a）激光法粒度分布；（b）表面 SEM 图；（c）剖面 SEM 图

3）固液分离与洗涤

陈化后的多元材料前驱体浆料的固含量大多在 10%～65%，取决于反应原料溶液的浓度，以及是否采用了增固提浓工艺。浆料中除了主产物前驱体沉淀外，还有溶解在母液中的副产物硫酸钠、络合剂氨水/硫酸铵、多余的沉淀剂氢氧化钠等，需通过具有渗透性的多孔介质将前驱体与母液分离形成滤饼，去除大部分杂质成分，再经洗涤进一步去除残余在滤饼中的可溶性杂质。洗涤可在固液分离设备中在线洗涤，也可把滤饼加纯水后打散、浆化洗涤。

固液分离是将离散的难溶固体颗粒从浆料中分离出来的过程，采用的方式有过滤、沉降、浮选等。前驱体主要采用过滤方式实现固液相分离：混合浆料流向过滤介质时，大于或相近于过滤介质孔径的固体颗粒先以架桥方式在介质表面形成初始层，其空隙通道比过滤介质空隙小，可截留住更小的颗粒，其后沉积的固体颗粒便逐渐在初始层上形成滤饼。滤饼的过滤阻力远比过滤介质大，对过滤速率有决定性影响。

固液分离所用多孔过滤介质有滤布、滤棒、滤膜等，以滤布最为常见。滤布的选择需要兼顾浆料性质、滤布基本性能、过滤设备结构、分离要求等。其中浆料性质包括：固体颗粒的粒径、粒度分布、形状、密度，液相的黏度、pH、密度，料浆的温度、固液比、黏度、形成滤饼后的平均比阻、可压缩性、含液量等。滤布基本性能包括机械强度、化学稳定性、平均孔径及均匀性、最小截留粒径、透气率、透水率、透水阻力、开孔率、再生性能、滤饼可剥落性等[5]。滤布的材质分丙纶、涤纶、维纶、尼龙等多种，其中丙纶耐碱性、强度较好，比较适合碱性前驱体浆料的过滤。固液分离的方式有真空吸滤、加压过滤、离心过滤等，以离心和压滤方式最为常见。

4）热处理

热处理是材料加工的重要工艺之一，利用一定的工艺条件加热和冷却，使材料的化学组成、晶体结构等发生变化，以改进材料本身的某些性能。经过过滤、洗涤除杂后，前驱体滤饼一般含有 8%～30%的水分，需通过热处理，将水分降低到 0.5%以下，才能用作多元材料的原料。根据所用温度不同，热处理分为烘干和焙烧两种方式。烘干指借助于热能使物料中水分或溶剂气化，并由惰性气体带走所生成蒸气的过程；焙烧则是将物料在一定气氛下加热，使之发生氧化、还原或其他化学变化的冶金过程。焙烧过程中，除气化去除水分或溶剂外，还经历了物料分解、与加热介质反应、晶型转化以及晶粒生长等一系列物理化学变化。热处理过程伴随着质量和热量的传输：水分或分解产生的气体由固相中转移到热处理介质中，以蒸气或气体分压为推动力；热量由热处理介质传递到固相湿物料并使其温度升高，以热处理介质与固体物料的温度差为推动力。

热处理的传热方式有对流、传导、辐射等多种。对流传热是指加热介质（如热空气）与物料直接接触的热交换，常见的转筒、流化床、喷雾、闪蒸等均属此类，优点是设备结构最简单、操作方便，缺点是排气热损失大。热传导指通过器壁、换热管/翅片等热载体将热空气、热油、蒸汽等加热介质的热量间接传递给物料，热损失小、能量利用率高，但设备结构和操作控制比较复杂，不适于对换热面具有黏附性的物料。辐射传热指在红外、微波和射频波等辐射场中，湿物料中极性分子选择性吸收辐射能，无需明显温度梯度即可将热量传入固体内部，干燥效率高，可有效避免部分物料过度干燥或烤焦，但辐射供热单位能量费用高，不适于量大、价廉物料的热处理。

前驱体热处理有电热、蒸汽、微波、红外等加热方式，以电热和蒸汽方式最为常见。烘干时水分从粉体内部扩散到表面，再从表面气化，需要控制烘干的温度、时间、气氛等工艺条件。对于高镍的 NCM811 前驱体，随着热处理温度的提高，XRD 谱图峰位向 2θ 高角度方向移动，反映了 Co^{2+}、Mn^{2+}等被氧化成 Co^{3+}、Mn^{4+}等，离子半径变小，晶面层间距变小；在 300℃开始分解形成 NiO 相，400～500℃转变为以 NiO 为主相的金属氧化物 $Ni_{1-x-y}Co_xMn_yO$，600℃下仍以 NiO 相为主，但在 $2\theta = 36.1°$左右出现了少量的杂质物相——Mn_3O_4 的特征峰［图 7-5（a）］。对于中低镍的多元材料前驱体，其中 Co^{2+}、Mn^{2+}等含量较高，容易在空气中被氧化成羟基氧化物和多种高价态的氧化物，且热处理温度越高，氧化程度越严重，相分离越明显［图 7-5（b）］。这表明，对于高镍正极材料，可采用氧化物形式的前驱体进行配混料，充分提高正极材料烧结窑炉的产能，有效减少多余水汽对烧结气氛的不良影响。

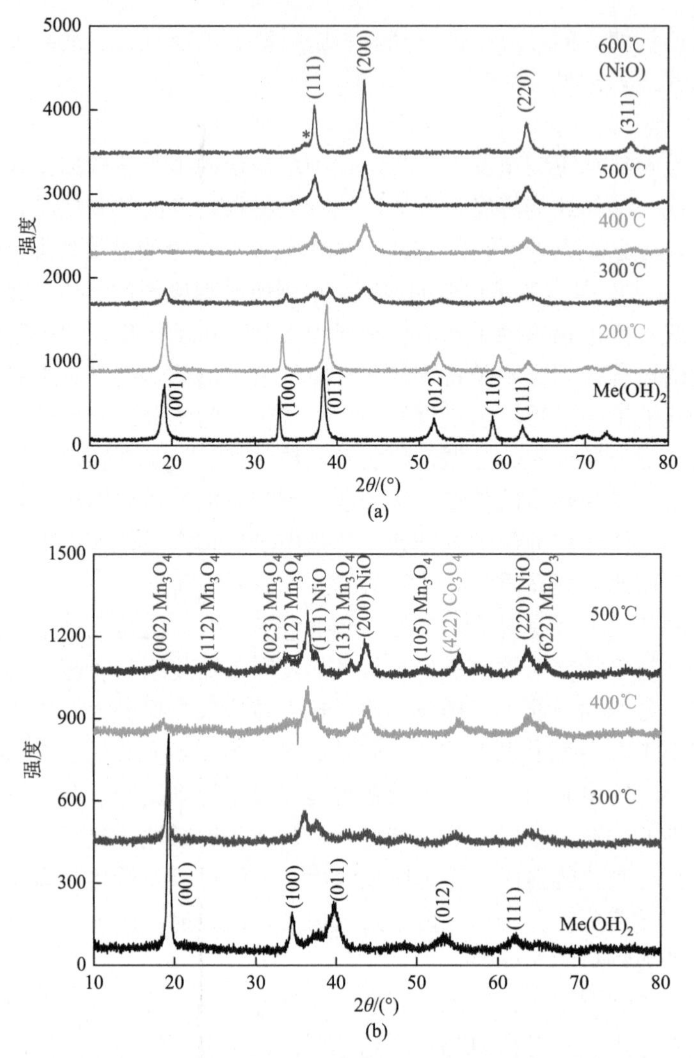

图 7-5 两种镍含量多元材料前驱体在不同热处理温度下的 XRD 谱图

（a）NCM811 前驱体；（b）NCM523 前驱体，*表示 Mn_3O_4 杂相

多元材料前驱体制备过程各工序的工艺控制项目见表 7-2。

表 7-2 多元材料前驱体的生产控制项目

工序	控制项目
原料准备	原材料化学成分、投料量、纯水量、搅拌时间、溶液浓度、pH、混合盐溶液组成等
沉淀结晶	加料速度、温度、反应时间、气氛、固含量、pH、粒度
固液分离与洗涤	滤饼水分、杂质（SO_4^{2-}/Na^+等）含量、洗水用量、水温、洗涤时间、滤液 pH
热处理	热处理温度、时间、气氛
产品检测	粒度、松装密度、振实密度、比表面积、化学成分、水分、杂质、磁性异物、质量、标识等

3. 制备多元材料前驱体的关键设备

按照图 7-1 所示工艺流程，前驱体制备用到反应釜、固液分离与洗涤设备、热处理设备等几类关键设备，以下进行简要介绍。

1）反应釜

反应釜是用于实现化学反应过程的设备，是制备前驱体的核心设备，其容积大小、搅拌桨形式、挡板数量及尺寸、进料位置、有无导流筒、有无增固装置等结构特征，均会影响前驱体的密度、形貌、比表面积、结晶程度、粒度大小及分布等性能[6]。反应釜包括釜体、进液系统、搅拌系统、进气系统、排料系统等，其几种典型结构如图 7-6 所示。反应釜［图 7-6（a）］通过内设挡板、结合多层搅拌，使反应原料溶液入釜后迅速进入湍流状态，混合速度快，有利于各种金属元素分布均匀，并借助强有力的搅拌使得产品球形度好、振实密度高。反应釜［图 7-6（b）］在釜体内部设有导流筒，有效分隔了成核区与生长区，反应料液在推进式搅拌桨叶的作用下，有序快速弥散，沉淀均匀、球形度好、振实密度较高。反应釜［图 7-6（c）］增加了固体颗粒筛分器、颗粒接收罐和固液分离器，可有效控制釜内浆料的固含量，提升团聚颗粒致密度，消除其中细颗粒，从而得到高密度球形前驱体。反应釜［图 7-6（d）］增加了固液分离器、过滤装置和二级反应釜，也达到了提高一级反应釜中浆料的固含量效果，可制备大粒径高密度前驱体。

除了图 7-6 中涉及的浓密斗、在线过滤器外，常用的增固装置还有水力旋流器、微孔过滤浓密机等。水力旋流器的基本结构由圆柱体和圆锥体连接而成，浆料以一定速度切向进入旋流器后，受圆柱器壁限制和重力作用做自上而下的旋转运动，形成外旋流；落入圆锥段后，随内径缩小浆料旋转速度加快，呈现涡流运动，中心处压力低、器壁处压力高；锥体底流口口径较小，液体无法全部从底流管排出，部分流体自中心处自下而上形成内旋流；密度轻的细颗粒被内旋流带动由顶部溢流口排出；密度重的大颗粒受到离心力作用被甩进外旋流沿器壁往下运动，由底流口排出［图 7-7（a）］。水力旋流器设备简单，可实现大小颗粒的分级，但固液分离效果差、对人工依赖性强、可靠性低，未大规模应用。浓密斗利用折流板和重力的共同作用，使浆料中密度大的固体颗粒发生沉降，经连通管线返回反应釜；澄清的母液从浓密斗溢流口排出。浓密斗配件结构简单，可实现颗粒与母液的分离，但增固效率不高、自动化程度低、可靠性一般，在个别厂家有所应用。浓密机利用精密过滤器在一定压力下快速分离浆料，清液排出系统，浓浆返回反应釜，增固效率高、固液分离效果好、自动化程度高、可靠性高，可使反应釜固含量达到 60%以上，已经逐步成为前驱体主流厂家的基本配置。增固装置在提高反应釜中的浆料浓度同时，延长了物料反应时间，增加了结晶颗粒间的碰撞摩擦，使得前驱体颗粒更加致密、球形度更好、结晶更完整、残存硫酸根含量更低。同时，带有增固装置的反应釜的进液流量可大幅增加，产能显著提升。

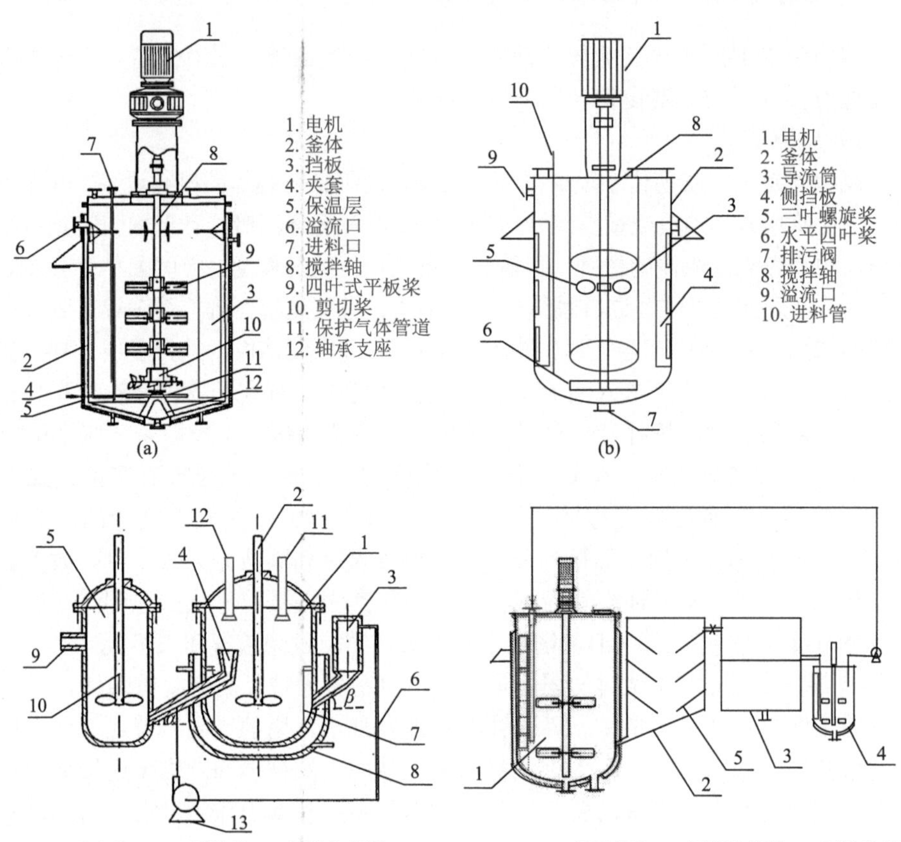

1. 反应釜；2/10. 搅拌桨；3. 固液分离器；4. 颗粒筛分器；5. 颗粒接收罐；6. 母液流出管；7. 挡板；8. 夹套；9. 溢流口；11/12. 进料管；13. 泵

(c)

1. 一级反应釜；2. 固液分离器；3. 过滤装置；4. 二级反应釜；5. 挡流板

(d)

图 7-6　几种常见反应釜结构简图

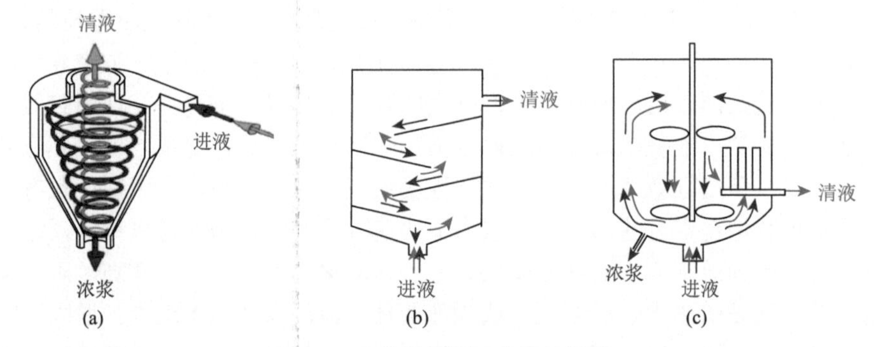

图 7-7　几种常见增固装置结构图

（a）水力旋流器；（b）浓密斗；（c）浓密机

进气系统由储气罐、减压阀、流量计、进气管道等部件构成；进液系统则包含储液罐、输送泵、流量计、进液管道、PID 控制器等部件。输送泵分为隔膜泵、柱塞泵、蠕动泵、离心泵等多种，隔膜泵因流量稳定、计量精确、无污染等优点被业内广泛使用。搅拌系统由电机、减速机、搅拌轴、搅拌桨、挡板等部件构成，常用的搅拌桨有折叶式、锚式、涡轮式、螺旋式等多种（图 7-8）。螺旋桨是常见的轴流式桨，有两个或较多的叶与毂相连，带有一定倾角的推进面为螺旋面或近似于螺旋面，可挤压流体沿轴向推进，在反应釜内形成内循环。折叶涡轮桨是一种径向、轴向混合的桨型，折叶带有一定倾角，可沿轴向挤压流体，同时桨叶旋转时有一定的剪切作用。圆盘涡轮桨是常见的一种径向流搅拌桨，桨区局部剪切作用强烈；桨叶带倾角时也有一定的轴向推进作用，但全釜混合效果较差。锚式桨搅拌直径大，工作时流体以水平旋转为主，适用于高浓度、沉降性较大的流体搅拌。

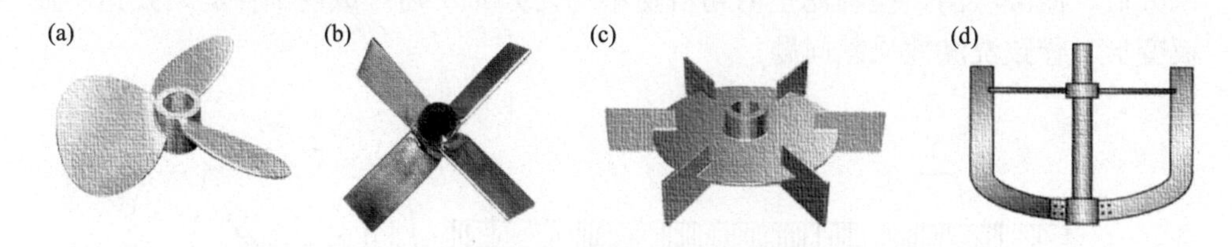

图 7-8 几种常见搅拌桨桨型

（a）螺旋桨；（b）折叶涡轮桨；（c）圆盘涡轮桨；（d）锚式桨

2）固液分离与洗涤设备

固液分离与洗涤设备的作用是将前驱体结晶与反应母液分离，并进行洗涤，去除残留在滤饼中的硫酸根离子、氯离子、钠离子等。目前大多数前驱体厂家采用过滤洗涤一体化设备，主要有压滤机、离心机、增压过滤机、真空吸滤机、微孔过滤机等。压滤机是压力过滤机的简称，是用压力使悬浮液中的液体经过滤布以分离固体颗粒的设备，属于间歇式固液分离设备，通常具备在线洗涤功能。压滤时，料浆在输料泵作用下进入各滤室，固体物质被过滤介质拦截形成滤饼，实现固体和液体分离；滤饼形成后，通过向带隔膜的滤板中充入压缩介质来挤压相邻滤室中的滤饼，压榨去除吸附水分；再从滤饼一侧通入去离子纯水，利用水压渗透滤饼进入另一侧进行洗涤；压榨和洗涤交替进行，直到滤饼和滤液达到技术要求。按安装形式分，有卧式压滤机和立式压滤机；按滤液排放形式分，有明流式压滤机和暗流式压滤机；按结构形式分，有箱式压滤机和板框式压滤机。卧式压滤机，滤板、滤框垂直于地面，按顺序依次排布，结构简单，使用广泛。立式压滤机，滤板、滤框平行于地面，由于物料和洗水水平分布于滤布上，可缓解重力因素带来的“短路”问题，但设备构造复杂，日常维护保养要求高。

以厢式隔膜压滤机为例，如图 7-9 所示，该压滤机主要由机架、过滤滤板、自动拉板、液压站和电器控制柜等五部分构成，其隔膜压榨原理如图 7-10（a）所示。一定数量的滤板在液压驱动的强机械力下被紧密排成一列，普通厢式滤板 3 和隔膜滤板 4 交互排列组成滤室，然后将料浆由入口 1 泵入滤室，进入滤室的固体物料被滤布 6 截留形成滤饼 7，母液透过滤布排出。过滤完成后，压缩介质（如气、水等）进入隔膜滤板的压榨腔 5 使隔膜鼓胀，向两侧挤压滤饼将其中水分榨出。压榨结束后，由固定压板 2 上的洗涤口通入洗涤水对滤饼进行洗涤，也可由洗涤口通入压缩空气，透过滤饼层进一步吹出滤饼中的部分水分[7]。新型压滤机在整个固液分离过程可实现自动控制，材质上选择不锈钢或高分子材料，结构上采用大滤室、优质隔膜、多重洗水通道设计，可满足多元材料前驱体生产需要。压滤机批处理能力大、作业周期短、洗涤效果好、压榨力强、脱水效率高、产品水分低、滤液澄清，但各滤室内物料易不均匀分布，易形成内部穿滤、死角、滤板变形，导致洗涤效果差问题。

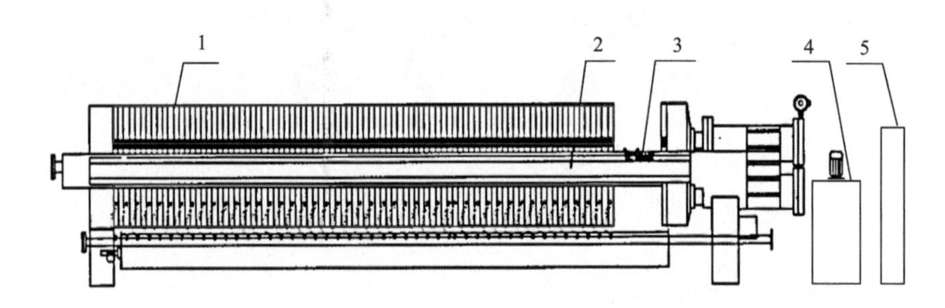

1. 过滤滤板；2. 机架；3. 自动拉板；4. 液压站；5. 电器控制柜

图 7-9　固液分离设备——压滤机基本结构

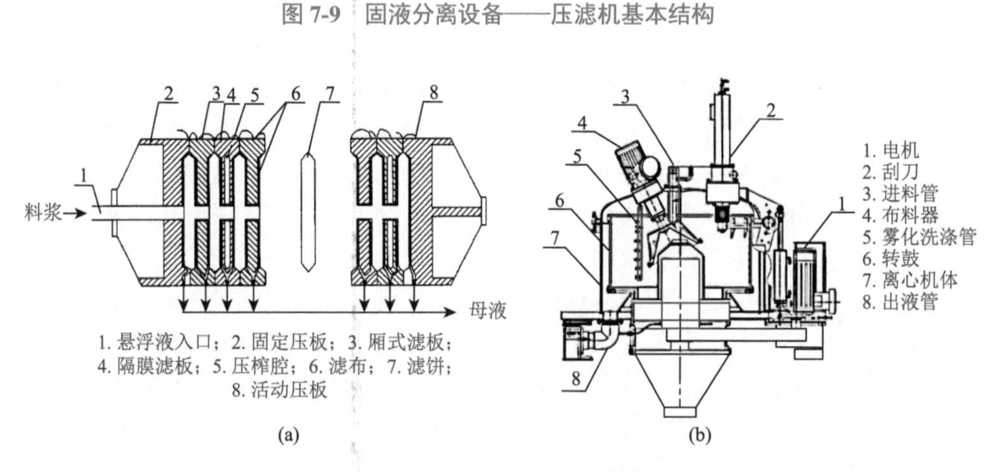

1. 悬浮液入口；2. 固定压板；3. 厢式滤板；4. 隔膜滤板；5. 压榨腔；6. 滤布；7. 滤饼；8. 活动压板

(a)　　(b)

图 7-10　常见固液分离设备[8]

（a）隔膜压榨原理的示意图；（b）平板式离心机

离心机是利用转鼓高速旋转产生的离心力以分离固体和液体的一种设备。料浆注入离心机后，受离心力作用运动到转鼓内壁，被过滤介质（滤布）拦截、形成滤饼，而液体穿过滤布排出；滤饼形成后，加入去离子水进行洗涤，低速洗涤与高速脱水交替进行，直到质量满足要求。整个进料、分离、出液、注水、洗涤、卸料均能实现自动连续完成。常见离心机类型有三足式离心机、平板式离心机、卧式螺旋离心机、碟片式分离机、管式分离机等，其中三足式离心机和平板式离心机［图 7-10（b)］适用于前驱体生产。离心机脱水效率高，滤饼水分含量可达 10%以下，但批处理量小（200～400kg)、动载荷大、故障率高、磁性异物高。

增压过滤机是以压缩气体为推动力实现固液分离的设备，主要用于医药行业，近年来开始在前驱体生产中应用。增压过滤机设备密闭性好、可实现多次原位浆化洗涤、物料损耗少、劳动强度低、环境清洁，但滤饼厚、耗气量大、脱水效率一般，且检修不便。真空过滤机是一种以真空负压为推动力实现固液分离的设备。在 0.04～0.07MPa 真空负压作用下，浆料中母液透过过滤介质被抽走，固体颗粒则被截留。真空过滤机可实现多次原位浆化洗涤、物料损耗少、洗涤效果好、环境清洁，但滤饼厚、工作效率低、脱水效率很差。微孔过滤机是以微孔过滤棒为过滤介质实现固液分离的设备，可以有效拦截 0.3μm 以上颗粒，物料回收率高，适用于细粒度前驱体固液分离。该设备也可实现原位多次搅拌洗涤，劳动强度低、环境清洁，但同样存在滤饼厚、脱水效率差问题。此外，设备内部滤棒较多，需定期清洗、再生和更换，耗材使用成本高。

3）热处理设备

在前驱体生产中，热处理不仅决定了成品的水分含量，而且对晶体结构有很大影响（图 7-5）。根据温度的差异，热处理设备可分为干燥设备和焙烧设备。前者通常在 150℃以下，主要是脱除滤饼中残存的游离水和其他可挥发成分；后者通常在 200℃以上，既除去滤饼中残存的游离水、结晶水和其他可挥发成分，又伴随晶体结构的变化，由氢氧化物、碳酸盐、草酸盐等转变为氧化物。

目前常用干燥设备有热风循环烘箱、盘式干燥机、转筒干燥机、微波干燥机、闪蒸干燥机等[6]，热源为蒸气、电或者导热油，以蒸气最为常见（图 7-11)。热风循环烘箱是一种常见的传统干燥设备，以循环热风为驱动力，加热使物料干燥。该类设备维护费用低、故障率低、出料无残留，适合经常换线的多品种、小批量生产线；其缺点是能耗高，每批次都需要升降温，且自动化程度低，需要人工装、卸料，劳动强度大，粉尘大，环境污染严重。盘式干燥机是以加热圆盘的传导热量为驱动力，加热使物料干燥的装置。它将热源（通常为高压水蒸气）通入固定的多层中空的不锈钢圆盘内，加热落在圆盘上表面的湿物料，在带有耙叶的刮板装置的机械搅拌作用下，物料不断翻滚移动，水分蒸发气化从顶部排湿口排出，合格的干燥成品从底部排出[9]。盘式干燥机充分利用了物料的重力，可实现连续烘干，热效率高、干燥时间短、自动化水平高、环境友好、占地面积小；但耙叶与干燥盘摩擦易造成产品磁性异物升高、维修难度较大、内部物料不易清理，适合单一产品型号的大型生产线。转筒干燥机是以加热转筒的传导热量为驱动力使物料干燥的装置，转筒略带倾斜，物料从高端投入，进入内筒后在抄板翻动下均匀分散，与热空气和内壁充分接触后从底端排出。该设备充分利用了物料重力，可实现连续烘干，热效率高、干燥时间短、自动化水平高、环境友好；但物料容易黏壁、不易清理，长期使用后干燥效率下降，且设备较大、占地面积大、维修周期长、内部物料不易清理，适合单一产品型号的生产线。微波干燥机是以微波与物料中极性水分子耦合产生的热量为驱动力使物料干燥的装置。它由微波发生器产生微波，经馈能装置输入微波加热器中，物料中的极性水分子随着交变的高频电场快速转动、摩擦生热、升温蒸发、排出。微波干燥具有选择性强、无热惯性、易于控制、能量转换效率高、快速省时等优点，但其固定投资高，需防控微波泄漏辐射危害，含钴、镍、锰等的物料在高功率的微波场中也会耦合吸收能量局部烧熔聚四氟乙烯传送带，在一定程度上限制了其大范围应用。闪蒸干燥机是利用突降气压以打破气相、液相和固相间的平衡态，使溶剂迅速蒸发来干燥物料的装置。滤饼与热空气进行充分热交换，水分瞬间蒸发，较大较湿的物料在搅拌器作用下被机械打散解离，湿含量较低及颗粒度较小的物料随旋转气流上升进行气固分离。闪蒸干燥机在干燥过程中物料分散性好、不易团聚，可实现连续进料，自动化水平高；但干燥过程处于流化床状态，热风带走热量过多、能耗高，设备磨损严重，且设备结构复杂，投资较大。

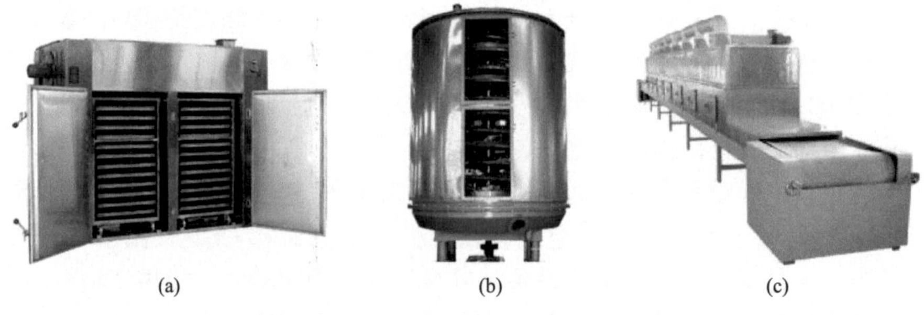

图 7-11　几种常见干燥设备

（a）热风循环烘箱；（b）盘式干燥机；（c）隧道式微波干燥机

用于前驱体焙烧的设备最常见的有台车炉、回转炉、推板窑、辊道炉等，基本都采用空气气氛，热源用天然气或电，以电最为常见。因这些窑炉大多又用于正极材料的烧结，因此将在后面的相关章节一起介绍。此外，在前驱体制备过程中，所用的过筛、除铁、混合等设备与正极材料基本一致，在此也不做重点介绍。

7.1.2 多元材料的制备技术与设备

1. 多元材料的制备流程图

商用层状多元材料的制备，是以化学共沉淀法得到的前驱体为基础原料进行的高温固相反应，其基本工艺如下：先将前驱体、锂盐、添加剂等原材料按照设计的配方进行称量，依次加入混合机中配混料，再加入陶瓷匣钵，摇匀、振平、切块，进入窑炉按一定工艺制度烧结；冷却后的烧结料经过粗破碎、细粉碎后，进行必要的包覆、热处理和解离，最后进行批混、除铁、包装等，得到多元正极材料（图 7-12）。常规的尖晶石型锰酸锂材料的制备工艺与层状多元材料类似，不同的是所用原料大多为电解二氧化锰；对于 5V 高电压的 $LiNi_{0.5}Mn_{1.5}O_4$ 材料，其工艺基本与多元材料一致，也需要从化学共沉淀的含镍、锰前驱体做起，使主元素达到原子级别的均匀分布，以确保在高电压下具有良好的电化学性能和热稳定性。

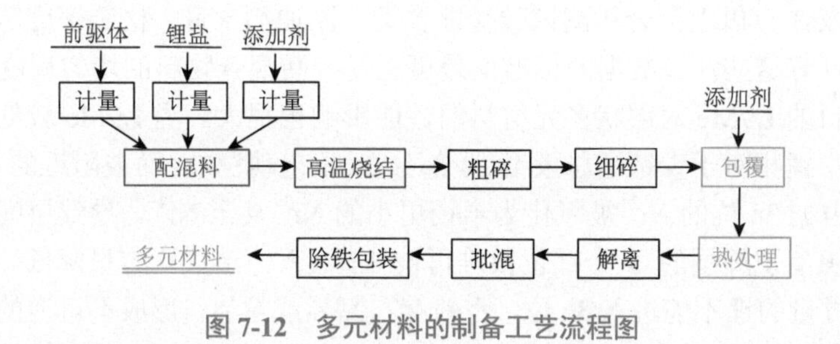

图 7-12 多元材料的制备工艺流程图

2. 多元材料的制备工艺

按照图 7-12 的工艺流程，多元材料制备可分为原料准备、配混料、高温烧结、破粉碎、表面处理、筛分除铁等几个关键工序。以下简要介绍其主要工艺过程。

1）原料准备

多元材料的原料包括前驱体、锂盐、添加剂等。层状多元材料的前驱体通常采用氢氧化物原料形式，这是因为其相对于氧化物而言组成比较稳定，相对于碳酸盐或草酸盐来说主含量高。锂盐大多采用碳酸锂（Li_2CO_3）或一水合氢氧化锂（$LiOH·H_2O$），中低镍含量的多元材料烧结温度不低于 800℃，常用锂含量高、腐蚀性弱、熔点较高的碳酸锂作为原料（～720℃）；高镍材料本身烧结温度较低，需要高的氧分压促使与 Mn^{4+}适配的多余的 Ni^{2+}被氧化成 Ni^{3+}，通常用低熔点的一水合氢氧化锂作为原料（～460℃），以便于在升温段及时抽排释放的水分，不影响高温平台的烧结气氛。用于正极材料掺杂、包覆改性的添加剂，通常在前驱体沉淀、配混料、表面处理等阶段引入，各自起到不同的作用。在前驱体沉淀阶段引入的，通常是可溶盐形式；在配混料阶段引入的，通常是氧化物、氢氧化物、碳酸盐等形式的纳米级或亚微米级粉体；在表面处理阶段引入的，通常是醇盐、氧化物、氢氧化物、羟基氧化物、碳酸盐、磷酸盐、氟化物等形式的溶胶或纳米级粉体。

2）配混料

配混料是将两种或多种原料按照设定的比例准确计量，依次加入混合机中，以机械方法使这些原料相互分散而达到均匀状态的操作过程。层状多元材料采用了化学共沉淀的前驱体作原料，实现了 Ni、Co、Mn、Al 等金属离子的均匀分布，为实现完全的锂化反应，还需将前驱体与锂盐、添加剂进行充分的、均匀的混合。通过选择合适的混合设备、适宜的配方、加入方式、搅拌方式、搅拌强度、混合时间等工艺条件，以制备元素均匀分布、色泽一致、无杂质异物的混合料。配混料的均匀性会直接影响正极材料的结晶程度、一次颗粒大小极差和残碱量，最终体现在电化学性能上。为检测混合效果，肉眼观察有无白点是最常见的基本手段；此外，任取 3 点以上混合料测试碳酸锂含量、添加剂含量、松装密度等也多见使用，通过计算这些测试数据的标准偏差可定量判断混合物料的均匀程度。

配混料的 Li/Me 对层状多元材料的性能影响也很大。当 Li/Me 较低时，锂挥发使产物中锂相对于镍钴锰总量不足，部分 3a 位出现空缺，而被附近的 Ni^{2+} 占据。充电时，占据 3a 位的 Ni^{2+} 被氧化为半径更小的 Ni^{3+} 甚至 Ni^{4+}，导致层间局部结构坍塌，使镍离子周围的 6 个锂位很难再被 Li^+ 嵌入，造成比容量降低。当 Li/Me 过高时，过量的锂不能进入 3a 位，将残存在晶界或粒界，形成不可逆的锂或不导电的碱性物质。不可逆的锂造成产物的首次充电比容量高，但对应的放电比容量很低；不导电的碱性物质使扩散内阻增大，将充电曲线整体上移，放电曲线整体下移，电化学性能差。当 Li/Me 适宜时，充电曲线电压低，放电曲线电压高，放电比容量大，说明此时既避免了锂不足造成的金属混排，又抑制了锂过量造成的内阻增大，能形成晶型完美的层状结构，有利于 Li^+ 的嵌脱（图 7-13）[10]。

3）高温烧结

将锂盐、添加剂与前驱体均匀混合之后，还需要借助特定气氛下的高温烧结才能得到层状多元材料 NCM 或 NCA。高温烧结又称高温固相反应，指固态混合原料在较高温度下发生分解、扩散、化学反应，生成新的物相的过程。有时也包括液体或气体渗入固相内所发生的化学反应。在一定反应温度下，前驱体和锂盐吸收环境热量后各自分解，释放出水蒸气（H_2O）或二氧化碳（CO_2）气体，并开始发生氧化锂化反应：

$$Ni_{1-x-y}Co_xMe_y(OH)_2 \longrightarrow Ni_{1-x-y}Co_xMe_yO + H_2O\uparrow \quad (7\text{-}8)$$

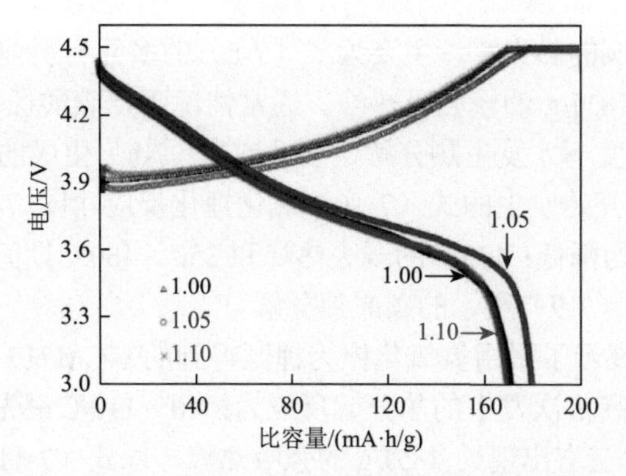

图 7-13 不同 Li/Me 下制备的多元材料首次充放电曲线

$$Li_2CO_3 \longrightarrow Li_2O + CO_2\uparrow \qquad (7\text{-}9)$$

$$Ni_{1-x-y}Co_xMe_yO + 1/2\ Li_2O + 1/4O_2 \longrightarrow LiNi_{1-x-y}Co_xMe_yO_2 \qquad (7\text{-}10)$$

对应于图 7-14（a）所示的采用碳酸锂为锂源得到的 NCM523 配混料的 TG-DSC 热分析曲线，温度由低到高依次发生的热分解反应为：从室温到 350℃

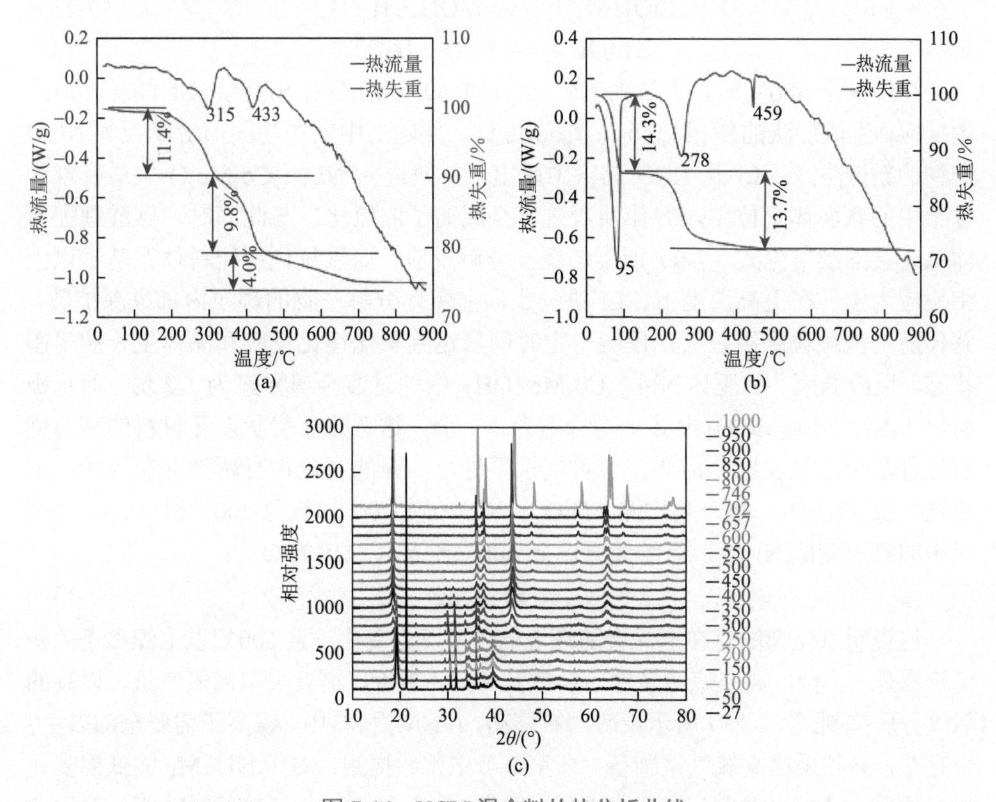

图 7-14 NCM 混合料的热分析曲线

（a）碳酸锂配料 TG-DSC 曲线；（b）氢氧化锂配料 TG-DSC 曲线；（c）碳酸锂配料原位 XRD 谱图

最先发生的是 11.4%的热失重，主要为式（7-8）的多元材料前驱体脱水反应，在 315℃左右伴有约 181J/g 的较强吸热峰。通常情况下，碳酸锂在 700～720℃发生熔融，在更高的温度下才发生热分解，但受到式（7-8）生成的过渡金属氧化物的催化和约 350℃时开始发生的式（7-10）氧化锂化反应［图 7-14（c）］的协同作用，热分解温度大为降低：433℃的弱吸热峰和 350～460℃期间约为 10.0%的热失重，基本归因于式（7-9）所示的碳酸锂分解。

图 7-14（b）展示了采用氢氧化锂为锂源得到的 NCM712 配混料的 TG-DSC 曲线，温度由低到高依次发生的热分解反应为：40～110℃最先发生 14.3%的热失重，相应地在 95℃左右出现约 435J/g 的强吸热峰，以式（7-11）一水合氢氧化锂脱去结晶水为主，并伴随前驱体和其他添加剂中少量吸附水的脱除。温度升高到 200～460℃继续发生约 13.7%的热失重，主要以式（7-8）多元材料前驱体脱水反应为主，其次为式（7-12）对应的无水氢氧化锂分解，以及少量的式（7-10）的氧化锂化反应；其中 278℃的较强吸热峰（～305J/g）对应于前驱体分解，459℃的弱吸热峰（～18J/g）对应于氢氧化锂分解。

$$LiOH \cdot H_2O \longrightarrow LiOH + H_2O\uparrow \tag{7-11}$$

$$2\,LiOH \longrightarrow Li_2O + H_2O\uparrow \tag{7-12}$$

温度高于 460℃时，大量的 $Ni_{1-x-y}Co_xMe_yO$ 与 Li_2O 在相互接触的晶粒界面发生反应，生成层状的新相 $LiNi_{1-x-y}Co_xMe_yO_2$，伴随着中间产物的旧键断裂和 NCM 产物的新键生成：Li^+从 Li_2O 晶格中脱出，扩散进入 $Ni_{1-x-y}Co_xMe_yO$ 氧最密堆积骨架中的八面体空位中，并伴随着过渡金属离子的氧化。与此同时，碳酸锂配料体系还会继续发生式（7-9）所示的锂盐分解反应，而氢氧化锂配料体系基本以固相反应为主。在更高温度下，Li^+进一步向前驱体分解产物的颗粒内部纵深扩散，并伴随一次颗粒烧结长大，反应一定时间后达到氧化锂化反应和晶体生长的平衡状态，反应结束。前驱体 $Ni_{1-x-y}Co_xMe_y(OH)_2$ 中的过渡金属元素为＋2 价，而正极材料 $LiNi_{1-x-y}Co_xMe_yO_2$ 中其平均价态为＋3 价。这意味着层状多元材料的高温烧结过程是个需氧反应，需要在含氧气氛下进行。镍的氧化物有两种存在形式：三氧化二镍（Ni_2O_3）和一氧化镍（NiO）。NiO 在空气中加热至 400℃时，会吸收空气中的氧而变成 Ni_2O_3，而继续升温到 600℃时又还原成 NiO[11]：

$$2\,Ni_2O_3 \rightleftharpoons 4\,NiO + O_2\uparrow \tag{7-13}$$

这说明氧化镍的存在形式会随环境的温度发生变化，且 600℃以上镍离子的稳定价态是＋2 价，高温烧结条件下要使其保持＋3 价，需要采取高氧气氛，以高的氧气分压抑制式（7-13）所示反应向右移动。$LiNiO_2$ 材料中，镍离子需要全部以＋3 价存在，必须采用高氧气氛制备。在第 2 章中曾经提到，对于 Ni≤Mn 的低镍多元材料体系，Mn^{3+}自发向 Ni^{3+}提供电子，发生 $Mn^{3+} + Ni^{3+} \longrightarrow Ni^{2+} + Mn^{4+}$，这样允许镍离子全部以+2价形式、在材料中以$LiNi_{0.5}Mn_{0.5}O_2$组分存在，没必要用高氧来确保形成$LiNiO_2$组分，因此在空气气氛中即可制得。对于NCM433（$LiNi_{0.4}Co_{0.3}Mn_{0.3}O_2$）、NCM523（$LiNi_{0.5}Co_{0.2}Mn_{0.3}O_2$）等低镍多元材料体系，虽然Ni略多于Mn，但名义组成为$LiNiO_2$成分在层状材料中的含量仅占10%～20%，大部分仍以$LiNi_{0.5}Mn_{0.5}O_2$和$LiCoO_2$存在，仍可采用空气气氛制备。中镍材料NCM622（$LiNi_{0.6}Co_{0.2}Mn_{0.2}O_2$）成为一个分水岭，需要采用高氧气氛才能确保其中占比40%的$LiNiO_2$达到完全氧化。根据图7-14（a）碳酸锂为锂源的混合料热分析曲线，460～720℃存在4.0%的热失重，表明碳酸锂在此温度范围仍继续分解，其释放的二氧化碳气体将会在匣钵内部富集，稀释氧气分压，不利于$LiNiO_2$组分的氧化。因此，高镍NCM通常都需要以氢氧化锂为锂源、高氧气含量和高氧气压力的纯氧气氛下制备（表7-3）[12]。根据图7-14所示的TG-DSC热分析曲线，层状多元材料的混合物料在从室温加热到500℃过程经历了超过20%的热失重，并伴随式（7-8）～式（7-12）的原料分解反应，释放出大量的水汽、二氧化碳等气体。这些气体若不及时排出，将随物料进入高温区，降低烧结高温段的氧分压，不利于$LiNi_{1-x-y}Co_xMe_yO_2$物相的生成，因此通常需要设计合适的温度曲线以及各个温区的通风和排气。多元材料的成相和晶粒生长是通过原材料及其分解产物在高温条件下固相扩散实现的，烧结温度通常低于反应物及其分解产物的熔点，因此固相反应主要是通过固态离子的振动，从高浓度区域向低浓度区域的扩散、成键过程，这使得烧结温度成为左右其物相组成、晶体结构、晶粒大小、电化学性能的重要影响因素。以NCM622为例，其不同温度烧结得到样品的交流阻抗谱和首次充放电曲线（3.0～4.5V）如图7-15所示。

表7-3 不同镍含量的层状多元材料名义组成及其制备气氛控制要求

种类	组成/%			气氛要求	常用锂源	备注
	$LiNiO_2$	$LiNi_{0.5}Mn_{0.5}O_2$	$LiCoO_2$			
$LiNi_{1/3}Co_{1/3}Mn_{1/3}O_2$	—	66.6	33.3	空气	碳酸锂	低镍NCM
$LiNi_{0.4}Co_{0.2}Mn_{0.4}O_2$	—	80.0	20.0	空气	碳酸锂	低镍NCM
$LiNi_{0.4}Co_{0.3}Mn_{0.3}O_2$	10.0	60.0	30.0	空气	碳酸锂	低镍NCM
$LiNi_{0.5}Co_{0.2}Mn_{0.3}O_2$	20.0	60.0	20.0	空气	碳酸锂	低镍NCM
$LiNi_{0.6}Co_{0.2}Mn_{0.2}O_2$	40.0	40.0	20.0	高氧/纯氧	碳酸锂/氢氧化锂	中镍NCM
$LiNi_{0.65}Co_{0.20}Mn_{0.15}O_2$	50.0	30.0	20.0	纯氧	氢氧化锂	中镍NCM
$LiNi_{0.70}Co_{0.15}Mn_{0.15}O_2$	55.0	30.0	15.0	纯氧	氢氧化锂	高镍NCM
$LiNi_{0.8}Co_{0.1}Mn_{0.1}O_2$	70.0	20.0	10.0	纯氧	氢氧化锂	高镍NCM
$LiNi_{0.90}Co_{0.05}Mn_{0.05}O_2$	85.0	10.0	5.0	纯氧	氢氧化锂	高镍NCM
$LiNi_{0.96}Co_{0.02}Mn_{0.02}O_2$	94.0	4.0	2.0	纯氧	氢氧化锂	高镍NCM

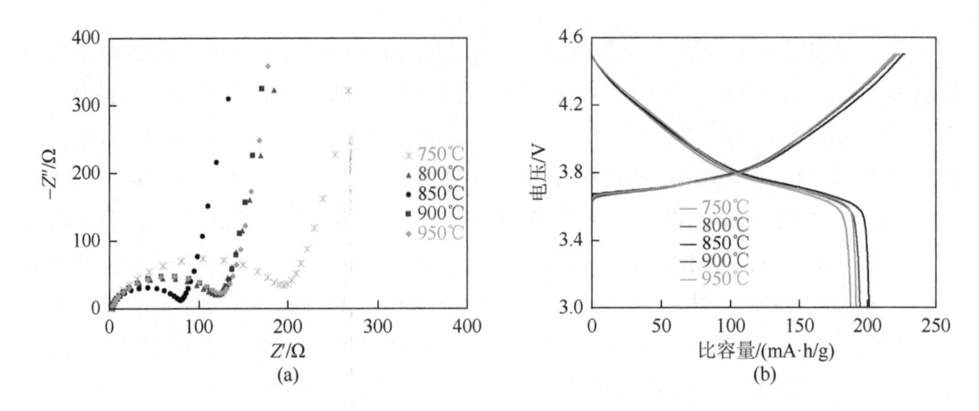

图 7-15 不同烧结温度下 NCM622 样品的交流阻抗谱和首次充放电曲线

当烧结温度不足时，原材料未完全分解、锂离子扩散深度不足、反应不完全，使得 750℃下反应产物的交流阻抗过大，放电比容量最低，仅为 187.6mA·h/g。随着烧结温度的升高，固相反应逐渐趋于充分、彻底，在 850℃时反应产物的交流阻抗最小，对应的首次放电比容量最大（201.2mA·h/g）、充电电压曲线最低、放电电压曲线最高。当烧结温度过高时，材料的晶粒尺寸发育过大，使得锂离子在材料本体中的扩散距离变长、内阻增大、比容量降低。同时，材料颗粒表层的锂倾向于脱出晶体结构挥发并形成锂空位，已经氧化形成的 Ni^{3+}有分解成 Ni^{2+}的趋势［类似于式（7-13）］，为保持材料的电中性，Ni^{2+}会振动扩散进入 Li^{+}空位，形成无电化学活性立方岩盐相 $(Li_{1-x}^{+}Ni_{x}^{2+})_{3a}(Ni_{1-x}^{3+}Ni_{x}^{2+})_{3b}O_2$，导致界面阻抗增大［图 7-15（a）］。层状正极材料中镍含量越高，其中要求以 +3 价存在的 $LiNiO_2$ 组分越多；与此同时，镍的氧化物在高温下更倾向转变为 +2 价，使得不同镍含量的层状多元材料的烧结温度有所差异。通常情况下，镍含量越高，烧结温度越低（图 7-16）。

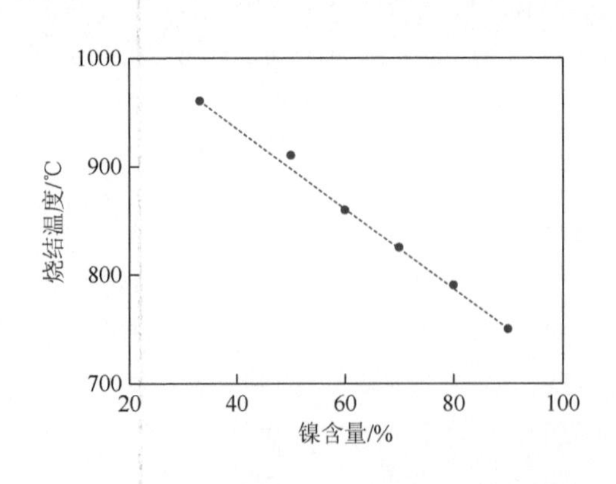

图 7-16 不同镍含量多元材料对应的烧结温度

此外，烧结时间、反应气氛、升温速度、降温速度等工艺条件都会给多元材料的性能指标带来较大影响。烧结时间过短，反应气氛不足，都会使固相扩散锂化反应不充分，电性能变差；烧结时间过长，反应气体流量过大，又会加速结构中 Li 的挥发，金属离子混排加剧，电性能恶化，同时生产成本增加；选择适宜的时间、气氛、升降温条件等非常重要。

4）破粉碎

高温固相反应得到的产物一般有不同程度的烧结粘连，需要进行破碎、粉碎以充分解离，使其具有一定的粒度分布，以满足最终正极材料所需的振实密度、压实密度、加工性能和电化学性能等。破碎是用机械方法使大块固体物料解离变成小块；粉碎则是将小块固体物料进一步解离变成粉末。第 2 章提到过层状多元材料分团聚型和单晶型，前者的微观形貌和粒度分布基本继承了前驱体的特征，可采用比较弱的解离方式破碎；后者则以单晶化的颗粒为主，形貌发生了巨大变化，通常需要采用较强的解离方式破粉碎。正极材料的破粉碎过程需要消耗较大的机械能，与此同时最容易引入金属异物质，给锂离子电池的电化学性能带来不利影响。因此，选用破粉碎设备时，尽量避免金属材质与物料直接接触，更不能在其间发生碰撞、剪切、研磨等强相互作用。对于破碎设备的主腔体内壁，通常的做法是采用陶瓷贴片，或陶瓷、塑料等涂层，隔绝金属内壁与物料直接接触；对于颚板、辊体、磨盘、分级轮、刀头等破碎动件，则直接采用刚玉、二氧化锆和碳化钨陶瓷或特氟龙塑料；对于陶瓷难以成型的破碎动件，也有采用陶瓷或塑料涂层的做法，但需要加强日常维护保养，监控涂层的减薄情况，及时更换或修复。

5）表面处理

为了满足储能和新能源汽车等应用要求，多元材料通常需要采用特殊的表面改性处理。表面处理又称包覆，是采用化学和物理方法改变材料表面的化学成分或组织结构，以提高材料性能的工艺过程。如 2.4.1 节所示，包覆工艺经过了四代技术的演变，第四代表面改性技术——ALD 也在逐步从实验室走向批量应用。包覆的常见元素是铝，以醇盐、氢氧化物、氧化物、氟化物、磷酸盐、可溶性盐、溶胶等形式。对于高镍层状材料 NCM811 和 NCA，需采用水洗或有机溶剂洗涤的办法，去除其表面过多的残存锂。水洗可大幅降低高镍材料表面及颗粒间残留的惰性碱性杂质含量，使材料活性表面与电解液充分接触，有利于提高材料的容量。但水洗条件控制不当，也会过度抽提材料晶格内部的活性锂，破坏材料的表层结构，使电化学性能劣化。

6）筛分除铁

电池及其材料制备过程引入的磁性异物是引发锂离子电池内部短路、低电压、自放电率高、起火、爆炸的主要原因，需要控制在 50ppb（$1ppb = 1\times10^{-9}$）以下。

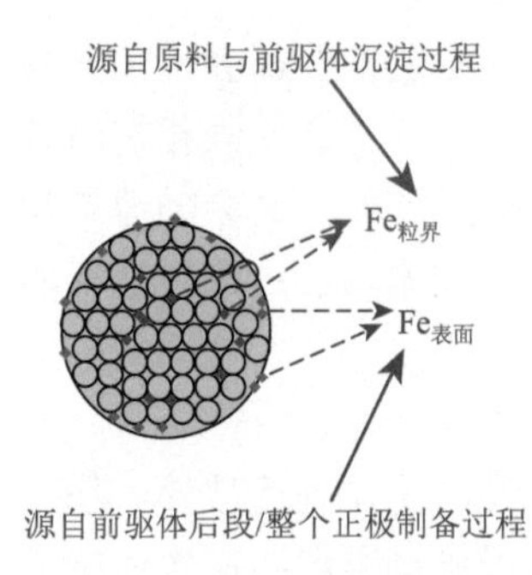

图 7-17 多元材料中磁性异物

常见的磁性异物含有铁、铬、铜和锌等元素，主要以单质形式存在。正极材料及其前驱体产品中应避免夹杂超大颗粒的磁性异物，它们可直接穿透隔膜，导致带电正极和负极内部直接短路，造成安全隐患。此外，颗粒间混入或颗粒内部伴生的细微磁性异物，在充电过程中也会发生氧化反应，溶解进入电解液中并沉积于负极表面，形成金属枝晶并穿透隔膜，造成低容和安全等问题（图 7-17）。严格控制这些金属磁性异物污染，应从"原材料—正极/负极制备—电池组装"等全流程进行控制。在正极及其前驱体整个生产流程中，与物料接触的设备表面、搅拌器、输送器、管道内壁等应尽可能选用塑料、陶瓷等非金属材质，但很多情形下不得不采用金属材质，通常以含铁的硬质合金、不锈钢、碳钢为主。物料与它们磨损产生的磁性异物通常尺寸比较大且具有一定的磁性，可通过筛分、除铁等工艺予以清除。筛分是利用筛孔尺寸不同去除粉体中大颗粒的操作；除铁是借助电磁场或永磁体作用，分离去除物料中夹杂的单质铁屑、铁合金粒子、含铁氧化物颗粒等有害磁性异物质的过程。

层状多元正极材料制备过程各工序的工艺控制项目如表 7-4 所示。

表 7-4 多元材料生产控制项目

工序	控制项目
原料准备	原材料/添加剂化学成分、物理指标［D_{50}、振实密度（TD）、比表面积（SSA）等］、物相组成（XRD）、磁性异物等
配混料	投料量、锂配比、添加剂用量、混合转速、混合时间、磁性异物、混料均匀性
高温烧结	烧结温度、时间、升温速度、降温速度、装钵量、气氛、进气量及分布、排气量
破粉碎	投料量、粒度及其分布、破碎间隙、粉碎压力、喂料频率、分级频率、磁性异物等
表面处理	投料量、添加剂用量、搅拌转速、搅拌时间、磁性异物、包覆均匀性
筛分除铁	投料量、筛网目数、磁性异物
产品检测	粒度、振实密度、比表面积、化学成分、水分、杂质、磁性异物、比容量、首次效率、质量、标识等

3. 多元材料的制备关键设备

按照图 7-12 所示工艺流程，多元材料制备用到的关键设备有混合机、烧结炉、破粉碎设备、除铁机等，以下做一简要介绍。

1）混合机

混合机是用于混合固体物料的专用设备。在进入混合机前，需先对原材料进行精确称量，一般要用到精密电子秤，最好采用自动称量系统，由 PLC 控制称重传感器，输入控制信号，执行定值称量，控制外部给料系统的运转，实现自动称量和配料。自动称量系统启动时，各原料仓内的物料通过螺旋喂料输送到称料罐，称量合格后排入混合机进行配混[6]。多元材料常用的混料设备有球磨混合机、立式圆锥混料机、犁刀混合机、高速混合机等（图 7-18）。球磨混合机采用有倾角的筒体结构使物料进行无规则运动，并添加一定比例聚氨酯球或刚玉球等作为研磨介质以提高混合效率，通过研磨介质的冲击及其与混合机内壁的研磨作用，将物料解离、混合、均匀分散。球磨混合机一次性投资小，混料均匀性好；但其操作复杂、混合时间长、能耗大、粉尘大、噪声高，多用于早期锂离子电池正极材料厂配混料工序。立式圆锥混料机是利用高速旋转搅拌桨的离心力及其与锥形内壁的剪切作用，将物料解离、混合、均匀分散的设备。其主体为锥形混合腔体，物料受离心力作用与器壁碰撞，沿内壁向上运动、回落折返，被充分混合；腔体外的夹套可精确控制温度、避免物料过热。立式圆锥混料机混合时间较短、不积料、清理方便；但产能小、自动化程度不高，多用于实验室或中试线中。犁刀混合机是利用高速转动的犁形桨叶的离心力、剪切力，高速旋转的飞刀的剪切和分散作用，将物料碰撞、摩擦、解离、混合、均匀分散的设备。犁刀随主轴旋转使物料沿筒壁做径向圆周湍动，同时被高速旋转的飞刀抛散，不断更迭、复合，使物料在较短时间内混合均匀。犁刀混合机混料时间短、配混料量大、对粒度和密度差异较大的物料有较好的适应性；但刀头容易磨损、容易积料、不方便换线清理，适用于单一品种正极材料自动化生产线。高速混合机是利用高速旋转搅拌桨的离心力、剪切力，将物料碰撞、摩擦、解离、混合、均匀分散的设备。物料在高速旋转的桨叶的离心力作用下被抛向混合机内壁，与壁面、折流板碰撞后不断改变方向、上升再落回，呈连续螺旋式运动状态，物料相互碰撞摩擦、交叉混合。高速混合机一般装有 2 层桨叶，以增强混合效果；桨叶表面需进行碳化钨等涂层处理，以避免磨损并污染物料。高速混合机的混料时间很短、能耗低、效率高、均匀性好，可与其他设备无缝衔接，实现自动化控制，操作简单、噪声低、工作环境清洁；但该类设备一次性投入大，涂层修复成本高，在新建的正极材料自动化生产线中比较常见。

2）烧结炉

烧结炉是一种使物料在一定气氛和温度曲线下受热分解、扩散反应、形成新相、晶粒长大、体积收缩、密度增加，形成具有某种显微结构烧结体的设备。烧结炉是正极材料制备的核心设备，对正极材料的物相纯度、晶体结构、晶粒尺寸、微观形貌、压实密度、比表面积等物理指标，和比容量、倍率特性、循环性能等重要电化学性能，以及正极材料的一致性、稳定性、可靠性等质量控制等都具有重大影响。

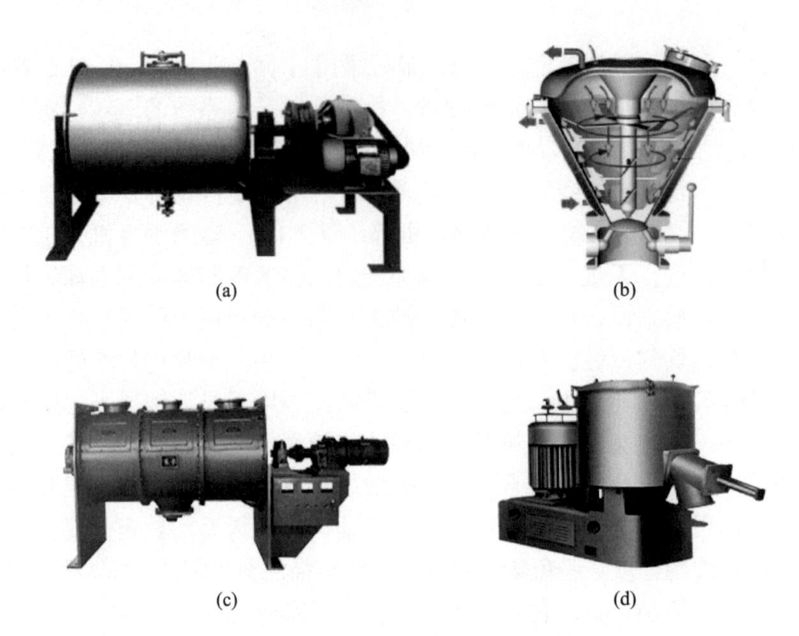

图 7-18 几种常见混合设备示意图

（a）球磨混合机；（b）立式圆锥混料机；（c）犁刀混合机；（d）高速混合机

正极材料用烧结炉包括机械传动、温度控制、进气排气和冷却系统等关键部分。高温烧结过程中先将配混料称重计量、装入匣钵、摇匀刮平、分割切块，然后从炉头进入，在炉膛内经过一定温度气氛制度烧结后，从炉尾移出。烧结温度是最重要的工艺参数，烧结炉温度的均匀性、稳定性、控制精度等直接影响正极材料的大部分性能。不同类型的多元材料烧结温度差异较大，对发热元件、热电偶、炉膛耐火材料的要求也不同。发热元件有合金加热丝、硅碳棒等，热电偶常见有 K 型（NiCr-NiSi）、N 型（NiCrSi-NiSi）、S 型（PtRh10-PtRh）等，通常炉膛耐火材料需要用高铝材质以延长使用寿命。层状和尖晶石型正极材料高温烧结时需要通入空气或氧气，且会产生大量二氧化碳、水蒸气等废气，需根据各种材料组成和原料的差异设计合理的进气和排气系统。目前层状和尖晶石型正极材料的工业化生产常用设备有推板炉、辊道炉、回转炉、台车炉等，其中推板炉、辊道炉等都具有隧道窑炉结构（图 7-19）。

推板炉是以液压驱动的耐火推板作为匣钵运载工具，以耐火材料砌成的用来焙烧物料或烧成制品的设备。它将匣钵置于耐火推板上，由液压推进器施加推力，通过与推板下方的耐高温硬质导轨支撑滑动，达到传送载料匣钵的目的。推板炉需要克服摩擦力来传输物料，硬质导轨的耐磨性优劣直接影响到窑炉的使用寿命；推动力由炉头的主推进器作用于推板实现，容易发生“拱板”故障，因此推板炉常以双层双列为主，长度不超过 30m；特有的推动方式，因必须留出额外的时间

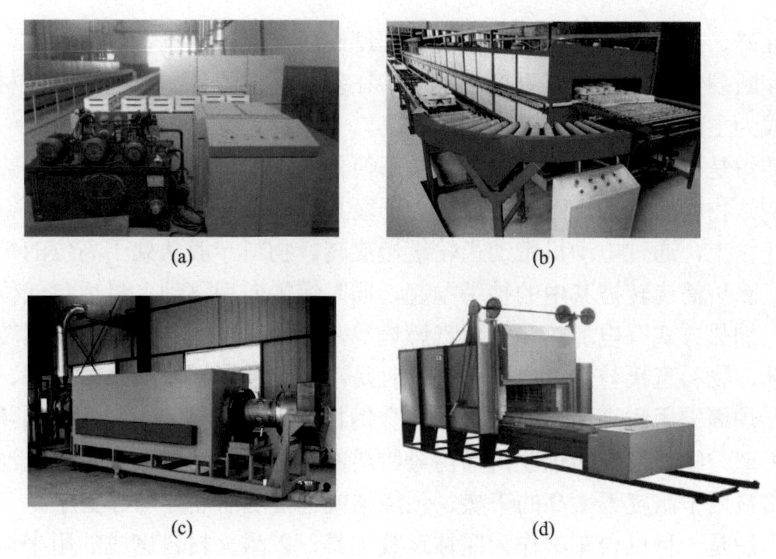

图 7-19 几种常见烧结设备

（a）推板炉；（b）辊道炉；（c）回转炉；（d）台车炉

用于上料和出料的辅助推进器动作，使得实际并非匀速前进，在一定程度上影响到烧结均匀性。为满足物料连续不断的进料和出料，推板炉一般设置有升温区、恒温区、降温区等，升温段炉顶安装多个烟囱用于排放工艺载气和混合原料释放的 CO_2、H_2O 等气体，降温段炉顶则安装多个烟囱用于排走热量，便于烧结后的物料降温。为满足物料烧结气氛要求，推板炉一般有工艺气体通过流量计计量、炉内夹层预热后进入炉内，进气口通常位于推板下方的炉膛内侧。推板炉具有投资较小、密封性好、结构简单等优点，但温度的均匀性差、易拱板、产能小，在一些中等规模的正极材料生产线中比较常用。

辊道炉是以转动的耐火辊棒作为匣钵运载工具，以耐火材料砌成的用来烧结物料的设备。通过连续排布的辊棒转动实现物料的连续传输，以滚动传送取代滑动摩擦，匣钵直接置于辊棒上，无需耐火垫板，比推板炉更加节能。炉内温度均匀，预热带温差小，常采用硅碳棒作为加热元件，加热功率大，可实现快速升温。早期的辊道炉常用单层四列、单层六列结构，近年来为提高产量、降低成本，双层四列结构逐渐成为主流配置。辊道炉的传动由多个电机控制，物料在窑炉内部可以匀速前进，有利于提高烧结的一致性，炉长也可以延长到 50～60m。与推板炉类似，辊道炉也属于连续烧结炉，也设置有升温区、恒温区、降温区等，升温段和降温段炉顶也安装多个烟囱，工艺用气也通过流量计计量、炉内夹层预热后进入炉内，进气口通常位于辊棒下方的炉膛底部，采用多点进气方式。当对气氛纯度要求较高时，辊道炉在炉头和炉尾可分别设置 1～2 个置换室。辊道炉具有温度均匀性好、产能大、能耗低、自动化程度高等优点，但设备投资较大，辊棒容易变形和断裂，需定期检查更换。辊道炉在新建的自动化、大规模正极材料生产线上已成为主流烧结设备配置。

回转炉是一种以低速旋转的钢制圆形筒体为主体，通过筒壁传导换热，用来焙烧或烧结物料的设备。回转炉炉体为一段具有 3%～6%倾斜度的合金钢圆筒，支承在托轮上，通过电动机带动齿轮缓慢旋转。物料一般从处于高位的炉头处加入炉筒，随炉筒旋转被其中的抄手抛起，同时缓慢向后移动，最后自低位的炉尾处卸出。加热方式有电加热和天然气燃烧等，通常以电热方式为主。回转炉不需使用匣钵，物料直接与炉筒内壁接触，且是动态连续烧结，换热效果好、自动化程度高；炉筒需用耐高温、耐腐蚀的合金钢材卷制，高温、高碱性烧结环境下存在炉筒内壁与物料反应腐蚀脱落而污染物料的风险。回转窑在锂离子电池正极材料行业常被用于温度不太高的干燥、预烧结或包覆后的热处理等工序。

台车炉是一种以台车架作为匣钵运载工具，以耐火材料砌成的用来焙烧物料的设备。炉体为大尺寸的箱式炉，多个高速喷嘴沿炉两侧底部台车表面均匀交错分布，排气口位于炉顶中央，物料装入带豁口的匣钵或不锈钢盘中，分别上下码放或多层叠放在台车架上，经导轨推入炉中。不同于前述几种烧结设备，台车炉属于间歇式炉，物料入炉后不再移动，需要设置升温、恒温、降温曲线，烧结方式类似于实验室马弗炉，加热方式有电加热和天然气燃烧等。台车炉投资小、结构简单、易于维修，但温度均匀性差，常被用于对温度均匀性要求不高的干燥、前驱体烧结、正极材料预烧结或包覆后的热处理等工序。

3）破粉碎设备

烧结后物料通常有一定程度结块，需进行粗碎、细碎解离。粗碎一般采用颚式破碎机、辊式破碎机、旋轮磨等设备；细碎一般采用气流磨、机械磨、胶体磨等磨粉设备（图 7-20）。颚式破碎机是一种利用活动牙板对固定牙板做周期性往复运动而将物料压碎的设备，属粗碎和中碎设备，其核心部件是动颚板和定颚板。运行时，电动机通过偏心轴使动颚板周期性地靠近定颚板，利用物理挤压力将夹在其间的物料碾碎。为了避免磁性异物磨屑的污染，动颚板和定颚板大多采用刚玉陶瓷材质。颚式破碎机具有结构简单、操作容易、性能可靠、维修方便和适应性强等特点，但摆动大、零件承受负荷较大、粉碎度不高，是最常见的粗碎设备。辊式破碎机是一种利用相向转动的辊筒将物料压碎的设备，核心部件是两个直径相同、速度相同，但旋转方向不同的辊筒。运行时，定辊和动辊等速地反向旋转，落入其间的物料受摩擦力、重力、挤压力、剪切力和磨削力等多重作用而被破碎。动辊与弹簧装置相连，遇到大块硬质物料时可压缩弹簧排出杂物，再借助弹力复位。两辊之间的间隙可通过调整动辊实现，定辊和动辊都选用刚玉陶瓷材质辊面。辊式破碎机结构简单、性能可靠、动力消耗小、稳定性好、对物料水分含量要求范围宽，但破碎比小、生产效率低，也是最常见的粗碎设备。旋轮磨是一种利用旋转磨盘转动将物料压碎、研磨的设备。旋轮磨是近几年刚出现的一类破碎设备，其核心部件包括固定磨盘、旋转磨盘、旋转轴和密封罩等[13]。垂直安装的磨盘之间的啮合面采用中心凹、四周凸的平斜面结构，并均匀分布若干凸齿，磨盘采用氧化锆陶瓷材质。旋轮磨具有劳动强度低、生产效率高、占地面积小、自动化程度高、无磁性异物污染、无粉尘污染、噪声小等优点，已在锂离子电池正极材料粗破碎工序中有所应用。

图 7-20 几种常见破粉碎设备

（a）颚式破碎机；（b）辊式破碎机；（c）旋轮磨；（d）气流磨；（e）机械磨；（f）胶体磨

气流磨是一种利用高速气流将物料超细粉碎的设备，由喂料系统、研磨腔、喷嘴、分级轮、收尘系统、引风机、电控柜等组成。粗碎物料按设定喂料频率加入研磨腔，压缩气体经过滤、干燥、除油后，通过特殊配置的喷嘴高速喷射入粉碎室，在多股高压气流的交汇点处使物料相互碰撞、剪切、摩擦而被破碎，粉碎后的物料随上升气流进入分级室，在高速旋转的分级轮产生的离心力作用下，细颗粒通过、粗颗粒回落。粉碎室腔体内壁需采用刚玉陶瓷内衬，喷嘴、分级轮也大多选用陶瓷材质器件。气流磨分开式和闭式两类：开式所用高压气体随物料进入收尘系统气固分离之后排放；闭式所用高压气体在气固分离后循环使用。气流磨破碎的物料纯度高、分散性好、粒度细且分布较窄，但也存在设备投资大、能耗大、成本高等缺点。气流磨粉碎强度较大，常用于硬度大、粘连严重的正极烧结料的超细粉碎。机械磨是一种利用高速旋转的回转体将物料超细粉碎的设备：在高速旋转的棒体、锤头、叶片等强烈冲击下，物料被带进回转体与衬板间隙并受到冲撞、摩擦、剪切等作用，解离为超细颗粒。与物料接触的回转体、研磨头和衬板等，通常采用硬度和强度高的耐磨陶瓷材质。机械磨粉碎能力大、应用范围广、设备稳定性高、自动化程度高、环境友好，但回转磨体自身也容易磨损，适于硬度适中和较软的锂电正极烧结料细粉碎。胶体磨是一种利用高速旋转的磨盘将物料粉碎的设备。工作时，高速旋转磨盘与固定磨盘两个齿形面的相对运动，产生强烈的剪切、摩擦和冲击等作用力，引导物料通过齿面之间的微小间隙，并在高频振动、高速旋涡等复合力场作用下，被有效地研磨、粉碎、分散、均质。根据被处理物料性质差异，固定和旋转磨盘的齿形有所不同，磨盘通常采用刚玉、氧化锆或碳化钨陶瓷材质。胶体磨具有能耗低、设备稳定性高、自动化程度高、环境友好等优点，但破碎解离程度不如气流磨和机械磨，不能用于硬度较大、粉碎粒度过细的破粉碎场合。

4）除铁机

正极材料磁性异物主要源于正极及其原材料生产过程中的设备磨损，且以磁性金属杂质为主，尤其是金属铁。除了生产过程的防护外，还需设法去除生产过程引入的磁性异物，常用的除铁设备有电磁除铁机和永磁除铁机（图 7-21）。电磁除铁机是通过直流励磁电源给线圈供电、电磁感应产生强大磁场，对工作腔中的蜂巢状铁芯进行磁化，产生工作磁场进行除铁的设备。粉体物料通过铁芯时，夹杂的磁性杂质被捕捉与吸附。电磁除铁器的工作磁场强度高，可高达 20000～30000GS；运行时电流很大、温升严重，需配置专用的冷却系统抑制温升以确保除铁效果；多用于正极成品磁性异物的去除。永磁除铁机是利用磁感应原理，通过永久磁块的组合产生表磁高、梯度大的工作磁场进行除铁的设备。当物料经过

(a)

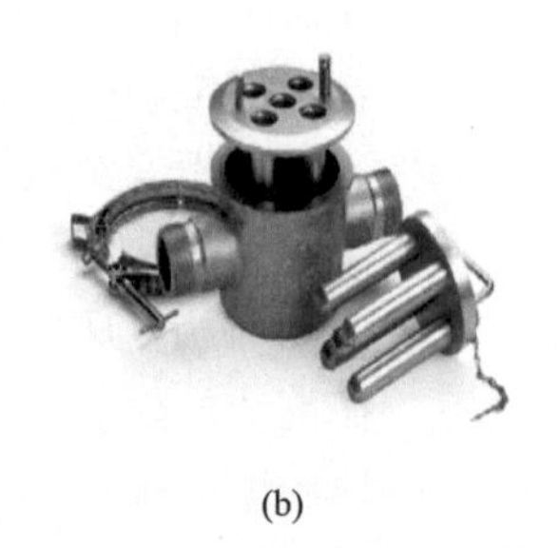

(b)

(c)

图 7-21　几种常见除铁设备

（a）电磁除铁机；（b）永磁管道式除铁机；（c）永磁抽屉式除铁机

时，夹杂于其中的磁性异物被吸附在磁棒的不锈钢外套表面；当吸附量较多时，移出磁器件，抽去磁芯，外套上的杂质很容易被清除或摘除，可采用类似原理实现自动清理。永磁除铁机有管道式、抽屉式、旋转式等多种形式，其磁块由高矫顽力、高剩磁的永磁材料组成，以钕铁硼最为常见，使用寿命10年以上。永磁除铁机节能、环保、价格便宜、使用简单、安装方便、寿命长，适合于粉体、浆料、溶液等多种除铁场合，但其工作磁场强度一般为5000～10000GS，除铁能力一般，适用于要求较低的物料，多用于生产过程磁性异物的去除。

7.2 磷酸铁锂及其前驱体的制备技术与设备

7.2.1 磷酸铁锂前驱体的制备技术与设备

1. 磷酸铁锂材料前驱体的制备流程图

橄榄石型磷酸铁锂材料的生产工艺早期是多种路线并存，主要有草酸亚铁路线、碳热还原路线、磷酸铁路线和水热法等（图4-9）。近年来，磷酸铁制备工艺日臻成熟，生产成本显著降低、工艺简单、重复性好、正极材料活性高，因此逐渐发展成为主流工艺。

磷酸铁锂材料的前驱体主要为磷酸铁，是白色或浅黄色粉末，有无水、二水、四水、八水等多种组成，具有无定形、正交晶系异磷酸锰铁矿型、三方晶系α-石英型等多种类型晶体结构。无定形磷酸铁化学活性很高，但容易夹杂杂质元素；异磷酸锰铁矿型属于亚稳态，是磷酸铁锂充电过程中脱锂后的常见结构形式，不能直接由含磷和含铁的原材料反应制得；α-石英型结构最稳定，但反应活性较低，是磷酸铁锂材料规模生产常用前驱体。磷酸铁制备的基本工艺如下：将所需原材料溶解、调配，然后按照化学计量比加入反应釜中，控制搅拌速度、反应温度、双氧水加入流量和pH，使Fe^{2+}被有序氧化为Fe^{3+}，并与PO_4^{3-}反应沉淀，经陈化转型后再过滤、洗涤、热处理、粉碎，得到无水磷酸铁前驱体（图7-22）。铁源分铁盐和金属铁两类原料。铁盐以硫酸亚铁（$FeSO_4 \cdot 7H_2O$）为主，常用生产钛白粉的副产物绿矾为原料，经除杂纯化后使用，或直接采用纯度较高的食品级硫酸亚铁为原料。例如，采用金属铁为起始原料，可用硫酸或硝酸溶解形成可溶性铁盐以供使用。磷源的质量和成本，决定了磷酸铁前驱体的成本和杂质元素含量，磷源通常采用磷酸、磷酸二氢铵、磷酸一氢铵和磷酸二氢钠等化合物中的一种或两种。碱的作用是调整pH，促使磷酸铁沉淀生成和形貌控制，常用氨水、烧碱、纯碱等。为了提高产率和抑制Fe^{3+}水解，磷酸铁沉淀pH大致位于酸性区间。加入双氧水是为了将Fe^{2+}氧化成Fe^{3+}，有利于二水合磷酸铁（$FePO_4·2H_2O$）沉淀结晶；加入方式常见有两种：①将双氧水加入硫酸亚铁溶液中，将Fe^{2+}氧化为Fe^{3+}，然后再与磷源反应；②将双氧水与磷源混合，之后再与硫酸亚铁溶液进行反应。

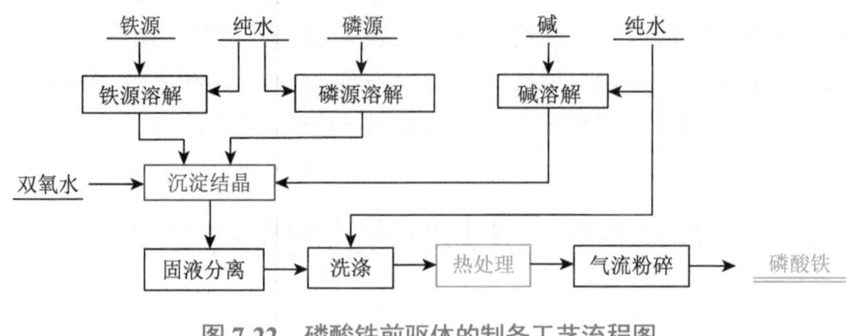

图 7-22 磷酸铁前驱体的制备工艺流程图

2. 磷酸铁前驱体的制备工艺

按照图 7-22 的工艺流程，磷酸铁前驱体制备可分为原料准备、沉淀结晶、固液分离与洗涤、热处理、粉碎等几个关键工序。以下简要介绍其主要工艺过程。

1）原料准备

与多元材料前驱体类似，磷酸铁原料铁源、磷源、碱和双氧水的溶解调配和后期洗涤工序也需采用纯水作为溶剂，并对其中的杂质进行严格控制。铁源为硫酸盐时，腐蚀性弱，对溶解槽的要求较低，用不锈钢、塑料等材质均可满足要求；金属铁为铁源时，用硝酸、硫酸或磷酸溶解时需要选用钛材釜、玻璃钢搅拌槽或地坑，并通水蒸气加热，提升反应速率，溶解装置需安装负压抽风设施，以收集反应产生的氢气和挥发的含酸水蒸气，并经酸雾吸收塔处理后及时排放，避免安全隐患。磷源为可溶性磷酸盐时，对溶解槽的要求也比较低，与硫酸亚铁溶解类似；但磷源为磷酸时，其腐蚀性随纯度、浓度、温度不同而不同，在高温、高浓度条件下，不锈钢及其他合金均会被剧烈腐蚀，需采用聚四氟乙烯内衬的碳钢容器。碱可用不锈钢或塑料容器，双氧水遇光容易分解，最好采用不锈钢容器，避光存储。

2）沉淀结晶

磷酸铁沉淀可选用连续法或间歇法工艺。铁源、磷源和双氧水加入反应釜后，控制浓度、搅拌速度、pH、反应温度等工艺条件，当Fe^{3+}与PO_4^{3-}的离子浓度积高于磷酸铁的溶度积常数时，即形成无定形 $FePO_4·xH_2O$ 沉淀，而后晶型转变成结晶度高的$FePO_4·2H_2O$。以硫酸亚铁、纯铁和磷酸作原料为例，发生如下化学反应：

$$2\,FeSO_4 + H_2O_2 + 2\,H_3PO_4 + 2\,H_2O \longrightarrow 2\,FePO_4·2H_2O\downarrow + 2\,H_2SO_4 \quad (7\text{-}14)$$

$$2\,Fe + H_2O_2 + 2\,H_3PO_4 \longrightarrow 2\,FePO_4·2H_2O\downarrow \quad (7\text{-}15)$$

$FePO_4 \cdot 2H_2O$ 的溶度积常数为 9.9×10^{-16}，而 $Fe(OH)_3$ 为 3×10^{-39}，二者相差很大。在酸性很强的条件下（pH≈3），Fe^{3+}都趋于形成 $Fe(OH)_3$ 沉淀。因此，仅通过调节溶液的 pH 不能避免生成 $Fe(OH)_3$ 沉淀，需要在降低 pH 的同时，提高磷酸根的浓度来抑制 Fe^{3+}的水解，提升磷酸铁的沉淀反应速率，由此可见磷酸无疑是较好的磷源。根据反应条件不同，二水合磷酸铁有三种晶型：红磷铁矿型（strengite）、准红磷铁矿型（metastrengite）和磷菱铁矿型（phosphosiderite），其差异如表 7-5 所示。

表 7-5 $FePO_4 \cdot 2H_2O$ 前驱体的三种常见晶型

种类	空间群	a/Å	b/Å	c/Å	β/(°)
红磷铁矿型	*Pcab*	10.120	9.886	8.723	
准红磷铁矿型	*Pbnm*	5.226	10.026	8.917	
磷菱铁矿型	*P*21/*n*	5.330	9.809	8.714	90.60

pH = 3～4 时得到红磷铁矿型 $FePO_4 \cdot 2H_2O$ 沉淀，易伴生 $Fe(OH)_3$ 杂相，纯度降低；pH = 0～1 时往往生成磷菱铁矿型产物，对设备腐蚀增强；pH = 1～2 时产物以准红磷铁矿型结晶为主。沉淀结晶过程需控制 pH、温度、时间、浓度等工艺参数，pH 一般通过反应物加入比例和加入速率进行调控。Zhang 等[14]研究了磷酸浓度对 $FePO_4 \cdot 2H_2O$ 结晶态的影响，发现低磷酸浓度只能得到无定形 $FePO_4 \cdot xH_2O$；随磷酸浓度提高，无定形沉淀溶解、重结晶，晶型转变成热力学更稳定的 $FePO_4 \cdot 2H_2O$，结晶度逐渐增大，并伴随着形貌转变，由纳米颗粒转变为片状、球形颗粒。磷酸铁前驱体中的 Fe/P（摩尔比，下同）是影响材料配方的关键因素，决定着正极材料的基本性能。Fe/P 应尽量接近 1，以充分发挥 Fe^{3+}/Fe^{2+}氧化还原电对的活性，实现高可逆容量。当 Fe/P＞1 时，前驱体中超出化学计量比的过量铁离子可能会在还原性气氛下高温烧结中被还原生成单质铁或 Fe_3P、Fe_2P 等铁磷化合物，这些有害杂质将影响电池的循环寿命。当 Fe/P＜1 时，前驱体中含过量磷酸根，将与锂离子反应生成不具备电化学活性的磷酸锂或焦磷酸锂（$Li_4P_2O_7$），降低正极材料的比容量。Fe/P 摩尔比可采用化学滴定或 ICP 等方法测定，该比值仅为宏观统计结果，难以反映前驱体颗粒微观不均匀性，因而需要对沉淀过程的工艺参数进行严格管控，确保其组成的均匀性和一致性。

3）固液分离与洗涤

磷酸铁前驱体浆料固含量大多在 10%～30%，主要取决于反应原料溶液的浓度。浆料中除了磷酸铁外，还有溶解在母液中的副产物硫酸、硫酸铵、硫酸钠、过剩的磷酸及磷酸盐等。将前驱体与母液进行固液分离去除大部分杂质，再经多次洗涤进一步降低滤饼内包裹夹杂的可溶性杂质，才能得到高纯度磷酸铁前驱体。洗涤可通过固液分离设备在线进行，也可浆化洗涤，洗涤的用水量、水温、时间等都需进行精细化管理。固液分离所用的设备与多元材料前驱体类似，以离心和压滤方式最为常见。

4）热处理

磷酸铁滤饼一般仍含有 20%～50%的水分，需进一步脱除吸附水和结晶水。磷酸铁前驱体的热处理与多元材料前驱体热处理工艺类似，分烘干、焙烧等不同方式，需控制热处理的温度、时间、气氛等工艺条件。早期磷酸铁锂生产采用 $FePO_4 \cdot 2H_2O$ 作为起始原料，但其物相成分复杂，结晶水含量难以准确测定，化学计量困难，且直接降低磷酸铁锂烧结工序产能，因此逐渐转向无水磷酸铁工艺：

$$FePO_4 \cdot 2H_2O \longrightarrow FePO_4 + 2\ H_2O \qquad (7\text{-}16)$$

Reale 等[15]研究了准红磷铁矿型二水合磷酸铁在焙烧脱水过程中的晶体结构转变。首先转变生成 $FePO_4$-Ⅰ相、鳞铁矿相，然后生成石英相，最终转变成 β-石英相。图 7-23 展示了磷酸铁在不同温度下进行脱水的 SEM 图和比表面积变化。随焙烧温度升高，一次颗粒的粒径逐渐增大、融合，比表面积逐步降低，反应活性降低。因此，需选择合适的热处理条件，既可脱除结晶水，又能确保一定反应活性。

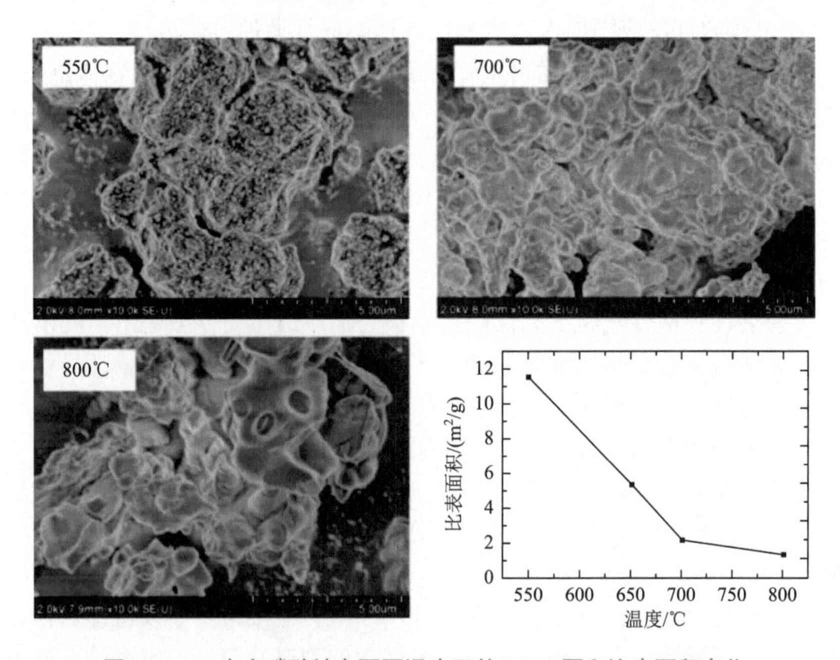

图 7-23　二水合磷酸铁在不同温度下的 SEM 图和比表面积变化

5）粉碎

高温焙烧得到的磷酸铁存在不同程度的烧结粘连，需进行粉碎和充分解离，减弱其团聚程度，以便与锂源、碳源等充分混合，确保正极材料的锂化程度和碳包覆效果。磷酸铁的粉碎一般采用较强的气流粉碎方式进行解离。

磷酸铁前驱体制备过程各工序的工艺控制项目见表 7-6。

表 7-6 磷酸铁前驱体生产控制项目

工序	控制项目
原料准备	原材料化学成分、投料量、纯水量、搅拌时间、溶液浓度/pH、各反应物比例等
沉淀结晶	加料速度、温度、反应时间、固含量、pH、粒度、Fe/P
固液分离与洗涤	滤饼水分、杂质含量（SO_4^{2-} 等）、洗水用量、水温、洗涤时间
热处理	热处理温度、时间、气氛、水分含量
产品检测	粒度、松装密度、振实密度、比表面积、化学成分、水分、杂质、磁性异物、质量、标识等

3. 制备磷酸铁前驱体的关键设备

按照图 7-22 所示工艺流程，磷酸铁的生产所需关键设备包括反应釜、固液分离与洗涤设备、热处理设备、破粉碎设备等，以下进行简要介绍。

1）反应釜

磷酸铁前驱体的制备是一个沉淀生成并伴随着晶型转变的过程，一般需采用间歇式或连续式反应釜实现。反应釜是对前驱体性能和质量稳定影响最为关键的核心设备，需充分考虑传质、传热、传动等影响因素，设计合理的设备结构（高度、直径、挡板或导流筒等）、搅拌器、电机配置、加热方式、加料位置和流量计等。不同于多元材料前驱体，磷酸铁沉淀结晶在酸性环境下进行，需着重考虑反应釜的耐酸性腐蚀能力，以免交叉污染，一般选择不锈钢、搪瓷、玻璃钢等材质。采用不锈钢作为反应釜材质时，需要考虑不锈钢材质与各种反应物、副产物之间的腐蚀作用，并查阅专业的腐蚀手册数据，选择合适的不锈钢型号，最常用的是 316L 不锈钢。搪瓷反应釜是将含硅量高的瓷釉喷涂到低碳钢胎表面，经 900℃左右高温焙烧形成的复合材料制品，具有玻璃的稳定性和金属的强度双重优点，可分为开式和闭式两种结构。磷酸铁生产多使用开式搪瓷反应釜，釜体与釜盖分离，中间用垫圈和卡扣连接，使用或者维护过程中，要避免机械损坏、温度冲击、静电穿刺、应力等造成表面瓷釉层剥离，引起铁含量和杂质含量增加，影响前驱体质量。磷酸铁的沉淀形成和晶型转变是一个吸热反应过程，加热有利于反应速率提升。反应釜常见有夹套、盘管、水蒸气直接通入三种换热方式：夹套换热器是在反应釜外壁安装夹套，利用热源在夹套内循环，通过容器壁对釜内物料实现加热；盘管换热器是将盘管安装在反应釜内，利用热源在盘管内部流动、管壁换热实现加热；水蒸气加热是把水蒸气直接通入到反应釜内部达到加热目的，该方法传热效果高，但存在温度控制难度大、局部温度高等缺陷。

2）固液分离与洗涤设备

磷酸铁沉淀过程经历了晶型转变，难免包裹或者夹带杂质。磷酸铁颗粒细小、纯度要求高，选择磷酸铁前驱体的过滤洗涤设备至少需要考虑以下因素。

（1）分离效果。磷酸铁的一次颗粒在纳米级别，需要选择合适的过滤介质孔径。

（2）所用材质。料浆偏酸性、温度高，与物料相接触的滤布和设备主体需具有一定的耐温和耐腐蚀性。

（3）单位洗水用量。磷酸铁纯度要求高，需要有效节能的洗涤工艺降低杂质含量。

与多元材料前驱体的过滤洗涤类似，常见的过滤洗涤设备有板框压滤机、真空过滤机和离心机等，在此不再赘述。

3）热处理设备

与多元材料前驱体不同，磷酸铁前驱体颗粒粒度较小，主要采用闪蒸干燥机进行烘干，产品质量与烘干温度、风速、风量和破碎转速等有一定关系。焙烧脱去结晶水的设备一般为回转炉、推板炉、辊道炉、箱式炉等空气窑炉，其中回转炉具有投资小、运营成本低、单台设备产能大等优点，得到了广泛应用。

4）破粉碎设备

磷酸铁焙烧后结块物料的解离通常采用气流粉碎，才能使 D_{50} 达到 5μm 以下，所采用的气流磨与多元材料的破粉碎设备类似。

7.2.2 磷酸铁锂材料的制备技术与设备

1. 磷酸铁锂材料的制备流程图

商用橄榄石型磷酸铁锂的制备工艺，一般是以无水磷酸铁前驱体和碳酸锂为基础原料进行高温固相反应：先将磷酸铁前驱体、锂盐、碳源和分散介质等原材料按照设计的配方分别进行称量，依次加入搅拌罐中进行配混，然后反复研磨形成亚微米级粒径的均匀浆料，烘干成粉、加入石墨匣钵、摇匀、振平，再进入氮气保护窑炉中按照一定的工艺制度进行烧结，最后在密闭环境下进行破碎、过筛、批混、除磁、包装等，得到磷酸铁锂成品（图 7-24）。该工艺同样适用于喷雾法制备球形锰酸锂，不同的是尖晶石型锰酸锂材料通常不用碳包覆，烧结需要用空气气氛。

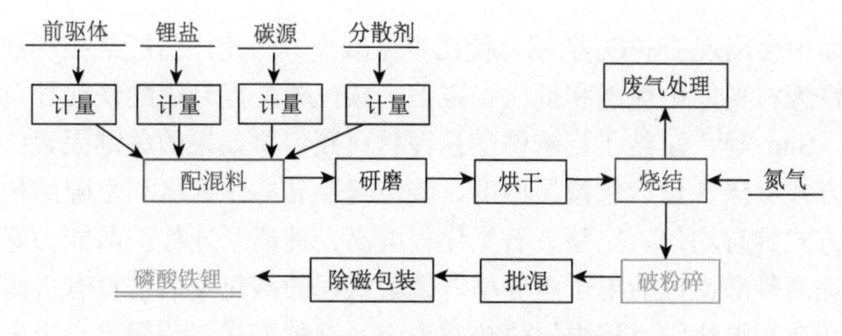

图 7-24 磷酸铁锂材料的制备工艺流程图

2. 磷酸铁锂的制备工艺

按照图 7-24 的工艺流程，磷酸铁锂材料的制备可分为原料准备、配混料、研磨、干燥、高温烧结、破粉碎、除磁包装等几个关键工序。以下简要介绍其主要工艺过程。

1）原料准备

磷酸铁锂材料的原料包括磷酸铁前驱体、锂盐、碳源、添加剂、分散剂等。目前主流工艺大多用碳酸锂，分矿石锂和盐湖锂源，后者具有成本优势，近年来在磷酸铁锂行业得到了规模应用。碳源的种类选择和包覆层碳含量设计，也是影响正极材料性能的重要因素。不同碳源本身的热解温度、热解行为以及与正极的浸润性能存在差异，导致生成的碳包覆层在磷酸铁锂颗粒表面的厚度及均匀性不同。商用磷酸铁锂生产常采用低成本糖类碳源，以葡萄糖最为常见。用于掺杂、包覆改性的添加剂，与多元材料制备过程类似，通常在前驱体沉淀或配混料阶段引入。早期分散剂为无水乙醇、丙醇、异丙醇等有机溶剂，对制造现场安全防护等级要求高、安全隐患大、不易回收，且成本较高，近年来大多转用纯水。除 7.2.1 节提及的 Fe/P 外，还需要对前驱体的水分、杂质、磁性异物、比表面积、粒度分布、振实密度、形貌、晶体结构等重要指标进行管控。水分多少主要影响配方的准确性，杂质和磁性异物含量都会遗传给正极材料，比表面积、粒度分布、振实密度、形貌等指标影响研磨、烧结等工艺过程及正极材料的物理化学性能。因此，需要针对不同的磷酸铁原材料，优化调整合适的配方和工艺参数，以期生产出优质的磷酸铁锂正极材料。

2）配混料

通常情况下，考虑到锂在高温固相反应过程中会少量损失，制备磷酸铁锂材料时在配混料阶段加入的锂需略微过量，一般 Li/P 在 1.0～1.1 之间。不同前驱体所采用的最佳锂配比数值不同。由图 7-25 可见，随着 Li/P 提高，磷酸铁锂的放电比容量呈现先增大后减小的变化规律，Li/P = 1.05 时达到最高值 157.6mA·h/g。当 Li/P 偏低时，正极材料晶体结构中活性锂不足，导致电化学性能偏低；当 Li/P 过高时，产品中会出现 Li_3PO_4 杂相，使比容量减少。因此，需严格控制锂配比，以确保磷酸铁锂材料的电性能和批次稳定性。碳包覆是提升磷酸铁锂导电性的重要改性手段。Sun 等[16]总结了影响磷酸铁锂材料碳包覆效果的关键因素：碳源的种类、引入方式、碳含量、包覆层厚度、碳包覆层石墨化程度和空隙结构等。理想的碳包覆方式具有均匀、完整、石墨化程度高、锂离子迁移扩散能力好等特点，可有效地提高磷酸铁锂的电子电导率。磷酸铁锂的碳包覆通常将有机碳源在配料阶段引入，在高温烧结过程中原位热解形成，这种方式工艺简单、成本低、包覆效果好。碳包覆量设计需要考虑比容量、比表面积、电阻率等多种因素：碳包覆层本身为非电化学活性物质，其含量越高，磷酸铁锂活性材料占比越低，比容量越低；随碳含量增加，磷酸铁锂粉末电阻率降低，但比表面积显著增加，会使正极浆料黏度提高，不利于涂布（图 7-26）。

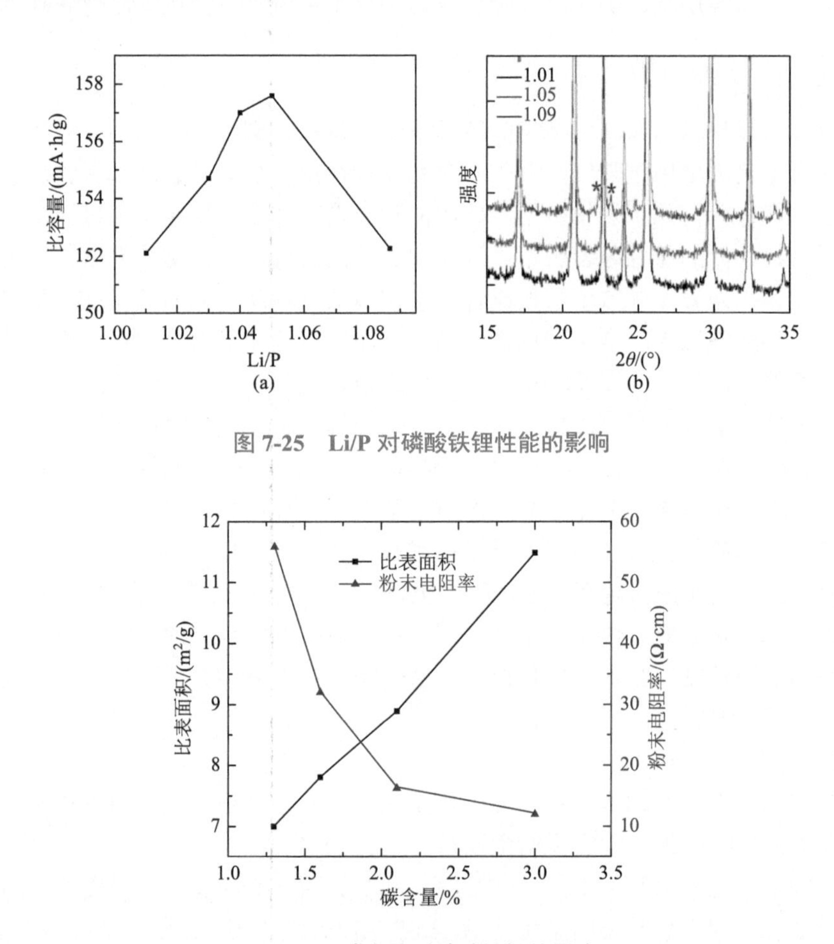

图 7-25　Li/P 对磷酸铁锂性能的影响

图 7-26　碳含量对磷酸铁锂的影响

3）研磨

为实现完全的锂化反应及晶间/晶粒表面碳包覆，需将前驱体与锂盐、碳源、添加剂与分散剂进行充分的湿法研磨，在搅拌状态下研磨介质不断发生碰撞、摩擦、滑动、滚动、切削等相互作用，将物料粉碎、混合，形成纳米到亚微米级混合浆料。通常采用搅拌磨、砂磨机等设备进行研磨，磷酸铁、碳酸锂和碳源等原材料在分散介质辅助下，被研磨机械能破碎，团聚颗粒解离、粒径减小，物料相互均匀混合。浆料粒径大小对磷酸铁锂材料的性能有直接影响，磨细到200nm 制备的磷酸铁锂比表面积大，一次粒径小，倍率性能显著提升。浆料粒径分布与研磨机构造、研磨介质大小、填充量、转速、浆料流量、固含量等参数密切相关，需选择适宜的设备，开发匹配的工艺参数。研磨时分散介质起着分散物料、减缓和避免颗粒再团聚等作用，分散介质用量常用固含量进行分析表征。固含量低，有利于原材料颗粒分散，研磨效率提升，但会导致后续烘干能耗高；固含量高，原材料分散性差，易在管道中沉积。需根据研磨设备的研磨效率、浆料管道的输送能力、干燥机干燥的能耗和产能，设计和选择合适的固含量。

4）干燥

研磨后的混合浆料固含量为 20%～60%，因碳源黏度大，各种成分溶解度差异大，不能使用常规的烘箱、盘式/转筒干燥机烘干，通常采用喷雾干燥方式。喷雾干燥是通过机械作用将所需干燥浆料分散成很细的雾状液滴，与热空气接触后瞬间将溶剂蒸发，使浆料中的固体物质干燥成粉末的过程。喷雾干燥可实现连续化、自动化生产，操作控制简单方便，在化工行业得到广泛应用，也被用来脱除磷酸铁锂或球形锰酸锂的混合浆料的水分，并形成具有一定粒度分布的前驱体粉末。干燥过程主要控制进出风温度、通风流量、雾化器转速、进料流量等：进出风温度的高低关系到干燥设备产能，影响喷雾干燥料的水分残留；雾化器转速决定了雾化液滴和团聚颗粒大小，颗粒越大，装钵量越高。

5）高温烧结

不同于层状多元材料烧结常用的空气或氧气气氛，磷酸铁锂中的 Fe 元素呈还原态的 +2 价，且采用有机碳包覆来改善材料电子导电性，磷酸铁锂制备过程需在惰性气氛下进行，常采用高纯氮气。在氮气保护窑炉中，喷雾干燥料中的锂盐和碳源吸收环境热量后分解，并与磷酸铁发生锂化和碳热还原反应，释放出水蒸气、二氧化碳、一氧化碳等气体：

$$2\,FePO_4 + Li_2CO_3 + C \longrightarrow 2\,LiFePO_4 + CO_2\uparrow + CO\uparrow \tag{7-17}$$

烧结是影响磷酸铁锂晶相和颗粒大小的关键过程，温度曲线、烧结周期、窑炉炉压、氧含量、氮气流量、排风量、装钵量等均会影响正极材料的综合性能。Ong 等[17]通过第一性原理计算了在不同氧气化学势下的 Li-Fe-P-O 相图（图 7-27），识别了各种元素配比对最终产物物相的影响。产品的物相分析可用于指导生产工艺的控制，例如：

（1）产品未出现 $LiFePO_4$ 物相，但存在 $Li_3Fe_2(PO_4)_3$ 和 Fe_2O_3，说明烧结气氛的还原性不足，可考虑升高温度、提高还原性物料的比例或检查设备的气密性。

（2）产品未出现 $LiFePO_4$ 物相，但存在 Li_2O、Fe 和 Fe_2P，说明生产气氛的还原性过强，可考虑降低温度或降低还原性物料的比例。

（3）产品出现 $LiFePO_4$ 物相，又存在 $Fe_2P_2O_7$，说明原料配比中锂偏少，可考虑提高 Li/P。

（4）产品出现 $LiFePO_4$ 物相，又存在 Fe_2P，说明原料配比中锂偏少，且烧结气氛的还原性过强，可考虑提高 Li/P、降低温度或减少还原性物料的比例。

（5）产品出现 $LiFePO_4$ 物相，又存在 Li_3PO_4 和 Fe_2O_3，说明原料配比中锂偏多，可考虑降低 Li/P。

（6）产品出现 $LiFePO_4$ 物相，又存在 Li_3PO_4 和 Fe_2P，说明原料配比中锂偏多，且烧结气氛的还原性过强，可考虑降低 Li/P、降低温度或减少还原性物料的比例。

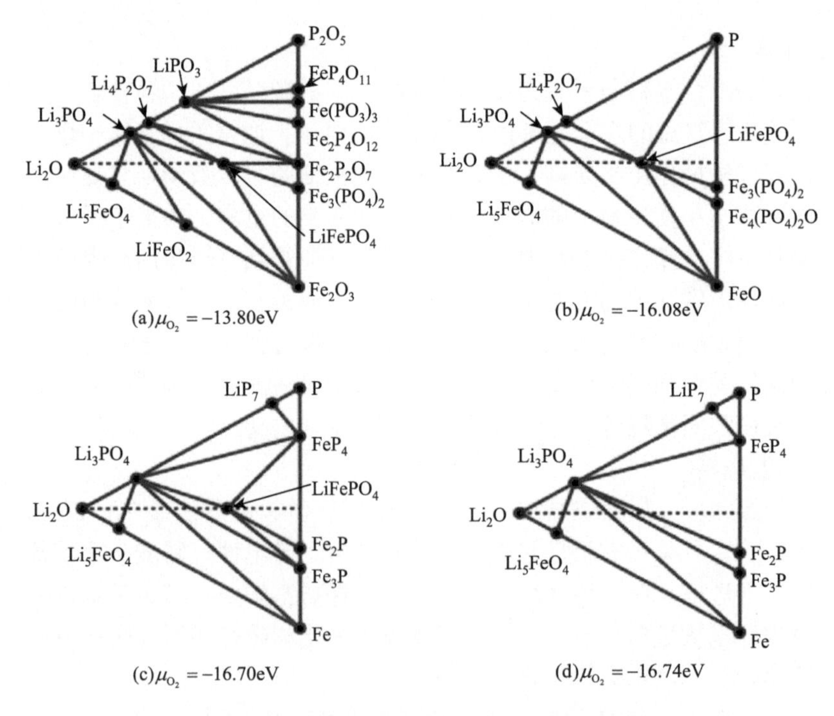

图 7-27 不同氧气化学势下 **Li-Fe-P-O** 相图

不同烧结温度下产物的 XRD 谱图和 SEM 图见图 7-28。喷雾干燥料中 $FePO_4$ 与 Li_2CO_3 的 XRD 特征衍射峰清晰可见，200℃时原料特征峰减弱，350℃时磷酸铁锂衍射峰开始出现，之后随焙烧温度升高而增强。500℃时烧结产物颗粒较小、成像模糊、结晶度较低、导电性较差；700℃时产物一次颗粒增大、棱角清晰；更高温度时颗粒之间融合长大。烧结温度升高，一次颗粒长大，锂离子在材料晶体内部扩散距离变长，磷酸铁锂首次效率和放电比容量呈下降趋势；与此同时，包覆层石墨化程度增加、碳挥发加剧，碳包覆量降低（图 7-29）。

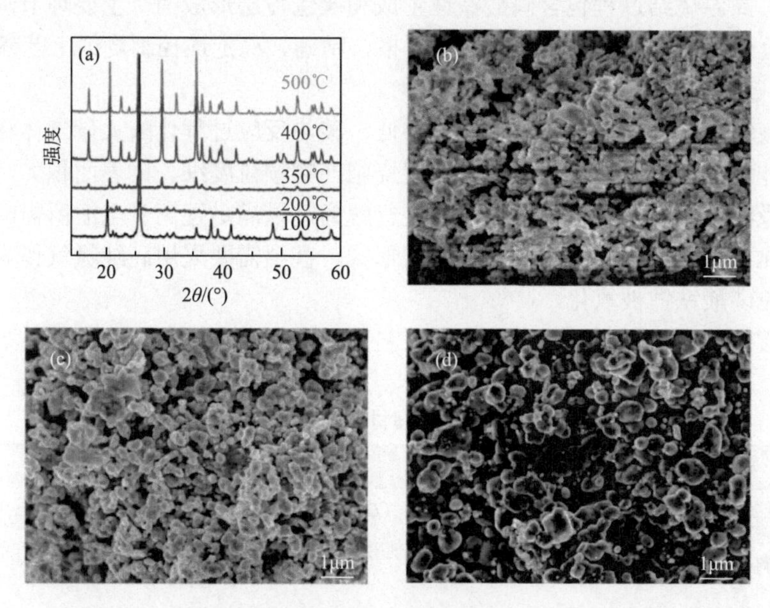

图 7-28 不同烧结温度下制备的磷酸铁锂的 XRD 谱图（a）和 SEM 图［（b）500℃；（c）700℃；（d）750℃］

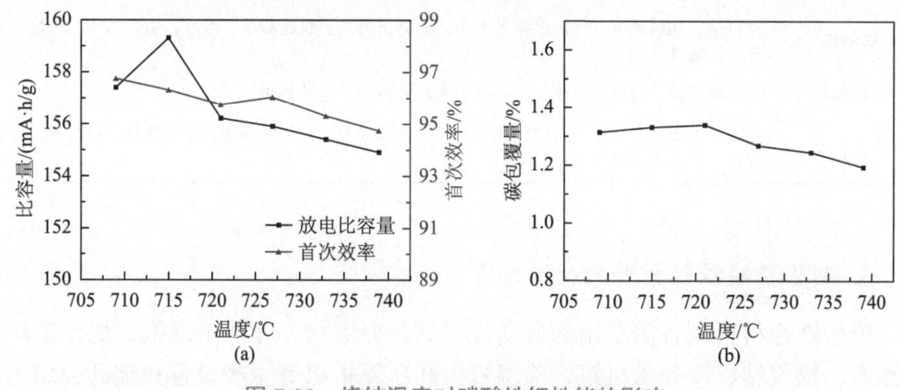

图 7-29 烧结温度对磷酸铁锂性能的影响

提高磷酸铁锂材料的压实密度能有效提升电池能量密度，可通过提高烧结温度实现，控制物相组成最为关键。Liu 等[18]研究发现磷酸铁锂在有机碳源碳热还

原气氛下转变为 Fe_2P，相变与颗粒大小、烧结温度、气氛还原能力等密切相关：颗粒尺寸减小，Fe_2P 相的特征衍射峰增强；烧结气氛变为还原性更强的 Ar/H_2，Fe_2P 相出现的温度从 850℃降低到 700℃。Ong 等[17]通过理论计算表明，氧气化学势 μ_{O_2} 对杂相的生成有重要影响。引入还原性气体氢气，提高烧结温度，减小颗粒尺寸，从不同维度强化了还原气氛电位，加速了 Fe_2P 生成。在磷酸铁锂量产工艺中，高温烧结过程包含磷酸铁锂生成和碳包覆层形成两个主要环节，两者之间会交互作用影响材料的相组成，需严格、精确、稳定地控制烧结工艺参数。

6）破粉碎

磷酸铁锂烧结温度通常比多元材料低，碳热反应过程伴随大量气体释放，烧结产物非常松散，无需粗碎。但碳包覆烧结产物颗粒度细、比表面积大，难以过筛，易吸收环境水分，需用气流破碎进行解离，以满足锂离子电池所需的可加工性和电化学性能。通常采用闭式气流磨形式，甚至需要采用高纯氮气作为工艺用气，避免磷酸铁锂被氧化。

磷酸铁锂材料制备过程各工序的工艺控制项目见表 7-7。

表 7-7　磷酸铁锂材料生产控制项目

工序	控制项目
原料准备	原材料/添加剂化学成分、物理指标（D_{50}、TD、SSA 等）、物相组成（XRD）、磁性异物等
配混料	投料量、锂配比、碳源用量、添加剂用量、固含量、砂磨机填充量、磨球尺寸、转速、砂磨时间、料浆温度、粒度、磁性异物
研磨	砂磨机填充量、磨球尺寸、转速、砂磨时间、料浆温度、粒度、磁性异物
干燥	进出口温度、送风流量、引风流量、雾化器转速、进料流量、粒度、水分含量
高温烧结	烧结温度、时间、升温速度、降温速度、装钵量、氮气纯度/分布及耗量、炉压及排气量
破粉碎	投料量、加料速度、气流磨喷嘴大小、研磨压力、分级轮频率、温度、引风负压、粒度及其分布、磁性异物
除磁包装	混料批次量、每批次质量、包装时的密封及标识、磁性异物
产品检测	粒度、振实密度、压实密度、比表面积、化学成分、水分、杂质、磁性异物、比容量、首次效率、循环寿命等

3. 制备磷酸铁锂材料的关键设备

磷酸铁锂材料制备需要用到自动投料站、研磨机、喷雾干燥机、烧结窑炉、气流磨、氮气站、冷却水机组、除湿机组和压缩机组等生产设备和辅助公用工程设施。其中，气流磨在 7.1.2 节已提及，不再赘述。其他几种关键设备分述如下。

1）研磨机

研磨机是利用搅拌、碰撞、冲击、挤压、剪切和摩擦等机械能将原材料粉碎，并将其颗粒尺寸减小到工艺要求的纳米到亚微米级水平的设备。研磨机属于湿法超细研磨设备，先后经历了球磨机、搅拌磨、砂磨机等发展阶段（图 7-30[19]）。搅拌磨是利用搅拌装置使研磨介质产生不规则运动而产生撞击、冲击、剪切、摩擦作用粉碎物料的设备。搅拌磨操作简单，研磨效率较高，物料不需预混合即可直接加入，批量式搅拌磨带有循环泵系统，以提高研磨效率和物料的均匀性，并用于卸料。

立式搅拌磨的结构如图 7-31（a）所示，主要包括机体、搅拌器、研磨介质、电机和控制系统等部件。研磨介质的直径对研磨效率和产品粒径有直接影响，超细研磨时一般使用平均粒径小于 6mm 的球形介质；研磨介质的材质、密度及硬度也是影响研磨效果的重要因素之一，常用的研磨介质有氧化铝、氧化锆等。最初磷酸铁锂生产用的湿法研磨设备为立式搅拌磨，由于搅拌磨结构限制，所采用的研磨介质直径较大，转速低，研磨效率较低，难以将原材料研磨至更小颗粒尺寸，不能满足高性能磷酸铁锂的生产需求。工业化生产开始应用立式砂磨机，但研磨介质锆球受重力影响，易在研磨腔底部沉积，难以保证密封性，因此逐渐被卧式砂磨机所取代。

卧式砂磨机是利用搅拌轴偏心盘高速运转，使浆料中的固体颗粒被有效分散、剪切、研细的设备。卧式砂磨机克服了搅拌磨研磨介质分布不均的缺点，研磨效率高、密封效果好、运行可靠，其结构如图 7-31（b）所示，主要包括机体、磨筒、分散器、研磨介质、分离器、机械密封系统、冷却系统、电机和控制系统等部件。物料以一定流量泵入磨腔，电机带动主轴上的分散器旋转产生动能，搅动研磨介质和浆料，使其相互产生强烈的碰撞、摩擦、剪切作用，物料颗粒所受应力达到其屈服强度或断裂极限时，产生塑性变形或破碎；未被粉碎的颗粒受离心力作用被甩向砂磨机筒壁，此区研磨介质密度最大，粉碎作用最强，粉碎后的微小颗粒经分离器与研磨介质分离，进入中间储槽；若浆料粒度未达工艺要求，则返回磨腔进行下一轮研磨，或进入配置更细研磨介质的砂磨机进行细磨，直至粒度达到要求。在砂磨机的关键零部件中，分散器是影响研磨效率、研磨介质磨损量的关键因素，大体分为圆盘式和销棒式两种。在工业化应用时需考虑研磨效率、成本、质量之间的平衡，设计或选择合适的分散器。砂磨机的研磨介质为氧化锆、刚玉、玻璃等，氧化锆球由于其硬度高、磨耗小，在磷酸铁锂行业中被广泛应用。锆球直径需与浆料粒径相匹配，一般选用 0.3～0.8mm。填充率是指研磨介质体积与砂磨机磨腔有效容积的比例，应最大限度使研磨介质与物料碰撞，填充率一般为 70%～80%。搅拌转速直接影响分散器的线速度和动能，高转速下机械动能大，有利于物料破碎，提升研磨效率。喂料流速大有利于得到粒度分布集中的浆料：小颗粒由于体积效应快速通过研磨介质，大颗粒在研磨腔中停留时间较长，增加了被研磨碰撞、减小尺寸的概率。

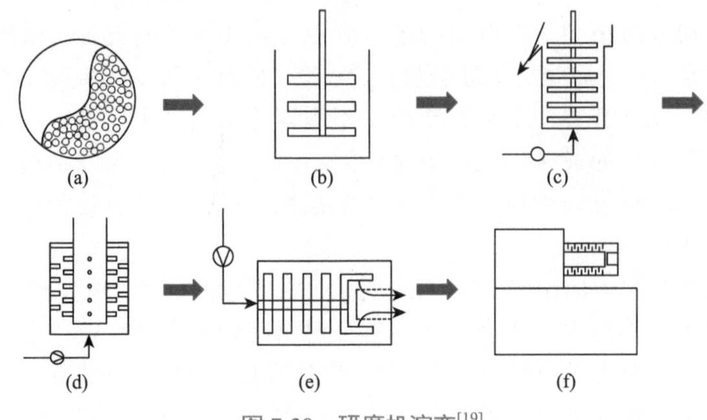

图 7-30 研磨机演变[19]

（a）球磨机；（b）立式搅拌磨；（c）立式圆盘砂磨机；（d）环形棒式砂磨机；（e）卧式圆盘砂磨机；（f）卧式销棒砂磨机

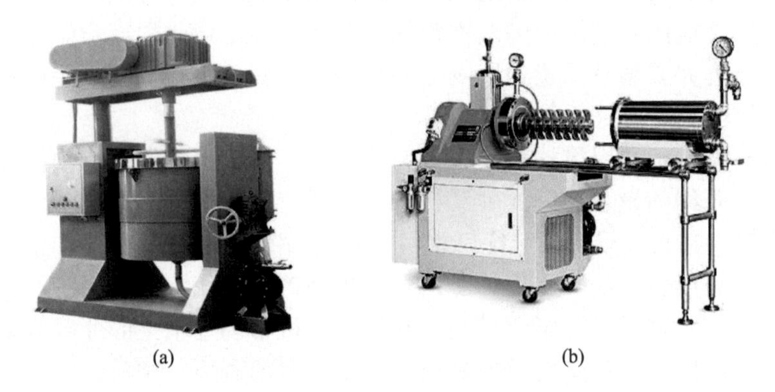

图 7-31 立式搅拌磨（a）与卧式砂磨机（b）示意图

为了最大限度地发挥研磨机的产能、降低能耗、达到工艺设计要求，磷酸铁锂的“砂磨机-储存罐”配置有一对一单罐循环、一对二倒罐循环等方式，多台砂磨机之间的连接方式有并联、串联等多种方式。单罐循环方式下，浆料从一个储存罐中泵入砂磨机，研磨后的浆料仍然回到该储存罐中，直到浆料粒径达到工艺要求；倒罐循环方式下，第一个储存罐中的浆料经砂磨机研磨后进入第二个储存罐中，浆料打空后再从第二罐泵出、研磨后倒回第一罐，如此往复循环直至浆料粒径达到工艺要求。并联方式是将多台砂磨机以并联方式与储存罐连接，研磨后的浆料并行进入储存罐；串联方式是将砂磨机进行串联，料浆进行逐级研磨。研磨工艺的设计与实践涉及到化工传质、传热、传动、流体力学、装备机械、材料粉碎过程等多种学科知识，需要根据原材料物料特性和工艺要求，设计和实践总结出最佳工艺。

2）喷雾干燥机

喷雾干燥机是将浆料雾化形成雾滴，使其与热空气接触而干燥物料的装置，由干燥塔、收尘塔等主体设备和进料系统、热风系统、收料储罐等辅助设备构成。干燥塔包括雾化器、热风分布器、塔体等部件；收尘塔包括收尘器、反吹装置、塔体等部件。根据流程布置，喷雾干燥机可分为开式和闭式两种类型：开式干燥机一般用于水为分散介质的生产体系，闭式干燥机常用于有机溶剂体系便于溶剂回收，以满足安全、环保等生产要求。根据雾化器形式不同，喷雾干燥机可分为旋转式、压力式、气流式等。图 7-32 为开式旋转式喷雾干燥机的结构示意图。

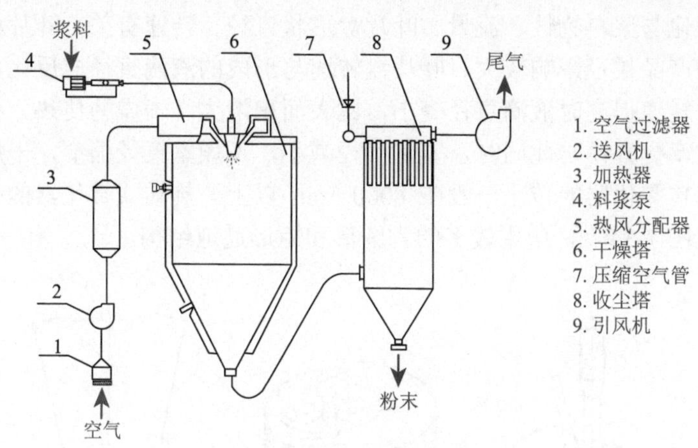

图 7-32 开式旋转式喷雾干燥机结构图

喷雾干燥可大致分为三个基本过程：浆料雾化形成雾滴；雾滴与热风接触并脱水；烘干产物与气体分离。前两个过程是在干燥塔内完成的，实现了液固混合物向气固混合物转变，第三个过程气固分离主要在收尘塔中完成。

第一阶段，通过核心部件雾化器作用将浆料分散成微细雾滴，使其具有较大表面积；雾滴大小与均匀程度对产品质量影响很大。常见的雾化方式有气流式、压力式、旋转式等三种，旋转式雾化器生产能力大、所需配件少、能耗较小，在磷酸铁锂生产的干燥环节比较常用。其工作原理是浆料由于离心力作用在旋转盘表面伸展成为薄膜，并以不断增长的速度向盘边缘移动，离开盘边缘时以滴状、丝状及膜状方式分裂雾化，如图 7-33 所示[20]。各分裂方式简介如下。

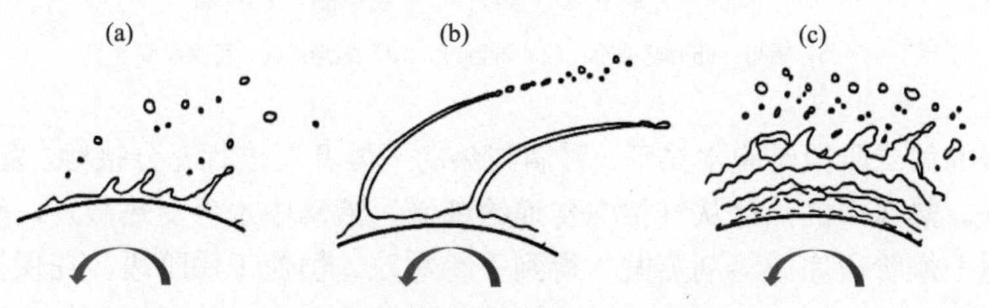

图 7-33 旋转式雾化器雾化机理示意图

（a）滴状分裂；（b）丝状分裂；（c）膜状分裂

（1）滴状分裂。流量少时，浆料受离心力作用在旋转盘边缘上隆起呈半球状；当离心力大于表面张力时，盘边缘的球状液滴被抛出而分裂雾化。

（2）丝状分裂。流量较大且转速加快，半球状料液被拉成许多丝状射流；流量增加，盘边缘的液丝数目增加、液丝变粗，离盘后被分裂雾化成球状小液滴。

（3）膜状分裂。流量继续增加，液丝数量与丝径均不再增加，液丝间互相并成薄膜，抛出的液膜离盘周边一定距离后被分裂成分布较广的液滴。

旋转雾化与浆料物性、流量、叶片盘形状直径、转速有关，叶片盘的转速对干燥过程和产品粒径影响较大。叶片盘转速与形成的液滴直径成反比，与雾化半径成反比；转速提高时液滴直径变小，比表面积增大，干燥的传热、传质效率增强，干燥效率提升；与此同时，雾化半径减小，干燥室直径缩窄，干燥塔粘壁现象减轻。旋转雾化器的转速一般在 8000r/min 以上。旋转式雾化器的叶片盘有多种形式，见图 7-34[20]，应用较多的为圆形和矩形通道结构。

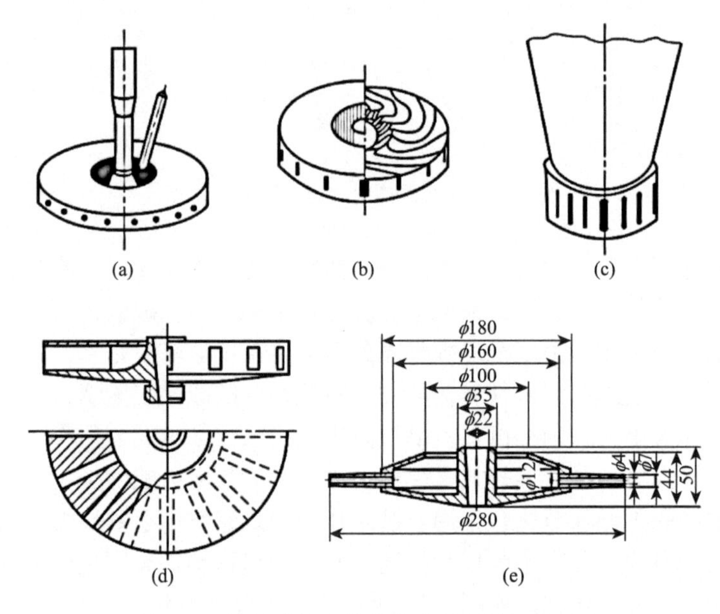

图 7-34　旋转式雾化器叶片盘常见的几种结构

（a）圆形；（b）弯曲形；（c）椭圆形；（d）矩形；（e）可换喷嘴

干燥的第二阶段是脱水烘干。雾滴与热的干燥介质进行充分接触，发生传热、传质过程。热风中的热量从气相中传递给液滴，液滴中水分受热蒸发，经恒速干燥和降速干燥阶段完成溶剂蒸发，得到干粉颗粒。恒速干燥阶段，在保持恒定的雾滴表面积和蒸气压下，水分通过毛细管和扩散机理，以接近恒定的速率从雾滴内部向表面迁移，雾滴中大部分水分被蒸发。随着水分大量进入到气相，热风温度降低、水分迁移速率降低，伴随着雾滴直径缩小，进入降速干燥阶段，直至烘干过程结束（图 7-35）[21]。干燥塔中雾化器安装位置、热风分布器结构、气体排出口位置及方式等因素，都会影响到雾滴与热空气的接触、混合及干燥时间，从而影响颗粒性能。根据液滴与热空气的流向，可将喷雾干燥塔分为并流式、逆流式及混合流式等多种形式（图 7-36）[20]。并流式的热风分布器和雾化器都安装在干燥室顶部，雾滴和气体并行而下；逆流式的雾化器和热风分布器分别安装在干燥塔顶部和底部，雾滴和气体在逆向运动中完成干燥；混合流式利用锥形旋风塔体设计，使气体干燥介质与物料通过干燥室时既有并流，又有逆流。磷酸铁锂的喷雾干燥塔常采用并流式设计。

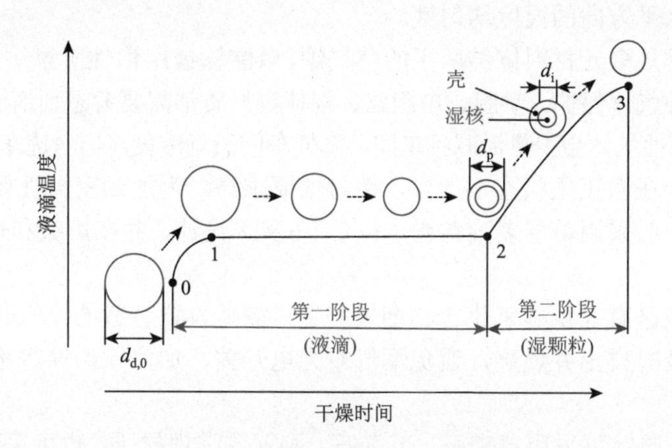

图 7-35 单液滴干燥二段干燥理论模型

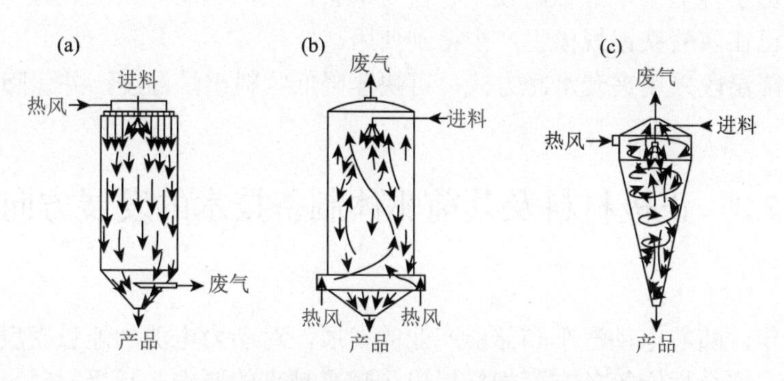

图 7-36 干燥塔雾滴与热风的接触形式示意图

（a）并流；（b）逆流；（c）混合流

第三阶段是烘干产物与气体分离。由于重力作用，大部分产物与干燥介质分离，塔底收集，而小颗粒会夹带在排放气体中，通过旋风分离器、布袋过滤器、静电除尘器等装置收集以提高产品收率。磷酸铁锂干燥阶段的气固分离常采用布袋过滤器，收集得到的混合物粉末用于高温固相烧结，废气经处理达标后排放或者循环使用。

3）烧结窑炉

磷酸铁锂烧结过程对气氛和温度都比较敏感，需在惰性气体保护下进行，密封性要求高。常见的窑炉有箱式炉、推板炉、辊道炉等，在产业界使用最广泛的是辊道炉。影响高温烧结效果的关键因素有：温度制度、氧含量、氮气分布及耗量、炉压控制及排风系统、冷却系统等。磷酸铁锂窑炉高温区温度一般为 600～800℃，采用电阻丝进行加热；因烧结为还原性气氛，电阻丝不能直接裸露，需用套管保护，常见的套管材质有石英、碳化硅等。磷酸铁锂窑炉通常采用单层多列方式，窑炉横向跨度较大，除了需要考虑匣钵上、中、下垂直方向的温度差异，还需要考虑水平方向的温度均匀性。

不同于常规多元材料烧结所用的空气炉，磷酸铁锂用惰性气氛炉有以下特点。

（1）惰性气体保护。炉膛、电阻丝、棍棒等材质都需要考虑到惰性和还原性气氛的要求；惰性气体会少量泄漏到车间，降低车间氧气浓度，需考虑车间的通风性。

（2）窑炉在微正压状态下工作，密封性要求高。为达到密封性要求，磷酸铁锂烧结窑炉一般采用单层多列结构（4 列或 6 列）设计，并在炉头和炉尾各设置 2 道置换室。

（3）升温区有大量碳氢化合物烟气产生，需要设置合适的排气开度和燃烧系统，将烟气及时排出并燃烧，避免烟气对光电开关、加热元器件等不利影响和对环境的污染。

（4）烧结匣钵可采用莫来石、堇青石、刚玉等常规材质，也可采用石墨匣钵。石墨匣钵由于传热效果好、磨损小、自身磨损产生的物质对磷酸铁锂负面作用小等优势，已在磷酸铁锂规模生产中得到使用。

（5）降温段采用夹套水冷方式，可快速降低物料出炉温度，并保障密封性。

7.3 正极材料及其前驱体制备技术的发展方向

近几年，随着电动汽车和储能产业的发展，对动力电池的能量密度、功率密度、成本、安全性能等各方面指标提出了越来越高的要求，正极材料也朝着高容量、高电压、高压实密度、低成本、高安全等方向演变。储能和动力电池用正极材料大规模生产需建立现代化的智慧工厂，对正极材料生产的人员、装备、原料、工艺、环境、测试等各个环节进行精密控制。未来动力和储能电池用锂离子正极材料及其前驱体的制备技术将向绿色、高效、低成本等方面发展，所配套的装备也将向自动化、信息化、设备大型化等方向迈进。

1）自动化

近年来，国内主要正极材料企业已开始引进国外自动化生产线，并通过消化吸收和流程优化逐步实现了国产化，基本实现了全流程无断点、工艺参数自动控制、关键工序气氛可控，但在设备适应性选择、自动化设备维护以及生产车间的温湿度、气氛控制等方面仍有较大不足。需要积极布局绿色智慧工厂建设，不断优化生产工艺，降低制造成本，提升产品品质，提高自动化程度和智能控制水平，减少工艺波动，提高产品稳定性。

2）信息化

现阶段正极材料生产现场控制更多是采用人工、分区域孤立控制。将来在中央控制系统的基础上要逐步实现信息化制造系统升级，将工艺参数、计划排程、生产调度、库存数量、质量控制等管理数据，进行整合、在线分析、预警，形成协同制造管理平台，提升整个生产制造系统的信息化沟通效率。

3）设备大型化

随着锂离子电池应用领域的不断拓展，正极材料需求量逐年提升，推动了多元材料和磷酸铁锂等主流材料的生产规模扩大和单体设备的大型化。正极材料的关键生产设备，如高速混合机、砂磨机、喷雾干燥机、烧结窑炉、破碎设备、除铁机等单体设备及配套系统开始大型化，提升了生产效率，降低了能耗成本。大型化对设备的制造精密度、可靠性也提出了新的要求，生产装备将不断迭代，提升正极材料行业的制造效率。

4）高效制备工艺流程开发

早期的层状正极材料生产流程从湿法冶炼粗制金属盐开始，经过电解、酸溶、化学沉淀、焙烧成氧化物，然后配锂、烧结、破碎和后处理得到产品；经过 20 多年的工艺革新和技术进步，现在已可采用冶炼精制金属盐直接沉淀得到前驱体、再配锂烧结破碎，生产流程大为简化[22]。随着科技的持续进步，正极材料的生产流程有望进一步优化，需要开发基于矿产至终端产品的简化工艺，进一步提升锂离子电池在储能和动力市场的竞争优势。

5）新型包覆技术开发

动力和储能用锂离子电池正极材料均需对材料进行表面包覆改性，层状正极材料需要包覆多种物相，以改善其与电解液的相容性，提升电池的各种性能；磷酸铁锂材料则需用原位热解的方式实现碳包覆，以改善材料电导率低的本征缺陷。现有包覆工艺有效提高了材料性能，使其走向应用，但在包覆均匀性、厚度和功能精准控制方面还存在很大差距。因此，如何借鉴一些特殊包覆技术（如 CVD、ALD 等），并与设备厂家密切合作，开发适合规模生产用的包覆技术和包覆设备非常重要，这需要学术界、产业界共同努力，投入资源进行机理研究、工艺优化和设备开发，争取早日实现产业化应用。

参考文献

[1] Ito H，Usui T，Shimakawa M，et al. High density cobalt-manganese coprecipitated nickel hydroxide and process for its production：US2002/0053663[P]. 2001-11-02.

[2] 冷拥军，张鉴清，成少安，等. 高堆积密度球形氢氧化镍制备及其理论分析[J]. 化学学报，1998，56：557-563.

[3] Dean J A. Lang's Handbook of Chemistry[M]. 3rd ed. New York：McGraw-Hill，1985.

[4] 彭美勋，王零森，沈湘黔，等. β-球形氢氧化镍的微观结构及其形成机理[J]. 中国有色金属学报，2003，13（5）：1130-1135.

[5] 曹玉芝，付秀涧，杨爱玲，等. 机织滤布及选择的若干问题[J]. 过滤与分离，2000，10（2）：11-14.

[6] 宋顺林，刘亚飞，陈彦彬. 三元材料及其前驱体产业化关键设备的应用[J]. 储能科学与技术，2017，6（6）：1352-1359.

[7] 邓玲. 厢式隔膜压滤机污泥深度脱水过滤特性研究[D]. 长沙：中南大学，2014.

[8] 金倬敏，徐斌，曹果林，等. PGZ 平板式全自动下部卸料离心机在镍钴粉体材料生产中的应用[J]. 粉末冶金工业，2013，23（2）：55-59.

[9] 吴玉蕾，于洋，董少云. 盘式连续干燥机在三元材料生产中的应用[J]. 精细与专用化学品，2012，20（10）：22-24.

[10] 李相良，刘亚飞，陈彦彬，等. 燃烧法制备层状正极材料 $LiNi_{0.5}Mn_{0.5}O_2$[J]. 电池，2010，40（2）：71-73.

[11] 王箴. 化工辞典[M]. 4 版. 北京：化学工业出版社，2000.

[12] 刘亚飞，陈彦彬. 锂离子电池正极材料标准解读[J]. 储能科学与技术，2018，7（2）：314-326.

[13] 罗文海，叶杰华. 用于粉碎粉体烧结物的旋轮磨机：CN104258925[P]. 2015-01-07.

[14] Zhang T B，Lu Y C，Luo G S. Iron phosphate prepared by coupling precipitation and aging：morphology，crystal structure，and Cr (Ⅲ) adsorption[J]. Cryst Growth Des，2013，13（3）：1099-1109.

[15] Reale P，Scrosati B，Delacourt C，et al. Synthesis and thermal behavior of crystalline hydrated iron (Ⅲ) phosphates of interest as positive electrodes in Li batteries[J]. Chem Mater，2003，15（26）：5051-5058.

[16] Wang J J，Sun X L. Understanding and recent development of carbon coating on $LiFePO_4$ cathode materials for lithium-ion batteries[J]. Energ Environ Sci，2012，5（1）：5163-5185.

[17] Ong S P，Wang L，Kang B，et al. Li-Fe-P-O_2 phase diagram from first principles calculations[J]. Chem Mater，2008，20（5）：1798-1807.

[18] Liu Y L，Wang J J，Liu J，et al. Origin of phase inhomogeneity in lithium iron phosphate during carbon coating[J]. Nano Energy，2018，45：52-60.

[19] 魏新蕾. 卧式砂磨机的设计与主轴结构优化[D]. 哈尔滨：哈尔滨商业大学，2015.

[20] 于才渊，王宝和，王喜忠. 喷雾干燥技术[M]. 北京：化学工业出版社，2013.

[21] Mezhericher M，Levy A，Borde I. Heat and mass transfer of single droplet/wet particle drying[J]. Chem Eng Sci，2008，63（1）：12-23.

[22] 刘亚飞，陈彦彬. 商用锂离子电池层状正极材料制造工艺发展趋势[J]. 新材料产业，2019，9：26-31.

08

正极材料原材料及其资源分布

发展储能和新能源汽车产业有望解决全球各国能源安全、二氧化碳减排、环境污染等问题，可推动技术进步、产业升级，已成为全球的重要战略方向。目前全球新能源汽车发展迅猛，2020 年全球新能源汽车按纯电动汽车（BEV）和插电混合动力汽车（PHEV）计算总销量达到 318 万辆，同比上升 43%。其中我国新能源汽车销量 136.7 万辆，占全球总销量的 44%。预计 2025 年全球新能源车年销量将达到 1339 万辆。我国汽车产业正处于轻量化、智能化、新能源化等高度融合的转型时期，由于在电动车领域的先发优势、巨大的市场规模和政府政策扶持，我国已成为全球最重要的电动汽车市场。

8.1 全球锂离子电池正极材料对资源的需求

全球范围内智能手机、平板电脑等 3C 电子产品需求平稳，储能和新能源汽车快速扩张，推动锂离子电池行业稳步增长。当前全球的锂离子电池及其材料制造主要集中在亚洲的中国、日本、韩国三国。主流的锂离子电池正极材料有 LCO、NCM、NCA、LFP 和 LMO 等。在注重安全性、经济性、能量密度的储能和动力电池行业，NCM 和 LFP 优势较为明显；在追求轻薄化、高性能的数码 3C 类领域，大多以 LCO 为主打正极材料，随着近年来金属钴价不断攀升，LCO 在手机、笔记本电脑和平板电脑的应用被 NCM、LMO 部分替代。全球新能源汽车销量的快速增长，对动力电池正极材料需求水涨船高。我国锂离子电池正极材料种类齐全，NCM、LFP、LCO、LMO 和 NCA 等因各自的特性差异应用于不同市场。国内电动车、3C 低钴化、电动工具、电动自行车等应用市场的快速发展，带动了 NCM 材料市场需求的持续增长。据统计，我国 2020 年锂电正极材料出货量约为 44 万 t，同比 2019 年增长 12.8%；其中钴酸锂约 6.5 万 t，多元材料（NCM/NCA）约 21 万 t，锰酸锂约 5.5 万 t，磷酸铁锂约 11 万 t；2017 年起，NCM 取替 LFP 成为国内占比最大的锂离子电池正极材料（图 8-1）。

中高镍多元正极材料 NCM/NCA 可显著提升锂电池能量密度，电池储存电量更多，逐渐成为乘用车动力电池市场的主流材料体系。表 8-1 给出了几种常见的 NCM 和其他正极材料对原材料的需求情况。与常规的 NCM111、NCM523 相比，NCM622 比容量较高，镍含量为 36.3%，钴含量为 12.2%，制成电池比能量可达到 230W·h/kg 以上。更高镍含量的 NCM811 和 NCA 比能量更高，镍含量分别为 48.3%和 48.9%，钴含量分别降低到 6.1%和 9.2%，对降低材料成本、延长续航里程有明显优势。

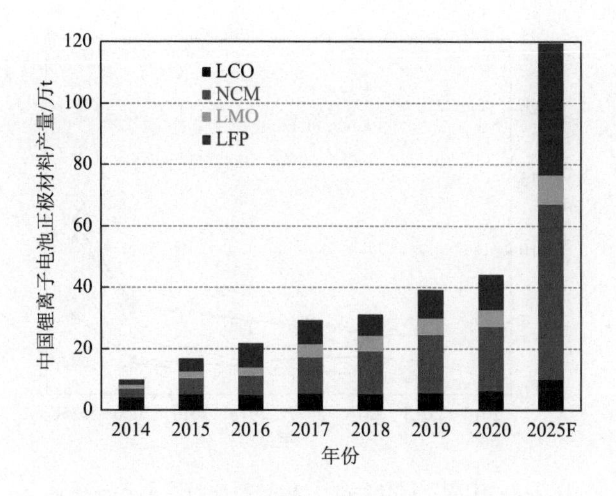

图 8-1 中国锂离子电池正极材料出货量统计

2025F 指预计量

表 8-1 各类正极材料的原材料需求

种类	含量/%					Li_2CO_3 单耗 t/t NCM	$LiOH·H_2O$ 单耗 t/t NCM
	Ni	Co	Mn	Fe	P		
NCM111	20.3	20.4	19.0			0.40	
NCM523	30.4	12.2	17.1			0.40	
NCM622	36.3	12.2	11.3			0.40	
NCM811	48.3	6.1	5.7				0.45
NCA	48.9	9.2					0.46
LCO		60.2				0.40	
LMO			60.8			0.21	
LFP				35.4	19.6	0.25	

根据图 8-1 和表 8-1，可测算出几种常见正极材料对各种金属原材料的需求情况。2020 年我国正极材料消耗锂、镍、钴、锰、铁、磷等原料分别约 2.5 万 t、7.5 万 t、6.3 万 t、6.0 万 t、3.9 万 t、2.2 万 t，预计到 2025 年依次增长到 5.5 万 t、22.8 万 t、12.1 万 t、11.0 万 t、15.0 万 t、8.3 万 t（图 8-2）。本章将分别介绍这些原材料资源的分布和供需情况。

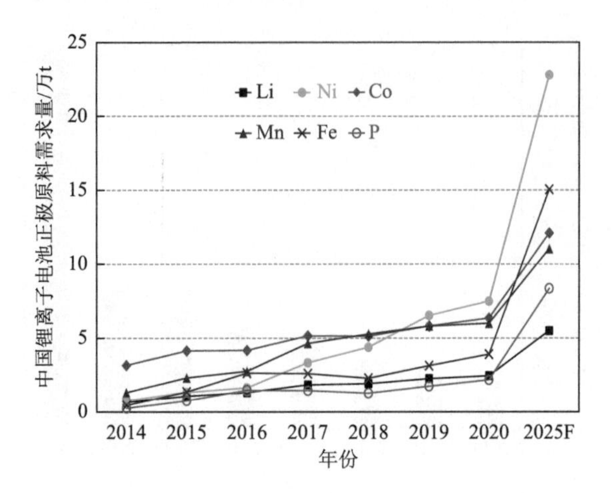

图 8-2 中国锂离子电池正极材料原材料需求量统计

8.2 锂资源分布及其供需状况

8.2.1 全球及我国锂资源储量

锂（Li）在元素周期表上位于第 2 周期、第ⅠA 族，原子序数 3，是一种银白色金属元素，在已知金属中密度最小（$0.534g/cm^3$）、氢标电位最负（–3.045V）、质地软、活性强。1800 年巴西化学家席尔瓦（José Bonifácio de Andrada e Silva）在瑞典小岛 Utö 上发现了透锂长石（$LiAlSi_4O_{10}$），1817 年瑞典化学家贝尔塞柳斯（Jöns Jakob Berzelius）的学生阿尔韦德松（Johan August Arfvedson）分析透锂长石时发现了锂，将其命名为“lithion”（希腊文“石头”），后演化成“lithium”（“锂”）。

自然界中锂主要以锂辉石、锂云母、透锂长石、磷铝锂石、盐湖锂盐等形式存在，锂矿石主要性质见表 8-2。锂辉石主要化学成分为 Li_2O、Al_2O_3 和 SiO_2，含 Na、Mg、K、Ca、Fe、Cr、Mn、Zn 等微量元素，使其呈现不同的颜色，如含 Cr^{3+}和 Fe^{2+}呈翠绿色，含 Mn^{2+}则变成紫色。锂云母主要化学成分与锂辉石类似，常含 K、F、Rb、Cs 等元素，主要见于花岗伟晶岩、云英岩中。透锂长石成分与锂辉石接近，常产于花岗伟晶岩中，与锂辉石共生。磷铝锂石主要成分为 Li_2O、Al_2O_3 和 P_2O_5，产于富含锂和磷酸盐的花岗伟晶岩中。盐湖锂分为氯化物型、硫酸盐型和碳酸盐型等多种形式，并与大量的 Na、K、Mg、Ca、B、S、Cl 等元素共存。全球锂资源总量丰富，以金属锂计约为 1400 万 t，主要分布在智利、阿根廷、澳大利亚和中国（表 8-3）。盐湖卤水矿床中的锂资源约占全球已探明锂资源的 70%，玻利维亚的乌尤尼盐湖（Salar de Uyuni）、智利的阿塔卡玛盐湖（Salar de Atacama）、阿根廷的翁布雷穆埃尔托盐湖（Salar de Hombre Muerto）、美国的银峰（Silver Peak）、我国的扎布耶盐湖（Zabuye）等都是锂资源储量丰富的盐湖。

表 8-2 常见锂矿石的基本特征

种类	主成分	Li 含量/%	莫氏硬度	密度/(g/cm³)	基本形态
锂辉石	$LiAlSi_2O_6$	1.2～3.7	6.5～7.0	3.0～3.2	呈板状、柱状或不规则状
锂云母	$K(Li_xAl_{1-x})_3(Si_yAl_{1-y})_4O_{10}[F_z(OH)_{1-z}]_2$	0.6～2.8	2.0～3.0	2.8～2.9	呈紫色、粉色、黄绿色并可浅至无色的短柱体、小薄片集合体或大板状晶体
透锂长石	$LiAlSi_4O_{10}$	0.5～2.2	6.0～6.5	2.3～2.5	呈无色、白色或灰色的薄板块状
磷铝锂石	$LiAlPO_4(F, OH)$	0.5～4.5	5.0～6.0	3.0	呈白色半透明块体

表 8-3 世界主要国家锂资源储量分布

国家	锂资源量/万 t	资源量占比/%	锂储量/万 t	储量占比/%
智利	850	13.7	800	57.1
澳大利亚	770	12.4	270	19.3
阿根廷	1480	23.9	200	14.3
中国	450	7.3	100	7.1
葡萄牙	13	0.2	6	0.4
巴西	18	0.3	5.4	0.4
美国	680	11.0	3.5	0.3
津巴布韦	54	0.9	2.3	0.2
玻利维亚	900	14.5		
加拿大	200	3.2		
捷克	130	2.1		
刚果（金）	100	1.6		
俄罗斯	100	1.6		
塞尔维亚	100	1.6		
马里	40	0.6		
西班牙	40	0.6		
其他	275		12.8	
总计	6200		1400	

数据来源：中国有色金属工业协会锂业分会（2019）。

8.2.2 锂资源生产与消费领域

2018 年全球锂资源供应量以碳酸锂计约为 30.9 万 t，其中澳大利亚 14.7 万 t、智利 7.88 万 t、中国 3.38 万 t、阿根廷 3.37 万 t。澳大利亚是全球最大锂资源供应国，主供锂辉石原矿和锂精矿，代表性矿山有 Talison、Mt. Marion 等。我国既是全球最大锂消费国，又是主要锂盐原料生产国：2018 年基础锂盐产量约 16.9 万 t，其中碳酸锂 10.9 万 t、氢氧化锂 4.2 万 t。

锂广泛用于锂电池、陶瓷、玻璃、润滑脂、制冷液、核工业及光电等行业，近年来随着 3C、电动车和储能市场（ESS）应用爆发式增长，锂电池已成为最大的锂资源消费领域。锂电池中，锂是钴酸锂、多元材料、锰酸锂、磷酸铁锂等正极材料的重要元素成分，也是电解液中六氟磷酸锂（$LiPF_6$）等导电盐的构成元素，更是金属锂及锂合金负极的主要原料。碳酸锂和氢氧化锂是需求和使用量最大的两种锂盐：碳酸锂为白色粉末，锂含量、密度和熔点较高；同是白色粉末的氢氧化锂具有强碱性和强吸湿性，通常以 $LiOH{\cdot}H_2O$ 形式存在，锂含量、密度和熔点较低（表 8-4）。玻璃行业配方中添加锂化合物可降低玻璃热膨胀系数，改善玻璃的密度和光洁度，提高制品的强度、延展性、耐蚀性及耐热急变性能；配料中添加锂精矿或锂化物可降低玻璃熔化温度和熔体黏度，简化生产流程，降低能耗，减少污染；含锂玻璃被广泛应用到化学、电子学、光学等仪器中。陶瓷行业加入少量锂辉石可降低陶瓷烧结温度，缩短烧结时间，改善其流动性和黏着力，提高强度和折射率，增强耐热、耐酸、耐碱、耐磨以及耐热急变性能。润滑脂行业中锂基润滑脂具有使用温度宽（–30～300℃）、稳定性高、抗水性能好、使用寿命长等优点，在欧美等发达国家和地区普遍用于运输、冶金、石化等行业机械轴承润滑。冶金行业中锂可改善金属制品性能，被广泛应用于航空航天、国防军工、交通、电子、医疗产品等领域。2018 年，全球锂消费量以碳酸锂计约为 26.8 万 t，其中新能源汽车（xEV）动力锂电池用量约 8.49 万 t，3C 消费电子品锂电池约 3.8 万 t，陶瓷行业约 2.56 万 t，微晶玻璃行业约 2.29 万 t，润滑脂行业约 1.43 万 t。

表 8-4　一些重要锂原料的基本性质

	晶系	*a*/Å	*b*/Å	*c*/Å	*β*/(°)	密度/(g/cm³)	熔点/℃	溶解度/(g/100g H_2O)	锂含量/%
Li	立方 *Im*3*m*	3.510				0.535	181		100
Li_2CO_3	单斜 *C*2/*c*	8.359	4.972	6.197	114.83	2.11	720	1.3	18.79
$LiOH{\cdot}H_2O$	单斜 *C*2/*m*	7.640	8.440	3.240	110.90	1.51	471	12.4	16.54
LiOH	四方 *P*4/*nmm*	3.549		4.334		2.54		11.0	28.98
$LiPF_6$	六方 *R*3	4.932		12.65		1.50	200		4.57

8.2.3 锂盐主要生产工艺

矿石锂资源总量不及卤水，但提锂工艺更成熟，锂辉石含锂量高、易处理，是矿石提锂的主要原料。矿石提锂有硫酸法、硫酸盐法、石灰石烧结法和氯化焙烧法等各种工艺，其中硫酸法对原料的适应性强、工艺流程简单、收率高，在工业上应用最为广泛（图 8-3）。该方法将天然 α-锂辉石在 950～1100℃进行转型焙烧，由单斜相晶系 α 相转变为高活性的四方晶系 β 相，利用硫酸酸化置换、搅拌浸出，石灰浆调 pH，加烧碱和纯碱除铁、钙、镁、铝等杂质，过滤浓缩，以适量纯碱沉锂，经过滤、洗涤和干燥制得碳酸锂[1]。反应式如下：

$$\alpha\text{-}Li_2O\cdot Al_2O_3\cdot 4SiO_2 \longrightarrow \beta\text{-}Li_2O\cdot Al_2O_3\cdot 4SiO_2 \tag{8-1}$$

$$\beta\text{-}Li_2O\cdot Al_2O_3\cdot 4SiO_2 + H_2SO_4 \longrightarrow Al_2O_3\cdot 4SiO_2\cdot H_2O + Li_2SO_4 \tag{8-2}$$

$$Li_2SO_4 + Na_2CO_3 \longrightarrow Li_2CO_3\downarrow + Na_2SO_4 \tag{8-3}$$

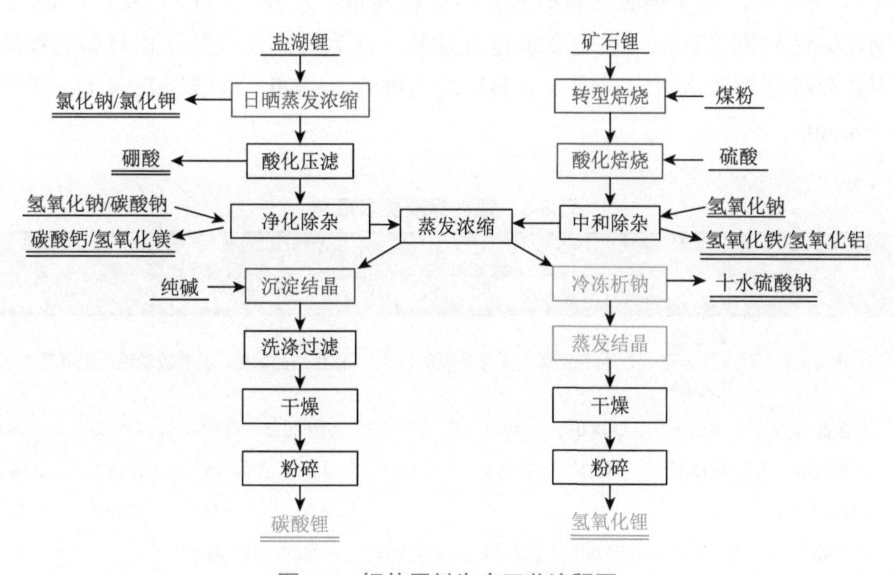

图 8-3 锂盐原料生产工艺流程图

盐湖卤水锂资源含量丰富，但类型多样、镁锂比高且不易分离，工艺尚未成熟。随着矿石锂资源减少以及卤水提锂技术进步，卤水提锂已成为重要开发方向，常见提锂工艺有沉淀法、萃取法及吸附法等。其中，碳酸盐沉淀法是目前卤水提锂的主要方法，该方法操作性强、能耗低，采用分段结晶分离提高锂利用率，但针对成分复杂的卤水资源，尤其是高镁锂比型卤水，提锂选择性还存在一定不足。该法将含锂盐湖卤水蒸发浓缩，除去钠离子、钾离子、硼离子、钙离子及镁离子，再加入沉淀剂沉锂（图 8-3）。氢氧化锂的制备工艺前半部分与碳酸锂一样，但中和、净化除杂时不能引入碳酸根，以液碱为主：

$$Li_2SO_4 + 2NaOH + H_2O \longrightarrow 2\ LiOH{\cdot}H_2O\downarrow + Na_2SO_4 \qquad (8\text{-}4)$$

碳酸锂沉淀过程本身就是一个分离提纯过程，而氢氧化锂本身在水中的溶解度过高（表 8-4），沉淀过程易夹带 Na^+、SO_4^{2-}、Cl^-等，沉淀得到的粗制氢氧化锂还需经过蒸发结晶或冷冻溶析结晶等工艺提纯。一般而言，矿石提锂工艺比较成熟，但耗能高、污染重、成本高；盐湖卤水提锂耗能低、成本较低，但技术难度高。

锂离子电池正极所用锂盐原料涉及的标准有《电池级碳酸锂》（YS/T 582—2013）、《电池级单水氢氧化锂》（GB/T 26008—2010）和《单水氢氧化锂》（GB/T 8766—2013）等[2-4]。表 8-5 列举了这些标准对锂盐物理化学指标的技术要求。除电池级单水氢氧化锂外，主含量应不低于 99.0%。根据对正极材料的物理、化学及电性能指标的影响，一般要求锂盐原料中杂质元素钾、钠、钙、镁、铁、铜、硅等均不高于 0.005%；锂盐的钠、钙含量较高，钠主要是 Li_2SO_4 溶液碳化时采用 Na_2CO_3 带来的，钙主要源于锂矿石提纯过程残留；水分、CO_3^{2-}、SO_4^{2-}、Cl^-、不溶物、磁性异物等其他杂质也要求越低越好。作为锂离子电池正极材料的锂源，还需要粒度达到微米级，以便与前驱体均匀混合，例如，碳酸锂要求 D_{50} 控制在 3.0～8.0μm。

表 8-5　锂盐标准要求汇总

指标	电池级碳酸锂	电池级单水氢氧化锂			单水氢氧化锂			
		D1	D2	D3	T1	T2	1	2
外观	白色粉末，无可见夹杂物	白色晶体，无可见夹杂物			白色结晶颗粒，具有流动性，无可见夹杂物			
主含量/%	≥99.5	≥98.0	≥96.0	≥95.0	≥99.0	≥99.0	≥99.0	≥99.0
Li 含量/%	≥18.7*	≥16.2*	≥15.9*	≥15.7*	≥16.3*	≥16.3*	≥16.3*	≥16.3*
LiOH 含量/%					≥56.5	≥56.5	≥56.5	≥56.5
K 含量/%		≤0.003	≤0.003	≤0.005	≤0.001	≤0.002		
Na 含量/%	≤0.025	≤0.003	≤0.003	≤0.005	≤0.002	≤0.008	≤0.02	≤0.05
Ca 含量/%	≤0.005	≤0.005	≤0.005	≤0.01	≤0.015	≤0.020	≤0.025	≤0.025
Mg 含量/%	≤0.008	≤0.005	≤0.005					
Mn 含量/%	≤0.0003	≤0.005	≤0.005					
Fe 含量/%	≤0.001	≤0.0008	≤0.0008	≤0.0008	≤0.0008	≤0.0008	≤0.0015	≤0.0020
Cu 含量/%	≤0.0003	≤0.005	≤0.005					
Si 含量/%	≤0.003	≤0.005	≤0.005					

续表

指标	电池级碳酸锂	电池级单水氢氧化锂			单水氢氧化锂			
		D1	D2	D3	T1	T2	1	2
CO_3^{2-} 含量/%		≤0.7	≤1.0	≤1.0	≤0.50	≤0.55	≤0.70	≤0.70
SO_4^{2-} 含量/%	≤0.08	≤0.01	≤0.01	≤0.01	≤0.010	≤0.015	≤0.020	≤0.030
Cl^-含量/%	≤0.003	≤0.002	≤0.002	≤0.002	≤0.002	≤0.005	≤0.015	≤0.030
磁性异物含量/%	≤0.0003							
盐酸不溶物含量/%		≤0.005	≤0.005	≤0.005	≤0.002	≤0.003	≤0.005	≤0.005
水不溶物含量/%					≤0.003	≤0.005	≤0.010	≤0.010
水分含量/%	≤0.25							
D_{50}/μm	3.0～8.0							
D_{10}/μm	≥1.0							
D_{90}/μm	9.0～15.0							

注：D 代表电池级；T 代表特级；1、2、3 分别代表一等品、二等品、三等品。

* 标准转换值。

8.2.4 锂盐主要供应商

全球锂资源供应高度集中于“四湖三矿”：四湖为智利 Salar de Atacama、美国 Silver Peak、阿根廷的 Salar de Hombre Muetro 和 Olaroz，三矿指澳大利亚的 Green bushes、Mt. Cattlin、Mt. Marion 锂矿。电池级碳酸锂主要供应商有智利化学矿业公司（SQM）、美国雅宝集团（Albemarle）、中国成都天齐实业（集团）有限公司和赣锋锂业股份有限公司等；氢氧化锂的供应商包括雅宝、赣锋锂业股份有限公司、Livent 等，见表 8-6。

表 8-6　2018 年全球主要锂盐企业年产能　（单位：万 t/a）

公司	年产能		年产量		备注
	碳酸锂	氢氧化锂	碳酸锂	氢氧化锂	
Albemarle（美国）	8	4	3.2	3.5	2020 年总产能 16.5 万 t/a
SQM（智利）	7	1.35	4.51	0.6	2021 年产能预计扩大到 18 万 t/a。澳大利亚合资公司建 4.5 万 t/a 氢氧化锂生产线
成都天齐实业（集团）有限公司（中国）	3.5	1	3	0.5	
赣锋锂业股份有限公司（中国）	3.75	2.8	2.5	2.1	
Livent（FMC）（美国）	1.8	2	0.2	1.8	2019 年氢氧化锂产能扩至 3 万 t/a，2020 年碳酸锂产能新增 2 万 t/a

续表

公司	年产能		年产量		备注
	碳酸锂	氢氧化锂	碳酸锂	氢氧化锂	
Orocobre（澳大利亚）	1.55	1	1.25		
山东瑞福锂业有限公司（中国）	2.5	1	1.7	0.4	
江西南氏锂电新材料有限公司（中国）	2	1.2	1.5		

8.3 镍资源分布及其供需状况

8.3.1 全球及我国镍资源储量

镍（Ni）在元素周期表上位于第4周期、第Ⅷ族，原子序数28，是有光泽的银白色有色金属，具有良好的机械强度和延展性，很高的化学稳定性和抗腐蚀性。1751年，瑞典的克龙斯泰特（Alex Fredrik Cronstedt）从红砷镍矿中提取发现镍元素，并命名为nickel（镍）。

按地质成因划分，全球镍资源有红土型镍矿、硫化物型镍矿和海底铁锰结核等。红土型镍矿为氧化物矿，通常分3个矿层：褐铁矿层离地表最近，镍含量低、结晶性差、粒度细；腐泥矿层位于埋藏较深的基岩之上，镍含量高，但成分组成极不均匀；过渡矿层位于上述矿层之间，镍含量居中。红土型镍矿主要分布在印度尼西亚、巴西、古巴和菲律宾等环太平洋热带和亚热带国家，受选冶技术和生产成本制约，大多未充分开发，保存完好，矿石储量大。红土型镍矿含镍1%～3%，常与铁、镁、铬、锰、钴、钒等元素伴生或共生，矿石综合利用价值较高，是冶炼优质钢材的“天然合金矿石”。硫化物型镍矿通常为岩浆型铜镍硫化物矿床，主要分布在加拿大、俄罗斯、澳大利亚、中国和南非等国家，一般含镍1%左右，常与铜、钴等伴生。海底铁锰结核中蕴藏着丰富的铜、镍、钴、锰等金属，其中镍的含量在1亿t以上，但由于开采技术及对海洋污染等因素尚未实际开发。

世界镍资源主要分布在印度尼西亚、澳大利亚、巴西等12个国家。其中，印度尼西亚镍储量最高，占比23.6%；其次为澳大利亚和巴西，分别占21.4%和12.4%；中国镍储量相对较少，仅为3.1%（表8-7）。中国红土型镍矿资源比较缺乏，储量少、品位低、开采成本高，每年都需大量从国外进口；硫化物型镍矿资源较为丰富，主要分布在西北、西南和东北的19个省区，其中甘肃储量最多，占全国镍矿总储量的62%。

表 8-7 全球主要国家镍资源储量分布

国家	镍储量/万 t	占比/%	类型
印度尼西亚	2100	23.6	红土型镍矿
澳大利亚	1900	21.4	红土型、硫化物型镍矿
巴西	1100	12.4	红土型镍矿
俄罗斯	760	8.5	红土型、硫化物型镍矿
古巴	550	6.2	红土型镍矿
菲律宾	480	5.4	红土型镍矿
南非	370	4.2	硫化物型镍矿
中国	280	3.1	硫化物型镍矿
加拿大	270	3.0	硫化物型镍矿
危地马拉	180	2.0	红土型镍矿
马达加斯加	160	1.8	硫化物型镍矿
哥伦比亚	44	0.5	红土型镍矿
其他	706	7.9	
总计	8900		

数据来源：美国地质勘探局（USGS，2018）。

8.3.2 镍资源生产与消费领域

近年来，世界镍资源供应和原生镍产量稳步增长，印度尼西亚的镍矿山和原生镍增幅最大，这主要受益于低品位红土矿的大规模开发利用。2018 年全球镍矿产量约 234.5 万 t，印度尼西亚和菲律宾等国是市场供应的主力。2018 年全球原生镍生产量约 220.5 万 t，中国产量最大，也是最大的镍资源进口国。

镍被世界各国定为保障国防安全的战略金属，广泛应用于航空航天、海洋舰船、新能源、环保和高端装备制造等领域。镍金属具有良好的可塑性、耐腐蚀性和磁性，是不锈钢、有色合金、电池、电镀、合金钢及铸件等市场的重要原料，其中不锈钢用量占比约 70%。2018 年全球电池行业用原生镍约 10.1 万 t，有电解镍、泡沫镍、镍豆、镍粉、硫酸镍等多种形式，其中锂离子电池正极材料主要用六水合硫酸镍，或者直接用冶炼提纯的硫酸镍溶液。

8.3.3 镍盐主要生产工艺

原生镍矿制备硫酸镍的简化生产工艺见图 8-4。硫化物型镍矿组成比较复杂，通常先磨矿、多级粗选/精选处理获得含镍 6%～12%的精矿，再由闪速炉、转炉初级冶炼得到含 Ni/Cu/Co/Fe/S 等共熔体镍锍（或称为高冰镍），加压浸出使 NiS、Ni_3S_2、Cu_2S 等硫化物溶入液相，经中和除铁、P204 萃取除杂、Cyanex272 镍钴分离后，蒸发结晶得到精制硫酸镍。红土型镍矿提镍分火法和湿法两类，火法冶炼适合处理高镁低铁的腐殖土层矿，湿法可处理高铁低镁的褐铁矿层[5]。火法冶炼需消耗大量能源，红土镍矿石经破碎后，先进入回转窑脱水干燥和预热，再进入电炉还原熔炼成镍铁，通过调整焦炭加入量控制铁的还原程度。湿法冶炼则采用稀硫酸将镍、钴等有价金属与铁、铝矿物一起溶解，控制一定 pH 等条件，使铁、铝和硅等杂质元素水解进入渣中，镍、钴选择性进入溶液，浸出液再沉淀得到粗氢氧化镍或镍钴硫化物。镍铁和湿法冶炼中间品，通过传统的湿法冶金精炼工艺制备所需最终产品。

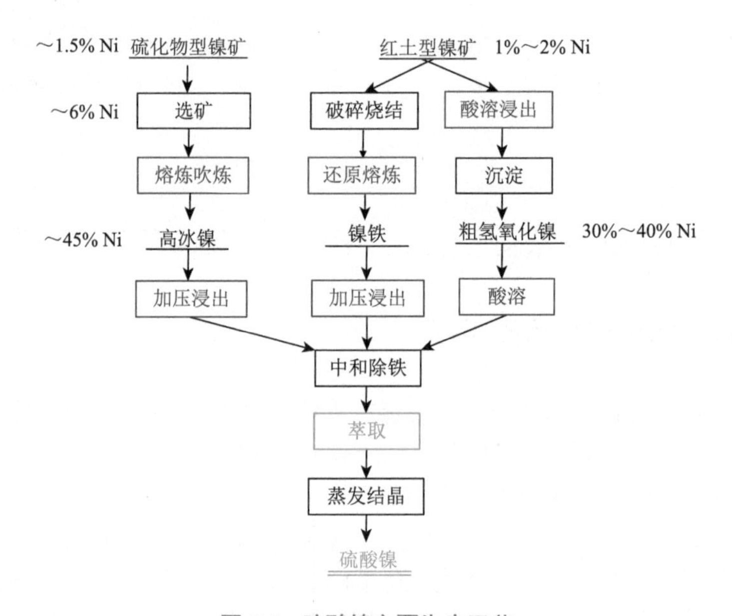

图 8-4　硫酸镍主要生产工艺

目前业内精制硫酸镍主流工艺大多采用“硫化物型镍矿-高冰镍”和“红土型镍矿-湿法冶炼中间品”等方案。除原生镍矿途径外，硫酸镍还可通过纯镍（如电解镍板、镍豆、镍粉）等经酸溶、除杂、蒸发浓缩、结晶制备，也可用电镀废料、回收催化剂、电池废料和废合金等含镍废料作为原料，工艺与图 8-4 类似。

表 8-8 列举了《精制硫酸镍》（GB/T 26524—2011）和《工业硫酸镍》（HG/T 2824—2009）对镍盐原料的技术要求[6, 7]。硫酸镍通常以 $NiSO_4·6H_2O$ 结晶颗粒形式存在，Ni 含量不低于 21.5%；含 6 个结晶水，游离水也会残留在产品中，存储

过程容易风干失去部分结晶水。硫酸镍原料中常见杂质有钴、锰、钠、钙、镁、铁、锌、铜、镉、汞、铬、铅、水不溶物等，除钴外一般都要求在 0.01%以下，大多实测值低于 0.005%。硫酸镍原料中水不溶物通常要求越低越好，防止其直接形成晶核，影响沉淀产物的物相纯度。

表 8-8 硫酸镍标准要求汇总

指标	精制硫酸镍		工业硫酸镍			
	优等品	一等品	Ⅰ类优等品	Ⅰ类一等品	Ⅱ类优等品	Ⅱ类一等品
外观	翠绿色颗粒状结晶		翠绿色颗粒状结晶			
主含量/%	≥99.0*	≥98.5*	≥99.4*	≥96.3*	≥97.6*	≥96.3*
Ni 含量/%	≥22.1	≥22.0	≥22.2	≥21.5	≥21.8	≥21.5
Co 含量/%	≤0.05	≤0.40	≤0.05	≤0.10	≤0.40	≤0.40
Mn 含量/%			≤0.003	≤0.005	≤0.003	≤0.005
Na 含量/%	≤0.010	≤0.010	≤0.020	≤0.030	≤0.020	≤0.030
Ca 含量/%	≤0.005	≤0.005	≤0.010	≤0.020	≤0.010	≤0.020
Mg 含量/%	≤0.005	≤0.005	≤0.010	≤0.020	≤0.010	≤0.020
Fe 含量/%	≤0.0005	≤0.0005	≤0.001	≤0.002	≤0.0015	≤0.003
Zn 含量/%	≤0.0005	≤0.0005	≤0.001	≤0.002	≤0.001	≤0.002
Cu 含量/%	≤0.0005	≤0.0005	≤0.001	≤0.002	≤0.0015	≤0.0015
Cd 含量/%	≤0.0002	≤0.0002	≤0.0003	≤0.0005	≤0.0003	≤0.0005
Hg 含量/%	≤0.0003		≤0.001	≤0.001		
Cr 含量/%	≤0.0005		≤0.001	≤0.001		
Pb 含量/%	≤0.001	≤0.001	≤0.001	≤0.002	≤0.001	≤0.002
水不溶物含量/%	≤0.005	≤0.005	≤0.010	≤0.020	≤0.010	≤0.020

* 标准转换值。

8.3.4 镍盐主要供应商

据统计，2019 年全球硫酸镍产量超过 77 万 t。硫酸镍供应商主要为澳大利亚的必和必拓公司、中国金川集团股份有限公司（以下简称金川集团）、日本住友金属矿山株式会社、俄罗斯诺里尔斯克镍业公司（Norilsk）等（表 8-9）。新能源汽车用层状多元材料向高镍化发展带动了全球硫酸镍的扩产增量：必和必拓公司一期 10 万 t/a，二期或扩至 20 万 t/a；中冶瑞木新能源科技有限公司一期 8 万 t/a；格林美股份有限公司扩建产能 4 万 t/a。

表 8-9 全球主要硫酸镍企业年产能 （单位：万 t/a）

公司	硫酸镍产能			备注
	晶体粉末	溶液	合计	
必和必拓公司（澳大利亚）	10		10	2020 年二季度投产
金川集团（中国）	2.4	7.2	9.6	硫化物镍矿、红土型镍矿，原料大部分进口
住友金属矿山株式会社（日本）	8		8	
诺里尔斯克镍业公司（俄罗斯）	5		5	
广西银亿科技矿冶有限公司（中国）	4.8		4.8	红土型镍矿中间品、回收废料为原料
天津市茂联科技有限公司（中国）	4.8		4.8	硫化物镍矿原料
烟台凯实工业有限公司（中国）	4.8		4.8	红土型镍矿中间品为原料
中冶瑞木新能源科技有限公司（中国）	4.2		4.2	自有红土型镍矿
吉林吉恩镍业股份有限公司（中国）	3.6		3.6	红土型镍矿为原料
格林美股份有限公司（中国）	3.6		3.6	红土型镍矿中间品、回收废料为原料
衢州华友钴新材料有限公司（中国）	2.4	1.2	3.6	自有镍钴矿、外购红土型镍矿中间品
上海宇皓化工科技有限公司（中国）	2.4	1.2	3.6	镍粉溶解
其他	9.1	2.5	11.6	
总计	65.1	12.1	77.2	

数据来源：北京安泰科信息开发有限公司（2019）。

8.4 钴资源分布及其供需状况

8.4.1 全球及我国钴资源储量

钴（Co）在元素周期表中位于第 4 周期、第Ⅷ族，原子序数 27，是一种具有光泽的钢灰色金属，硬而脆，有铁磁性。1753 年瑞典化学家勃兰特（G Brandt）从辉钴矿中分离发现钴，1780 年瑞典化学家伯格曼（T Bergman）确定钴为金属元素。钴的英文名称“cobalt”与拉丁名称“cobaltum”来自于辉钴矿的德文“kobalt”。钴在地壳中平均含量为 0.001%，自然界中大多伴生于镍、铜、铁、铅、锌、银、锰等硫化物矿床中。

世界已探明钴资源主要以砂岩型铜钴矿、红土型镍钴矿、岩浆型铜镍硫化物矿等形式存在，钴也被发现于海洋锰结核中，是镍矿、铜矿、锰矿开采的副产物。全球大约一半的钴资源以砂岩型铜钴矿形式蕴藏在非洲铜带——刚果（金）和赞比亚北部加丹加省的南部边界，红土型镍钴矿主要位于古巴、菲律宾、澳大利亚等，铜镍硫化物矿则分布在澳大利亚、加拿大、俄罗斯等国家。2018 年全球钴矿资源储量为 690 万 t，刚果（金）的钴储量就高达 340 万 t，原矿含钴品位高（0.1%～1%），居世界第一位。中国钴矿资源短缺，储量 8 万 t，仅占全球储量的 1.2%（表 8-10）。据统计，中国目前已知的钴矿产地有 170 余处，主要分布在甘肃、山东、云南、河北、青海、山西等 6 省区，平均品位仅 0.02%，提炼时金属回收率低、工艺复杂、生产成本高。

表 8-10 全球钴矿资源分布表

国家	储量/万 t	占比/%	类型
刚果（金）	340	49.3	砂岩型铜钴矿
澳大利亚	120	17.4	红土型镍钴矿、岩浆型铜镍硫化物矿
古巴	50	7.2	红土型镍钴矿
菲律宾	28	4.1	红土型镍钴矿
俄罗斯	25	3.6	岩浆型铜镍硫化物矿
加拿大	25	3.6	岩浆型铜镍硫化物矿
马达加斯加	14	2.0	砂岩型铜钴矿
中国	8	1.2	岩浆型铜镍硫化物矿
巴布亚新几内亚	5.6	0.8	红土型镍钴矿
美国	3.8	0.6	岩浆型铜镍硫化物矿
南非	2.4	0.4	砂岩型铜钴矿
摩洛哥	1.7	0.2	砷钴矿
其他	66.5	9.6	
总计	690		

数据来源：美国地质勘探局（USGS，2018）。

8.4.2 钴资源生产与消费领域

钴因其独有的物理和化学性质被广泛应用于电池、航空发动机、机械和陶瓷等领域，是国民经济建设和国防建设不可缺少的重要原料，也是高、精、尖技术的支撑材料。随着科学技术的进步与发展，钴的应用范围日益扩大，消费领域不断拓宽。2018 年全球钴原料以金属钴计算供应量超过 13 万 t，其中刚果（金）8.8 万 t，占比超过 2/3；精炼钴产量达 12.8 万 t，中国约 8.2 万 t，占比约 64%。钴的主要应用市场是电池，占总用量一半以上，也是高温合金、硬质合金、陶瓷、磁性材料等领域的重要原料。钴在高能电池中占据非常重要的地位，在锂离子电池中是钴酸锂、镍钴锰酸锂、镍钴铝酸锂等正极材料的关键组成元素，起到稳定晶体结构、改善倍率特性的作用。钴可显著提高高温合金和硬质合金的耐磨、耐热和切削性能，是陶瓷、玻璃行业的重要着色颜料，被大量应用于高性能磁性材料的制造，在电子工业和高科技领域起着重要作用。

8.4.3 钴盐主要生产工艺

钴在原矿中的品位普遍不高（0.02%～1%），一般都是先对铜、钴有价金属进行浮选，富集成钴含量 2%～5%的钴精矿。处理高品位氧化铜钴矿有“火法熔炼＋湿法浸出”或全湿法浸出工艺两种，而对硫化铜钴矿一般采用“焙烧＋湿法浸出”法。近年来，刚果（金）禁止原矿出口，使得火法熔炼处理铜钴矿比较常见。不管采用何种方式，其浸出液均需采取萃取方式进行除杂并实现铜钴分离、富集，而后蒸发结晶或电解回收钴[8]。各种钴矿提钴的简化工艺流程见图 8-5。

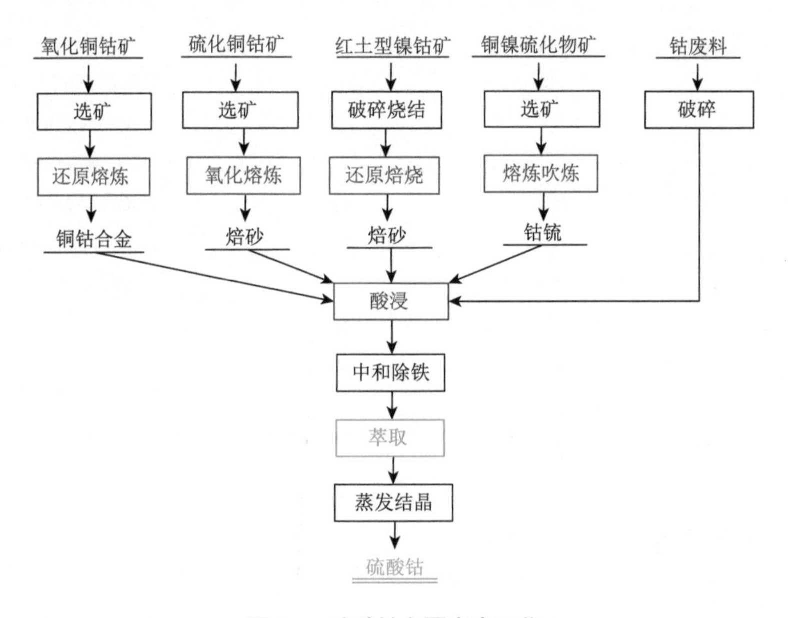

图 8-5 硫酸钴主要生产工艺

表 8-11 列举了《精制硫酸钴》（GB/T 26523—2011）和《工业硫酸钴》（HG/T 4822—2015）对钴盐原料的技术要求[9, 10]。硫酸钴通常以 $CoSO_4·7H_2O$ 结晶体颗粒形式存在，钴含量不低于 20%。正极材料一般要求钴盐原料中杂质在 0.01%以下，大多实测值低于 0.005%，水不溶物也不得超过 0.01%。《工业硫酸钴》（HG/T 4822—2015）标准对某些杂质元素（如 Ca、Mg 等）的要求甚至高于《精制硫酸钴》；其“Ⅰ类”钴盐所用钴源为钴精矿或粗制钴盐，“Ⅱ类”源自含钴废料，专门增加了针对 Li、Al、Ni、Mn、Si 等杂质元素的控制要求。《精制硫酸钴》

标准对 pH 也提出了要求，以控制游离酸残存波动，确保前驱体沉淀结晶一致性和稳定性。

表 8-11 硫酸钴标准要求汇总

指标	精制硫酸钴		工业硫酸钴			
	优等品	一等品	Ⅰ类优等品	Ⅰ类一等品	Ⅱ类优等品	Ⅱ类一等品
外观	桃红色晶体		玫瑰红色结晶粉末			
主含量/%	≥97.8*	≥95.4*	≥95.4*	≥95.4*	≥95.4*	≥95.4*
Co 含量/%	≥20.5	≥20.0	≥20.0	≥20.0	≥20.0	≥20.0
Li 含量/%					≤0.001	≤0.0015
Na 含量/%	≤0.001	≤0.002	≤0.001	≤0.002	≤0.001	≤0.002
Ca 含量/%	≤0.005	≤0.005	≤0.001	≤0.002	≤0.001	≤0.002
Mg 含量/%	≤0.002	≤0.005	≤0.001	≤0.002	≤0.001	≤0.002
Al 含量/%					≤0.001	≤0.0015
Ni 含量/%			≤0.001	≤0.002	≤0.001	≤0.002
Mn 含量/%			≤0.001	≤0.0015	≤0.001	≤0.0015
Fe 含量/%	≤0.001	≤0.005	≤0.001	≤0.0015	≤0.001	≤0.0015
Zn 含量/%	≤0.001	≤0.005	≤0.001	≤0.0015	≤0.001	≤0.0015
Cu 含量/%	≤0.001	≤0.005	≤0.001	≤0.0015	≤0.001	≤0.0015
Cd 含量/%	≤0.001	≤0.005			≤0.001	
Hg 含量/%	≤0.001	≤0.005				
Cr 含量/%	≤0.001	≤0.005			≤0.001	
Pb 含量/%	≤0.001	≤0.005	≤0.001		≤0.001	
As 含量/%	≤0.001	≤0.005				
Si 含量/%					≤0.001	≤0.002
Cl 含量/%	≤0.005	≤0.010	≤0.005	≤0.010	≤0.005	≤0.010
水不溶物含量/%	≤0.010	≤0.010	≤0.010		≤0.010	
pH	4.5～6.5	4.5～6.5				

* 标准转换值。

8.4.4 钴盐主要供应商

2018 年全球钴供应约 12.80 万 t（以金属钴计算），我国的浙江华友钴业股份有限公司、格林美股份有限公司，美国的自由港钴业有限公司（Freeport Cobalt/OMG）和我国的金川集团等企业分别以 2.27 万 t、1.64 万 t、1.29 万 t 和 1.09 万 t 位列前四大供应商（表 8-12）。近年来，随着锂离子电池市场的不断扩大，不少钴盐供应商开始进行从矿产、冶炼到前驱体、正极材料、电池回收的全产业链全球化布局，市场上硫酸钴供应量逐年减少，转为 Co_3O_4、$Co(OH)_2$、$Ni_{1-x}Co_x(OH)_2$、$Ni_{1-x-y}Co_xMn_y(OH)_2$、$Ni_{1-x-y}Co_xAl_y(OH)_2$ 等前驱体及其正极材料对外销售。

表 8-12　全球主要钴供应商年产能　（单位：万 t/a，以金属钴计算）

公司	精炼钴产量				
	硫酸钴	其他钴盐	金属钴	钴粉	合计
浙江华友钴业股份有限公司（中国）	0.60	1.50	0.17		2.27
格林美股份有限公司（中国）	0.50	0.24	0.10	0.80	1.64
自由港钴业有限公司（美国）		0.65	0.54	0.10	1.29
金川集团（中国）	0.20	0.49	0.40		1.09
嘉能可集团公司（Glencore）（中国）			0.74		0.74
优美科公司（Umicore）（中国）	0.64				0.64
广东佳纳能源科技有限公司（中国）	0.25	0.33			0.58
赣州逸豪实业有限公司（中国）	0.17	0.20		0.10	0.47
赣州腾远钴业新材料股份有限公司（中国）	0.20	0.22			0.42
住友金属矿山株式会社（SMM）（日本）			0.37		0.37
谢里特国际公司（Sherritt）（加拿大）			0.32		0.32
其他	1.04	0.81	0.52	0.60	2.97
总计	3.60	4.44	3.16	1.60	12.80

数据来源：Darton、北京安泰科信息开发有限公司（2019）。

8.5　锰资源分布及其供需状况

8.5.1　全球及我国锰资源储量

锰（Mn）在元素周期表上位于第 4 周期、第ⅦB 族，原子序数 25，是一种灰白色、硬脆、有光泽的过渡金属。18 世纪后期，瑞典化学家伯格曼（T Bergman）研究软锰矿时发现它的存在，1774 年伯格曼的助手甘恩（J G Gahn）采用木炭还原软锰矿分离出金属锰，伯格曼将其命名为 manganese（锰）。锰在自然界分布很广，在地壳中含量 0.1%，位列第 11 位，存在于各种矿石、岩石、土壤、海洋结核中。自然界很多矿物中都含有锰，但真正有开采价值的主要是软锰矿和硬锰矿，此外是水锰矿、褐锰矿、黑锰矿、菱锰矿等。按存在形式，锰矿分氧化锰矿和碳酸锰矿两种，两者主要区别在于是否被氧化；氧化锰矿大多位于地表、锰含量品位较高，而碳酸锰矿则在地层深部。一些主要的锰矿石的基本特性如表 8-13 所示。

表 8-13 常见锰矿石的基本特性

种类	主成分	Mn 含量/%	莫氏硬度	密度/(g/cm^3)	基本形态
软锰矿	β-MnO_2	55～63	1.0～2.5	4.7～4.8	铁黑色或淡蓝黑色的柱状或针状、纤维状、粒状晶体，常含碱金属或碱土金属、Si、Fe 等杂质
硬锰矿	$MnO \cdot xMnO_2 \cdot yH_2O$	45～60	4.0～6.0	3.7～4.7	暗灰色至铁黑色的块状、葡萄状或树枝状集合体，常含 Si、Fe、Ca、Cu 等杂质
水锰矿	MnOOH	55～62	3.5～4.0	4.2～4.3	暗灰色到黑色的晶束状或纤维状块体，含 Si、Fe、Ca、Al 等杂质
褐锰矿	Mn_2O_3	60～69	6.0～6.5	4.7～4.8	褐黑色至钢灰色的锥形或假八面体晶形构成的块状或粒状集合体
黑锰矿	Mn_3O_4	65～72	～5.0	4.7～4.9	黑色的粒状或块状集合体
菱锰矿	$MnCO_3$	40～47	3.5～4.5	3.6～3.7	淡玫瑰红色的粒状、块状、肾状等集合体，常含 Fe、Ca、Zn 等杂质

世界五大洲和四大洋都有锰矿床，主要分布在南非、乌克兰、澳大利亚、印度、巴西、中国等国家，锰基础储量 52 亿 t，可开采储量约 6.8 亿 t。中国锰矿资源地质储量探明的达 4.8 亿 t，在全球排第 7 位（表 8-14），但贫矿杂矿多、矿层薄、难采选，以碳酸锰矿为主，主产地为广西、贵州、湖南、重庆、湖北、云南、新疆等省区市。

表 8-14 全球主要国家锰资源储量分布

国家	锰储量		锰基础储量		矿石含锰量/%
	/万 t	/%	/万 t	/%	
南非	20000	29.4	400000	76.9	30～50
乌克兰	14000	20.6	52000	10.0	18～22
澳大利亚	9700	14.3	16000	3.1	42～48
印度	5600	8.2	15000	2.9	25～50
巴西	5400	7.9	5700	1.1	27～48
加蓬	5200	7.6	9000	1.7	～50
中国	4800	7.1	10000	1.9	15～30
其他	3300	4.9	12300	2.4	
总计	68000		520000		

数据来源：美国地质勘探局（USGS，2018）。

8.5.2 锰资源生产与消费领域

目前，全球的锰主要产自南非、中国、澳大利亚、加蓬和巴西，中国锰产量约占世界的15.63%，每年需从国外进口大量优质富锰矿石。锰的用途非常广泛，是钢铁工业不可缺少的原料：与氧、硫的亲和力都较大，脱氧和脱硫效果好；可强化铁素体和细化珠光体，提高钢的强度和淬透性；可增强钢在大气中的抗腐蚀性，提高钢的可锻轧性。锰矿石深加工产品按性质可分为锰系合金、锰氧化物、锰盐三大类。世界锰矿石总产量的90%以上用于生产锰系合金，电池工业约3%，化学工业约2%，其他用于有色冶金、电子、农业等行业。在所有深加工产品中，电解二氧化锰产量最大、产值最高、研究最深入、应用最全面，其95%以上用作无汞碱锰电池和锂离子电池的重要原料。电解金属锰是锰矿石消耗第二大户，在不锈钢中替代镍每年可节省金属镍约28万t，在有色冶金行业与铝、铁、镁、钛等构成用途极其广泛的合金系列。含锰的锂离子电池正极材料——锰酸锂、镍钴锰酸锂等，可以有效地降低电池成本，提高材料的结构稳定性和安全性，在新能源汽车、电动自行车、照相机、笔记本电脑等方面获得广泛应用。

8.5.3 锰盐主要生产工艺

锰盐的基本生产工艺参见图8-6。锰矿为原料制备锰盐时，一般需选矿脱除矿泥、去除废石、富集并提高矿石品位，从源头上降低冶炼过程能源和试剂消耗，减少冶炼废渣量。对于软锰矿、硬锰矿、水锰矿、褐锰矿、黑锰矿等氧化物矿石，锰处于高价态，与硫酸基本不起反应，必须加还原剂将Mn^{3+}、Mn^{4+}还原成Mn^{2+}，酸溶后与矿渣分离。还原的方式有火法和湿法两种，火法提锰被称为还原焙烧酸解法，将氧化锰矿与煤粉等还原性原料共同焙烧，得到一氧化锰，再与硫酸反应，将滤液除杂净化、蒸发浓缩、干燥，得到硫酸锰结晶。该方法比较成熟，被国内大多数厂家采用，但存在流程长、劳动强度大、环境污染严重、能耗高、锰利用率低、资源浪费等缺点。湿法提锰又称两矿酸浸法，借鉴了火法改进工艺的做法，将软锰矿、黄铁矿、硫酸按一定比例混合，通入蒸汽在接近100℃下反应生成硫酸锰，该方法省掉了高温还原焙烧工序，改善了操作环境，降低了原料消耗，浸取、中和除铁、除重金属都是在同一反应槽中一次完成，容易实现固液分离，逐渐被国内厂家采用[11]。以菱锰矿为原料的提锰工艺，通常都采用酸浸法，多见于国内的电解锰厂，需要消耗大量的硫酸，对设备腐蚀性强，且滤液需除去矿石中伴生的碱土金属杂质，加大了生产成本。

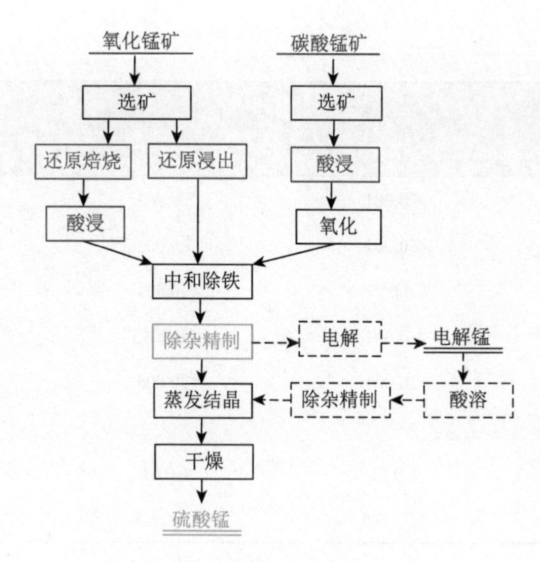

图 8-6 硫酸锰主要生产工艺

表 8-15 列举了《电池用硫酸锰》（HG/T 4823—2015）和《工业硫酸锰》（HG/T 2962—2010）对锰盐原料的技术要求[12, 13]。硫酸锰通常以 $MnSO_4 \cdot H_2O$ 结晶体颗粒形式存在，仅含 1 个结晶水，与硫酸镍和硫酸钴相比主元素含量较高，要求 Mn 含量不低于 31.8%。硫酸锰常见杂质元素与硫酸镍和硫酸钴类似，但由于本身价值低，提纯时很少用到价值不菲的萃取工艺，导致 Ca、Mg 等杂质含量偏高，但也不得超过 0.02。同样考虑到对前驱体生产工艺的影响，标准对原料水不溶物和 pH 也提出要求以便控制波动。

表 8-15 硫酸锰标准要求汇总

指标	电池用硫酸锰		工业硫酸锰
	一等品	合格品	
外观	浅粉、白色粉末		白色、略带粉红色结晶粉末
主含量/%	≥99.0	≥98.0	≥98.0
Mn 含量/%	≥32.0*	≥31.8*	≥31.8
K 含量/%	≤0.01	≤0.01	
Na 含量/%	≤0.01	≤0.01	
Ca 含量/%	≤0.01	≤0.02	
Mg 含量/%	≤0.01	≤0.02	
Fe 含量/%	≤0.001	≤0.002	≤0.004

续表

指标	电池用硫酸锰		工业硫酸锰
	一等品	合格品	
Zn 含量/%	≤0.001	≤0.002	
Cu 含量/%	≤0.001	≤0.002	
Cd 含量/%	≤0.0005	≤0.001	
Pb 含量/%	≤0.001	≤0.0015	
As 含量/%	≤0.001	≤0.005	
Cl 含量/%			≤0.005
水不溶物含量/%	≤0.01	≤0.01	≤0.04
pH	4.0～6.5	4.0～6.5	5.0～7.0

* 标准转换值。

8.5.4 锰盐主要供应商

近年来，锂离子电池镍钴锰酸锂的大范围市场化应用带动了硫酸锰原料的高速增长。截至 2017 年年底，全球高纯硫酸锰产能约为 12.1 万 t/a，约一半集中在中国。其中，中信大锰矿业有限责任公司产能约 2.4 万 t/a，湖南湘潭电化科技股份有限公司约 1.6 万 t/a，贵州红星发展大龙锰业有限责任公司为 1 万 t/a。

8.6 铁资源分布及其供需状况

8.6.1 全球及我国铁资源储量

铁（Fe）在元素周期表上位于第 4 周期、第Ⅷ族，原子序数 26，是有光泽的白色或银白色有色金属，具有良好的柔韧性和延展性。人类对铁的最早认识来自太空落下的陨石，含铁量高达 90.85%。公元前 1300 年，古代小亚细亚半岛（土耳其）的赫梯人最先从铁矿石中熔炼铁，开启了铁器时代。铁在地壳中分布较广，约占地壳质量的 4.75%，仅次于氧、硅、铝元素，丰度位居地壳元素第 4 位。铁在自然界中主要以化合物形式存在，主要矿石种类有：磁铁矿、赤铁矿、褐铁矿，此外还有菱铁矿，具体信息如表 8-16 所示。

表 8-16 一些常见铁矿石的基本特性

种类	主成分	Fe 含量/%	莫氏硬度	密度/(g/cm^3)	基本特性
赤铁矿	Fe_2O_3	50～60	5.5～6.5	4.9～5.3	红褐色、钢灰色至铁黑色的片状或块状集合体；分钛赤铁矿、铝赤铁矿、镁赤铁矿、水赤铁矿等变种
磁铁矿	Fe_3O_4	60～72	5.5～6.0	4.9～5.3	黑灰色的致密块状集合体；半金属光泽，有强磁性，经长时间风化后变成赤铁矿
褐铁矿	$FeO(OH)\cdot nH_2O$	37～55			黄褐色至褐黑色的钟乳状、葡萄状、块状集合体；成分不纯，吸水性强、气孔率大、还原性强
菱铁矿	$FeCO_3$	48.30	～4.0	3.7～4.0	灰白色或黄白色晶粒状、球状、凝胶状集合体；很容易氧化分解成褐铁矿

根据美国地质勘探局公布的数据，全球铁矿石储量为 1700 亿 t，铁金属储量为 840 亿 t，见表 8-17。铁矿资源集中度较高，80%属于受变质沉积型铁矿床。澳大利亚、巴西、俄罗斯、中国、乌克兰和加拿大 6 个国家铁矿石储量占全球总储量的 82.0%。

表 8-17 全球主要国家铁资源储量分布

国家	铁矿石储量		铁金属储量	
	/亿 t	/%	/亿 t	/%
澳大利亚	500	29.4	240	28.6
巴西	320	18.8	170	20.3
俄罗斯	250	14.7	140	16.7
中国	200	11.8	69	8.2
乌克兰	65	3.8	23	2.7
加拿大	60	3.5	23	2.7
印度	54	3.2	32	3.8
美国	29	1.7	7.6	0.9
伊朗	27	1.6	15	1.8
哈萨克斯坦	25	1.5	9	1.1
瑞典	13	0.8	6	0.7
南非	12	0.7	7	0.8
其他	145	8.5	98.4	11.7
总计	1700		840	

数据来源：美国地质勘探局（USGS，2019）。

铁矿石在地壳中分布较广，但品位差异很大。巴西、澳大利亚和南非等南半球国家铁矿石品位高、质量好：澳大利亚赤铁矿含铁量 56%～63%，巴西赤铁矿含铁量 53%～57%，超过全球平均水平（～44%）。中国铁矿石探明总量在 200 亿～230 亿 t，主要集中于辽宁、四川和河北等省。中国铁矿成因类型多，成矿条件复杂，伴生组分多，选冶条件差，以贫矿、中型、小型矿床为主，矿石平均品位仅 32.67%。

8.6.2 铁资源生产与消费领域

铁资源生产分采选和冶炼两个重要环节。根据铁矿石的特性和品位，采用合适的破碎、研磨、磁选、浮选、重选等工艺选出含铁精矿，将其与焦炭及辅料在高温炉中碳热还原成铁水，再根据应用需求制备不同铁制品。2018 年全球粗钢产量超过 18 亿 t，我国占比 51.2%；而全球钢铁表观消费量（成品钢）超过 17 亿 t，我国占比 48.8%。我国是全球最大铁资源生产和消费国。

铁制品分为金属铁和铁化合物两大类。金属铁是重要的化工原料，也是各种机械零部件、合金的成分，按含碳多少和掺杂元素不同分为高纯铁、工业纯铁、电磁纯铁、原料纯铁、碳钢、合金钢、生铁等多种类型。高纯铁呈银白色，铁含量高达 99.99%～99.999%，是原子、航空等工业用合金或超合金原料。工业纯铁的铁含量为 99.5%～99.9%，碳含量 0.04%以下，质地软、韧性大、电磁性能好，是重要的钢铁基础材料。碳钢是碳含量为 0.03%～2%的铁碳合金，分低碳钢、中碳钢、高碳钢等，随碳含量升高硬度增加、韧性下降。生铁的碳含量 3.5%～5.5%，硬而脆、耐压耐磨，依据碳存在形态不同又分为白口铁、灰口铁和球墨铸铁等。铁化合物为含铁的氧化物、硫酸盐、硝酸盐、卤化物、有机铁盐、磷酸盐等。铁的多价态使其可形成多种铁的氧化物：氧化铁（Fe_2O_3）因其良好的耐光、耐候、耐碱、耐溶剂性以及无毒性等特点，被广泛用于建筑材料、涂料、油墨、塑料、陶瓷、造纸等行业；铁红（α-Fe_2O_3）、铁黑（Fe_3O_4）和铁黄（α-FeOOH）等具有色谱广、遮盖力高、着色力强等特点，是典型的红、黑、黄等颜料。硫酸亚铁（$FeSO_4 \cdot 7H_2O$）含结晶水时为浅绿色晶体，俗称“绿矾”，在空气中放置会逐渐脱去结晶水，形成白色无水硫酸亚铁，是钛白粉工业副产品，可用作还原剂、净水剂、聚合催化剂及铁氧化物原料。聚合硫酸铁$\{[Fe_2(OH)_n(SO_4)_{3-n/2}]_m\}$为淡黄色无定形粉状，絮凝性能优越，广泛用于饮用水、工业废水、城市污水、污泥脱水等净化处理。硝酸亚铁$[Fe(NO_3)_2 \cdot 6H_2O]$为淡绿色片状结晶，硝酸铁$[Fe(NO_3)_3 \cdot 9H_2O]$为无色或淡紫色结晶，用于媒染剂、铜着色剂、试剂、医药等。氯化铁（$FeCl_3 \cdot 6H_2O$）用于金属蚀刻、催化剂、氧化剂、氯化剂、着色剂、污水处理、混凝土增强/抗腐/防水等。草酸亚铁（FeC_2O_4）、琥珀酸亚铁（$FeC_4H_4O_4$）、柠檬酸铁（$FeC_6H_5O_7$）、硬脂酸铁（$FeC_{54}H_{105}O_6$）等有机铁盐，用作电池、医疗、食品、饲料等领域的原材料。磷酸铁（$FePO_4$）、磷酸亚铁[$Fe_3(PO_4)_2·8H_2O$]和磷酸亚铁铵（NH_4FePO_4）等磷酸盐主要用于锂离子电池、食品、陶瓷等领域，磷酸亚铁铵还可用作农用微量元素复合肥。

8.6.3 铁源主要生产工艺

锂离子电池正极材料磷酸铁锂的主流生产工艺是以磷酸铁为前驱体，以硫酸亚铁、硝酸铁、金属铁等为原材料。所用硫酸盐的纯度要求高，需采用食品级或分析纯的硫酸亚铁原料，以避免其中杂质进入到正极材料中。高纯硫酸亚铁一般采用纯铁与硫酸反应，经净化、结晶、干燥得到；或采用钛白粉工业副产品绿矾，经提纯、结晶、干燥制备（图 8-7）。钛白粉副产物绿矾由于来源广泛、产量高、成本低，是常见粗制原料。金属纯铁可用于制备硫酸亚铁，或者直接与磷源、锂源反应制备磷酸铁锂，一般使用高纯铁粉或者铁块。铁粉源于含铁有机物还原，成本较高；铁块则为纯铁材质的机械加工零部件边角料，具有成本和质量优势。

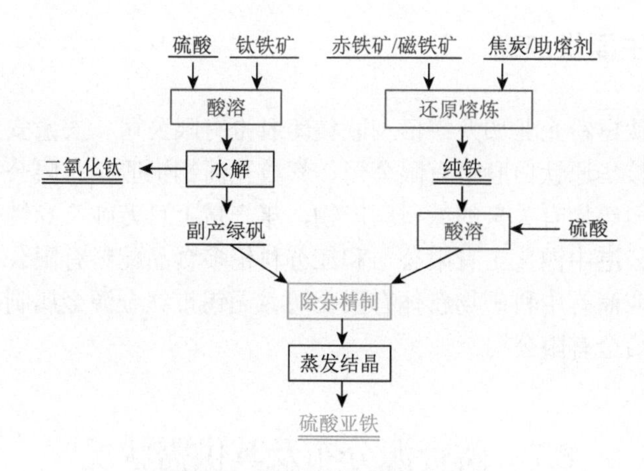

图 8-7 硫酸亚铁主要生产工艺

工业级高纯硫酸亚铁没有相关标准，可以参照《食品添加剂 硫酸亚铁》（GB 29211—2012）和《化学试剂 七水合硫酸亚铁》（GB/T 664—2011）对铁盐原料的外观、铁含量和杂质含量的技术要求（表 8-18）[14, 15]。硫酸亚铁通常以 $FeSO_4·7H_2O$ 结晶体颗粒形式存在，含 7 个结晶水，与硫酸镍类似也容易风干失去结晶水。磷酸铁锂要求前驱体所用盐原料的杂质越低越好，硫酸亚铁的常见杂质元素与所用原料及其工艺密切相关，钛白粉工艺得到的原料常含 Ti 较高，纯铁工艺制备的原料则含 Mn、Zn 等杂质。杂质元素和水不溶物一般都要求不得超过 0.02%。

表 8-18 硫酸亚铁标准要求汇总

指标	食品添加剂硫酸亚铁		化学试剂七水合硫酸亚铁	
	七水合物	干燥品	分析纯	化学纯
外观	灰色或淡蓝绿色结晶或粉末		淡蓝绿色结晶	
主含量/%	99.5～104.5	86.0～89.0	99～101	98～101
Fe 含量/%	20.0～21.0*	31.6～32.7*	19.9～20.3*	19.7～20.3*
Zn 含量/%			≤0.005	≤0.02
Cu 含量/%			≤0.002	≤0.01
Pb 含量/%	≤0.0002	≤0.0002	≤0.002	≤0.005
Hg 含量/%	≤0.0001	≤0.0001		
As 含量/%	≤0.0003	≤0.0003		
Cl 含量/%			≤0.001	≤0.005
酸不溶物含量/%	—	≤0.05		
水不溶物含量/%			≤0.005	≤0.02

* 标准转换值。

8.6.4 铁源主要供应商

国内大型钛白粉企业如龙蟒佰利联集团股份有限公司、安徽安纳达钛业股份有限公司、中核华原钛白股份有限公司、攀枝花新钢钒股份有限公司、攀枝花东方钛业有限公司等均有大量的绿矾副产物，年产量上百万吨。高纯硫酸亚铁代表性供应商有连云港中鸿化工有限公司和江苏科伦多食品配料有限公司等。高纯铁粉的代表性供应商有中科矿物粉体有限公司、无锡市红金源金属制品有限公司和唐山亨旺粉末冶金有限公司。

8.7 磷资源分布及其供需状况

8.7.1 全球及我国磷资源储量

磷（P）在元素周期表位于第 3 周期、第ⅤA 族，原子序数 15，是紫红色或白色粉末，易燃。1669 年，德国的布兰德（Henning Brand）在蒸发人尿时得到在黑暗中可发出蓝绿色火光的白蜡状物质，以“冷光”（拉丁文 phosphorum）命名其为 phosphorus（磷）。磷在生物圈内分布很广，地壳中元素丰度处于第 12 位。

自然界的磷矿石大约有 120 种，分布广泛，可利用的磷矿物是磷灰石类矿物（占总量 95%），分为氟磷灰石、氯磷灰石、碳磷灰石、羟磷灰石和碳氟磷灰石等，其基本特性见表 8-19。磷酸盐矿的品位常用 P_2O_5 含量来表示，含量越高，品位越高；含量高于 30%的称为富磷矿，低于 20%的称为贫磷矿，20%～30%之间的称为中等品位磷矿。据美国地质勘探局统计，截至 2019 年，世界探明磷矿石储量 700 亿 t，分布在非洲、亚洲、美洲等 60 多个国家和地区，其中非洲磷矿资源占比超过 80%，亚洲约占 13%。磷矿资源储量最多的是摩洛哥和西撒哈拉，占世界总储量的 71.4%。储量超过 15 亿 t 以上的其他国家有中国、阿尔及利亚、叙利亚、南非等（表 8-20）。摩洛哥和西撒哈拉磷矿资源品位大多在 34%以上，属优质磷矿，主要磷矿区有乌拉德・阿布顿、甘图尔高原、梅斯卡拉、欧德・埃德达哈布、布克拉等。

表 8-19　常见磷矿石的基本特性

种类	主成分	P_2O_5 含量/%	密度/(g/cm³)	基本特性
氟磷灰石	$Ca_5(PO_4)_3F$	～40.7	3.18～3.41	灰白色、灰绿色或紫色六方柱、锥状或不规则结晶颗粒
氯磷灰石	$Ca_4(PO_4)_3Cl$	40.50	3.17～3.18	浅黄色或深褐色柱状集合体，六方晶系，具有玻璃光泽
碳磷灰石	$Ca_{10}(PO_4)_6(CO_3)\cdot H_2O$	38.57	3.2	灰绿色柱状，具有玻璃光泽
羟磷灰石	$Ca_5(PO_4)_3(OH)$	42.05	3.08～3.16	白色、棕色、黄色或绿色粉末，是人体骨骼组织的主要无机组成成分
碳氟磷灰石	$Ca_{10}(P, C)_6(O_9F)_{26}$	37.14	3.2	黄绿色柱状矿物，具有玻璃光泽

表 8-20　全球主要国家或地区磷矿资源储量和分布情况

国家或地区	磷矿石储量/亿 t	储量占比/%
摩洛哥和西撒哈拉	500	71.4
中国	32	4.6
阿尔及利亚	22	3.1
叙利亚	18	2.6
南非	15	2.1
埃及	13	1.9
澳大利亚	11	1.6
约旦	10	1.4
美国	10	1.4
俄罗斯	6	0.9
其他	63	9.0
总计	700	

数据来源：美国地质勘探局（USGS，2019）。

我国磷矿石资源储量占世界总储量的 4.6%，主要分布在中西部地区，其中云南、贵州、四川、湖北和湖南等五省区磷矿查明资源储量占全国的 75%以上。我国磷矿资源贫矿多、难选矿多，大部分为中低品位矿石（平均品位仅 17%），且以胶磷矿、高镁磷矿为主，矿石中有用矿物粒度细小，不易解离，必须经过选矿富集处理。

8.7.2 磷资源生产与消费领域

磷矿石经过开采、粉碎、选矿之后得到磷精矿，先制备磷酸（H_3PO_4）或黄磷等原材料，在此基础上再生产各种磷化合物产品。2015 年全球磷标矿（P_2O_5 含量 30%）产量为 2.6 亿 t，其中中国 1.4 亿 t、美国 2710 万 t、摩洛哥和西撒哈拉 2700 万 t、俄罗斯 1200 万 t。全球磷矿石表观消费量为 1.92 亿 t，中国占 8800 万 t。目前中国是全球最大磷资源生产和消费国。

磷酸是重要的基础化工原料，按品质等级可分为肥料级、工业级、食品级、药用级、试剂级、电子级等级别。肥料级磷酸，与合成氨反应生产复合肥；工业级磷酸用于生产磷酸盐、金属处理剂、干燥剂等；食品级用作调味品中的酸味剂和酵母营养剂；电子级磷酸广泛用于超大规模集成电路、大屏幕液晶显示器等微电子工业生产过程中的清洗和蚀刻等。磷化合物在国民经济消费中用途广泛，主要有农业和工业两大应用领域，世界约 70%的磷矿用于生产磷肥。磷酸二氢铵（$NH_4H_2PO_4$）和磷酸氢二铵[$(NH_4)_2HPO_4$]是以磷为主的高浓度速效氮磷二元复合肥，适用于各种作物和土壤，也可用于干粉灭火剂、阻燃剂等工业领域。磷酸二氢钾（KH_2PO_4）是高效磷钾复合肥，广泛适用于各类型经济作物，也可作为食品酿造的培养剂、强化剂、膨松剂、发酵助剂等。三聚磷酸钠（$Na_5P_3O_{10}$）俗称“磷酸五钠”或“五钠”，具有增溶、乳化、分散作用，被用作洗涤剂助剂、软水剂、制革预鞣剂、染色助剂等。

8.7.3 磷源主要生产工艺

用于制备磷酸铁锂的含磷原料有磷酸、磷酸二氢铵、磷酸二氢锂等。磷酸主要是从矿石中提取，有热法和湿法两种生产工艺。热法工艺是将磷矿石与焦炭、硅石混合后，电炉还原焙烧，收集升华的单质磷，经除尘、冷却得到液态单质磷，再燃烧、水化、除雾制成磷酸。湿法工艺是用无机酸分解磷矿粉，分离出粗磷酸，再经净化后制得磷酸产品（图 8-8）。湿法磷酸存在硫酸根、氟、硅、铁、铝等杂质，需经溶剂萃取法、结晶法、离子交换树脂法等多种净化方法处理，以溶剂萃取法最为广泛[16]。

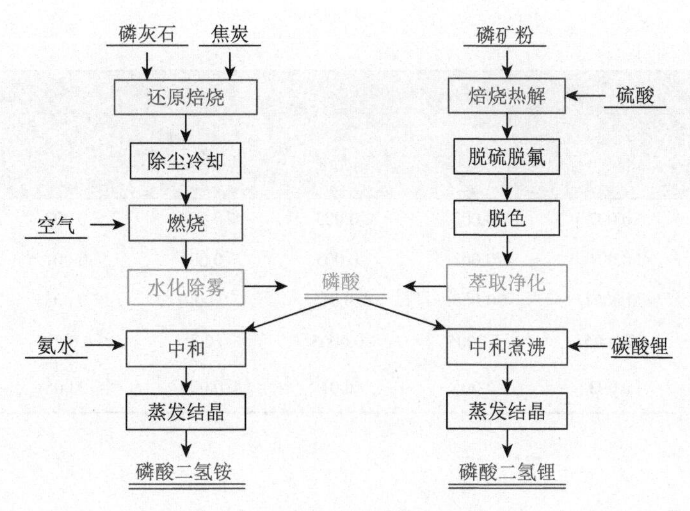

图 8-8　磷源主要生产工艺

表 8-21 汇总了《工业磷酸》(GB/T 2091—2008)国家标准对磷酸的技术要求[17]，其中工业磷酸有 85%和 75%两种规格，各有优等品、一等品、合格品等三种不同质量等级。与 85%磷酸相比，75%工业磷酸除主含量不同外，各等级产品的杂质含量要求基本一致，杂质元素一般都要求不得超过 0.01%。磷酸二氢铵是草酸亚铁工艺路线制备磷酸铁锂的原料，通常采用湿法磷酸经脱硫、脱氟、脱色、萃取等提纯步骤得到精制磷酸，然后气氨中和、浓缩、冷却结晶得到高品质的磷酸二氢铵。化工行业标准《工业磷酸二氢铵》(HG/T 4133—2010）规定了以 $NH_4H_2PO_4$ 主含量区分的三种等级要求，其中纯度最高的 I 类品仅对 As、F^-、SO_4^{2-}、水不溶物等杂质指标提出要求[18]；草酸亚铁工艺所需原料品位需在 I 类以上：主含量应不低于 99.0%，杂质元素控制在 0.01%以下，水分含量不高于 0.5%，水不溶物不超过 0.01%。磷酸二氢锂主要用于碳热还原法制备磷酸铁锂，它既是磷源，又是锂源，可减少质量管控成本，可通过高纯磷酸和锂盐生产。《电池级磷酸二氢锂》（YS/T 967—2014）要求主含量不低于 99.5%，杂质元素不高于 0.01%，水分含量不高于 0.25%，水不溶物不超过 0.01%[19]。

表 8-21　工业磷酸质量标准

指标	工业磷酸					
	85%磷酸			75%磷酸		
	优等品	一等品	合格品	优等品	一等品	合格品
外观	无色透明或略带浅色黏稠液体					
色度	≤20	≤30	≤40	≤20	≤30	≤40
H_3PO_4 含量/%	≥85.0	≥85.0	≥85.0	≥75.0	≥75.0	≥75.0

续表

指标	工业磷酸					
	85%磷酸			75%磷酸		
	优等品	一等品	合格品	优等品	一等品	合格品
Fe 含量/%	≤0.002	≤0.002	≤0.005	≤0.002	≤0.002	≤0.005
Pb 含量/%	≤0.001	≤0.001	≤0.005	≤0.001	≤0.001	≤0.005
As 含量/%	≤0.0001	≤0.005	≤0.01	≤0.0001	≤0.005	≤0.01
Cl^-含量/%	≤0.0005	≤0.0005	≤0.0005	≤0.0005	≤0.0005	≤0.0005
SO_4^{2-} 含量/%	≤0.003	≤0.005	≤0.01	≤0.003	≤0.005	≤0.01

8.7.4 磷源主要供应商

磷酸铁锂材料生产所用的磷酸和磷酸二氢铵主要由磷化工企业供给。比利时普瑞昂（Prayon）集团是世界磷化工的领导者，产品种类齐全，质量稳定。我国代表性企业有贵州开磷（集团）有限责任公司、湖北宜化集团、湖北兴发化工集团股份有限公司、江苏澄星磷化工股份有限公司、安徽六国化工股份有限公司、贵州瓮福集团、云南云天化股份有限公司等。其中湖北兴发化工集团股份有限公司、江苏澄星磷化工股份有限公司是典型的热法磷酸企业；贵州瓮福集团、云南云天化股份有限公司则是精制湿法磷酸代表企业；湖北兴发化工集团股份有限公司拥有 1.3 亿 t 磷矿石储量，磷矿石产能为 150 万 t/a，主要产品为电子级和食品级磷酸；贵州瓮福集团拥有磷矿资源储量 3.6 亿 t，具有生产 765 万 t/a 磷矿石、185 万 t/a 磷酸的能力；安徽六国化工股份有限公司磷矿资源储量约 2 亿 t，是国内最大的磷酸二氢铵生产企业。磷酸二氢锂的供应，主要由江西赣锋锂业股份有限公司、上海中锂实业有限公司、四川天齐锂业股份有限公司和四川国理锂材料有限公司等锂化工企业提供。

8.8 废旧锂离子电池金属回收利用

8.8.1 废旧锂离子电池回收再利用的必要性

随着锂离子动力电池驱动的新能源汽车产业迅速扩张，生产与装机数量不断攀升，动力锂离子电池的退役、报废与回收处理问题变得日益严峻。2017 年，我国动力锂离子电池的报废量就已达到19.5万t，预测到2025年将会激增到200万t[20]。锂离子电池含有镍、钴、锰、锂等有价元素和有毒的 $LiPF_6$ 电解液，若不进行合理、高效的无害化处理和可利用资源回收，不但会污染生态环境、威胁人类身体健康，而且会严重地浪费资源。在各类车用锂离子动力电池中，正极、负极、隔膜占据了电池平均总质量的60%以上，其中贵重金属占比26%～76%，铜和铝合计占比约20%，锂和钴分别为18%和23%[21]。锂离子电池的大量生产与应用，导致了这些金属矿石的开采量迅速增加，资源短缺矛盾日益凸显。高效、安全、环保地回收利用废旧锂离子电池，被认为是缓解资源供应压力、减轻自然环境污染的最直接解决方案。动力电池有效容量不足80%时，其能量密度、续航、输出功率等指标也随之下降，此时便需要对动力电池进行更换。退役后的锂离子动力电池，首先进入梯次利用系统以延长其服役期，用于如风力水力发电、电网调峰等储能领域；退役电池容量不足20%，再对其进行报废、拆解以回收有价值资源，将电极材料进行修复、再生处理，重新应用于动力电池中。

8.8.2 含Ni、Co元素的正极废料回收再利用方法

正极材料主要为 $LiCoO_2$、NCM、NCA等层状复合金属氧化物材料的锂离子电池有价金属含量较高，回收利用技术较为成熟，相关产业链完整，并已进入了大规模市场应用阶段。国外采用的回收技术以火法和湿法冶金为主，着眼于废旧电池无害化处理，提取正极材料中的有价金属。比利时Umicore公司研发的VAL'EAS工艺回收处理核心为高温冶炼，基本流程如图8-9所示：废旧锂离子电池不经预处理直接进入冶炼炉，通过控制冶炼温度、时间、纯化步骤，获得高纯度Ni和Co化合物，冶炼矿渣用作建筑材料，冶炼废气净化后排放。该火法工艺简单、易操作，且对各种废旧电池具有通用的效果，可处理混合废旧电池。美国Retriev Technologies公司（原Toxco公司）采用湿法工艺处理各种型号的废旧锂离子电池及废料：将废旧锂离子电池置于–200℃液氮中拆解，然后浸入碱性溶液中和并溶解锂盐，再沉锂，金属盐通过电解或浓缩结晶回收。该方法中使用液氮作为保护，同样提高了预处理过程的安全性，避免了废旧电池在不当处理中发生起火爆炸等危险。国内废旧锂离子电池回收利用相关产业起步较晚，但发展迅速，目前逐步形成了较为完备的综合回收利用体系。例如，邦普集团采用机械法和化学法处理废旧电池：先将电池包拆解、放电、切割、分离电芯和外壳，再对电芯粉碎、筛分、风选、磁选，机械分离得到粗的正负极粉末；将粗正极材料酸溶、化学除杂、萃取分离，提取有价金属。

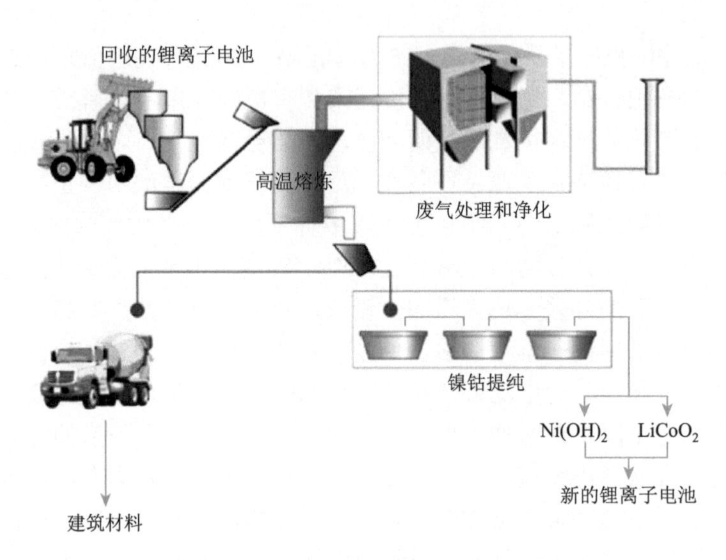

图 8-9 Umicore 公司 VAL’EAS 工艺

8.8.3 不含 Ni、Co 元素的正极废料回收再利用方法

由于回收成本与环保等诸多原因，上述成熟流程不适用于磷酸铁锂电池、锰酸锂电池，需开展针对性研究。现阶段回收处理方法分为两类：①修复再生；②简化的湿法冶金工艺。我国的低端电动轿车、电动公交、大型电动工程机械、规模储能等设备大多使用磷酸铁锂电池，每年有大量的电池退役、报废，亟待处理，因此国内企业研究较多，回收技术日臻成熟。Shin 等[22]开发了酸液浸出、化学共沉淀、高温固相再生磷酸铁锂方法：磷酸铁锂废料经粉碎后，高温热处理除去碳类杂质，在盐酸溶液中加热搅拌溶解，再加氨水沉淀，制备出 $FePO_4 \cdot 2H_2O$ 前驱体，之后添加锂源和碳源，固相烧结重新合成出 $LiFePO_4/C$，这种再生材料 1C 倍率下放电比容量接近 140mA·h/g，经过 25 周循环后容量保持率达到 99%。液相法可得到高纯度的锂盐、铁盐和再生复合正极产品。Li 等[23]提出了方形磷酸铁锂动力电池的全固态补锂修复工艺，将拆解分离的正极废料，经球磨、过筛、ICP 测试，针对性地补充定量碳酸锂，还原性气氛中高温烧结，得到的修复正极材料综合性能达到了商用磷酸铁锂电池需求。

8.8.4 其他有价成分的回收

除了以上所述正极材料之外，废旧锂离子电池中的其他有价成分同样需要进行无害化、回收、修复等一系列处理，才能确保“材料—电池—回收”体系的良性循环。电池由正、负极材料和配套的集流体、导电剂、黏结剂组成。正极、负极、集流体、外壳、高分子隔膜等有价成分均可在电池的精细化拆解过程中，经过分离、清洗、筛分等工序之后直接回收利用，电解液、导电剂、黏结剂等成分则以无害化处理为主。

参考文献

[1] 张梦龙，田欢，魏昊，等. 锂资源提取工艺现状及发展趋势[J]. 稀有金属与硬质合金，2018，46（4）：11-19.

[2] 全国有色金属标准化技术委员会. 电池级碳酸锂：YS/T 582—2013[S]. 北京：中国标准出版社，2013：1-7.

[3] 全国有色金属标准化技术委员会. 电池级单水氢氧化锂：GB/T 26008—2010[S]. 北京：中国标准出版社，2011：1-3.

[4] 全国有色金属标准化技术委员会. 单水氢氧化锂：GB/T 8766—2013[S]. 北京：中国标准出版社，2014：1-5.

[5] 刘明宝，印万忠. 我国硫化镍矿和红土镍矿资源现状及利用技术研究[J]. 有色金属工程，2011，3：25-28.

[6] 全国化学标准化技术委员会无机化工分会. 精制硫酸镍：GB/T 26524—2011[S]. 北京：中国标准出版社，2011：1-22.

[7] 全国化学标准化技术委员会无机化工分会. 工业硫酸镍：HG/T 2824—2009[S]. 北京：中国标准出版社，2010：1-17.

[8] 梁新星，胡磊，欧阳全胜. 铜钴矿研究进展及发展趋势[J]. 湖南有色金属，2014，30（3）：42-45.

[9] 全国化学标准化技术委员会无机化工分会. 精制硫酸钴：GB/T 26523—2011[S]. 北京：中国标准出版社，2011：1-15.

[10] 全国化学标准化技术委员会无机化工分会. 工业硫酸钴：HG/T 4822—2015[S]. 北京：中国标准出版社，2015：1-14.

[11] 刘建本，陈上，鲁广. 硫酸锰的生产技术及发展方向[J]. 无机盐工业，2005，37（9）：5-7.

[12] 全国化学标准化技术委员会无机化工分会. 电池用硫酸锰：HG/T 4823—2015[S]. 北京：中国标准出版社，2015：1-14.

[13] 全国化学标准化技术委员会无机化工分会. 工业硫酸锰：HG/T 2962—2010[S]. 北京：中国标准出版社，2011：1-5.

[14] 全国食品工业标准化技术委员会. 食品添加剂 硫酸亚铁：GB 29211—2012[S]. 北京：中国标准出版社，2012：1-5.

[15] 全国化学标准化技术委员会化学试剂分会. 化学试剂 七水合硫酸亚铁：GB/T 664—2011[S]. 北京：中国标准出版社，2011：1-4.

[16] 张俊. 磷精细化学品生产工艺[M]. 昆明：云南科技出版社，1998.

[17] 全国化学标准化技术委员会无机化工分会. 工业磷酸：GB/T 2091—2008[S]. 北京：中国标准出版社，2008：1-6.

[18] 全国化学标准化技术委员会无机化工分会. 工业磷酸二氢铵：HG/T 4133—2010[S]. 北京：中国标准出版社，2011：1-6.

[19] 全国有色金属标准化技术委员会. 电池级磷酸二氢锂：YS/T 967—2014[S]. 北京：中国标准出版社，2015：1-4.
[20] 刘贵清，王芳. 锂离子动力电池湿法回收工艺研究现状[J]. 我国资源综合利用，2018，36（5）：88-92.
[21] Zeng X，Li J H. Spent rechargeable lithium batteries in e-waste：composition and its implications[J]. Front Env Sci Eng，2014，8（5）：792-796.
[22] Shin E J，Kim S，Noh J K，et al. A green recycling process designed for $LiFePO_4$ cathode materials for Li-ion batteries[J]. J Mater Chem A，2015，3：11493-11502.
[23] Li X，Zhang J，Song D，et al. Direct regeneration of recycled cathode material mixture from scrapped $LiFePO_4$ batteries[J]. J Power Sources，2017，345：78-84.

09

正极材料相关标准与测试评价技术

自2005年起，我国开始部署锂离子电池正极材料的标准化工作，目前已陆续颁布正极产品、前驱体及其分析方法标准39部。这些标准规范了专业用语，明确了指导性的技术规格范围，起到了良好的行业示范和引领作用。本章将对正极材料及其相关原料的标准进行梳理，并简要介绍其中技术要求和测试方法。

9.1 正极材料、前驱体及其原料的相关标准

锂离子电池正极材料在2000年前后开始国产化，最初进入市场应用的主要是钴酸锂和少量的锰酸锂，因此《钴酸锂》（GB/T 20252—2006）是我国发布的第1部正极材料国家标准。之后，《钴酸锂》（GB/T 20252—2014）、《镍酸锂》（GB/T 26031—2010）、《镍钴锰酸锂》（YS/T 798—2012）、《锂离子电池用炭复合磷酸铁锂正极材料》（GB/T 30835—2014）、《镍钴铝酸锂》（YS/T 1125—2016）、《富锂锰基正极材料》（YS/T 1030—2017）等国家或行业标准先后推出。

9.1.1 锂离子电池正极材料相关标准

截至目前，我国颁布的锂离子电池正极材料相关标准共23部，其中国家标准11部、行业标准12部，如表9-1所示。从类别上看，产品标准9部、电化学测试和分析方法14部。除了与磷酸铁锂相关的“GB/T 30835—2014”“GB/T 33822—2017”和“GB/T 33828—2017”等3部标准是全国钢标准化技术委员会和全国纳米技术标准化技术委员会纳米材料分技术委员会归口发布外，其余均是全国有色金属标准化技术委员会组织起草或修订、审核、发布的。

表9-1 我国锂离子电池正极材料相关标准

序号	标准号	标准名称	级别	类别	阶段	技术归口单位
1	GB/T 20252—2014	《钴酸锂》	国家	产品	修订	全国有色金属标准化技术委员会
2	GB/T 26031—2010	《镍酸锂》	国家	产品	制定	全国有色金属标准化技术委员会
3	GB/T 30835—2014	《锂离子电池用炭复合磷酸铁锂正极材料》	国家	产品	制定	全国钢标准化技术委员会
4	GB/T 33822—2017	《纳米磷酸铁锂》	国家	产品	制定	全国纳米技术标准化技术委员会纳米材料分技术委员会
5	YS/T 1027—2015	《磷酸铁锂》	行业	产品	制定	全国有色金属标准化技术委员会

续表

序号	标准号	标准名称	级别	类别	阶段	技术归口单位
6	YS/T 677—2016	《锰酸锂》	行业	产品	修订	全国有色金属标准化技术委员会
7	YS/T 798—2012	《镍钴锰酸锂》	行业	产品	制定	全国有色金属标准化技术委员会
8	YS/T 1125—2016	《镍钴铝酸锂》	行业	产品	制定	全国有色金属标准化技术委员会
9	YS/T 1030—2017	《富锂锰基正极材料》	行业	产品	制定	全国有色金属标准化技术委员会
10	GB/T 23365—2009	《钴酸锂电化学性能测试 首次放电比容量及首次充放电效率测试方法》	国家	方法	修订	全国有色金属标准化技术委员会
11	GB/T 23366—2009	《钴酸锂电化学性能测试 放电平台容量比率及循环寿命测试方法》	国家	方法	修订	全国有色金属标准化技术委员会
12	GB/T 23367.1—2009	《钴酸锂化学分析方法 第1部分：钴量的测定 EDTA滴定法》	国家	方法	制定	全国有色金属标准化技术委员会
13	GB/T 23367.2—2009	《钴酸锂化学分析方法 第2部分：锂、镍、锰、镁、铝、铁、钠、钙和铜量的测定 电感耦合等离子体原子发射光谱法》	国家	方法	制定	全国有色金属标准化技术委员会
14	GB/T 37201—2018	《镍钴锰酸锂电化学性能测试 首次放电比容量及首次充放电效率测试方法》	国家	方法	制定	全国有色金属标准化技术委员会
15	GB/T 37207—2018	《镍钴锰酸锂电化学性能测试 放电平台容量比率及循环寿命测试方法》	国家	方法	制定	全国有色金属标准化技术委员会
16	GB/T 33828—2017	《纳米磷酸铁锂中三价铁含量的测定方法》	国家	方法	制定	全国纳米技术标准化技术委员会纳米材料分技术委员会
17	YS/T 1006.1—2014	《镍钴锰酸锂化学分析方法 第1部分：镍钴锰总量的测定 EDTA滴定法》	行业	方法	制定	全国有色金属标准化技术委员会
18	YS/T 1006.2—2014	《镍钴锰酸锂化学分析方法 第2部分：锂、镍、钴、锰、钠、镁、铝、钾、铜、钙、铁、锌和硅量的测定 电感耦合等离子体原子发射光谱法》	行业	方法	制定	全国有色金属标准化技术委员会
19	YS/T 1028.1—2015	《磷酸铁锂化学分析方法 第1部分：总铁量的测定 三氯化钛还原重铬酸钾滴定法》	行业	方法	制定	全国有色金属标准化技术委员会
20	YS/T 1028.2—2015	《磷酸铁锂化学分析方法 第2部分：锂量的测定 火焰光度法》	行业	方法	制定	全国有色金属标准化技术委员会
21	YS/T 1028.3—2015	《磷酸铁锂化学分析方法 第3部分：磷量的测定 磷钼酸喹啉称重法》	行业	方法	制定	全国有色金属标准化技术委员会
22	YS/T 1028.4—2015	《磷酸铁锂化学分析方法 第4部分：碳量的测定 高频燃烧红外吸收法》	行业	方法	制定	全国有色金属标准化技术委员会
23	YS/T 1028.5—2015	《磷酸铁锂化学分析方法 第5部分：钙、镁、锌、铜、铅、铬、钠、铝、镍、钴、锰量的测定 电感耦合等离子体原子发射光谱法》	行业	方法	制定	全国有色金属标准化技术委员会

9.1.2 锂电正极材料前驱体相关标准

表 9-2 统计了已发布的锂离子电池正极前驱体相关标准共 16 部，其中国家标准 3 部、行业标准 13 部。从类别上看，前驱体产品标准 9 部，电化学测试和分析方法 7 部。除了与磷酸铁锂、锰酸锂相关的“HG/T 4701—2014”“GB/T 24244—2009”“QB/T 2629—2004”和“YB/T 4736—2019”等 4 部前驱体标准分别由全国化学标准化技术委员会无机化工分会、全国钢标准化技术委员会、全国原电池标准化技术委员会和全国生铁及铁合金标准化技术委员会等归口发布外，其余均是全国有色金属标准化技术委员会组织起草或修订、审核、发布的。

表 9-2　我国锂离子电池正极前驱体相关标准

序号	标准号	标准名称	级别	类别	阶段	技术归口单位
1	GB/T 26300—2010	《镍、钴、锰三元素复合氢氧化物》	国家	产品	制定	全国有色金属标准化技术委员会
2	GB/T 26029—2010	《镍、钴、锰三元素复合氧化物》	国家	产品	制定	全国有色金属标准化技术委员会
3	YS/T 1087—2015	《掺杂型镍钴锰三元素复合氢氧化物》	行业	产品	制定	全国有色金属标准化技术委员会
4	YS/T 1127—2016	《镍钴铝三元素复合氢氧化物》	行业	产品	制定	全国有色金属标准化技术委员会
5	HG/T 4701—2014	《电池用磷酸铁》	行业	产品	制定	全国化学标准化技术委员会无机化工分会
6	GB/T 24244—2009	《铁氧体用氧化铁》	国家	产品	制定	全国钢标准化技术委员会
7	YS/T 633—2015	《四氧化三钴》	行业	产品	修订	全国有色金属标准化技术委员会
8	QB/T 2629—2004	《无汞碱性锌-二氧化锰电池用电解二氧化锰》	行业	产品	制定	全国原电池标准化技术委员会
9	YB/T 4736—2019	《锂电池用四氧化三锰》	行业	产品	制定	全国生铁及铁合金标准化技术委员会
10	YS/T 1058—2015	《镍、钴、锰三元素复合氧化物化学分析方法 硫量的测定 高频感应炉燃烧红外吸收法》	行业	方法	制定	全国有色金属标准化技术委员会
11	YS/T 710.1—2009	《氧化钴化学分析方法 第 1 部分：钴量的测定 电位滴定法》	行业	方法	修订	全国有色金属标准化技术委员会
12	YS/T 710.2—2009	《氧化钴化学分析方法 第 2 部分：钠量的测定 火焰原子吸收光谱法》	行业	方法	修订	全国有色金属标准化技术委员会
13	YS/T 710.3—2009	《氧化钴化学分析方法 第 3 部分：硫量的测定 高频燃烧红外吸收法》	行业	方法	修订	全国有色金属标准化技术委员会

续表

序号	标准号	标准名称	级别	类别	阶段	技术归口单位
14	YS/T 710.4—2009	《氧化钴化学分析方法 第4部分：砷量的测定 原子荧光光谱法》	行业	方法	修订	全国有色金属标准化技术委员会
15	YS/T 710.5—2009	《氧化钴化学分析方法 第5部分：硅量的测定 钼蓝分光光度法》	行业	方法	修订	全国有色金属标准化技术委员会
16	YS/T 710.6—2009	《氧化钴化学分析方法 第6部分：钙、镉、铜、铁、镁、锰、镍、铅和锌量的测定 电感耦合等离子体发射光谱法》	行业	方法	修订	全国有色金属标准化技术委员会

9.2 正极材料标准的关键性能指标

商用锂离子电池正极材料与导电剂、黏结剂、溶剂等混合制浆，涂布在铝箔集流体上形成正极片，与隔膜、负极片经卷绕或叠片等形式复合，装壳、注液、化成、分容，组装成各种型号的电芯和模组，再匹配适合的电源管理系统成为电池包，才能进入市场应用。正极材料的综合性能必须满足电池设计需求，才能真正被大批量产业化应用。正极材料在生产制造过程中会因人、机、料、法、环境、测试等条件因素的变化而发生波动，因而“原材料采购—生产—运输—销售”等各个环节，都需要按照技术规范进行标准化操作，并按相关标准方法检验和控制，以确保产品的实用性、一致性和可靠性。因此，产品、半成品、原料等物料的关键性能指标，必须通过制定标准确定下来[1]。一般而言，储能与动力电池用正极材料关键性能指标有：化学成分、粉体物理指标、电化学性能等，以下将逐一展开说明。

9.2.1 正极材料的化学成分要求

1. 正极材料的主元素含量要求

鉴于含锂的负极材料在空气中一般不稳定，安全性较差，目前开发的锂离子电池大多以正极材料作为锂源。一般正极中的锂含量越高，容量越高。例如，锰酸锂的锂含量仅约为4.2%，而层状多元材料（NCM和NCA）约为7.5%，富锂锰基的则高达12%。材料组成固定的话，主元素含量一般以中心值加公差形式给出，以确保批次之间的稳定性；公差越小，锂配比控制越精准（表9-3）。多元材料因Ni、Co、Mn、Al等组成有很多种，只能以范围形式要求。Ni、Co、Mn三种元素的原子量比较接近，为简化起见，《镍钴锰酸锂》（YS/T 798—2012）直接采用了控制“Ni + Co + Mn”总量的方式[2]。富锂锰基材料是由 Li_2MnO_3 和 $LiMeO_2$ 构成的固溶体[3]，由于其 Me 元素的多种组合以及 Li_2MnO_3 含量变化，其 Mn、Ni、Co、Li 等主元素无法准确定量，也只能采用很宽的约定范围。众所周知，商用磷酸铁锂需包覆碳来改善其本征导电性，且碳含量较高，严格来讲是磷酸铁锂和碳的复合物。《锂离子电池用炭复合磷酸铁锂正极材料》（GB/T 30835—2014）和《纳米磷酸铁锂》（GB/T 33822—2017）定义了碳含量要求[2, 4]。磷酸铁锂正极材料中，碳通常以无定形或半石墨化纳米颗粒形式附着于磷酸铁锂颗粒表面，含量过高会使材料比表面积过大，一般控制在 2%以内。

表 9-3　储能与动力电池用正极材料标准中主元素含量要求

<table>
<tr><th colspan="2" rowspan="2">材料类型</th><th colspan="8">主元素含量/%</th></tr>
<tr><th>Li</th><th>Ni</th><th>Co</th><th>Mn</th><th>Al</th><th>Fe</th><th>P</th><th>C</th></tr>
<tr><td colspan="2">镍钴锰酸锂</td><td>7.5±1.0</td><td colspan="3">58.8±1.5</td><td></td><td></td><td></td><td></td></tr>
<tr><td colspan="2">镍钴铝酸锂</td><td>7.0±0.5</td><td>45.0～55.0</td><td>4.0～12.0</td><td></td><td>0.2～1.5</td><td></td><td></td><td></td></tr>
<tr><td rowspan="2">碳复合磷酸铁锂</td><td>能量型</td><td rowspan="2">4.4±1.0</td><td rowspan="2"></td><td rowspan="2"></td><td rowspan="2"></td><td rowspan="2"></td><td rowspan="2">35.0±2.0</td><td rowspan="2">20.0±1.0</td><td>≤5.0</td></tr>
<tr><td>功率型</td><td>≤10.0</td></tr>
<tr><td colspan="2">磷酸铁锂</td><td>3.9～5.0</td><td></td><td></td><td></td><td></td><td>33.0～36.0</td><td>18.0～20.0</td><td></td></tr>
<tr><td colspan="2">纳米磷酸铁锂</td><td>4.3±0.3</td><td></td><td></td><td></td><td></td><td>34.0±2.0</td><td>19.5±1.5</td><td>≤5.0</td></tr>
<tr><td rowspan="2">锰酸锂</td><td>容量型</td><td>4.2±0.4</td><td></td><td></td><td>58.0±2.0</td><td></td><td></td><td></td><td></td></tr>
<tr><td>动力型</td><td>4.1±0.4</td><td></td><td></td><td>57.5±2.0</td><td></td><td></td><td></td><td></td></tr>
<tr><td colspan="2">富锂锰基正极材料</td><td>7.0～12.0</td><td>≤20</td><td>≤20</td><td>18.0～47.0</td><td></td><td></td><td></td><td></td></tr>
</table>

2. 正极材料的杂质元素含量要求

除了特意引入的掺杂、包覆等改性元素，正极材料中杂质元素含量越低越好。杂质元素一般是通过原料和生产过程引入的，需从源头加以控制。常见杂质元素有 Na、Ca、Fe、Cu、Zn、Si 等，Na 在前驱体和锂盐中含量都较高，Ca 主要由锂盐引入；Fe、Cu、Zn、Si 等通常是在正极材料及其前驱体或原料加工过程带入，受所用匣钵、设备、管道、环境等影响很大。多元材料、动力型锰酸锂等正极材料都需从前驱体做起，以硫酸盐等为原料，易在沉淀结晶过程中夹带引入相应阴离子，为此要求控制 SO_4^{2-}、Cl^-等杂质（表 9-4）。锂离子电池出口欧洲联盟要求所用正极材料也必须无条件符合 RoHS 标准，即《电气、电子设备中限制使用某些有害物质指令》（the Restriction of the Use of Certain Hazardous Substances in Electrical and Electronic Equipment），对 Cr(Ⅵ)、Cd、Pb、Hg、多溴联苯和多溴二苯醚等有害物质提出特殊要求。该标准在欧洲强制执行，在中国、美国属自愿性认证，在日本为自愿性检测。锂离子电池安全问题一直是大家关注的焦点，研究发现电池及其材料生产制造过程从设备或环境污染带来的金属异物易刺穿隔膜，引起电池爆炸起火。常见设备大多材质为不锈钢、镀锌钢板等，部分可通过磁选方式收集。由此，多元材料、富锂锰基等材料标准要求磁性异物（主要为 Fe、Cr、Ni 和 Zn 等金属单质）达到 30ppb 以下。

表 9-4　储能与动力电池用正极材料标准中杂质含量要求

材料类型		杂质含量/%								
		K	Na	Ca	Fe	Zn	Cu	Si	SO_4^{2-}	Cl^-
镍钴锰酸锂			≤0.03	≤0.03	≤0.03	≤0.03	≤0.03	≤0.03	≤0.5	≤0.05
镍钴铝酸锂			≤0.03	≤0.03	≤0.01		≤0.005		≤0.5	≤0.05
碳复合磷酸铁锂					≤0.2*					
磷酸铁锂			≤0.03	≤0.03		≤0.03	≤0.005			
纳米磷酸铁锂					≤0.005*					
锰酸锂	容量型	≤0.05	≤0.3	≤0.03	≤0.01		≤0.005			
	动力型	≤0.01	≤0.1	≤0.03	≤0.01		≤0.005		≤0.5	
富锂锰基正极材料		≤0.02	≤0.03	≤0.03	≤0.01	≤0.01	≤0.005	≤0.03	≤0.5	≤0.05

* 可溶解铁离子。

3. 正极材料的残存碱含量和水分要求

残存碱含量是指正极材料表面残留的可溶性含锂化合物量占该材料总质量的百分比，一般以碳酸锂计（也可折算为锂计），单位为%。锂离子电池正极材料在制备时一般采用稍过量锂配比以确保其从里到外彻底锂化，材料表面会残留一定量锂化合物，通常以碳酸锂和氢氧化锂形式存在。多元材料镍含量越高，金属混排越大、残存锂越多，严重时导致电池浆料黏度偏大甚至出现凝胶现象、电池存储性能变差。《镍钴铝酸锂》（YS/T 1125—2016）对 pH 和残存碱含量提出了要求。残存碱含量是通过标准盐酸滴定的总残存锂，可准确测量正极材料粉末表面残存锂的多少。团聚体多元材料分散于水后容易发生持续化学析锂、诱发 Li-Me 混排，制样和测试时要对环境温湿度、水温、测定时间等条件进行精细而规范的控制，以确保测试结果的重现性。即使如此，其测得的碳酸锂含量（以 Li_2CO_3%计）主要是表面残存锂，氢氧化锂（以 LiOH%计）则是颗粒表面锂、一次颗粒粒界锂、晶界锂及表层晶体结构 3a 位析出锂的总和[1]。溶出的 LiOH 易于吸收空气中的二氧化碳，又逐渐转变为 Li_2CO_3［式（2-8）］。

水分含量是指物质中所含水分量占该物质总质量的百分比，单位为%。锂离子电池正极材料的水分含量与其比表面积、表面包覆物、残余锂含量等密切相关，对电池制浆影响很大。正极浆料大多采用PVDF作黏结剂，NMP为溶剂，在此有机体系中大分子量的PVDF并非完全溶解，而是以溶胶形式存在。当正极材料的水分、残存碱含量较高时，有机溶胶体系被破坏，PVDF将会从NMP中析出，使浆料发生黏度剧增，甚至出现果冻凝胶现象。大多数正极产品的水分要求在0.05%以下（表9-5），实际值应控制在0.03%以下，越低越好。磷酸铁锂因其一次颗粒为纳米颗粒，比表面积大，容易吸收空气中水分，因此给出了较宽的水分含量范围，但实际大多也控制在0.06%以下，否则在电池制浆时容易形成果冻。

表9-5　储能与动力电池用正极材料标准中残存碱含量和水分含量要求

材料类型	指标		
	pH	残存碱含量/%	水分含量/%
镍钴锰酸锂	10.0～12.5		≤0.05
镍钴铝酸锂	10.0～12.5	≤0.7	≤0.05
碳复合磷酸铁锂	7.0～10.0		≤0.1
磷酸铁锂	9.0～11.0		≤0.2
纳米磷酸铁锂	7.0～11.0		≤0.1
锰酸锂	7.0～11.0		≤0.07
富锂锰基正极材料	≤11.5	≤0.3	≤0.05

9.2.2 正极材料的物理指标要求

1. 正极材料的粒度分布和比表面积

粉末材料的粒度是按其颗粒的直径来定义的，粒度分布是指不同大小的颗粒占全部颗粒的百分比。锂离子电池正极材料的粒度及其分布是最重要的技术指标，粒度会影响倍率性能，粒度分布与压实密度和能量密度密切相关。此外，粒度及其分布也直接影响电池浆料和极片制备：一般大粒度材料浆料黏度低、流动性好，可少用溶剂、固含量高，但过大的正极颗粒会直接影响正极片的平整度和均匀性：通常正极片单面活性物质厚度约为60μm，太厚会影响电解液浸润和锂离子脱嵌，超过100μm的大颗粒会造成极片划痕。正极材料颗粒大小通常采用激光粒度仪测试，以粒度分布曲线中累积体积分数为50%时最大颗粒的等效直径D_{50}

来定义（表 9-6）。正极材料粒度分布与前驱体、烧结、破碎等工艺密切相关，通常情况下应呈正态分布。锰酸锂大多采用了与碱锰电池相同的原料——电解二氧化锰，通过电解沉积得到 MnO_2 板，再剥离、破碎得到，本身存在大的异形颗粒，因此锰酸锂标准对 D_{max} 做出不得超过 100μm 的限制。动力型锰酸锂的 D_{max} 较小，主要是考虑到采用球形锰源前驱体的因素，粒度分布可控。

表 9-6　储能与动力电池用正极材料标准中粒度和比表面积要求

材料类型		指标				
		D_{50}/μm	D_{10}/μm	D_{90}/μm	D_{max}/μm	比表面积/(m^2/g)
镍钴锰酸锂		5.0～15.0	≥2.0	≤30.0		≤1.0
镍钴铝酸锂		4.0～18.0	≥1.0	≤30.0		≤0.7
碳复合磷酸铁锂		0.5～20.0				≤30
磷酸铁锂		2.0～5.0			≤40.0	≤20
纳米磷酸铁锂		≤0.1*			≤40.0	≤30
锰酸锂	容量型	6.0～14.0			≤100.0	0.4～1.2
	动力型	10.0～14.0			≤60.0	0.2～0.7
富锂锰基正极材料	循环型	6.0～15.0			≤40.0	0.5～1.5
	高电压型	6.0～15.0				0.5～6.0

* 采用扫描电子显微镜（SEM）统计。

多元材料在产业化时，通常采用化学共沉淀法来实现 Ni、Co、Mn、Al 等元素的原子级别混合，并通过控制结晶实现高密度。此类材料的粒度分布相对较窄，标准中提出了 D_{10}、D_{90} 的要求，可以进一步计算 K_{90} 或 K_{95} 作为反映粒度分布宽窄的指标[1]：

$$K_{90} = \frac{D_{90} - D_{10}}{D_{50}} \tag{9-1}$$

$$K_{95} = \frac{D_{95} - D_{5}}{D_{50}} \tag{9-2}$$

D_{50} 的大小设计也有针对不同应用的考虑，功率型电池配套的团聚类正极材料或能量型电池配套的单晶材料通常要求 D_{50} 小，以缩短 Li^+ 在正极颗粒内部固相扩散的距离。能量型电池配套的团聚类正极材料通常要求 D_{50} 较大，并大多采用 Bi-modal 方式，使小颗粒充分填隙于大颗粒之间，以实现最密堆积效果。Bi-modal 类产品一般粒度分布较宽，可通过 K_{90}、K_{95} 和 SEM 分辨。粒度分布测试可分为体积分布和数量分布，数量分布可清晰地显示小颗粒的存在状况，也可用来辨识大小掺混型材料的粒度分布情况。

粉末材料的比表面积是指单位质量物质中所有颗粒总外表面积之和，单位为 m^2/g。比表面积也是锂离子电池正极材料的重要技术指标之一，与正极颗粒大小及分布、形状、表面缺陷及孔结构、表面包覆物等密切相关。正极材料比表面积大时，电池的倍率特性较好，但通常更易与电解液发生反应，使得循环和存储性能变差。各种正极材料的比表面积如表 9-6 所示。磷酸铁锂因导电性差，采用纳米颗粒设计、碳包覆，比表面积在所有正极材料中最高；锰系材料本身存在难以烧结的特点，相对于镍钴锰酸锂、镍钴铝酸锂等多元材料，比表面积较大。

2. 正极材料的密度要求

材料的密度是指单位体积内所含物质的质量，单位为 g/cm^3。锂离子电池能量密度很大程度上取决于正极和负极活性物质密度。正极材料密度与其所含元素的原子量、晶体排布方式、结晶程度、球形度、颗粒大小及分布、颗粒致密度、孔隙率、表面粗糙度等密切相关，受正极材料及其前驱体的制备工艺影响，表征手段有松装密度、振实密度、粉末压实密度、极片压实密度、理论密度等。松装密度（apparent density，AD 或 D_{app}）是粉末在规定条件下自由充满标准容器、松散填装时单位体积的质量；振实密度（tap density，TD 或 D_{tap}）是粉末在规定条件下经若干次振动后密实堆积所测单位体积的质量；粉末压实密度（pellet density，PD 或 D_{pel}）是粉末在给定压力作用下移动、变形、压坯后所测单位体积的质量；极片压实密度（electrode density，D_{electr}）是将正极粉末与黏结剂、导电剂、溶剂混合制浆，涂布、烘干、碾压成正极片，扣除集流体后所测单位体积的正极质量，其不同压力碾压、对折后，极片未出现透光、断裂的临界状态对应值被定义为极限压实密度；理论密度（theoretical density，D_{theo}）是假设材料为没有任何宏观和微观缺陷的理想晶体，利用 X 射线粉末衍射测定计算单位晶胞体积所含元素总质量。振实密度测试方法简单，是衡量正极材料的重要技术指标。表 9-7 列出了常见正极材料的松装密度、振实密度、粉末压实密度、极片压实密度和理论密度数据：钴酸锂的理论密度最高，达到 $5.06g/cm^3$；磷酸铁锂最低，仅为 $3.57g/cm^3$；镍钴锰酸锂、镍钴铝酸锂、锰酸锂、富锂锰基正极材料等依次为 $4.75g/cm^3$、$4.67g/cm^3$、$4.28g/cm^3$ 和 $4.22g/cm^3$；同种材料的几种密度相对关系为 $D_{app}<D_{tap}<D_{pel}\leqslant D_{electr}<D_{theo}$，理论密度构成了材料密度的天花板，决定了各种正极材料优先适用不同的电池器件应用场合。用于功率型电池采用小颗粒解决方案，其对应的振实密度和压实密度都呈较大幅度下降；用于能量型电池的材料则在满足基本电性能前提下，尽可能通过各种手段提升振实和压实密度。纳米级磷酸铁锂因理论密度最低、D_{50} 最小，振实密度和极片压实密度都在常见正极材料中最低。

表 9-7 常见正极材料标准中密度要求

材料类型		指标					
		D_{50}/μm	松装密度/(g/cm^3)	振实密度/(g/cm^3)	粉末压实密度/(g/cm^3)	极片压实密度/(g/cm^3)	理论密度/(g/cm^3)
钴酸锂	常规型	7.0～13.0		≥2.3		3.9～4.0	5.06
	高倍率型	4.0～8.0		≥1.8		3.6～3.9	
	高压实型	10.0～25.0		≥2.5		4.1～4.2	
	高电压型	10.0～25.0		≥2.4		4.1～4.2	
镍酸锂		5.0～10.0		≥2.0		3.2～3.6	4.81
镍钴锰酸锂		5.0～15.0		≥1.8		3.2～3.7	4.75*
镍钴铝酸锂		4.0～18.0		≥2.0		3.2～3.6	4.67*
碳复合磷酸铁锂		0.5～20.0		≥0.6	≥1.5	2.2～2.4	3.57
磷酸铁锂		2.0～5.0		≥0.7		2.2～2.4	3.57
纳米磷酸铁锂		≤0.1	≥0.2	≥0.5		2.0～2.2	3.57
锰酸锂	容量型	6.0～14.0		≥1.1		2.7～2.9	4.28
	动力型	10.0～14.0		≥1.8		2.9～3.2	
富锂锰基正极材料		6.0～15.0		≥1.5		2.8～3.2	4.22*

* 以 XRD 实测晶格常数计算。

9.2.3 正极材料的电化学性能要求

1. 正极材料的比容量、首次效率、倍率特性

比容量有质量比容量、体积比容量两种，前者指单位质量的活性物质在设定环境温度下以 5h 倍率电流（0.2C）放电至终止电压时所能提供的电量，后者为单位体积的活性物质在同样条件下所能提供的电量。通常情况下，比容量指的是质量比容量，也称为克比容量，单位为 mA·h/g。储能与动力电池用正极材料标准中比容量要求见表 9-8。首次效率是电池首次充放电循环的库仑效率，指电池在设定环境温度下首次放电至终止电压时放电容量与首次充电至限制电压时充电容量的百分比。正极材料的比容量、首次效率和电压平台等电化学性能指标，与其晶体结构、主元素含量、粒度、限制电压、电流等密切相关。基本规律是锂含量越高，充电限制电压越高，比容量越大。多元材料随 Ni 含量不同比容量有所差异，高镍材料因镍氧化还原仅涉及到 e_g 轨道电子而非 t_{2g} 轨道电子，有更多的锂参与脱嵌，比容量提升到 175mA·h/g 以上。锰酸锂中锂含量最小，比容量最低。富锂锰基材料锂含量最高，具有最高的比容量，但由于涉及到晶格氧的不可逆氧化还原反应，首次充放电效率较低。磷酸铁锂晶体结构最稳定，首次效率可达到 95%以上。

表 9-8 储能与动力电池用正极材料标准中比容量要求

材料类型		指标				
		理论比容量/(mA·h/g)	比容量/(mA·h/g)	首次效率/%	电压范围/V	锂含量/%
镍钴锰酸锂		278	≥140	≥85	3.0～4.3	7.5±1.0
镍钴铝酸锂		279	≥175	≥86	2.7～4.2	7.0±0.5
碳复合磷酸铁锂	能量型Ⅰ	170	≥160	≥95	2.5～3.9	4.4±1.0
	能量型Ⅱ		≥155	≥95	2.5～3.9	
	能量型Ⅲ		≥150	≥95	2.5～3.9	
	功率型Ⅰ		≥155	≥95	2.5～3.9	
	功率型Ⅱ		≥150	≥95	2.5～3.9	
	功率型Ⅲ		≥145	≥95	2.5～3.9	
磷酸铁锂		170	≥140	≥85	2.5～4.1	4.45±0.55
纳米磷酸铁锂		170	≥160	≥94	2.0～3.8	4.3±0.3
锰酸锂	容量型	148	≥110	≥90	3.0～4.3	4.2±0.4
	动力型		≥100	≥90	3.0～4.3	4.1±0.4
富锂锰基正极材料	循环型	377*	≥120	≥80	2.75～4.3	9.5±2.5
	高电压型		≥220	≥80	2.0～4.8	

注：377*是按照常见的富锂锰基材料组成 $0.5Li_2MnO_3 \cdot 0.5LiNi_{1/3}Co_{1/3}Mn_{1/3}O_2$[或写为 $Li(Li_{1/5}Mn_{8/15}Ni_{2/15}Co_{2/15})O_2$]、所有锂都参与电化学反应，测算出来的比容量。

倍率特性分放电倍率特性和充电倍率特性，前者指电池在设定环境温度、大电流条件下放电到终止电压的容量与小电流下放电容量的百分比，后者指电池在设定环境温度、大电流条件下充电到限制电压的容量与小电流下充电容量的百分比。锂离子电池正极材料的倍率特性与其颗粒度大小、结晶度、Co 含量高低、包覆等因素相关。用于电子烟、电动工具、航模、无人机、车用启动电源的锂离子电池，对电池和材料倍率性能要求很高，要求能够实现 5C、10C，甚至 30C 充放电。《锂离子电池用炭复合磷酸铁锂》（GB/T 30835—2014）和《纳米磷酸铁锂》（GB/T 33822—2017）要求 1C/0.1C 倍率。功率型磷酸铁锂通过增加碳包覆量，提高材料的电子电导率来改善倍率特性。

2. 正极材料的循环寿命

循环寿命是指电池在设定温度下满足一定容量要求所能进行的充放电循环次数，通常定义为容量衰减为初始容量的 80%时对应的循环次数。锂离子电池正极材料的循环寿命，与其晶体结构、充放电深度、测试温度、制备工艺等因素相关。磷酸铁锂具有稳定的橄榄石结构，理论上可允许晶体结构中锂全部脱出，充放电可逆性好，循环寿命超过 2000 次。车用锂离子电池在实际路况条件下，受电池自身及环境的影响，温度会升高到 50℃以上，因此还需要关注高温循环和高温存储性能。锰酸锂在高温条件下，易发生 Jahn-Teller 效应，引发 Mn 溶解和晶体结构崩塌，因此《锰酸锂》（YS/T 677—2016）标准中设置了 55℃高温循环指标要求[2]（表 9-9）。

表 9-9　正极材料标准中循环寿命要求

材料类型		指标		
		室温/次	55℃/次	电压范围/V
镍钴锰酸锂		≥500		2.75～4.2
镍钴铝酸锂		≥500		3.0～4.2
磷酸铁锂		≥2000		2.5～3.8
纳米磷酸铁锂		≥100@95%	≥100@95%	2.0～3.8
锰酸锂	容量型	≥500		3.0～4.2
	动力型	≥1000	≥300	3.0～4.2
富锂锰基正极材料	循环型	≥2000		2.75～4.2
	高电压型	≥500		2.0～4.6

注：100@95%代表循环 100 次容量保持率不低于 95%。

9.3　前驱体标准要求的关键性能指标

商用储能和动力锂离子电池正极材料的前驱体种类很多，以下主要针对市场存在的主流工艺进行分析。层状多元材料所用前驱体主要是化学共沉淀得到的氢氧化物，包括氢氧化镍钴锰 $[Ni_{1-x-y}Co_xMn_y(OH)_2]$、氢氧化镍钴铝 $[Ni_{1-x-y}Co_xAl_y(OH)_2]$等，其相对于碳酸盐或草酸盐前驱体而言组成稳定、主元素含量高、元素分布可控。锰酸锂的前驱体大多用电解二氧化锰，因其为大宗化工原料，制作工艺成熟、纯度较高、成本低，并因电沉积工艺赋予独特的优势——密度高，可弥补锰基材料本身烧结特性差、密度低的缺点。动力锂离子电池用高端锰酸锂也有用四氧化三锰（Mn_3O_4）球形团聚粉末作为前驱体的，具有纯度高、密度大、流动性好等优势。磷酸铁锂所用主流原料则是磷酸铁，可精确控制 Fe/P，并使磷与铁元素均匀分布，减少了正极材料制备中各种杂相的生成。

9.3.1　前驱体的化学成分要求

1. 前驱体的主元素含量要求

表 9-10 列举了锂离子电池正极材料的几种主要商用前驱体相关标准对主元素

含量的要求。层状正极材料用氢氧化物前驱体标准有《镍、钴、锰三元素复合氢氧化物》（GB/T 26300—2010）、《掺杂型镍钴锰三元素复合氢氧化物》（YS/T 1087—2015）等。前驱体分多种，例如，NCM111 组成的 H111、P6-M，NCM523 组成的 H523、P3-M 等[5, 6]。为满足电动车和储能的特殊需求，层状正极材料还需进行掺杂和包覆等改性，掺杂型前驱体将常见的 Al、Mg、Ti、Sr、Zr、La 或 Y 等对正极性能有益的元素纳入管理，要求单个元素质量含量 0.05%～0.5%，总和不高于 1.5%[6]。橄榄石型正极材料用前驱体标准有《电池用磷酸铁》（HG/T 4701—2014），对其主元素铁和磷给出了质量含量范围要求，分别为 29.0%～30.0%和 16.2%～17.2%。并考虑了磷酸铁沉淀工艺的波动性，规定了铁磷摩尔比为 0.97～1.02。尖晶石型正极材料用前驱体标准有《无汞碱性锌-二氧化锰电池用电解二氧化锰》（QB/T 2629—2004）和《锂电池用四氧化三锰》（YB/T 4736—2019），前者要求主含量以 MnO_2 计不低于 91.0%（Mn 不低于 57.5%）；后者要求主元素 Mn 不低于 70.0%。

表 9-10　前驱体标准中主元素含量要求

前驱体		元素含量/%						
		Ni	Co	Mn	M^*	Al	Fe	P
镍钴锰三元素复合氢氧化物	H111	20.8～21.9	21.0～22.2	19.5～20.6				
	H325	18.8～19.8	12.5～13.5	29.5～30.7				
	H424	25.1～26.3	12.4～13.3	25.6～26.8				
	H523	31.0～32.7	12.4～13.2	17.4～18.4				
	H811	49.8～51.8	6.0～6.7	5.6～6.3				
	H955	56.1～58.1	2.9～3.5	2.7～3.3				
掺杂型镍钴锰三元素复合氢氧化物	P6-M	20.8～22.2	20.3～21.7	19.3～20.7	0.05～1.5			
	P5-M	18.8～20.0	12.1～13.4	29.3～30.8				
	P4-M	25.0～26.4	12.0～13.3	25.1～26.9				
	P3-M	30.8～32.8	12.0～13.0	17.1～18.5				
	P2-M	49.5～51.7	5.6～6.6	5.3～6.4				
	P1-M	55.9～58.1	2.6～3.4	2.6～3.4				
镍钴铝三元素复合氢氧化物		45.0～57.0	6.0～13.0			0.5～1.7		
电池用磷酸铁							29.0～30.0	16.2～17.2
无汞碱性锌-二氧化锰电池用电解二氧化锰				≥57.5				
锂电池用四氧化三锰				≥70.0				

* M = Al、Mg、Ti、Sr、Zr、La 或 Y，单个元素 0.05%～0.5%。

2. 前驱体的杂质含量要求

根据对正极材料的物理、化学及电性能指标的影响，一般要求前驱体中杂质元素含量越低越好。最常见的杂质元素有 K、Na、Ca、Fe、Zn、Cu、Pb、Si 等，一般都要求在 0.015%以下。氢氧化物前驱体的 Na、Ca 和 Si 含量较高，Na 主要是沉淀剂 NaOH 带来的，Ca 和 Si 主要是镍、钴、锰矿物原料湿法冶炼残留在金属盐原料中的；其他杂质元素可能源于金属盐原料，也可能从溶解釜、反应釜、烘干设备及其连接管道引入。电池级磷酸铁前驱体的杂质含量比较低，都在 0.01%以下。电解二氧化锰的 SO_4^{2-}、K^+、Na^+、Ca^{2+}等含量很高，主要源于电沉积过程 $MnSO_4$ 溶液中杂质元素富集并夹带沉积，加碱中和等。前驱体中的水分含量通常要求越低越好，其波动会影响正极材料的基本 Li/Me 配比，氢氧化物前驱体中的水分含量要求在 1.5%以下，商用原料大多在 1.0%以下；该含量受生产过程的烘干设备、温度和时间等因素的影响，温度过高会使部分物料分解为氧化物，温度过低则水分含量高。前驱体的 SO_4^{2-}、Cl^-含量通常要求越低越好，它们在正极材料中残留会腐蚀电池极片，影响电池的高温存储和循环性能。SO_4^{2-} 源于过渡金属盐原料大多采用硫酸镍、硫酸钴、硫酸锰等，与氯化物、硝酸盐等其他常见原料相比价格便宜，对不锈钢反应釜和管道的腐蚀小，产生的副产品比较容易处理。前驱体的金属异物也会带入正极材料中，在电池使用、存储过程中带来自放电、低电压和安全隐患。多元材料前驱体标准要求磁性金属异物含量在 300ppb 以下，实际上通常氢氧化物前驱体都应控制低于 50ppb 水平。

9.3.2 前驱体的物理指标要求

氢氧化物前驱体的 D_{50}、振实密度等物理指标主要受沉淀结晶工艺影响，决定了电动车和储能用层状锂离子电池正极材料的相应技术参数。电解二氧化锰的粒度分布主要取决于雷蒙磨的破碎工艺条件，其松装密度高低则受电沉积过程控制，这些物理指标也决定了锰酸锂能否实现高密度。相对而言，磷酸铁的粒度和密度大小，与其对应的磷酸铁锂不再具有继承性，商用磷酸铁锂通常是把所有原料经过湿法研磨确保 Li、Fe、P 和 C 等元素均匀混合，再喷雾干燥、烧结、破碎、包装得到成品。除锂电池用 Mn_3O_4 和 $FePO_4$ 外，前驱体的制备大多只经历了烘干过程，比表面积通常都较大；在配锂、高温烧结制成正极材料后，比表面积降低 1～2 个数量级。

9.4 正极材料标准中化学成分的测试方法

9.4.1 正极材料化学元素分析方法

1）多元材料化学元素测定方法提要

试料用盐酸溶解，在 pH = 9～10 碱性溶液中以紫脲酸铵为指示剂，用 EDTA 标准溶液滴定至紫红色为终点，根据所耗 EDTA 标准溶液的体积计算镍钴锰总量：

$$\omega_{(\mathrm{Ni+Co+Mn})} = \frac{c \times (V_2 - V_0) \times 10^{-3} \times M \times V_4}{m \times V_3} \times 100\% \qquad (9\text{-}3)$$

式中，c 为 EDTA 标准溶液的实际浓度，mol/L；V_2 为滴定试液所消耗 EDTA 标准溶液的体积，mL；V_0 为滴定空白试液所消耗 EDTA 标准溶液的体积，mL；M 为镍钴锰的平均摩尔质量，g/mol；V_4 为试液的稀释体积，mL；m 为试样的质量，g；V_3 为分取试液的体积，mL。

试料用盐酸溶解，在盐酸介质中，采用工作曲线法和表 9-11 中的推荐谱线，利用电感耦合等离子体发射光谱仪测定锂、镍、钴、锰、钠、镁、铝、钾、铜、钙、铁、锌、硅等元素含量[2]。

表 9-11 各元素推荐分析谱线

元素	波长/nm	元素	波长/nm
锂	670.784	镁	280.271
镍	341.476	钙	396.847
钴	236.382	铜	327.393
锰	294.920	铁	259.939
铝	396.153	锌	206.200
钠	589.592	硅	212.412
钾	766.490		

2）锰酸锂的化学元素测定

用盐酸和双氧水加热溶解锰酸锂时，Mn 以 Mn^{2+}形式稳定存在于溶液中。溶解完成后，常温下加入盐酸羟胺，掩蔽其他杂质金属离子，在 pH = 10 的氨水-氯化铵缓冲溶液中，Mn^{2+}与 OH^-发生可逆反应生成 $Mn(OH)_2$，盐酸羟胺具有还原性，可防止 Mn^{2+}及 $Mn(OH)_2$ 被氧化。在 EDTA 标准溶液滴定过程中，Mn^{2+}浓度逐渐减小，与 EDTA 形成稳定的络合物[7]。按式（9-4）计算锰的质量分数ω_{Mn}，数值以%表示：

$$\omega_{Mn}=\frac{c\times(V_2-V_0)\times10^{-3}\times54.938\times V_4}{m\times V_3}\times100\% \tag{9-4}$$

式中，c 为 EDTA 标准溶液的实际浓度，mol/L；V_2 为滴定试液所消耗 EDTA 标准溶液的体积，mL；V_0 为滴定空白试液所消耗 EDTA 标准溶液的体积，mL；54.938 为锰的摩尔质量，g/mol；V_4 为试液的稀释体积，mL；m 为试样的质量，g；V_3 为分取试液的体积，mL。

锰酸锂杂质元素测定与多元材料类似，不再赘述。

3）磷酸铁锂的化学元素测定[2]

（1）Fe 含量测定。试料用盐酸溶解，以钨酸钠为指示剂，用三氯化钛将少量 Fe^{3+} 还原成 Fe^{2+} 并生成“钨蓝”。以空气自然氧化过量的 Ti^{3+}，在硫酸-磷酸介质中，以二苯胺磺酸钠为指示剂，用重铬酸钾标准溶液滴定 Fe^{2+}。按式（9-5）计算铁的质量分数 ω_{Fe}：

$$\omega_{Fe}=\frac{c\times(V-V_0)\times10^{-3}\times55.85\times V_1}{m\times V_2}\times100\% \tag{9-5}$$

式中，c 为重铬酸钾标准溶液的实际浓度，mol/L；V 为滴定试液所消耗重铬酸钾标准溶液的体积，mL；V_0 为滴定空白试液所消耗重铬酸钾标准溶液的体积，mL；55.85 为铁的摩尔质量，g/mol；V_1 为试液的稀释体积，mL；m 为试样的质量，g；V_2 为分取试液的体积，mL。

（2）P 含量测定。在酸性介质中，正磷酸根与喹钼柠酮沉淀剂反应生成磷钼酸喹啉沉淀，经过滤、洗涤、干燥、称量，按式（9-6）计算出磷含量：

$$\omega_{P}=\frac{[(m_1-m_2)-(m_3-m_4)]\times0.0140\times V_0}{m\times V}\times100\% \tag{9-6}$$

式中，m_1 为磷钼酸喹啉沉淀和坩埚的质量，g；m_2 为坩埚的质量，g；m_3 为空白实验沉淀和坩埚的质量，g；m_4 为空白实验坩埚的质量，g；0.0140 为磷钼酸喹啉换算成磷的换算系数；V_0 为试液的总体积，mL；V 为分取试液的体积，mL；m 为试样的质量，g。

（3）C 含量测定。将试样和助熔剂放入瓷坩埚，在氧气流中用高频感应炉加热，碳燃烧生成二氧化碳，由氧气载至红外吸收池中。二氧化碳浓度对红外吸收能量的变化遵循比尔定律，碳含量测定结果由显示器以百分含量直接显示出来。

（4）杂质元素含量测定。与多元材料类似，不再赘述。

9.4.2 正极材料其他化学成分的测定

1）正极材料金属异物测定

在纯水环境中，用聚四氟乙烯包覆的磁棒吸附试样中的磁性金属异物，加入王水加热溶解吸附物，采用工作曲线法和表 9-12 推荐谱线，利用电感耦合等离子体发射光谱仪测定铁、铬、镍、锌元素含量。

表 9-12　各元素推荐分析谱线

元素	铁	铬	镍	锌
波长/nm	259.939	267.716	227.022	213.857

2）正极材料 pH 和残存碱含量测定

pH 测定：将试样与纯水按 1∶9 比例混合，用 pH 计测定其溶液的 pH。

残存碱含量测定：将试样加入一定量纯水中搅拌，使其表面残存的碳酸锂和氢氧化锂等含锂化合物溶解，过滤，滤液用盐酸标准溶液进行动态电位滴定，中和反应在 pH≈8 和 pH≈4.5 附近出现 2 个等当点（V_1、V_2），分别记录所用盐酸标准溶液体积（图 9-1）。

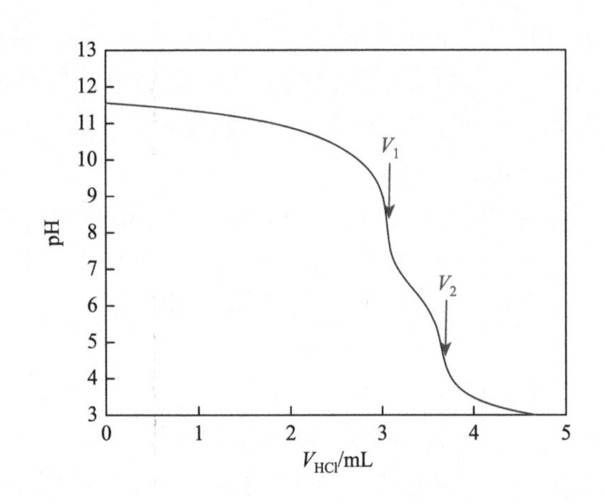

图 9-1　正极材料的残存碱含量测试曲线

第 1 个等当点（pH≈8.0）发生如下反应：

$$LiOH + HCl \longrightarrow LiCl + H_2O \tag{9-7}$$

$$Li_2CO_3 + HCl \longrightarrow LiHCO_3 + LiCl \tag{9-8}$$

第 2 个等当点（pH≈4.5）发生如下反应：

$$LiHCO_3 + HCl \longrightarrow H_2CO_3 + LiCl \tag{9-9}$$

据此可分别计算出材料中残存的 Li_2CO_3、LiOH、Li、残存碱：

$$\omega_{Li_2CO_3} = \frac{c \times (V_2 - V_1) \times 10^{-3} \times 73.892 \times m_1}{m \times m_2} \times 100\% \tag{9-10}$$

$$\omega_{\mathrm{LiOH}}=\frac{c\times[V_2-2\times(V_2-V_1)]\times10^{-3}\times23.949\times m_1}{m\times m_2}\times100\% \tag{9-11}$$

$$\omega_{\mathrm{Li}}=\frac{c\times V_2\times10^{-3}\times6.941\times m_1}{m\times m_2}\times100\% \tag{9-12}$$

$$\omega_{\text{残存碱}}=\frac{c\times V_2\times10^{-3}\times73.892\times m_1}{2\times m\times m_2}\times100\% \tag{9-13}$$

式中，c 为盐酸标准溶液的实际浓度，mol/L；V_2 为滴定滤液到第 2 个等当点处消耗的盐酸标准溶液体积，mL；V_1 为滴定滤液到第 1 个等当点处消耗的盐酸标准溶液体积，mL；73.892 为碳酸锂的摩尔质量，g/mol；23.949 为氢氧化锂的摩尔质量，g/mol；6.941 为锂的摩尔质量，g/mol；m_1 为溶解试样加入的水的质量，g；m 为试样的质量，g；m_2 为测试用滤液的质量，g。

3）正极材料水分测定

试样中存在的游离水或结晶水，经过一定温度烘烤，蒸发或分解成为水蒸气，被惰性载气携带，在有机碱和甲醇的存在下，与碘、二氧化硫等发生卡尔·费休反应[8]：

$$I_2+SO_2+3C_5H_5N+H_2O\longrightarrow 2C_5H_5N\cdot HI+C_5H_5N\cdot SO_3 \tag{9-14}$$

$$C_5H_5N\cdot SO_3+CH_3OH\longrightarrow C_5H_5NH\cdot SO_4CH_3 \tag{9-15}$$

其中的碘是通过电解槽产生的，产生碘的量与电解池的电量成正比：

$$2I^-\longrightarrow I_2+2e^- \tag{9-16}$$

根据法拉第定律，计算可得到试样的水分含量。

9.5 正极材料标准中物理指标的测试方法

9.5.1 正极材料常规物理指标测试

1）正极材料粒度测试

激光器一般为 He-Ne 激光器、半导体激光器，发出来的激光通过空间滤波器和扩束器后形成一束平行的直径为 8～10mm 的单色光，当激光束照射在液体或气体中分散的运动粉体颗粒时发生衍射现象，散射光与主光束形成一个夹角：大颗粒引发的散射光角度小，小颗粒反之。衍射散射光线的强度分布反映了颗粒直径大小及其分布情况，用接收透镜使衍射出来的光聚焦在一个平面上，以光电探测器来接收，并经傅里叶光学模型转换，得到一系列离散的粒径统计数据，由此计算出样品的粒度分布情况[9]。激光散射法操作简单、测试快捷、重复性好，广泛适用于粉末材料的粒径测试。

2）正极材料比表面积测试

样品在低温的氮气环境中发生表面物理吸附，测量平衡吸附压力与表面吸附气体体积，根据 BET 方程式计算单分子层吸附量，并推导出比表面积[10]：

$$\frac{\frac{P}{P_0}}{V\left(1-\frac{P}{P_0}\right)}=\frac{C-1}{V_m C}\times\frac{P}{P_0}+\frac{1}{V_m C} \tag{9-17}$$

式中，P 为平衡吸附压力，Pa；P_0 为饱和蒸气压力，Pa；V 为试样吸附气体体积，cm^3；V_m 为单层饱和吸附气体体积，cm^3；C 为与试样吸附能力相关的 BET 常数。

以 $\frac{P}{P_0}$ 为横坐标，$\frac{\frac{P}{P_0}}{V\left(1-\frac{P}{P_0}\right)}$ 为纵坐标作图，可以得到斜率 A 为 $\frac{C-1}{V_m C}$、截距 B 为 $\frac{1}{V_m C}$ 的直线。从图中得到斜率 A 和截距 B，由此计算出单层饱和吸附气体量 V_m：

$$V_m=\frac{1}{A+B} \tag{9-18}$$

相对压力 $\frac{P}{P_0}$ 在 0.05～0.30 范围内，图形线性很好。当试样吸附能力很强时，C 值很大（50～300），直线截距 B 接近 0，式（9-18）可以进一步简化为

$$V_m=V\left(1-\frac{P}{P_0}\right) \tag{9-19}$$

由 V_m 可计算出粉末试样的比表面积 S：

$$S=\frac{V_m\sigma N_A}{V_0}=\frac{4.35V_m}{m} \tag{9-20}$$

式中，S 为试样的比表面积，m^2/g；σ为吸附气体分子横截面积（N_2 为 $16.2\times10^{-16}cm^2$）；N_A 为阿伏伽德罗常数，6.022×10^{23}；V_0 为 1mol 吸附气体的体积，$2.2414\times10^4cm^3$；4.35 为比表面积折算系数；m 为试样的质量，g。

3）正极材料密度测试

松装密度测试：将漏斗置于量杯上部确定距离处，使试样粉体从漏斗自由落入无磁性、耐腐蚀金属材质量杯，得到在松装状态下充满已知容积量杯的粉末质量[11]。

振实密度测定：将一定量试样粉末装入容器中，通过振动装置振动、旋转，直到粉末体积不再减小。粉末质量除以振实后的体积得到试样的振实密度[12]。

9.5.2 正极材料微观结构指标测试

扫描电子显微镜（SEM）测试：由电子枪发射并经聚焦形成高能电子束，在样品上进行光栅状扫描，激发出各种物理信号。这些信号经收集、放大，最终成像在显示系统上。试样可为块状或粉末，成像信号可以是二次电子、俄歇电子、特征X射线、背散射电子、透射电子，以及在可见、紫外、红外光区域产生的电磁辐射。其中二次电子是主要成像信号，可反映试样表面微观形貌。

透射电子显微镜（TEM）测试：由电子枪发射出来的电子束，聚焦后照射在样品上，高能电子与样品中原子碰撞而改变方向，从而产生立体角散射。散射角的大小与样品的密度、厚度相关，因此可以形成明暗不同的影像，影像在放大、聚焦后在成像器件上显示，可观察样品的形貌、晶体结构、晶格点阵等信息。

X射线衍射（XRD）测试：真空中高能电子轰击靶材产生X射线，X射线通过试样被吸收并散射，与入射X射线波长相同的散射X射线对晶体试样产生衍射现象。由X射线探测器接收并进行数据处理，分析衍射光束角度和强度，可确定晶体中原子平均位置、化学键和各种其他信息。

9.6 正极材料标准中电化学性能的测试方法

正极材料的电化学性能是其能否在电池中使用的关键指标。材料的常见电化学测试项目有：比容量、倍率、循环性能等。

9.6.1 比容量和倍率

将试样与导电剂、黏结剂、溶剂等充分混合制浆，涂布于铝箔上，烘干、裁片制备正极极片，以金属锂为负极，正负极间用隔膜隔离，组装模拟电池或纽扣式电池，在（25±2）℃条件下采用电池测试系统进行测试，得到首次放电比容量C、首次效率η，并根据不同倍率放电电流下的放电比容量计算倍率特性R_n：

$$C=\frac{Q_{\mathrm{D1}}}{m} \tag{9-21}$$

$$\eta=\frac{Q_{\mathrm{D1}}}{Q_{\mathrm{C1}}}\times 100 \tag{9-22}$$

$$R_n=\frac{Q_{n\mathrm{C}}}{Q_{\mathrm{D1}}}\times 100 \tag{9-23}$$

式中，Q_{D1}为首次放电容量，mA·h；m为电池中活性物质试样的质量，g；Q_{C1}为首次充电容量，mA·h；R_n为nC倍率电流充放电相对于首次小电流充放电的放电容量保持率，%；Q_{nC}为nC倍率电流充放电时首次放电容量，mA·h。

9.6.2 循环性能

将试样与导电剂、黏结剂、溶剂等充分混合制浆，涂布于铝箔上，烘干、裁片制备正极极片；将石墨负极与导电剂、黏结剂、溶剂等充分混合制浆，涂布于铜箔上，烘干、裁片制备负极极片；正负极用隔膜隔离，组装成全电池，在室温下采用电池测试系统进行1C充放电循环测试。正极材料试样的循环容量保持率按式（9-24）计算：

$$\eta_n = \frac{Q_n}{Q_1} \times 100 \tag{9-24}$$

式中，η_n为第n次循环放电容量与化成后首次循环放电容量的比例，放电容量衰减到初始容量80%时的循环次数记为循环寿命；Q_n为第n次循环放电容量，mA·h；Q_1为化成后首次循环放电容量，mA·h。

9.7 正极材料的其他先进表征方法

除了上述分析检测方法外，近年来发展了一些先进的表征技术手段，可对正极材料的结构、动力学性质进行研究，有助于理解正极材料的构效关系。

1）中子衍射

中子衍射（neutron diffraction，ND）是表征材料晶体结构的方法之一。不同于与电子相互作用的X射线衍射，中子衍射是德布罗意波长为1Å左右的中子与原子的原子核相互作用，特定的原子具有独特的作用强度。中子衍射对包括Li在内的轻原子以及电子数量相似的元素相对敏感，可区分Li、O等轻原子在晶体结构中的位置，大的穿透能力使其可同时实现正极与负极的观测，在锂离子电池正极材料研究中发挥着重要的作用。中子衍射可用来区分第3章中提到的$LiNi_{0.5}Mn_{1.5}O_4$正极材料的两种晶型，也可与最大熵模拟计算结合间接观察电极材料中Li^+的运动通道[13]。

2）球差校正扫描透射电子显微镜

球差校正扫描透射电子显微镜（spherical aberration-corrected scanning transmission electron microscopy，SACSTEM）技术通过安装球差矫正器消除透射

电子显微镜中存在的球面像差，使透射电子显微镜的空间分辨率提高到亚埃级（0.06nm），可在原子级的高空间分辨率以及单原子的分析灵敏度下对功能材料样品的原子排布结构、化学成分、化学键合、化学价态、电子结构、光学特性、磁性以及晶格振动进行全面深入的测试分析，可清晰观测到晶格以及原子的占位，可在原子级别观测正极材料的脱嵌锂机理[14]。

3）扫描透射 X 射线显微术

扫描透射 X 射线显微术（scanning transmission X-ray microscopy，STXM）是近年来基于第三代同步辐射光源发展起来的新型谱学显微技术。与传统的显微术相比，STXM 同时具有谱学分辨和空间显微功能，能实现具有几十纳米的高空间分辨的三维成像[15]。

4）X 射线吸收精细结构谱

X 射线吸收精细结构（X-ray absorption fine structure，XAFS）谱基于同步辐射光源，X 射线经过样品时激发的光子被周围配位原子散射，使 X 射线吸收强度随能量发生振荡，根据振荡信号可得到材料的元素组成、电子态及微观结构等信息。根据形成机理不同，XAFS 谱可分为 X 射线吸收近边结构（X-ray absorption near edge structure，XANES）谱和扩展 X 射线吸收精细结构（extended X-ray absorption fine structure，EXAFS）谱。XANES 谱又称为 X 射线近吸收边精细结构（near edge X-ray absorption fine structure，NEXAFS）谱，是指 X 射线吸收光谱在吸收边及其高能量端不到 50eV 的精细结构，由多重散射共振形成。XANES 谱振荡剧烈，易于测量对价态、未占据电子态和电荷转移等化学信息敏感，可用于正极材料的电荷转移研究，如过渡金属变价问题。EXAFS 谱是指 X 射线吸收光谱在比吸收边高 50～1000eV 的精细结构，由单次散射形成。EXAFS 谱振幅不大，具有一定的能量分辨能力和时间分辨能力，主要获得晶体结构中径向分布、键长、有序度、配位等信息。采用原位 X 射线吸收谱对 $LiMn_{0.5}Ni_{0.5}O_2$ 正极材料充放电过程的研究表明，4V 时发生 Ni^{2+}/Ni^{4+} 氧化还原，Mn^{4+} 价态不变，而 1V 时 Mn^{4+} 还原至 Mn^{2+}；部分 Li^+ 存在于 Ni^{2+}/Mn^{4+} 层中，脱锂过程分为两步：先是 $Ni^{2+} + e^- \rightarrow Ni^{3+}$，之后 $Ni^{3+} + e^- \rightarrow Ni^{4+}$[16]。

5）电子能量损失谱

电子能量损失谱（electron energy loss spectroscopy，EELS）利用电子引起材料表面原子芯级电子电离、价带电子激发等非弹性散射而损失的能量，通过这些特征能量标定出物质的元素组成。EELS 可实现横向分辨率 10nm，深度 0.5～2nm 区域的成分分析，获得元素价态和电子态的信息。EELS 的能量分辨率比能量色散 X 射线光谱（energy dispersive X-ray spectroscopy，EDX）高 1～2 个数量级，适合能量有微小差别的元素分析；其与透射电子显微镜联用可实现 10^{-10}m 数量级的空间分辨能力。将 EELS 与 NEXAFS 结合对 $LiFePO_4$ 颗粒表面和内部的不同充放电状态进行研究，发现高维缺陷处 Li 不易嵌入和脱出[17]。

6）同步辐射光电子能谱

X 射线光电子能谱（X-ray photoelectron spectroscopy，XPS）是一种基于光电效应的电子能谱，能量分辨率高，具有微米级别的空间分辨率和分钟级别的时间分辨率，不仅能测定元素在化合物中的价态信息，还能通过测试其周围官能团作用产生的化学位移来得到更全面的化学信息。随着科技的发展，XPS 的功能在不断完善和发展，基于同步辐射光源的同步辐射光电子能谱（synchrotron radiation photoelectron spectroscopy，SRPES），可将测试分辨率提高 3～4 倍，得到不同深度的元素信息。采用 SRPES 对碳包覆的 $LiFePO_4$ 分析表明，未循环的 $LiFePO_4$ 表面检测出了 Li_2CO_3，循环后表面层厚度小于 50Å，成分为基于电解液中锂盐的 LiF、$LiPF_6$、Li_xF_y 等，而不含有溶剂反应或分解的产物[18]。

7）二次离子质谱

二次离子质谱（secondary ion mass spectroscopy，SIMS）利用高能一次离子束轰击样品表面，中性粒子和携带正负电荷的二次离子发生溅射，通过探测二次离子的信号对样品表面及内部的元素分布特征进行分析。二次离子质谱具有高精度（10^{-6} 级）、高灵敏度、高空间分辨能力和同位素分辨的特点，可同时对多种离子成像，能检测包括氢在内的所有元素及同位素，能进行微区成分的成像及深度剖面分析。飞行时间二次离子质谱（time-of-flight second ion mass spectroscopy，TOF-SIMS）是通过一次离子激发样品表面，打出极其微量的二次离子，根据二次离子因不同的质量而飞行到探测器的时间不同来测定离子质量。与 SIMS 相比，TOF-SIMS 的二次离子来自表面单个分子层（1nm 以内），具有分析区域小、分析深度浅和不破坏样品的特点。将聚焦离子束扫描电子显微镜（FIB-SEM）与 TOF-SIMS 结合，可给出完全充/放电状态下富锂正极材料中 Li、Mn 和 Co 元素纳米尺度的分布图[19]。

8）差分电化学质谱

众所周知，锂离子电池在循环、高温存储或高电压充放电等过程中，电解液分解会产生气体，引发电池失效甚至爆炸，带来严重的安全隐患。差分电化学质谱（differential electrochemical mass spectrometry，DEMS）技术可用来识别和量化电池运行过程的动态生成物和中间产物变化，是一种容易实现的在线检测手段。通过差分电化学质谱、中子成像技术以及压力测量等手段的结合，可研究 $LiNi_{0.5}Mn_{1.5}O_4$/石墨电池循环过程中的气体演化过程。DEMS 分析表明，Ni 氧化还原对 LNMO/电解质界面处的 CO_2 演变起着重要作用[20]。

9）电化学交流阻抗谱

电化学交流阻抗谱（electrochemical impedance spectroscopy，EIS）是研究电极过程动力学和表面现象的重要电化学测试手段。在一定电位或电流下，对电化学体系施加不同频率的小振幅交联正弦电位波以获得相应电信号反馈，根据数学模型或等效电路模型对数据进行分析和拟合，从而获得体系内部的电化学信息。EIS 是一种“准稳态方法”，施加的微扰信号不会对体系造成不可逆影响，同时数据处理较简单。EIS 可用于 Li^+在电极材料中的嵌入/脱出过程和界面反应机理的研究，相关动力学参数包括电极材料的电子电阻、电荷传递电阻以及锂离子扩散迁移电阻等。基于表面层模型，Barsoukov 等[21]给出的锂离子嵌入/脱出过程典型的 EIS 谱包括 5 个部分：超高频区（＞10kHz）是与锂离子和电子传输有关的欧姆电阻，在 EIS 谱上表现为一个点；高频区为锂离子通过 SEI 膜扩散迁移相关的半圆；中频区为电荷传输过程相关的半圆；低频区为锂离子在活性材料内部扩散相关的斜线；超低频区为锂离子在活性材料中累积、消耗相关的垂线。

10）其他先进表征方法

锂离子扩散系数是研究锂离子电池电化学反应动力学性能的重要电化学参数。基于 Fick 定律和能斯特方程，根据不同的边界条件、初始条件，采用 EIS、恒电流间歇滴定技术（galvanostatic intermittent titration technique，GITT）、恒电位间歇滴定技术（potentiostatic intermittent titration technique，PITT）、电位弛豫技术（potential relax technique，PRT）和循环伏安法（cyclic voltammetry，CV）等技术均可用于测算锂离子扩散系数。其中，EIS 可根据不同频率范围分析电极过程，得到表观扩散系数；GITT 通过施加脉冲恒定电流，测定电位随时间的变化，可消除欧姆降问题；PITT 在接近平衡态对体系施加脉冲电位，测试电流变化；PRT 在恒流下测试电位随时间变化；PITT 与 PRT 均只需测定电极厚度，不用考虑电极面积以及摩尔体积等参数变化；CV 适合扩散步骤控制的可逆体系，根据峰电流的 Randles-Sevcik 方程获得表观扩散系数。

此外，Raman 光谱、原子力显微镜（atomic force microscope，AFM）技术、核磁共振（nuclear magnetic resonance，NMR）、俄歇电子能谱（auger electron spectroscopy，AES）等其他表征技术也发挥着不可替代的作用：Raman 光谱被广泛用于研究晶体结构及其对称性；AFM 不但可研究微观形貌和力学性能，也可表征 Li^+在纳米尺度的输运特性、Li^+分布等；NMR 可用来研究正极材料 Li^+输运、局部电荷有序无序以及掺杂对电子结构的影响等；AES 具有很高的空间分辨率和表面灵敏度，可分析样品表面 0～3nm 薄层的元素成分及其价态等。

参考文献

[1] 刘亚飞，陈彦彬. 锂离子电池正极材料标准解读[J]. 储能科学与技术，2018，7(2)：314-326.
[2] 张江峰. 锂及锂电池材料标准汇编[M]. 北京：中国标准出版社，2017.
[3] Thackeray M M，Kang S H，Johnson C S，et al. Li_2MnO_3-stabilized $LiMO_2$（M＝Mn，Ni，Co）electrodes for lithium-ion batteries[J]. J Mater Chem，2007，17：3112-3125.
[4] 全国纳米技术标准化技术委员会纳米材料分技术委员会. 纳米磷酸铁锂：GB/T 33822—

2017[S]. 北京：中国标准出版社，2017：1-22.

[5] 全国有色金属标准化技术委员会. 镍、钴、锰三元素复合氢氧化物：GB/T 26300—2010[S]. 北京：中国标准出版社，2011：1-5.

[6] 全国有色金属标准化技术委员会. 掺杂型镍钴锰三元素复合氢氧化物：YS/T 1087—2015[S]. 北京：中国标准出版社，2015：1-4.

[7] 朱玉巧. 全自动电位滴定仪测试锰酸锂正极材料中锰含量的方法[J]. 电池工业，2018，22（1）：3-5.

[8] 全国化学标准化技术委员会. 化工产品中水分含量的测定 卡尔·费休法（通用方法）：GB/T 6283—2008[S]. 北京：中国标准出版社，2008：1-13.

[9] 全国颗粒表征与分检及筛网标准化技术委员会. 粒度分布 激光衍射法：GB/T 19077—2016[S]. 北京：中国标准出版社，2016：1-42.

[10] 全国有色金属标准化技术委员会. 金属粉末比表面积的测定 氮吸附法：GB/T 13390—2008[S]. 北京：中国标准出版社，2016：1-9.

[11] 全国有色金属标准化技术委员会. 金属粉末 松装密度的测定 第 1 部分：漏斗法：GB/T 1479.1—2011[S]. 北京：中国标准出版社，2011：1-5.

[12] 全国有色金属标准化技术委员会. 金属粉末 振实密度的测定：GB/T 5162—2006[S]. 北京：中国标准出版社，2011：1-4.

[13] Nishimura S，Kobayashi G，Ohoyama K，et al. Experimental visualization of lithium diffusion in Li_xFePO_4[J]. Nat Mater，2008，7：707-711.

[14] Wang R，He X，He L，et al. Atomic structure of Li_2MnO_3 after partial delithiation and Re-lithiation[J]. Adv Energy Mater，2013，3：1358-1367.

[15] De Jesus L R，Andrews J L，Parija A，et al. Defining diffusion pathways in intercalation cathode materials：some lessons from V_2O_5 on directing cation traffic[J]. ACS Energy Lett，2018，3：915-931.

[16] Yoon W S，Grey C P，Balasubramanian M，et al. *In situ* X-ray absorption spectroscopic study on $LiNi_{0.5}Mn_{0.5}O_2$ cathode material during electrochemical cycling[J]. Chem Mater，2003，15：3161-3169.

[17] Schuster M E，Teschner D，Popovic J，et al. Charging and discharging behavior of solvothermal $LiFePO_4$ cathode material investigated by combined EELS/NEXAFS study[J]. Chem Mater，2014，26：1040-1047.

[18] Edstrom K，Gustafsson T，Thomas J O，et al. The cathode-electrolyte interface in the Li-ion battery[J]. Electrochim Acta，2004，50（2）：397-403.

[19] Sui T，Song B，Dluhos J，et al. Nanoscale chemical mapping of Li-ion battery cathode material by FIB-SEM and TOF-SIMS multi-modal microscopy[J]. Nano Energy，2015，17：254-260.

[20] Michalak B，Balázs B，Sommer H，et al. Gas evolution in $LiNi_{0.5}Mn_{1.5}O_4$/graphite cells studied in operando by a combination of differential electrochemical mass spectrometry，neutron imaging，and pressure measurements[J]. Anal Chem，2016，88（5）：2877-2883.

[21] Barsoukov E，Macdonald J R. Impedance Spectroscopy Theory，Experiment，and Applications[M]. 2nd ed. New Jersey：John Wiley & Sons，Inc.，2005.

10

正极材料开发与应用展望

新能源汽车是国家战略性新兴产业，锂离子电池作为现有能量密度最高的电化学体系之一，已成为目前新能源汽车主流动力源。全球锂离子电池产业经过多年的发展，逐步形成了中国、日本、韩国三分天下的市场供给格局，中国锂离子电池出货量占全球出货量的50%以上。据深圳市起点研究咨询有限公司（SPIR）、韩国新能源市场分析公司（SNE）统计，过去几年，全球锂电行业保持了25%的复合增长率，2020年锂电出货量达到260GW·h，其中新能源电动车（xEV）用锂离子电池达168.3GW·h，占比约为65.0%，超越便携式电器（IT，～27.7%）成为主增长引擎。从锂离子电池市场趋势来看，未来除新能源电动车外，储能市场（ESS）也将成为主要增长点［图10-1（a）］。新能源汽车和储能行业的蓬勃发展，使锂离子电池及其正极材料市场迎来了前所未有的发展机遇。2014～2020年，锂离子电池正极材料行业保持了30%的复合增长率。2020年正极材料出货量达到60.2万t，镍钴锰酸锂和镍钴铝酸锂凭借在高能量密度电动车用市场的突出优势，成为销量占比最大的正极材料；磷酸铁锂则借助新能源客车、储能市场的逐步开拓，增长速度也较快［图10-1（b）］。

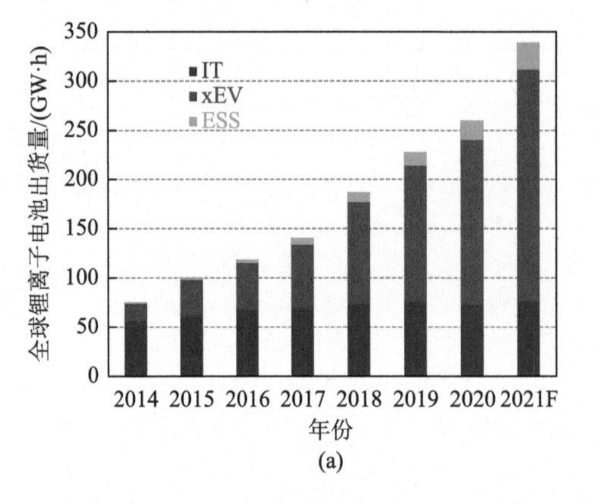

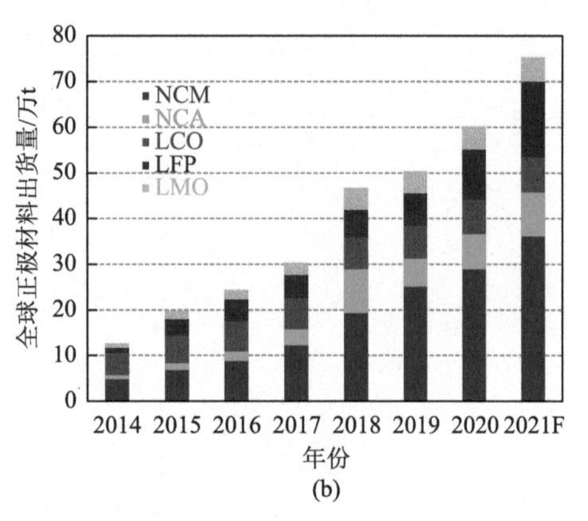

图10-1 全球锂离子电池及其正极材料增长情况

（a）锂离子电池增长；（b）锂离子电池正极材料增长

10.1 电池及其正极材料应用的多元化

根据动力系统的功能定位差异，新能源汽车又分为纯电动汽车（battery electric vehicle，BEV）、混合动力汽车（hybrid electric vehicle，HEV）、插电式混合动力汽车（plug-in hybrid electric vehicle，PHEV）等不同种类车型，对动力电池的性能要求也往往各有侧重。除了对安全性、低成本的共同需求外，BEV看重电池的能量密度，HEV 关注电池的功率性能，PHEV 则需兼顾能量和功率密度。选用适宜的动力电池材料体系，量身设计适用的电池及其模组，最大限度地发挥活性材料性能，才能适应各式各样的细分应用需求。

电池及其材料的应用场景不同，需求定位不同，某一类材料不可能赢者通吃。锂离子电池的电化学性能，很大程度上取决于电极材料的化学组成、晶体结构、微观形貌及其本征的电化学特性。市场上的锂离子电池所用正极材料主要是锂与钴、锰、镍、铁等过渡金属的复合氧化物或磷酸盐，多年来的商用实践已充分证明它们都具有较高的能量密度、较好的稳定性和良好的实用性。镍钴锰酸锂和镍钴铝酸锂等多元材料本身能量密度高，装配成的电池质量轻、尺寸小，适用于高端乘用车、小型商务车等车型。磷酸铁锂能量密度较低，使得电池变得质量更重、体积更大，需要搭载更多的电池才能保证车辆有足够长的续航里程，适用于对电池价格较为敏感的中低端小型乘用车，以及对能量密度要求不高的公交车、大中型载人客车、市政工程车等。磷酸铁锂完全放电后形成的磷酸铁非常稳定，安全性相对较高，成为大型电动车辆的主力材料体系；多元材料电池则需要通过改进电池设计和电源管理系统、增加车辆被动安全防护等措施来确保动力系统的安全性。

两种或多种正极材料的复合使用，可优化协同不同类型正极材料的优点，取长补短，进而提高锂离子电池的综合性能。正极材料复合方式主要分为两种：一种为物理复合，另一种为化学复合。尖晶石型 LMO 安全性好、成本低，但高温循环和存储性能很差；层状 NMC 容量高、结构相对稳定、循环性能较好。利用两种不同晶型结构的正极材料制备的混合材料，不仅可强化单一材料的优点，而且可弥补其缺点，提高电池的综合性能：NMC 碱性较强，可为 LMO 提供一个偏碱性的环境，吸收消耗 HF，抑制充放电过程中锰的溶解；LMO 引入 NCM 体系，可提高电池的安全性；LMO 具有三维通道结构，相对于 NCM 更有利于锂离子的脱嵌，可改善 NCM 的倍率特性；此外，充电过程 Li^+脱出后，NCM 会发生沿 *c* 轴的膨胀，体积略微增大，而 LMO 则发生体积收缩，二者体积效应互补。张艳霞等[1]以 LMO∶NCM111 = 57∶43 复合材料为正极，$Li_4Ti_5O_{12}$为负极，组装成 5.5A·h 倍率型动力电池，55℃下循环 1000 次后容量保持率为 82%，远远优于单一 LMO 正极相同工艺电池，证实了 NCM111 的碱性抑制了 LMO 中的锰溶解，改善了高温循环性能。NCA 具备高容量和长循环寿命等优点，在能量密度、循环寿命、成本等方面已达到了实用化要求，但其处于高充电态（SOC）时镍大部分被氧化成 Ni^{4+}，此时 e_g 能带与 O^{2-}的 2p 能级产生部分重叠，使得晶格氧容易变为氧自由基，Ni^{4+}和氧自由基都具有强氧化性，易与电解液反应产生大量气体和热量，带来严重的安全隐患；反应后 Ni^{4+}变为 Ni^{2+}，顺次占据锂离子空位，发生阳离子混排，严重时造成 NiO_6 八面体结构坍塌。LFP 则存在离域的三维立体化学键，由具有较强键能的P═O共价键构成四面体PO_4，使其具有优异的稳定性。朱蕾等[2]通过简单的球磨混合制备了20% LFP + 80% NCA混合正极材料，LFP纳米颗粒均匀填充于$LiNi_{0.8}Co_{0.15}Al_{0.05}O_2$表面与间隙，降低了充电电压平台，抑制了NCA与电解液之间不必要的副反应，减少了氧气释放，提高了材料的热分解温度，改善了NCA在充放电过程中的电化学稳定性和结构稳定性。混合正极材料在50℃下具有出色的安全性和热稳定性，100次循环后容量保持率为82.0%，明显地优于单一NCA（72.9%）。橄榄石型LMP材料电压平台高、能量密度高、结构稳定，但导电性差、倍率性能差。将其与同样电压平台高，且导电性好的尖晶石型LMO复合，可以在一定程度上优势互补，产生协同作用，抑制LMO常见的高温锰溶出。Kang等[3]制备了$LiMnPO_4$-$LiMn_2O_4$复合正极材料，其首次放电比容量为142mA·h/g，50次循环后容量保持率超过90%，热稳定性较LMO有明显提升。

10.2 电池及其正极材料的高能量化

持续提升产品性能并降低成本是产业发展的普遍规律和永恒主题。锂离子电池及其关键材料经过了20多年的发展，终端设备对电池性能的极致追求、对成本的苛刻要求是产业竞争和发展的必然结果，也是目前电池及其关键材料产业发展所面临的巨大挑战。电动汽车的续航里程和成本是困扰其发展的两大主要难题，长的续航里程能够缓解消费者的里程焦虑，也一直以来是电动汽车的主要卖点。动力电池的容量大小直接决定电动汽车的续航里程，而新能源汽车的结构和大小设计与燃油车基本保持不变，预留给动力电池包的空间是有限的。在无法大幅度改变电动汽车布局空间的前提下，提升续航里程的途径只能是提升电池包的能量密度，而提高电池包能量密度的主要途径是提高电芯的能量密度和电池模组的成组效率。对于正极材料而言，提高其比容量和压实密度是提升电芯能量密度的有效途径。

1）提高正极材料的比能量

表10-1比较了几种常见正极材料的放电比容量，其中磷酸铁锂因晶体结构稳定、充电电压较低、与现有有机电解液体系比较兼容，可释放出占理论容量约94%的可逆容量；其他几种材料充电电压较高，脱锂态不稳定或没有适宜的耐高电压电解液，容量利用率普遍较低；其中，层状多元材料即使是选用了高镍的NCM811组成（$LiNi_{0.8}Co_{0.1}Mn_{0.1}O_2$），容量利用率也仅为73.6%，远不及橄榄石结构的磷酸铁锂。

表 10-1　几种正极材料的容量利用率

材料种类	理论比容量/(mA·h/g)	放电比容量/(mA·h/g)	可逆容量利用率/%
多元材料 NCM811	276	203	73.6
锰酸锂	148	130	87.8
磷酸铁锂	170	160	94.1
富锂锰基正极材料	377～400	280	70.0～74.3

提高镍含量或者充电电压等方式可用来提升层状多元材料的容量利用率。提高多元层状正极材料的镍含量可显著提升锂离子电池的比能量：从 NCM523 到 NCM811，材料比能量从 652.2W·h/kg 提升到 802.7W·h/kg，增加了 23.1%。与中高镍 NCM523、NCM622 等多元材料相比，高镍 NCM811 在材料成本、制备工艺、烧结设备及生产环境等方面的要求也很高，面临的技术难题更多、技术挑战更大，如高温循环寿命问题、安全性问题、高温产气鼓胀问题、碱性杂质含量及由此导致的可加工性问题。提高多元材料充电电压是提高多元材料比能量的另一种技术路线，NCM622 在 4.5V 充电截止电压下 0.2C 放电比能量为 789.7W·h/kg，而 NCM811 在 4.3V 的放电比能量为 788.6W·h/kg，两者的比能量基本一致。通常情况下，充电电压的提高会使材料的热稳定性变差，但相对而言，4.5V 高电压下 NCM622 的热稳定性优于 4.3V 的 NCM811：充电态的 DSC 放热量降低、热失控峰值温度延后（参见 2.5.2 节）。因此，通过提高充电电压来提升中高镍多元材料的比能量是一种有效的方法，可采用单晶化、核壳和梯度等特殊结构来改善多元材料在高充电电压下的稳定性。此外，高电压下电解液容易发生氧化分解，影响电池的寿命，因此需要开发合适的高电压电解液或者寻找有效的电解液添加剂。而对实际容量接近理论值的橄榄石型磷酸铁锂、尖晶石型锰酸锂等正极材料，只能通过将其更新换代成放电平台高的材料体系实现。例如，锰酸锂中引入 Ni 形成镍锰尖晶石 $LiNi_{0.5}Mn_{1.5}O_4$，可将放电电压从 4.00V 提高到 4.70V，使比能量提高 17.5%；向磷酸铁锂中引入 Mn 形成的磷酸锰铁锂 $LiMn_{0.7}Fe_{0.3}PO_4$，可将平均放电电压从 3.37V 提高到 3.80V，比能量从 539.2W·h/kg 提高到 608.0W·h/kg，提高了 12.8%（表 10-2）。

表 10-2　几种正极材料的比能量

材料种类	比容量 1/(mA·h/g)	电压 1/V	比能量 1/(W·h/kg)	比容量 2/(mA·h/g)	电压 2/V	比能量 2/(W·h/kg)	比能量提高率/%	比能量提升策略
层状多元材料 1	169.4	3.85	652.2	208.5	3.85	802.7	23.1	NCM523→NCM811
层状多元材料 2	169.4	3.85	652.2	196.9	3.91	769.9	18.0	NCM523 电压 4.3V→4.5V

续表

材料种类	比容量1/(mA·h/g)	电压1/V	比能量1/(W·h/kg)	比容量2/(mA·h/g)	电压2/V	比能量2/(W·h/kg)	比能量提高率/%	比能量提升策略
尖晶石型正极	130.0	4.00	520.0	130.0	4.70	611.0	17.5	LMO→LNM
橄榄石型正极	160.0	3.37	539.2	160.0	3.80	608.0	12.8	LFP→LMFP73

2）提高正极材料的充填密度

在提升能量密度方面，各种正极材料都在通过提高单晶化程度、改善粒度分布等方式向着高压实密度方向发展。表10-3比较了几种正极材料的压实密度，其中3C市场用钴酸锂材料的电极密度最高，达到了理论密度的81.0%；储能和新能源客车用磷酸铁锂的密度利用率最低，仅为64.4%；其他几种材料密度利用率为71%～76%，尚有很大的提升空间。中高镍NCM材料通过单晶化技术可将压实密度提高到3.7g/cm^{3}以上，并有希望承受更高的充电截止电压，为未来动力电池比能量突破350W·h/kg、700W·h/L以上奠定了基础。单晶化也可使磷酸铁锂材料压实密度从2.3g/cm^{3}提高到2.6g/cm^3，能量密度提高约13%。单晶材料理论上可规避多晶材料长循环过程内部出现微裂纹及其粉化问题，提升材料结构稳定性和热稳定性，改善电池的存储、循环和安全等性能。大颗粒与小颗粒以Bi-modal方式掺混，利用填隙效应也可提高能量密度，这方面要重点关注掺混的大小颗粒级配差异、比例和均匀性。

表10-3 几种正极材料的密度利用率

材料种类	理论密度/(g/cm^3)	压实密度/(g/cm^3)	密度利用率/%
钴酸锂	5.06	4.1	81.0
多元材料	4.76	3.6	75.6
锰酸锂	4.28	3.1	72.4
磷酸铁锂	3.57	2.3	64.4
富锂锰基正极材料	4.22	3.0	71.1

3）提高电芯与电池包的空间利用率

通过电芯大型化提高电芯容积率是提高电芯能量密度的重要手段。国内电池行业的电芯型号尺寸由曾经的百花齐放到逐步走向德国汽车工业联合会（VDA）、模块化电气化工具套件（MEB）标准尺寸，基本实现了外形尺寸的标准化，有利于电池的高效制造、高效使用、维修以及回收利用。随着电动汽车对能量密度的要求提高，市场上出现了外形尺寸几倍于 VDA 或 MEB 的电芯，将几倍大小的电芯封装在大外壳中，形成“薄皮大馅儿”的电池结构，降低非活性封装材料占比，提高电池能量密度。

提高电池模组的成组效率是提高电池包能量密度、降低电池成本的有效途径。传统电池包的构成模式是：电芯→模组→电池包，而电芯集成模组时，模组内不是只有电芯，还会有导电连接件、塑料框架、冷却管道等配套附件占据空间。而无模组技术（cell to pack，CTP）技术跳过模组，直接由电芯构成电池包，提升了电池体积利用率。目前宁德时代新能源科技股份有限公司（以下简称宁德时代）的 CTP 技术在确保电池安全基础上，先制备大容量 NCM 方型电芯，1 个 CTP 电芯容量相当于 4 个传统电芯的并联，体积利用率提高 15%～20%，搭载该电池包的超长续航版电动车小鹏 P7 电池的能量达 80.9kW·h，续航里程达 706km，基本可消除消费者的里程焦虑问题。比亚迪开发的刀片电池技术也完全跳过模组，使磷酸铁锂离子电池包能量密度提高 50%，达到 450W·h/L，与 NCM811 接近；其比能量达 140W·h/kg，与 NCM523 电池包相当（表 10-4），未来进一步挑战 180W·h/kg，大幅度拓宽了磷酸铁锂正极材料的应用潜力和范围。比亚迪新推出的纯电动乘用车“汉”搭载了磷酸铁锂刀片电池，最高版本车型的 NEDC 续航里程为 605km。目前刀片电池正极材料主要采用磷酸铁锂，未来若应用到多元材料，电池包能量密度有望进一步提高。

表 10-4　几种电池包的能量密度比较

电池种类	比能量/(W·h/kg)	能量密度/(W·h/L)
LFP 普通电池包	80～100	180～230
比亚迪 LFP 刀片电池包	140～150	440～450
NCM523 普通电池包	140～150	250～380
NCM811 普通电池包	170～180	410～440
宁德时代 CTP 电池包	>200	不详

在 CTP 和刀片电池技术出现之前，能量密度的提高主要通过提高材料的放电比容量和压实密度实现，采用高镍材料锂离子电池的安全性风险也随之增加。刀片电池和 CTP 技术通过优化电池包内部空间利用率，使磷酸铁锂和中低镍多元材料的能量密度有了较大的提高，续航里程明显增加，在同样的续航里程情况下，安全性能也得到改善。此外，该类技术还省去了模组零部件，提高了生产效率，降低了电池包的材料成本和制造费用。

10.3 正极材料的低成本化

作为一个工业化的产品，一方面要具备优良性能以满足使用要求，增加产品的魅力；另一方面要尽可能降低成本，不要让成本成为短板甚至瓶颈，从而失去市场竞争力。相对于传统燃油汽车，新能源汽车面临一系列的挑战，里程焦虑、充电便捷性、安全性、可靠性，当然还要有可接受的甚至更低的购买成本和使用成本。电动汽车作为大规模产业化应用的产品，成本是一个非常敏感的因素，可以影响产品的综合竞争力，甚至决定业务的成败。一款正极材料的成本主要取决于所采用的原材料和制造成本。多元材料由于使用了成本较高的镍钴元素，瓦时成本较高，适用于续航里程 400km 以上的小客车；磷酸铁锂正极材料更具成本优势，在能量密度要求不太苛刻的电动大巴、续航里程 400km 以下的小客车、物流车、大型储能系统等方面具有明显的市场优势。多元正极材料的价格很大程度上受主元素镍钴的市场供求关系影响，磷酸铁锂以及锰酸锂离子电池对多元材料电池构成的部分竞争与替代，在一定程度上抑制了多元材料及其上游资源原材料的价格波动。

层状多元材料综合了镍酸锂的高容量、钴酸锂的高倍率和锰酸锂的高稳定等优点，同为第Ⅷ族的 Ni、Co、Mn 等过渡金属原子结构类似、化学性质接近，原则上可以任意比例组成含锂的复合金属氧化物，形成一系列性能不同的多元材料。图 10-2 中对比了各种组成的 NCM 材料在 4.3V 使用条件下的原材料 Ah 成本，Ni、Co、Mn 等过渡金属的使用量、采用的锂盐种类、气氛条件等对材料的成本均造成影响。低镍材料（Ni 含量≤60mol%），通常采用 Li_2CO_3 原料作锂源、空气气氛烧结，原材料成本更低，开发高电压应用空间更大，单位 Ah 的成本会更具优势。高镍材料要采用 $LiOH·H_2O$ 和氧气，从成本角度讲，尽可能用更高的 Ni 含量，以获得更高的容量和更低的 Ah 成本，前提是安全性等其他性能可控可接受。对成本影响较大的另一个因素就是 Co 含量，材料成本随 Co 含量变化明显，低钴化甚至无钴化不仅可降低成本，而且可降低对“冲突”金属的使用风险；中高镍低钴材料在高电压使用，可明显降低材料的单位成本，已在我国电池企业广泛采用，也逐渐被更多的国外电池企业及其电动汽车用户所接受。

正极材料的制造成本取决于生产制造工艺及生产效率。生产工艺要尽可能做到短流程、低消耗，正极材料生产线及其关键装备的大型化在很大程度上提高了生产效率，降低了单位投资和运行成本，运用现代信息化技术实现正极材料的智慧化高效制造，是提升规模制造能力和效率、提升品质稳定性、降低综合成本的重要举措和产业发展方向。

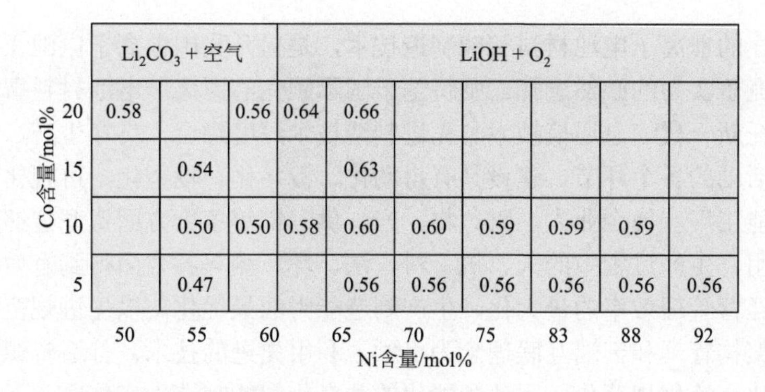

图 10-2 NCM 正极材料的成本比较［单位：元/(A·h)］

10.4 正极材料规模制造的智慧化

我国目前已是全球第二大经济体和制造业大国，但自主创新能力薄弱、高端装备与智能装备严重依赖进口，严重制约我国制造产业健康、可持续发展。近年来，国务院、科技部、工信部、国家发改委、财政部等部委陆续发布了《国家中长期科学和技术发展规划纲要（2006—2020 年）》《中国制造 2025》《智能制造发展规划（2016—2020 年）》《智能制造工程实施指南（2016—2020 年）》等政策，做出了一系列战略部署，旨在推动我国传统制造业的结构转型升级，全面开展智能制造技术开发和应用，促进我国从制造业大国向制造强国转变。储能和新能源汽车用锂离子电池不同于 3C 市场的小型电池，其电池堆容量大多在 kW·h～MW·h，甚至 GW·h 水平，需大量的电芯经过复杂的串联、并联成组实现，要求所含电芯及关键材料具有高度的一致性、可靠性、安全性。正极材料作为储能和动力锂离子电池的核心组成部分，其工艺装备水平、生产效率、能效水平、品质控制、产能保障和综合成本等能力的提升和持续改进，是我国正极材料行业共同面对的一系列重大挑战。

经过十余年的发展，我国的锂离子电池正极材料产业的体量已占全球 50%以上，国内主要正极材料企业已通过学习和借鉴国外自动化生产线的设计经验，自主优化工艺流程、提升关键设备大型化与自动化水平，逐步建立和完善大产能、全密闭、自动化甚至智慧化产线。国内动力锂离子电池用主流的层状多元材料和磷酸铁锂生产线，基本实现了全流程无断点、全密闭、生产工艺参数自动精准控制、关键工序气氛可控，但在设备的适应性选择、自动化设备维护以及生产车间的温湿度、气氛控制方面仍有不足，生产过程管理水平总体上与国外同行尚存在一定差距。因此，需建立先进高效的现代化工厂，开发“绿色环保、节能高效、智能智慧”的锂离子电池材料智能制造技术，是提升我国锂离子电池正极材料行业的综合竞争实力的必然选择。亟待基于国际领先的锂离子电池材料智能工厂的目标，依托新一代信息通信技术与先进制造技术深度融合，贯穿生产、管理、服务等制造活动的各个环节，建设具有自动化、数字化、模型化、可视化、智能化特征的智能工厂，使企业人、财、物、产、供、销等各个方面资源能够得到合理配置与利用，生产过程中的人、机、料、法、环、测等各方面得到有效管控和优化，实现经营管理效率的最大化，生产制造能力的最优化。以先进规范的空间智能化系统架构管理和云端互联理念为引领，利用先进的技术，打造资源数字化、应用网络化、流程规范化、服务智能化的数字化智能制造生态体系，形成资源共享、协同作业、纵横互联、智能指导的智慧厂区，实现整个生态体系数据管理的高度融合和高效智能。搭建基于云端服务的数字化智能制造应用平台，整合智能制造应用平台各类业务应用结构，以统一的大数据平台为基础，实现对企业管理的数字化、网络化、互动化、协同化和智能化。智能制造生态体系主要分为智能生产系统、智能经营系统、智能决策系统等子系统。其中，智能生产系统具有生产计划、工艺管理、质量管控、设备管理、能源监控等主要功能，实现生产管控一体化；智能经营系统可实现人、财、物、产、供、销闭环管理；智能决策系统可对生产过程大数据进行分析，生成各种数据报表，并基于大数据进行建模和深度挖掘，提供智能优化建议，指导生产经营。

锂离子电池及其正极材料本身涵盖了化学、物理、机械、电子、电器等特性的综合要求，产品开发前期新技术、新结构的基础研究、应用研究和工程开发研究的信息化，是工程技术领域的信息化取得重大突破的关键。近年来在美国兴起的材料基因组技术（materials genome technology，MGT）给锂离子电池及其材料设计带来了革命性的变化：过去关于新材料的发现和改性研究主要靠大量的实验、个人和团队经验，材料基因组技术则基于高通量锂离子电池材料计算、高通量材料实验和材料数据库等要素，结合现有的锂离子电池材料特性、结构及匹配原则，利用现代结构设计理论、分析计算方法以及现代制造业管理过程方法，完成锂离子电池材料的数字化设计。其终极目标是实现通过理论计算和模拟完成先进材料的“按需设计”和全程数字化制造。除了材料设计环节，还需开发数字化的高端智能装备，将装备制造加工的产品过程数据、质量数据、生产管理数据和装备本身实现数控化或可编程化，才能使电池材料的制造过程实现可视化、信息化管理。利用导入产品生命周期管理（product lifecycle management，PLM）、产品数据管理（product data management，PDM）、制造企业生产过程执行系统（manufacturing execution system，MES）、企业资源计划（enterprise resource planning，ERP）等管理系统，结合现代材料基因技术，搭建数字化设计制造平台，提高市场响应及决策效率，实现储能和动力电池用正极材料产品开发和生产制造过程标准化，对制造过程的设备参数、物流、产品质量进行可视化网络监控，产品的异地协同制造，产品失效分析和优化改进，提高自动化程度，提升智能控制水平，减少工艺参数波动，提高产品的稳定性，保障高性能锂离子电池正极材料的可持续发展。

锂离子电池的出现将近 30 年，以钴酸锂为正极材料的数码电池的规模化商用也仅有 20 年，以多元材料、磷酸铁锂为正极材料的动力电池在新能源汽车的应用尚不足 10 年，应该说目前商用化的正极材料还有很大的提升空间，安全性、低产气、长寿命、高密度、低成本等仍将是今后相当长一段时期的主要发展方向；如富锂锰基、5V 尖晶石型锰酸锂、磷酸锰铁锂新型材料的开发和应用更是任重道远，还需要有志于新能源材料事业的科学家、工程师、企业家为之付出坚持不懈的奋斗！

参 考 文 献

[1] 张艳霞，王晨旭，王双双，等. 1865140 型($LiMn_2O_4 + LiNi_{1/3}Co_{1/3}Mn_{1/3}O_2$)/$Li_4Ti_5O_{12}$ 电池的性能[J]. 电池，2013，43（1）：41-44.

[2] 朱蕾，贾荻，俞超，等. 锂离子电池 $LiFePO_4$/$LiNi_{0.8}Co_{0.15}Al_{0.05}O_2$ 混合正极材料的电化学热稳定性能[J]. 储能科学与技术，2016，5（4）：478-485.

[3] Kang J W，Song J J，Kim S，et al. A high voltage $LiMnPO_4$-$LiMn_2O_4$ nanocomposite cathode synthesized by a one-pot pyro synthesis for Li-ion batteries[J]. RSC Adv，2013，3（48）：25640-25643.